普通高等教育"十三五"规划教材

煤炭加工与洁净利用

胡文韬　段旭琴　主编

张志军　杨志超　孙蓓蕾　副主编

北　京

冶金工业出版社

2016

内 容 提 要

本书内容包括煤化学、煤炭分选、煤泥水处理、煤系共伴生资源利用概况以及煤炭利用（炼焦及配煤、洁净燃烧、型煤、煤基炭素材料、气化、液化）等。

本书可供非煤矿物加工工程专业及采矿、冶金等近煤类专业本科生和研究生使用，也可供有关管理人员和技术人员参考。

图书在版编目（CIP）数据

煤炭加工与洁净利用/胡文韬，段旭琴主编.—北京：冶金工业出版社，2016.6

普通高等教育"十三五"规划教材

ISBN 978-7-5024-7280-1

Ⅰ.①煤…　Ⅱ.①胡…　②段…　Ⅲ.①煤炭—化学加工—高等学校—教材　②煤炭工业—无污染技术—高等学校—教材

Ⅳ.①TQ536　②X784

中国版本图书馆 CIP 数据核字（2016）第 145973 号

出 版 人　谭学余

地　　址　北京市东城区嵩祝院北巷 39 号　邮编　100009　电话　(010)64027926

网　　址　www.cnmip.com.cn　电子信箱　yjcbs@cnmip.com.cn

责任编辑　杨秋奎　美术编辑　杨 帆　版式设计　杨 帆

责任校对　禹 蕊　责任印制　牛晓波

ISBN 978-7-5024-7280-1

冶金工业出版社出版发行；各地新华书店经销；三河市双峰印刷装订有限公司印刷

2016 年 6 月第 1 版，2016 年 6 月第 1 次印刷

787mm×1092mm　1/16；17 印张；412 千字；260 页

40.00 元

冶金工业出版社　投稿电话　(010)64027932　投稿信箱　tougao@cnmip.com.cn

冶金工业出版社营销中心　电话　(010)64044283　传真　(010)64027893

冶金书店　地址　北京市东四西大街 46 号(100010)　电话　(010)65289081(兼传真)

冶金工业出版社天猫旗舰店　yjgycbs.tmall.com

（本书如有印装质量问题，本社营销中心负责退换）

前　言

我国是煤炭生产和消费大国，在一次能源消费中煤炭约占70%以上。煤炭作为"工业的粮食"，广泛应用于冶金、化工等各个工业部门。为了促进国民经济、社会与环境协调、持续快速发展，清洁有效地利用煤炭资源是我国必须采取的战略选择之一。

冶金行业是最重要的煤炭用户，但长期以来，国内缺少适合冶金矿山专业技术人员使用的煤炭加工利用类教材。本书从冶金用户的需求出发，按照煤炭加工利用的工序，从煤化学、煤炭分选、煤泥水处理、配煤及炼焦、煤的洁净燃烧、煤系共伴生矿产资源利用、型煤、煤基炭素材料、煤炭气化、煤炭液化等几个方面介绍了煤炭加工的基本概念、基本原理和工艺过程，详细地说明了煤炭加工和洁净利用设备的结构、特点、性能及利用范围。本书既保留了经典的理论和实用的方法，又反映了近年来出现的新工艺、新设备、新成果，不仅能使读者掌握煤炭加工与洁净利用技术的基本知识，还可以拓宽知识面。本书可以作为矿物加工工程、采矿工程、资源工程、冶金工程等相关专业的本科教学用书，还可以作为烧结球团、冶金、化工、电力、热能、环境等专业领域工程技术人员的参考用书。

本书由北京科技大学胡文韬、段旭琴担任主编，中国矿业大学（北京）张志军，太原理工大学杨志超、孙蓓蕾担任副主编。其中，第7章、第9章由胡文韬编写；第1章、第5章由段旭琴编写；第3章、第4章由张志军编写；第2章、第10章、第11章由杨志超编写；第6章、第8章由孙蓓蕾编写。全书由胡文韬、段旭琴统稿并审定。

在本书编写过程中，得到了中国矿业大学（北京）付晓恒教授，太原理工大学刘生玉教授，北京科技大学王化军教授、李虹老师的大力协助和支持。编者参考了许多国内外同行、生产企业的相关资料和研究成果，在此一并表示衷心的感谢！

　　本书的出版得到了北京科技大学"十二五规划教材"建设基金的资助，在此表示衷心的感谢！

　　由于编者水平所限，书中不当之处，诚望读者批评指正。

编　者
2016 年 5 月

目　录

$\boxed{1}$　绪　论

煤又称煤炭，是地史时期堆积的植物（有时也有少许浮游生物）的遗体经过复杂的生物化学作用，埋藏后又受到地质作用转变而成的一种有机岩石。被人们誉为工业的食粮，是人类使用最早、应用最广泛的能源矿物之一。

1.1　我国古代对煤的认识及利用

我国是世界上最早利用煤的国家之一。我国广泛流传的女娲氏炼石补天神话就与煤的发现和利用有关。山西平定地区自古以来就有用煤烧"塔火"的习俗，明代学者陆深记载："家家置一炉焉，当户，高五六尺许，实以杂石，附以石炭，至夜炼之达旦，火焰焰然，……是之谓补天。"认定女娲氏用煤来炼石补天，并为此写了《浮山遗灶记》碑文。甄敬也认为："石火（烧煤）之利，其始于女娲乎！"以科学的观点审视，女娲补天并不可信，但平定地处盛产煤炭的阳泉矿区，在那里利用煤炭烧火则十分自然。

据考古发现，在我国新石器时代的晚期遗物和周朝的墓葬群里都曾先后发现过用煤制成的工艺品。1973 年，在辽宁省新乐古文化遗址中，就发现有精煤雕刻装饰品 44 件。之后，在陕西西周墓葬和四川的战国墓葬中，也发现了大量煤的雕刻工艺品。

春秋战国时期，我国已较多地使用煤炭。《山海经》中将煤炭称为"石涅"，并记载了几处"石涅"的产地，经考证均是现今煤田的所在之地。如书中所指的"女床之山"，就在陕西省华阴市以西约六百里，相当于现在渭北煤田的麟游、永寿一带；书中所指的"女几之山"，在现今四川双流和什邡煤田的分布区域内。

汉武帝元狩四年（公元前 119 年）西汉实行盐铁官营政策，分别在产盐和产铁地区设盐官和铁官。桓宽在《盐铁论》一书中记载："盐冶之处，大校（抵）皆依山川，近铁炭。"这里的"炭"指的就是煤。在汉代的一些史料中，有河南六河沟、登封、洛阳等地的采煤记载。近年还在河南省巩义市发现有西汉时用煤饼炼铁的遗址。

三国时期，煤炭的开采和使用得到了进一步发展，曹操在建安十五年（公元 210 年）前后，以城为基，修建三台（铜雀、金虎、冰井），其中的冰井台中储藏了大量煤炭。魏、晋时称煤为"石墨"或"石炭"，此时在江西高安、新疆库车和山西大同等地区煤炭开发比较突出。江西高安煤炭开发利用见于南朝范晔所著的《后汉书·郡国志》一书，该书在豫章郡建城一节的注中载："《豫章记》曰：县有葛乡，有石炭两顷，可燃以爨。"在郦道元所著的《水经注》上有"石墨可书，又燃之难烬，亦为之石炭"。《释氏西域记》中记载："屈茨北二百里有山，夜则火光，昼日但烟，人取此山石炭，冶此山铁，恒充三十六国用。"

隋朝初年，煤炭就成了宫廷中的主要燃料。时任著作郎的王劭在表中说："在晋时，有人以洛阳火渡江者，世世事之，火色变青。今温酒及炙肉，用石炭火、木炭火、竹火、草火、麻警火，气味各不相同。"王劭在关于火的奏报中把石炭放在首位，并与木炭、竹草等其他燃料较其异同，说明石炭已成为宫廷内第一位的燃料了。

唐朝时，有对山西太原晋山"遗山皆有石炭，近远诸州，尽来取烧"的描述。据山西地质资料记载，太原西山煤田"远自唐宋年间即有土窑开采"，经地质调查，太原的虎峪神底窑、官地附近的林沟窑以及晋祠、梁泉沟的西沟窑等，就是唐宋年间开凿的。另据唐人康骈所著《剧谈录》记载："洛中豪贵子弟……，凡以炭炊饭，先烧令熟，谓之炼炭，方可入暴，不然犹有烟气。"此炭指的是煤而非木炭，所指的炼炭是炼焦的雏形。

五代时期，特别是辽金时期，辽宁抚顺进入了煤炭采掘高潮。当时烧制陶器普遍用煤作燃料。《东北的矿业》一书载："唐朝时，有国人李氏者，首先开掘，知用煤之方法，惟今日尚可发现高丽人采掘之遗迹，亦即圆形斜坑与容油器等。"《满铁十年史》一书也讲："烟台（今辽阳境内）煤炭采掘和利用的方法，是由唐朝李某所传，且和抚顺矿一样，在唐宋时期为高丽人所采掘。"

宋朝用煤更加普遍，已是"汴京数百家，尽仰石炭，无一家燃薪者"，此时的煤炭开发利用以河南、河北、陕西、山东等省最为突出。南宋文人朱翌在《猗觉寮杂记》一书中讲："石炭自本朝河北、山东、陕西方遂及京师。"足见石炭产地之广。据《汝州全志》卷四载："宋时宝丰清岭镇产煤、矾，故名兴宝。"在辽宁抚顺大官屯金代瓷窑遗址以及山东淄博、河南鹤壁、新安，陕西铜川、旬邑，河北曲阳、观台等地的宋代或宋元时代瓷窑遗址中，都发现了烧煤的遗迹。同时宋朝已用焦炭进行了冶铁。1961 年，在广东新会县发掘的南宋咸淳六年（1270 年）前后炼铁遗址中，除找到炉渣、石灰石、矿石外，还找到焦炭，这说明那时已用焦炭来冶铁了。目前所知，这是世界上冶铁用焦炭的最早实例。欧洲到 18 世纪才开始炼焦，比中国晚了 500 多年。

元代，以蒙古贵族为首的统治集团大力发展生产，注重矿业。特别是都城大都（今北京）的西山地区，采煤业发展较为普遍，成为最大的煤炭生产基地。据《元一统志》记载："石炭煤，出宛平县西十五里大谷（峪）山，有黑煤三十余洞。又西南五十里桃花沟，有白煤十余洞"；"水火炭，出宛平县西北二百里斋堂村，有炭窑一所"。元朝时，从意大利来中国的马可·波罗（Marc Polo，1254～1324），看到中国用煤的盛况，回国后在《马可·波罗游记》中写道："中国全境有一种黑石，采自山中，如同脉络，燃烧与薪无异，其火候较薪为优……，致使全境不燃他物。"于是欧洲人把煤当作奇闻来传颂。

明代李时珍的《本草纲目》中记载："石炭即乌金石，上古以字书，谓之石墨，今俗呼为煤炭，煤、墨音相近也。"至此，到了明代才首次使用煤这一名称。当时杰出的学者宋应星在其所著的《天工开物》一书中将煤划分为明煤、碎煤和末煤三类，指出"明煤产北、碎煤产南"。按用途又分"炎（焰）高者曰饭炭，用以炊烹，炎平者曰铁炭，用以冶炼"。并记述："凡取煤经历久者，从土面能辨有无之色，然后掘挖，深至五丈许，方始得煤。……"并对开采、支护、通风排气等均有详细记载。明代科学家方以智在其《物理小识》中记载："煤则各处产之。臭者，燃熔而闭之成石，再凿面入炉曰礁，可五日不绝火，煎矿煮石，殊为省力。"当时煤炭业不仅在河南、河北、山东、山西、陕西等省有了普遍发展，且在江西、安徽、四川、云南等省也不同程度地得到了发展。在嘉靖以前一段时间，河南安阳一带煤窑井下延深已经到数十百丈，煤炭可以大规模地开采，产量不断增加，煤炭开采范围十分广泛，主要产煤区几乎都得到了不同程度的开发。

清代的采煤业在明代的基础上得到了进一步发展。从清初到道光，历代统治者对煤炭生产都比较重视，并对煤炭开发采取扶植措施，雍正十三年（公元 1735 年）六月十五日，两广总督鄂弥达、广东巡抚杨永斌奏请开发广东煤炭，陈述了"煤斛为民间日用炊爨之物，未便概为封禁"的道理，雍正皇帝明确指示道："煤始于薪，乃日用所需，非矿厂之比，何须封禁。"由于各级官府对煤炭开发比较重视，加上社会的迫切需要和各地人民的辛勤劳动，从而使清代采煤业有了普遍的发展，在乾隆年间（1736～1795 年），出现了我国古代煤炭开发史上的又一个高潮。

1.2 煤的分类和特征

1.2.1 煤的分类

根据成煤植物的种类和聚积环境的不同，可将煤划分为腐殖煤、腐泥煤和腐殖腐泥煤三大类。腐殖煤是由高等植物形成的煤，其前身为高等植物遗体在沼泽中形成的泥炭，它在自然界中分布最广、储量最大。腐泥煤是由低等植物和少量浮游生物形成的煤，其前身是低等植物遗体在湖泊等水体中形成的腐泥。腐殖腐泥煤成煤原始物质兼有高等植物和低等植物，聚积环境介于沼泽和湖泊之间的过渡环境。

腐泥煤的分布范围小，煤层厚度不大。腐殖煤是目前世界上用途最广、储量最大、分布范围最广的煤类，是我国煤矿开采的主要对象。因此，除非有特殊说明，人们通常所指的煤就是由高等植物形成的腐殖煤。它与腐泥煤的主要特征比较见表 1-1。

表 1-1　腐殖煤与腐泥煤的主要特征对比

特　征	腐殖煤	腐泥煤
颜　色	褐色和黑色，多为黑色	多数为褐色
光　泽	光亮者居多	暗
用火柴点燃	不燃烧	燃烧，有沥青气味
氢含量/%	一般小于 6	一般大于 6
低温干馏焦油产率/%	一般小于 20	一般大于 25

腐殖煤是高等植物形成的煤，也是近代煤炭综合利用的主要物质。低煤化程度的腐殖煤常含有保存程度不同的树枝、树干、树叶等植物遗体，在显微镜下，可见到植物的细胞结构。其主要特点是具有不同强度的光泽，并常呈条带状结构。根据煤化度的不同可分为泥炭、褐煤、烟煤和无烟煤四类。这四类腐殖煤的主要特征和区分标志见表 1-2。

表 1-2　四类腐殖煤的主要特征和区分标志

特征与标志	泥炭	褐煤	烟煤	无烟煤
颜色	棕褐色	褐色、黑褐色	黑色	灰黑色
光泽	无	大多无光泽	有一定光泽	金属光泽
外观	有原始植物残体，土状	无植物残体，有明星条带	呈条带状	无明显条带
在沸腾 KOH 中	棕红-棕黑	褐色	无色	无色

续表1-2

特征与标志	泥炭	褐煤	烟煤	无烟煤
在稀 HNO_3 中	棕红	红色	无色	无色
自然水分	多	较多	较少	少
密度/$g \cdot cm^{-3}$		1.10~1.40	1.20~1.45	1.65~1.90
硬度	很低	低	较高	高
燃烧现象	有烟	有烟	多烟	无烟

1.2.2　煤的特征

泥炭是植物遗体在饱和水的沼泽环境中和厌氧微生物不完全分解的条件下，经生物化学作用形成的有机质堆积物，是植物向煤转化的过渡产物。外观呈棕褐色或黑褐色，含有大量未分解的植物组织，有时肉眼能看出。泥炭的含水量较高，一般可达85%~95%。开采出的泥炭经过自然风干后，水分可降至25%~35%，干泥炭呈棕黑色或黑褐色土状碎块。

泥炭有广泛的用途，经气化可制成气体燃料或工业原料气；经液化可制成人造液体洁净燃料；经焦炭化得到的泥炭焦是制造优质活性炭的原料；此外，还可制造甲醇等化工原料，可直接用作土壤改良剂和高质量的腐殖酸肥料。

褐煤是泥炭沉积经过脱水、压实转变为有机生物岩的初期产物，外表呈褐色或暗褐色。褐煤一般暗淡，有时呈沥青光泽，含有原生腐殖酸，没有黏结性。褐煤含水较多，空气干燥后易风化破裂。在外观上，褐煤与泥炭的最大区别是褐煤不含未分解的植物组织残骸，且易成层分布。

褐煤适宜做气化原料，其低温干馏煤气可用作燃料气或制氢的原料气，低温干馏的煤焦油经加氢处理可制取燃料和化工原料；褐煤经溶剂抽提后所得褐煤蜡具有熔点高、化学稳定性好、防水性强、导电性低等特性；也可用作民用、工业燃料、化肥原料等。

烟煤是褐煤经变质作用而成，因燃烧时多烟而得名。烟煤中不含游离的腐殖酸，腐殖酸已全部转变为中性腐殖质。烟煤具有不同程度的光泽，大多数呈明暗交替的条带状。所有烟煤均比较致密，真密度较高，硬度较大。烟煤是自然界最重要、分布最广、储量最大、品种最多的煤种，根据煤化度的不同，我国将其划分为长焰煤、不黏煤、弱黏煤、气煤、肥煤、焦煤、瘦煤和贫煤等类型。

在烟煤中，气煤、肥煤、焦煤和瘦煤都具有不同程度的黏结性。它们被粉碎后高温干馏时能不同程度地转变为塑性体，继而固化为块状的焦炭，因而也被称为炼焦煤。

无烟煤是烟煤变质而成，是煤化度最高的一种腐殖煤，因燃烧时无烟而得名。外观呈灰黑色，带有金属光泽，无明显条带，它的挥发分最低、真密度最大、硬度最高。可用作民用、发电燃料；制造合成氨的原料；低灰分的无烟煤可用于制造石墨、电石和碳化硅等。

腐泥煤是由低等植物和少量浮游生物形成的，包括藻煤和胶泥煤等。藻煤主要由藻类生成，在山西浑源，山东兖州、肥城均有发现；胶泥煤是无结构的腐泥煤，植物成分分解彻底，几乎完全由基质组成。

此外，还有腐殖煤和腐泥煤的混合体，有时单独分成与腐殖煤和腐泥煤并列的第三类，称为腐殖腐泥煤。主要有烛煤和精煤，前者与藻煤相似，宏观上较难区分，易燃；精煤盛产于辽宁抚顺，结构细腻，质轻而有韧性，因能雕琢工业美术品而驰名。

1.3　我国煤炭资源分布特点

我国煤炭资源的成煤时代多，聚煤期的地质时代由老到新主要是：晚古生代的早石炭世、晚石炭世-早二叠世、晚二叠世；中生代的晚三叠世，早、中侏罗世、晚侏罗世-早白垩世和新生代的古近世和新近世。其中以侏罗世成煤最多，占总量的39.6%，石炭-二叠世（北方）占38.0%，白垩世占12.2%，二叠世（南方）占7.5%，古近世和新近世占2.3%，三叠世占0.4%。我国北方地区煤炭资源的成煤时期多为石炭-二叠世，南方地区的成煤时期多为二叠世，西北地区多为早中侏罗世，东北地区多为晚侏罗世。

我国煤炭资源在地理分布上的总格局是西多东少、北富南贫，具有天然的区域分异性。同时我国经济发展又存在地域上的不平衡性，其一是呈东部、中部和西部的条带状，东部相对发达西部滞后；其二是呈南北分异现象，南部相对发达北部滞后。我国的煤炭资源分布的"多"和"少"又与地区的经济发达程度呈相逆的关系，西煤东运、北煤南运就是煤炭资源区域分异现象与经济区域分异性相悖的明显表现。

我国的煤炭资源又与水资源呈现逆向分布。我国整体水资源缺乏，人均水资源占有量仅为全世界的1/4，而且分布极不均匀，在我国的南部和东部分布较多，与煤炭资源的分布呈逆向关系。这种关系给煤炭的生产发展带来了不利的影响，而且困难不好解决，使煤炭的长远发展受到了制约；同时，在产煤地区，由于煤炭生产及煤炭洗选过程中产生大量工业废水，又使本已脆弱的生态环境进一步恶化。

根据第三次全国煤炭资源预测资料，在昆仑山—秦岭—大别山以北地区已发现煤炭资源占全国的90.3%（若不包括东北三省和内蒙古东部地区则为77.4%），其中太行山—贺兰山之间，储量占北方地区的65%以上，以烟煤和无烟煤为主，形成了山西、陕西、宁夏、河南和内蒙古中南部的富煤地区（华北赋煤区的中部和西部）。秦岭—大别山一线以南的南方地区以无烟煤、贫煤为主，资源储量占全国的9.6%，而其中的90.4%又集中在贵州、四川、云南三省，形成了以黔西、川南和滇东为主的富煤地区（华南赋煤区的西部）。在东西分带上，大兴安岭—太行山—雪峰山以西地区，资源储量占全国的89%，分布着各种变质程度的烟煤和无烟煤；而以东地区仅占11%，且以褐煤和低变质烟煤为主。从省级尺度来看，全国34个省级行政区划单元中，除上海、香港外都有不同质量和数量的煤炭资源分布，在全国63%的县级行政区划里都有煤炭资源分布，但大量煤炭资源相对集中在少数的省（区），如山西、内蒙古、陕西、贵州和云南五省的煤炭资源基础储量就占全国的69%以上。

从各大行政区内部看，煤炭资源分布也不平衡，如华东地区的煤炭资源储量87%集中在安徽、山东，而工业区又主要在以上海为中心的长江三角洲地区；中南地区煤炭资源的72%集中在河南，而工业区主要在武汉和珠江三角洲地区；西南地区煤炭资源的67%主要集中在贵州，而工业区主要在四川；东北地区相对较好，但也有52%的煤炭资源集中在北部的黑龙江，而工业集中在辽宁。这种我国煤炭资源与区域社会经济发达程度逆向分布的特点，导致煤炭资源生产区、消费区的严重分离，从而形成了"北煤南运"和"西煤东调"的基本格局，大量煤炭资源的长距离运输，给煤炭生产、交通运输和运输沿线的生态环境都造成了很大的压力。

各地区煤炭种类和质量的变化也较大，分布不理想。中国的炼焦用煤在地区上分布不平衡，四种主要炼焦煤种中，瘦煤、焦煤、肥煤有一半左右集中在山西，而拥有大型钢铁企业的华东、中南、东北地区炼焦用煤很少；在东北地区，钢铁企业在辽宁，炼焦煤大多在黑龙江；在西南地区，钢铁工业在四川，而炼焦煤主要集中在贵州。

我国的煤炭资源在空间格局上具有以下特点：低变质煤多，优质无烟煤和优质炼焦用煤少；发热量较高、中高热值煤居多，低热值煤少；低中灰和中灰煤较多，低灰煤和高灰煤较少；低硫煤占主导，其次为低中硫煤和中硫煤，高硫煤和特高硫煤很少；低灰低硫的优质煤较少，北方地区煤炭资源的含硫量普遍低于南方地区。

我国的煤炭资源包括从褐煤到无烟煤各种不同的煤类，但数量和分布极不平衡。除褐煤占已发现资源的 12.7% 外，在硬煤中，低变质烟煤所占的比例为总量的 42.4%，贫煤和无烟煤占 17.3%，而中变质烟煤，即传统上称的"炼焦用煤"的数量只占 27.6%，且大多为气煤，肥煤、焦煤和瘦煤则更少。

在已探明的储量中，灰分质量分数小于 10% 的特低灰煤占 20% 以上；硫分质量分数小于 1% 的低硫煤约占 65%~70%；硫分质量分数在 1%~2% 的中硫煤约占 15%~20%；高硫煤主要集中在西南、中南地区。华东和华北地区上部煤层多为低硫煤，下部多为高硫煤。

1.4　煤炭的综合利用

煤作为一种燃料，我国早在汉代就已经利用，但广泛用作工业生产的燃料，是从 18 世纪 60 年代的第一次工业革命开始的。随着蒸汽机的发明和使用，煤被广泛地用作工业生产的燃料，给社会带来了前所未有的巨大生产力，推动了工业的向前发展，煤炭、钢铁、化工、采矿、冶金等工业随之发展起来。煤炭作为一次能源的直接燃烧供热和发电仍是利用的传统方式，燃煤给人类带来光明和温暖的同时，却对环境带来了严重的污染和危害。

煤炭是我国的主要能源形式，根据英国石油公司（BP 公司）发布的 2015 年《BP 世界能源统计年鉴》（中国版），2014 年，煤炭在我国的一次能源消费结构比例中占 66%，而煤炭在世界的一次能源消费结构比例占 30%。因此，对于我国来说，煤炭是一个特殊的和有重要意义的能源供应者。

近年来，北京、石家庄、哈尔滨等大城市深受雾霾的影响，利用煤炭的高效清洁燃烧技术将煤炭转化为洁净的二次能源，将作为国家的国策和发展战略。

煤炭除了作为燃料以取得热量和动能以外，更为重要的是从中制取冶金用的焦炭和人造石油，即煤的低温干馏的液体产品——煤焦油。经过化学加工，从煤中能制造出成千上万种化学产品，所以煤还是一种非常重要的化工原料，如我国相当多的中、小氮肥厂都以煤炭作原料生产化肥。

煤还可以进行气化，煤或焦炭与气化剂（空气、水蒸气、氧气等）接触后，在一定温度和压力下会发生一系列复杂的热化学反应，使原料最大限度地转变为气态可燃物（煤气）。煤炭气化技术虽有很多种不同的分类方法，但一般常按生产装置的化学工程特征进行分类，可分为固定床气化、流化床气化、气流床气化和熔融床气化等。气化工艺在很大程度上影响煤化工产品的成本和效率，采用高效、低耗、无污染的煤气化工艺（技术）是发展煤化工的重要前提，其中反应器便是工艺的核心，可以说气化工艺的发展是随着反应器的发展而发展的。

煤的液化是减少环境污染和补偿石油资源短缺的一种方法，近年来发展迅速，煤的液化方法主要分为直接液化和间接液化两类。煤直接液化是煤在氢气和催化剂的作用下，通过加氢裂变转变为液体燃料的过程，该方法直接将煤转化成液体燃料。该技术研究始于20世纪初的德国，第二次世界大战结束后，美国、日本、法国、意大利及前苏联等国相继开发了煤直接液化技术。20世纪50年代后期，由于中东廉价石油的开发，使煤直接液化技术的发展处于停滞状态。1973年，石油危机爆发，煤炭液化技术又重新活跃起来。煤间接液化技术是以煤为原料，先气化合成气，然后通过催化剂将合成气转化成烃类、醇类和化学品的过程。煤间接液化合成油品在南非已经形成了百万吨级的盈利产业，国内的内蒙古伊泰集团、山西潞安集团、徐州矿务集团、神华集团及连顺能源集团等五家企业已建立了数十万吨级的煤间接液化示范厂。

此外，煤炭中还往往含有许多放射性和稀有元素，如铀、锗、镓等，这些放射性和稀有元素是半导体和原子能工业的重要原料。

煤炭对于现代工业，无论是重工业，还是轻工业；无论是能源工业、冶金工业、化学工业、机械工业，还是轻纺工业、食品工业、交通运输业，都发挥着重要的作用，各种工业部门都在一定程度上要消耗一定量的煤炭，因此有人称煤炭是工业"真正的粮食"。

思 考 题

1-1　煤炭的形成经历哪几个阶段，各阶段具有什么特征？
1-2　控制成煤的因素有哪些，各因素起什么作用？
1-3　目前我国煤炭资源的分布对经济发展有何影响？
1-4　未来的煤炭利用方向及趋势如何？

参 考 文 献

[1] 邵震杰，任文忠，陈家良. 煤田地质学 [M]. 北京：煤炭工业出版社，1992：1-251.

[2] 杨起，韩德馨. 中国煤田地质（上册）[M]. 北京：煤炭工业出版社，1979.

[3] 韩德馨，杨起. 中国煤田地质（下册）[M]. 北京：煤炭工业出版社，1980.

[4] 崔村丽. 我国煤炭资源及其分布特征 [J]. 科技情报开发与经济，2011，21（24）：181-182.

[5] 刘志逊，陈河替，黄文辉. 我国煤炭资源现状及勘查战略 [J]. 煤炭技术，2005，24（10）：1-2.

[6] 高天明，沈镭，刘立涛，等. 中国煤炭资源不均衡性及流动轨迹 [J]. 自然资源学报，2013，28（1）：92-103.

［7］高卫东，姜巍. 中国煤炭资源供应格局演变及流动路径分析［J］. 地域研究与开发，2012，31（2）：9-14.

［8］马蓓蓓，鲁春霞，张雷. 中国煤炭资源开发的潜力评价与开发战略［J］. 资源科学，2009，31（2）：224-230.

［9］程爱国，宁树正，袁同兴. 中国煤炭资源综合区划研究［J］. 中国煤炭地质，2011，23（8）：5-8.

［10］虞继舜. 煤化学［M］. 北京：冶金工业出版社，2003.

［11］BP 世界能源统计年鉴. bp. com/statisticalreview #BPstats. 2015：1-48.

［12］韩德馨. 中国煤岩学［M］. 北京：中国矿业大学出版社，1996.

2 煤化学

煤化学是以化学为基础，研究煤的生成、组成（化学组成和岩相组成）、结构（分子结构和孔隙结构）、性质、分类以及煤的各种转化过程机理和加工产物组成、性质的学科。煤化学是一门综合学科，与多个学科领域紧密相关。学习煤化学不仅要掌握有机化学、物理化学和物理学等方面的知识，而且还要有其他相关学科广博的基础知识。研究煤的生成需具备地球化学、古植物学、地理学、沼泽学、微生物学、地质学等学科的基本知识；研究煤的岩相组成，要了解煤岩学、岩石学、晶体结构、晶体光学等方面的基本知识；对煤及煤的转化产物性能的阐明则常采用高分子化学、胶体化学、电化学、表面化学和流变学的基本原理。

煤的组成和性质决定了煤的利用方式，而煤的性质是由其结构决定的。掌握煤化学研究的主要内容有助于进一步了解煤的特性，认识煤加工过程中的变化规律，从而指导生产，合理、洁净利用煤炭资源。由于煤的组成和结构具有复杂性与非均一性，虽可采用先进仪器和模拟方法研究煤的分子结构、大分子结构演化等，但煤中有机物种类及其分子结构仍不十分清楚。在煤化学学科中还有许多尚待研究与解决的问题，这对煤化学研究者来说是一种压力，同时也是挑战与机遇。

2.1 煤的形成

煤是由远古植物残骸没入水中经过生物化学作用，被地层覆盖并经过物理与化学作用形成的沉积有机矿产，是由多种高分子化合物和矿物质组成的混合物。由植物转化为煤要经历复杂而漫长的过程，逐步由低级向高级转化，依次是植物、泥炭（腐泥）、褐煤、烟煤（长焰煤、气煤、肥煤、焦煤、瘦煤、贫煤）、无烟煤。煤形成过程中，成煤植物与成煤条件的差异造成了煤种类的多样性与煤基本性质的复杂性，并直接影响煤的开采、洗选和综合利用。煤的形成是一个极其漫长和复杂的历史过程。从植物死亡、堆积到转变为煤经过了一系列复杂的演变过程；成煤植物的种类、植物遗体的堆积环境和堆积方式、泥炭化阶段经受的生物化学作用等煤的成因因素，决定了煤在显微结构上具有形态各异的显微成分；泥炭成岩后煤变质作用的类型、温度、压力、时间及其相互作用决定了煤的化学成熟程度，即煤化程度，煤的显微成分组成和煤化度是煤性质的重要表征。因此，了解煤形成过程的基本知识，可以帮助我们从本质上更深刻地认识煤，对煤的勘探、开发、煤质评价和加工利用都有重要影响。

2.1.1 成煤物质

起初人类对煤的认识不够成熟，众说纷纭，主要有三种假说，一是认为煤与地球一起形成，有地球就有煤；二是认为岩石演变成了煤；三是植物残骸形成了煤，因为在对煤进行利用和研究过程中发现与煤层相间的岩石或煤层顶、底板中存在植物化石，其根、枝、叶清晰可辨。随着科技的发展，显微镜被应用于煤形成的研究中，将煤制成薄片于显微镜下观察，可以看到呈黄色扁平小环状的植物孢子、植物叶子表皮外层细长的纤维和条纹，以及植物的木质组织、表皮层碎块和生长年轮。这一现象证实煤是由树木、草和叶子变成的。进一步对各种煤与现代植物进行元素分析，发现二者化学成分相同，更证明形成煤的原始物质主要是植物。

2.1.1.1　成煤植物与条件

在生物史上，植物经历了由低级到高级逐步发展的漫长过程，并且多次飞跃演化。按种类划分，其发展依次可分为菌藻植物时代、裸蕨植物时代、蕨类植物时代、裸子植物时代和被子植物时代。其中菌藻植物属于低等植物，其他植物属于高等植物。此外，高等植物还包括难以成煤的苔藓植物。在植物演化史上，某一种类的植物占优势后，前级植物中的某些门类仍继续存在。

低等植物主要是由单细胞或多细胞构成的丝状或叶片状植物，无根、茎、叶的划分，大多数生活在水中，是地球上最早出现的生物。在泥盆纪以前的几十亿年间，地球上没有成形的生物体，细菌和蓝藻是最早出现的有细胞结构的原核生物，它们生存在原始海洋中。蓝藻最为繁盛，叠层石化石的形成是藻类活动的结果。除苔藓外的高等植物具有粗壮的茎和根，常能长成高大的乔木，根、茎、叶等器官划分明晰。在生产实践中常可发现煤层中有保存完好的古植物化石和由树干变成的煤，有的甚至保留着原来断裂树干的形状；煤层底板多富含植物根化石或痕木化石，证明它曾经是植物生长的土壤；在显微镜下观察煤制成的薄片可以直接看到原始植物的木质细胞结构和其他残骸，如孢子、花粉、树脂、角质层和木栓体等；在实验室用树木进行人工煤化试验，可以得到外观和性质与煤类似的人造煤。因此，煤是由植物而且主要是由高等植物转变而来的观点已成为人们的共识。

植物是成煤的原始物质，其大量繁殖生长是形成煤的基本条件。地史上植物大量繁盛的时代往往就是重要的聚煤时期。植物的大量生长繁殖是在地球形成数十亿年以后，因此煤炭的形成也是近几亿年才开始的。震旦纪至早泥盆世低等植物菌、藻类发育，这个时期有石煤形成；志留纪末以后出现陆生高等植物，多为高大乔木，具有粗大的根和茎、叶，为煤的大量聚积提供了条件。我国的几个主要成煤时代石炭二叠纪、三叠侏罗纪、古近纪分别与孢子植物、裸子植物和被子植物的繁盛时期相对应。

2.1.1.2　成煤植物的有机组分

植物主要由有机物质构成，但也含有一定量的无机物质。高等植物和低等植物的基本组成单元是细胞，植物细胞是由细胞壁和细胞质构成的。细胞壁的主要成分是纤维素、半纤维素和木质素，细胞质的主要成分是蛋白质和脂肪。低等植物主要由蛋白质和碳水化合物组成，脂肪含量比较高；高等植物的组成则以纤维素、半纤维素和木质素为主，植物的角质层、木栓层、孢子和花粉含有大量的脂类化合物。不论高等植物还是低等植物，也不论高等植物中的哪一种有机成分都可参与泥炭化作用进而形成煤。而植物的有机组成的差别直接影响它的分解和转化过程，最终影响煤的组成、性质和利用途径。从化学的观点看，植物的有机族组成可以分为四类，即：糖类及其衍生物（碳水化合物）、木质素、蛋白质和脂类化合物。

（1）糖类及其衍生物。糖类及其衍生物是具有分子式（$C_6H_{10}O_5$）$_n$的长链结构大分子化合物，是植物中含量最多和最重要的成分，也是植物主要能量储备和来源之一。它主要包括纤维素、半纤维素和果胶质等成分，在活体植物中比较稳定，当植物死亡后，在氧化条件下易受微生物分解而形成 CO_2 和 H_2O；在酸性还原条件下受厌氧细菌作用，纤维素、果胶等产生发酵作用而生成甲烷、二氧化碳、氢、丁酸、醋酸等中间产物，部分参与成煤作用。

纤维素是广泛分布于植物中的多糖，是一种高分子的碳水化合物，是植物组织细胞壁的主要成分，其链式结构可用通式（$C_6H_{10}O_5$）$_n$表示。分子结构如图 2-1 所示。

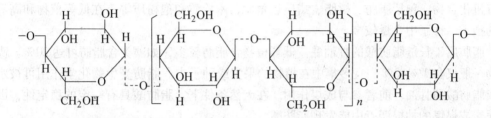

图 2-1　纤维素的分子结构式

纤维素在生长着的植物体内很稳定，但植物死亡后，需氧细菌通过纤维素水解酶的催化作用可将其水解为单糖，后者进一步氧化则分解为 CO_2 和 H_2O，即：

$$（C_6H_{10}O_5）_n + nH_2O \xrightarrow{\text{细菌水解}} nC_6H_{12}O_6$$
$$C_6H_{12}O_6 + 6O_2 \longrightarrow 6CO_2 + 6H_2O$$

当环境缺氧时，厌氧细菌使纤维素发酵生成 CH_4、CO_2、C_3H_7COOH 和 CH_3COOH 等。

无论是水解产物还是发酵产物，它们都可与植物的其他分解产物缩合形成更复杂的物质参与成煤，或成为微生物的营养来源。

半纤维素与纤维素一样，是包含在植物细胞中的多糖，其结构多种多样，如多维戊糖（$C_5H_8O_4$）$_n$就是其中的一种。它也能在微生物作用下分解成单糖：

$$（C_5H_8O_4）_n + nH_2O \longrightarrow nC_5H_{10}O_5$$

果胶质是糖的衍生物，呈果冻状存在于植物的果实和木质部中。果胶质分子中有半乳糖醛酸 $HOC—（CHOH）_4—COOH$，故呈酸性。果胶质的结构式如图 2-2 所示。

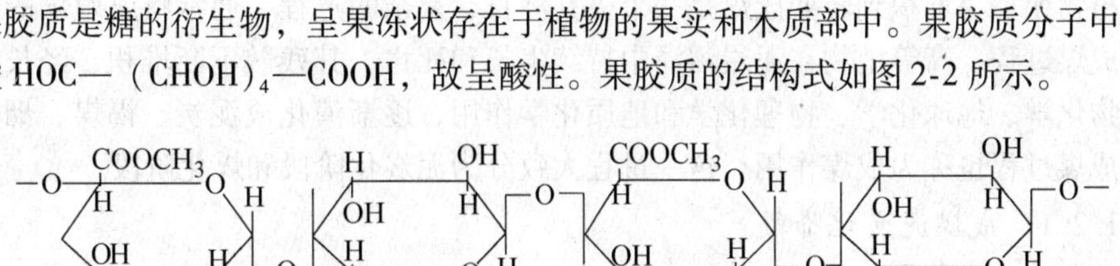

图 2-2　果胶质的分子结构式

果胶质是不稳定的，在泥炭形成的开始阶段，即可因生物化学作用水解成一系列的单糖和糖醛酸。

（2）木质素。木质素主要分布在高等植物的细胞壁中，包围着纤维素并填满其间隙，以增加茎部的坚固性。木质素是具有芳香结构的化合物，它的结构复杂，至今还不能用一个结构式来表示。木质素的组成因植物的种类而异，其单体以不同的链连接成三度空间的大分子，因而比纤维素稳定，不易水解，但在多氧的情况下，经微生物的作用易氧化成芳香酸和脂肪酸，成为参与成煤作用的重要组分。

（3）蛋白质。蛋白质是构成植物细胞原生质的主要物质，也是有机体生命起源最重要的物质基础。蛋白质是一种无色透明半流动状态的胶体，由许多不同的氨基酸分子缩合而成。其成分含—COOH 和—NH_2，呈两性，与强酸和强碱作用都可生成盐类。植物死亡后，蛋白质在氧化条件下几乎完全分解为气态产物和氨基酸，在缺氧或厌氧条件下可生成各种复杂的游离基团，如氨基、羧基、羟基、硫基，并参与成煤。

（4）脂类化合物。脂类化合物通常指不溶于水，而溶于苯、醚和氯仿等有机溶剂的一类有机化合物，包括脂肪、树脂、蜡质、角质、木栓质和孢粉质等，在低等植物和高等植物的孢子、种子中含量较多。

脂肪属于长链脂肪酸的甘油酯。低等植物含脂肪较多，如藻类含脂肪可达20%。高等植物一般仅含1%~2%，且多集中在植物的果实或种子中。脂肪受生物化学作用可被水解生成脂肪酸和甘油，前者参与成煤作用。在天然条件下，脂肪酸具有一定的稳定性，因此从泥炭或褐煤的抽提沥青中能发现脂肪酸。

树脂主要是高等植物生长过程中的分泌物，当植物受创时，不断分泌出胶状的树脂来保护伤口。高等植物中的针状植物含树脂最多。树脂是胶状混合物，其成分主要是二萜和三萜类的衍生物，挥发性强，蒸发后剩余部分由于氧化聚合而变硬。树脂的化学性质十分稳定，不受微生物破坏，也不溶于有机酸，因此能较好地保存在煤中。我国抚顺第三纪褐煤中的"琥珀"就是由植物的树脂演变而成的。

树蜡的化学性质类似于脂肪，但比脂肪更稳定。它呈薄层覆于植物的叶、茎和果实表面，以防止水分的过度蒸发和微生物的侵入。植物茎、叶表面细胞壁外层的角质化和老的根、茎的栓质化皆与蜡质的加入有关。蜡质是长链脂肪酸和含有 24 ~ 36（或更多）个碳原子的高级一元醇聚合形成的脂类，其化学性质稳定，遇强酸也不易分解。

2.1.2　成煤过程

从植物死亡、堆积到转变成煤是一个极其漫长、复杂的过程，通常将腐殖煤的生成过程称为成煤过程。高等植物在泥炭沼泽中持续生长和死亡，其残骸不断堆积，经长期而复杂的生物化学、地球化学、物理化学和地质化学作用，逐渐演化成泥炭、褐煤、烟煤和无烟煤的成煤过程也称为成煤作用。这一过程大致分为泥炭化阶段和煤化阶段。

2.1.2.1　成煤泥炭化阶段

A　泥炭化阶段生物化学作用

高等植物转化为泥炭的全过程称为泥炭化阶段，在此阶段植物遗体发生了十分复杂的变化。对现代泥炭沼泽的研究表明泥炭表层空气畅通、湿度较大，有大量有机质存在，适宜微生物的繁殖活动，因而含有大量需氧细菌、放线菌和真菌，而厌氧细菌的数量较少。当植物遗体暴露在空气中或沼泽表层时，细菌将对植物进行氧化分解和水解作用，植物的一部分将变成水和气体，另一部分分解为较简单的有机化合物，并在一定条件下合成腐殖酸。可见，为氧化环境的泥炭表层是植物氧化分解为各种简单有机化合物和形成部分腐殖酸的主要场所。随着植物遗体堆积厚度的增加和沼泽水的覆盖，需氧细菌、放线菌和真菌减少，厌氧细菌增多，它们的生命活动不需依靠空气中的氧，而是利用植物有机质中的氧，故发生还原反应，产生了富氢的残留物。

通常，在沼泽环境中植物遗体的氧化分解往往是不充分的，一般都会经历厌氧微生物作用阶段，主要是由于距泥炭沼泽表面 0.5m 以下，需氧细菌和真菌等微生物急剧减少，而厌氧细菌逐渐增多；植物遗体在分解出气体、液体和微生物新陈代谢时促使沼泽中介质酸度增加，抑制了需氧细菌和真菌的生存活动；植物本身存在的防腐和杀菌成分的积累也不利于微生物的生存和活动。

B　丝炭化作用与凝胶化作用

在泥炭化过程中，植物的木质纤维组织等除经受生物化学作用外，还发生了显著的物理化学变化。在强氧化条件下产生富碳贫氢的丝炭化物质，在弱氧化和还原条件下形成以腐殖酸和沥青为主要成分的凝胶化物质，分别称为丝炭化作用和凝胶化作用。这两种作用的泥炭化阶段是两种不同转变过程，但同一植物遗体可以交叉进行两种作用。凝胶化物质可因重新转入氧化环境而脱氢脱水，氧化较轻的丝炭物质亦可因进入还原环境而发生凝胶化作用。这种不同程度的相互转变主要取决于沼泽覆水变化的程度，但彻底丝炭化的物质即使在凝胶化条件下，也不再可能向凝胶化物质转化了。

植物木质纤维组织在泥炭沼泽的氧化环境中，受到需氧细菌的氧化作用，产生贫氢富碳的腐殖质，或遭受"森林火灾"而炭化成木炭的过程为丝炭化作用。丝炭化作用的产物统称为丝炭，依成因分为氧化丝质体与火焚丝质体，两者在形态、反射率和工艺性质等方面有一定的差异。氧化成因丝质体在沼泽表面变得比较干燥、氧供应充足的条件下发生，它的存在是普遍的现象，而火焚丝质体的出现是偶然情况。

凝胶化作用一般发生在沼泽中停滞、不太深的覆水条件下的弱氧化至还原环境中。在厌氧细菌作用下，植物的木质纤维组织一方面发生生物化学变化，形成腐殖酸和沥青质等，另一方面植物的木质纤维组织在沼泽水的浸泡下，吸水膨胀，发生胶体化学变化。凝胶化作用强度不同，产生的凝胶质形态与结构不同。当凝胶化作用微弱时，植物的细胞壁基本不膨胀或仅微弱膨胀，植物细胞组织仍能保持原始规则的排列，细胞腔明显；当凝胶化作用强烈时，植物细胞结构完全消失，形成均匀的凝胶体。

C　泥炭的积累与组成

泥炭的形成和积累受多种因素影响，首先植物增长量必须超过其分解量，即大量植物死亡残体经常处于厌氧分解条件下，残体不可被完全氧化分解而保存下来；其次，在植物残体转变为泥炭的过程中，分解产生的气体和液体以及微生物代谢物使沼泽水介质酸度增加，对微生物的活动产生抑制作用，使氧化分解逐渐减弱；再次，泥炭沼泽有积水并处于停滞状态，造成水质毒化；最后，具有防腐和杀菌的植物成分较多，可保护纤维素等成分。

植物转变为泥炭，化学组成上发生了质的变化，蛋白质消失，木质素、纤维素等减少，产生了植物中没有的大量腐殖酸。元素组成上，碳、氮含量有所增加，氧含量则减少。

D　泥炭聚积环境对煤质的影响

泥炭聚积环境对煤的岩相组成、硫含量和还原程度均有影响。

沼泽水的深度和流动性等物理条件影响泥炭沼泽的化学条件，沼泽 pH 值和氧化/还原电势等化学条件又影响微生物的活动。这些相互联系的物理、化学以及微生物条件与成煤植物物料相互作用，形成了泥炭的特定类型，并由此形成特定的煤类型。

泥炭堆积环境对煤中硫含量的影响可从近海煤与远海型煤中硫分高低情况中发现。近海煤田的许多煤层中煤的硫含量都相当高，这是由于海滨盐碱土上生长的植物本身硫含量较高；近海植物选择性地将沼泽水流中的硫浓缩，并与成为泥炭沉积物的有机物反应；海水中以硫酸根存在的硫含量较高。

煤的还原程度是指有机质在成煤过程中受到的还原程度。近海煤田某些煤层的煤与变质程度相同、煤岩组成相近的其他煤比较，挥发分和硫、氢、氮的含量都较高，黏结性较强，发热量和焦油产率也较高，故称为强还原煤。强还原煤的生成与海滨泥炭沼泽的介质化学特性有关。它是在碱性介质、停滞和厌氧的还原环境下生成的。

2.1.2.2　成煤煤化阶段

泥炭被无机沉积物覆盖标志着泥炭化阶段结束，生物化学作用减弱直至停止。接着在温度、压力等物理化学因素作用下，泥炭开始向褐煤、烟煤和无烟煤转变，这一过程称为煤化阶段。由于物理化学作用因素和结果不同，煤化阶段可分为成岩阶段和变质阶段。

A　成岩阶段

无定型泥炭因受无机沉积物覆盖产生的巨大压力逐渐发生压紧、失水、胶体老化硬结、空隙度减小等物理化学作用，转变为具有生物岩特征的褐煤的过程为成岩阶段。这一过程发生在覆盖层厚度大致为 $200\sim400m$ 深度不大的地下，温度较低，不到 $60℃$。因此，压力及其作用时间对泥炭的成岩起主导作用。这种压实作用相当可观，从泥炭阶段至褐煤阶段到烟煤阶段压缩比例一般为 6:3:1，也就是说 $1m$ 厚的泥炭将生成不到 $20cm$ 的烟煤。在成岩过程中，除了发生压实和失水等物理变化外，也在一定程度上进行了分解和缩聚反应。泥炭中残留的植物成分，如少量纤维素、半纤维素和木质素等逐渐消失，腐殖酸含量先增加后减少，氢、氧和碳的含量也发生了明显的变化。当地层继续下沉和顶板加厚时，由于温度明显升高，压力继续加大，使煤质的变化转入变质阶段。

B　变质阶段

变质阶段是指褐煤沉降到地壳深处，在长时间地热和高压作用下发生化学反应，其组成、结构和性质发生变化，转变为烟煤、无烟煤的过程。影响变质程度的主要因素有温度、压力和时间。

地球是一个庞大的热库，巨大的地热使地温自地表常温层以下随深度加大而逐渐升高。深度每增加 $100m$ 温度升高的数值称为地温（热）梯度。虽然地热场的分布总是不均一的，但地温梯度一般为正值，即地温朝地下深处逐渐升高。现代平均地温梯度为 $3℃/100m$，但其变化范围可为 $0.5℃/100m$ 到 $25℃/100m$，由此可以推测成煤期的古代地温分布也是不均一的，但应有相同的变化趋势。

温度是煤变质的主要因素，这点已被一系列人工煤化实验所证实。人工煤化实验发现，泥炭在 $100MPa$ 的压力下加热到 $200℃$ 时，试样在相当长的时间内并无变化，但当温度超过 $200℃$ 时，试样转变为褐煤；当压力升高到 $180MPa$，温度低于 $320℃$ 时，褐煤一直无明显变化；而当温度升至 $320℃$ 后，它就转变为接近于长焰煤的产物，但仍能使 KOH 溶液染色；当继续升温到 345℃后得到了具有典型烟煤性质的产物；继续升温至 500℃，产物具有无烟煤性质。由此可见，温度不仅是煤变质的主要因素，而且似乎存在一个煤变质的临界温度。大量资料表明转变为不同煤化阶段所需的温度大致为：褐煤 40~50℃，长焰煤小于 100℃，典型烟煤一般小于 200℃，无烟煤一般不超过 350℃。

时间也是煤变质的一个重要因素。这里所说的时间，严格地讲不是指距今地质年代的长短，而是指某种温度和压力等条件作用于煤的过程的长短。温度和压力对煤变质的影响随着它的持续时间而变化。时间因素的重要影响表现在以下两方面：一是受热温度相同时，变质程度取决于受热时间的长短，受热时间短的煤变质程度低，受热时间长的煤变质程度较高；二是煤受短时间较高温度的作用或受长时间较低温度（超过变质临界温度）作用，可以达到相同的变质程度。

压力也是煤变质阶段不可缺少的条件。压力不仅可以使成煤物质在物理形态上发生变化，使煤压实、孔隙率降低、水分减少，而且还可以使煤的岩相组分沿垂直压力的方向作定向排列。静压力促使煤的芳香族稠环平行层面作有规则的排列；动压力使煤层产生破裂、滑动。强烈的动压力甚至可以使低变质程度煤的芳香族稠环层面的堆砌高度增大。

尽管一定的压力有促进煤物理结构变化的作用，但只有化学变化才对煤的化学结构有决定性的影响。此外，人工煤化实验表明，当静压力过大时，由于化学平衡移动的原因，压力反而会抑制煤结构单元中侧链或基团的分解析出，从而阻碍煤的变质。因此，人们一般认为压力是煤变质的次要因素。

除了温度、时间和压力之外，有些研究者还认为放射性因素也能影响煤的变质。如放射性蜕变热与放射性的 β 粒子辐射可以使低变质煤局部转变为较高变质程度的煤。但有的研究者认为放射性因素仅有非常局部的影响，如在煤层中围绕放射性矿物出现反射率较高的小"接触晕圈"。看来这一问题还有待于进一步的研究。

2.2 煤的组成

煤的种类众多，各有不同的性质与用途，这与它的组成密切相关。煤的组成极其复杂，是由无机组分和有机组分构成的混合物。无机组分包括黏土矿物、石英、方解石、黄铁矿等矿物质和吸附在煤中的水，多数情况下，它们是煤炭加工利用的有害成分；有机质是煤炭加工利用的主要对象，由碳、氢、氧、氮和硫等元素组成。煤中有机组分化学成分复杂，几乎不可能实现完全分离和鉴定，研究煤官能团对了解煤的分子结构有重要指导作用。利用显微镜，兼用肉眼和其他技术手段研究自然状态下煤的岩相组成、结构、性质及其加工利用特性，对煤炭加工，特别是炼焦配煤和提高焦炭质量具有重要作用。

2.2.1 煤的元素组成

煤的元素组成相当复杂，几乎包含了地壳中有质量分数统计的所有元素。根据元素在煤中的浓度或含量，可将煤中元素分为含量大于 0.1% 的常量元素和含量小于等于 0.1% 的微量元素两大类。煤中常量元素主要包括 C、H、O、N、S、Al、Si、Fe、Mg、Na、K、Ca，其他大多数元素以微量级浓度存在。

2.2.1.1 煤中的常量元素

由于碳、氢、氧、氮和硫这五种元素构成了对煤的工艺用途影响较大的有机质，对煤进行元素分析时一般也只分析此五种元素的含量，在此重点介绍这五种元素。

（1）碳。碳是煤中有机质的主要组成元素。在煤的结构单元中，它构成了稠环芳烃的骨架。在煤炼焦时，它是形成焦炭的主要物质基础。在煤燃烧时，它是发热量的主要来源。

碳含量随着煤化度升高而有规律地增加。在我国的各种煤中，泥炭的干燥无灰基碳含量 $w_{daf}(C)$ 为 55%~62%，褐煤为 60%~77%，烟煤为 77%~93%，无烟煤为 88%~98%。在同一种煤中，各种显微组分的碳含量也不一样，一般丝质组 $w_{daf}(C)$ 最高，镜质组次之，稳定组最低。

碳含量与挥发分之间存在负相关关系，因此碳含量也可以作为表征煤化度的分类指标。在某些情况下，碳含量对煤化度的表征比挥发分更准确。

（2）氢。氢在煤中的重要性仅次于碳。氢元素占腐殖煤有机质的质量一般小于 7%，但因其相对原子质量最小，故原子个数与碳在同一数量级，甚至可能比碳还多（如泥炭和某些低煤化度褐煤）。氢也是组成煤大分子骨架和侧链的重要元素。与碳相比，氢元素具有较大的反应能力，单位质量的燃烧热也更大。

不同成因类型的煤氢含量不同。腐泥煤的氢含量 $w_{dd}(H)$ 比腐殖煤高，差值一般在 6% 以上，高者可达 11%。这是因为形成腐泥煤的低等生物富含氢所致。

氢含量与煤的煤化度也密切相关，随着煤化度增高，氢含量逐渐下降。在中变质烟煤之后，这种规律更为明显。在气煤、气肥煤阶段，氢含量能高达 65%；到高变质烟煤阶段，氢含量甚至可下降到 1% 以下。

各种显微组分的氢含量也有明显差别，对于同一种煤化度的煤，稳定组 $w_{dd}(H)$ 最大，镜质组次之，丝质组最低。

（3）氧。氧是煤中的重要组成元素，它以有机和无机两种状态存在。有机氧主要存在于含氧官能团，如羧基（—COOH），羟基（—OH）和甲氧基（—OCH$_3$）等中；无机氧主要存在于煤中的水分、硅酸盐、碳酸盐、硫酸盐和氧化物等中。氧元素在煤中的含量变化较大，其规律是煤化程度越低，氧含量越高。如泥炭中干燥无灰基氧含量高达 27%~34%，褐煤为 15%~30%，烟煤为 2%~15%，无烟煤为 1%~3%。煤中氧的总量和形态直接影响煤的性质。氧在煤的燃烧过程中不产生热量，且能与产生热量的氢化合生成水，使煤的发热量降低，是动力用煤的不利因素。在炼焦过程中，煤中氧含量增加会导致煤的黏结性降低，甚至消失。但制取芳香羧酸和腐殖酸类物质时，氧的存在是有利的。由于氧是煤中反应能力最强的元素，因此，氧含量对煤的热加工影响较大。

（4）氮。煤中氮元素含量较少，一般为 0.5%~3%。氮是煤中唯一的完全以有机状态存在的元素。煤中的氮在燃烧时一般不氧化，而呈游离状态进入废气中。当煤作为高温热加工原料进行加热时，煤中氮的一部分变成氮气、氨气、氰化氢及其他一些有机含氮化合物逸出，而这些化合物可回收制成氮肥（硫酸铵等）、硝酸等化学产品；其余部分则留在焦炭中，以某些结构复杂的氮化合物形态出现。氮的含量随煤化程度而变化的规律性不很明显。它主要来自成煤植物的蛋白质，以各种氨基酸及其衍生物形态存在的氮仅在泥炭和褐煤中有发现，在烟煤中已很少或几乎没有。所以，腐泥煤氮的含量高于腐殖煤。

（5）硫。在各种类型的煤中都或多或少含有硫。硫是煤中的主要有害元素之一，在煤的焦化、气化和燃烧中均产生对工艺和环境有害的 H_2S、SO_2 等物质。因此，硫的含量是评价煤质的重要指标之一。煤中硫通常以有机硫和无机硫的状态存在。

有机硫，即与煤的有机质相结合的硫，简记符号为 S_o。有机硫存于煤的有机质中，其组成结构非常复杂，大体有以下官能团：硫醇类（R—SH）、噻吩类（如噻吩、苯骈噻吩）、硫酮类（如对硫醌）、硫醚类（R—S—R'）、二硫化物类等。有机硫主要来自于成煤植物和微生物的蛋白质中。硫分在 0.5% 以下的大多数煤所含的硫主要是有机硫。有机硫均匀分布在有机质中，形成共生体，极难脱除，以致洗选后精煤的有机硫含量因有机质增大而增高。在内陆环境或滨海三角洲平原环境下形成的煤和在海陆相交替沉积的煤层或浅海相沉积的煤层，煤中的硫含量就比较高，且大部分为有机硫。如四川、广西等某些浅海相沉积的晚二叠世乐平煤系，多以高有机硫为主，且其黄铁矿也多呈微细的浸染状不易洗选脱除，因此，这种煤经洗选后精煤硫分往往降低不多，甚至有不少比原煤的硫分更高。在矸石中，因有机质比例小而有机硫含量一般都较少。有机硫只能用代价高昂的溶剂才能分离出去，一般只能随燃烧过程挥发。有机硫含量由计算获得。

无机硫是指存在于煤的矿物质内的硫化铁硫、硫酸盐硫和元素硫的总称。硫化铁硫是以硫铁矿（包括黄铁矿、白铁矿，它们的分子式均为 FeS_2，但结晶形态不同，黄铁矿呈正方晶体，白铁矿呈斜方晶体）、硫化物形式存在的硫，由于煤中绝大多数的硫化铁硫都以硫铁矿（FeS_2）的形式存在，还有少量的磁铁矿（Fe_3O_4）、闪锌矿（ZnS）、方铅矿（PbS）等，所以硫化铁硫又称为硫铁矿硫。当全硫大于 1% 时，主要是硫铁矿硫，其清除的难易程度与硫铁矿硫的颗粒大小及分布状态有关。如以单独颗粒或团块状存在时可用洗选方法除去，这部分硫有一半可以除去，且洗选后大多沉积在矸石中，也有一小部分沉积在中煤中，在精煤中黄铁矿则很少，如晚石炭世太原统大多数煤田，经过洗选后的精煤硫分普遍比原煤有较大幅度的降低；如果硫铁矿硫的粒度极小且均匀分布在煤中时（如呈微细的浸染状或星散状），就十分难选。

硫酸盐硫在煤中含量一般不超过 0.1%~0.2%，主要以石膏 $CaSO_4 \cdot 2H_2O$ 为主，也有少量的硫酸亚铁 $FeSO_4 \cdot 7H_2O$（俗称绿矾）等。通常以硫酸盐含量的增高作为判断煤层受氧化的标志。如果煤层形成后没有受到氧化作用，新开采的煤实际上是不含硫酸盐的。煤中石膏矿物用洗选法可以除去。硫酸亚铁水溶性好，也易于水洗除去。

煤中硫分按其在空气中能否燃烧又分为可燃硫和不可燃硫。有机硫、硫铁矿硫和单质硫都能在空气中燃烧，都是可燃硫。硫酸盐硫不能在空气中燃烧，是不可燃硫或固定硫。

煤燃烧后留在灰渣中的硫（以硫酸盐硫为主），或焦化后留在焦炭中的硫（以有机硫、硫化钙和硫化亚铁等为主），称为固体硫。煤燃烧逸出的硫，或煤焦化随煤气和焦油析出的硫，称为挥发硫（以硫化氢和硫氧化碳等为主）。煤的固体硫和挥发硫不是不变的，而是随燃烧或焦化温度、升温速度和矿物质组分的性质和数量等而变化。

2.2.1.2　煤中的微量有害元素

对于煤中微量元素的研究始于 20 世纪 40 年代，早期的研究是期望从中发现新元素，或关注微量元素的地球化学特征。到了 20 世纪 50 年代，由于电子工业、原子能工业的迅猛发展，人们的兴趣集中在煤中的锗、镓、铀、矾等可能被利用的元素上。到了 20 世纪 60 年代末以后，随着人们环保意识的逐渐增强，煤中微量元素对环境可能造成的污染研究受到了越来越多的关注。

在煤的加工、转化、利用过程中，煤中常量有害元素硫和氮对环境造成的巨大危害已是众所周知，如燃烧产生的大量的 SO_x、NO_x 等有害气体排放引起的酸雨问题。实际上，煤中的微量有害元素也会发生转化，并迁移到周围环境中，极易被动植物和人体所吸收。虽然这些微量有害元素在煤中的含量较低，但对于煤这种大量广泛使用的燃料来说，它的长期积累危害是不容忽视的。

从工业利用的角度看，煤中微量有害元素的危害性各不相同。如煤中的磷主要对炼焦用煤有害，砷主要对酿造工业和食品工业有害，氯主要对燃烧和炼焦有害。煤中有 26 种微量元素应引起环境关注，根据其危害性可以分为三类，危害程度依次降低。第一类元素有砷、镉、铬、汞、铅、硒；第二类元素有硼、氯、氟、锰、钼、镍、铍、铜、磷、钍、铀、钒、锌；第三类元素有钡、钴、碘、镭、锑、锡、铊。以下重点介绍几种人们关注较多的微量有害元素。

（1）磷。磷在煤中的含量较低，一般为 0.001% ~ 0.1%，最高不超过 1%。煤中磷主要以无机磷形式存在，如磷灰石 $[3Ca_3(PO_4)_2 \cdot CaF_2]$ 和磷酸铝矿物（$Al_6P_2O_{14}$），也有微量的有机磷。炼焦时煤中的磷几乎全部进入焦炭，炼铁时磷又从焦炭进入生铁，当其含量超过 0.05% 时会使钢铁产生冷脆性，在零下十几度的低温下会使钢铁制品脆裂，因此，炼焦用煤要求磷含量小于 0.1%；在作为动力燃料时，煤中的含磷化合物在高温下挥发，在锅炉受热面上冷凝下来，胶结一些飞灰颗粒，形成难以清除的污垢，严重影响锅炉效率。

（2）氯。世界上主要产煤国的煤中氯含量差别较大，含量一般为 0.005% ~ 0.2%，个别的高达 1.7%，最大值分布在澳大利亚煤中。我国煤中氯含量较低，在 0.01% ~ 0.2% 之间。煤中的氯既有有机态，又有无机态。无机态氯的赋存形式主要是含氯矿物、煤孔隙水中的氯、离子吸附的氯和类质同象进入矿物晶格中的氯。关于煤中氯的存在形式学术界还存在争议。煤中的氯对煤炭利用有很大的危害，如炼焦煤氯含量高于 0.3% 将腐蚀焦炉炭化室的耐火砖，大大缩短焦炉的使用寿命；若含氯量高的煤用于燃烧会对设备产生严重的腐蚀。经过分选的煤，其中的氯化物会溶于水而使煤中的氯含量下降。

（3）氟。氟是人体中既不可缺少，又不能多的"临界元素"，微量氟有促进儿童生长发育和预防龋齿的作用。煤中的氟主要以无机物赋存于煤中的矿物质中，含量一般在 3.0×10^{-4} 以下，也有个别高氟煤的氟含量达到 1.0×10^{-3} 以上。在燃煤排放大气污染物中，氟是危害人类及动植物健康最为严重的一种污染物。氟进入机体后，绝大部分积聚于牙齿和骨组织中。对人体健康的主要危害是引起氟斑牙、氟骨症以及对神经、生化的影响。燃煤氟污染引起的以人体骨骼组织病变为主要症状的慢性氟中毒，在我国流行较广，危害严重。

（4）砷。煤中的砷含量极小，一般为 $(0.5 ~ 80) \times 10^{-6}$。煤中的砷主要以硫化物的形式与硫铁矿结合在一起，即以砷黄铁矿（$FeS_2 \cdot FeAs_2$）的形式存在矿物质中，小部分以有机质的形式存在。燃煤是大气中砷的主要来源，煤燃烧时，砷以三氧化二砷的形式随烟气排放到大气中。三氧化二砷俗称砒霜，是一种剧毒物质。因此，作为食品工业用的燃料，砷含量必须小于 8×10^{-6}。

（5）镉。镉以无机物形式存在于煤中，在煤中的含量为 $(0.1 ~ 3) \times 10^{-6}$。镉是危害植物生长的有毒元素。镉对人体也可产生毒性效应，镉中毒可引起肾功能障碍。在煤燃烧时，镉以氧化物的形式随烟气进入大气，通过呼吸道进入人体，在人体内的镉能积聚并取代骨骼中的钙，能造成严重的骨质疏松症。

（6）铬。煤中的铬含量一般在 $(0.5 \sim 60) \times 10^{-6}$，土耳其煤中铬含量最高。在富铬的煤中，发现有 $FeCrO_4$ 矿物的存在。铬是致癌元素，同时也有致畸与致突变作用。目前世界上公认某些铬化合物可致肺癌，称为铬癌。煤在燃烧时，铬以多种价态氧化物的形式随烟尘进入大气，通过呼吸道进入人体。

（7）汞。煤中汞分布于硫化物、碱土矿物和有机汞化合物中，也有一定量的碳酸盐结合态及水溶态和离子交换态。其含量一般在 $(0.02 \sim 1) \times 10^{-6}$。煤在燃烧时，汞以蒸气的形式排入大气，当空气中的汞浓度达到 $30 \sim 50\mu g/m^3$ 时，将对人体产生危害。汞蒸气吸附在粉尘颗粒上，随风飘散，进入水体后，能通过微生物作用转化为毒性更大的有机汞（如甲基汞 CH_3HgCH_3）。甲基汞能在动物体内积累，最后通过食物链而危害人类。汞的慢性中毒会导致精神失常、肌肉震颤、口腔炎等，对人体危害极大。

（8）铅。煤中的铅以方铅矿（PbS）的形式存在于煤中，我国煤中的铅含量一般在 $(2 \sim 80) \times 10^{-6}$。铅是一种严重的环境毒物和神经毒物，主要影响儿童的智力发育，损伤认知功能、神经行为和学习记忆等脑功能。大气铅的污染源主要是汽车废气，煤燃烧产生的工业废气也是大气铅污染的一个重要来源。煤燃烧产生大量的粉煤灰进入大气，粉煤灰是铅的良好载体。前捷克斯洛伐克燃煤电厂排放的 Pb、As 已造成附近儿童骨骼生长延缓。

2.2.2 煤的官能团组成

煤结构单元的外围部分除烷基侧链外，还有官能团，主要是含氧官能团和少量含氮、含硫官能团。由于煤的氧含量及氧的存在形式对煤的性质影响很大。对低煤化度煤尤为重要，因此进行官能团分析时，通常把重点放在含氧官能团上。

2.2.2.1 煤中含氧官能团

煤中含氧官能团主要包括羟基、羧基、羰基、甲氧基和非活性氧等。

（1）羟基。一般认为煤有机质中羟基含量较多，且绝大多数煤只含酚羟基而醇羟基很少。它们存在于泥炭、褐煤和烟煤中，是烟煤的主要含氧官能团。常用的化学测定方法是将煤样与 $Ba(OH)_2$ 溶液反应；后者可与羧基和酚羟基反应，从而测得总酸性基团含量，再减去羧基含量即得酚羟基含量。

$$R\underset{OH}{\overset{COOH}{<}} + Ba(OH)_2 \xrightarrow{1\sim2d} R\underset{O}{\overset{OO}{<}}\underset{}{\overset{C}{\diamondsuit}}Ba\downarrow + 2H_2O \qquad (2-1)$$

而醇羟基含量可采用乙酸酐乙酰化法测得总羟基含量，用差减法求得。含量以 mmol/g 表示（其他官能团表示法与此相同）。

（2）羧基。在泥炭、褐煤和风化煤中含有羧基，在烟煤中已几乎不存在。尤其当含碳量大于78%时，羧基已不存在。羧基呈酸性，且比乙酸强。常用的测定方法是与乙酸钙反应，然后以标准碱溶液滴定生成的乙酸，反应式为：

$$2RCOOH + Ca(CH_3COO)_2 \xrightarrow{1\sim2d} (RCOO)_2Ca\downarrow + 2CH_3COOH \qquad (2-2)$$

（3）羰基。羰基无酸性，在煤中含量虽少，但分布很广。从泥炭到无烟煤都含有羰基，但在煤化度较高的煤中，羰基大部分以醌基形式存在。羰基比较简便的测定方法是使煤样与苯肼溶液反应，反应式见式（2-3）：

$$R\!=\!C\!=\!O + H_2N\!=\!NH\langle\bigcirc\rangle \xrightarrow[24h]{吡啶中\,115℃} R\!=\!C\!=\!N\!-\!NH\langle\bigcirc\rangle\downarrow + H_2O \qquad (2\text{-}3)$$

过量的苯肼溶液可用菲啉溶液氧化，测定 N_2 的体积即可求出与羰基反应的苯肼量。也可测定煤在反应前后的氮含量，根据氮含量的增加计算出碳基含量，其反应式见式（2-4）：

$$H_2N\!=\!HN\langle\bigcirc\rangle + O \longrightarrow \langle\bigcirc\rangle + N_2 + H_2O \qquad (2\text{-}4)$$

过量的

（4）甲氧基。它仅存在于泥炭和软褐煤中，随煤化度增高甲氧基的消失比羧基还快。它能和 HI 反应生成 CH_3I，再用碘量法测定。反应式见式（2-5）、式（2-6）、式（2-7）：

$$ROCH_3 + HI \longrightarrow ROH + CH_3I(碘甲烷) \qquad (2\text{-}5)$$

$$CH_3I + 3Br_2 + 3H_2O \longrightarrow HIO_3 + 5HBr + CH_3Br \qquad (2\text{-}6)$$

$$HIO_3 + 5HI \longrightarrow 3I_2 + 3H_2O \qquad (2\text{-}7)$$

（5）非活性氧。煤有机质中的氧相当一部分是以非活性氧状态（即不易起化学反应和不易热分解的那部分氧）存在。严格讲这一部分氧不属于官能团，它以醚键的形式存在。其测定方法未最终解决，可用 HI 水解，反应式见式（2-8）和式（2-9）：

$$R\!-\!O\!-\!R' + HI \xrightarrow{130℃,8h} ROH + R'I \qquad (2\text{-}8)$$

$$R'I + NaOH \longrightarrow R'OH + NaI \qquad (2\text{-}9)$$

然后，测定煤中增加的 OH 基或测定与煤结合的碘。这种方法不够精确，不能保证测出全部醚键。

2.2.2.2　煤中含硫官能团

硫的性质与氧相似，所以煤中的含硫官能团种类与含氧官能团种类差不多，包括硫醇（R—H）、硫醚（R—S—R'）、二硫醚（R—S—S—R'）、硫醌等。由于硫含量比氧含量低，加上分析测定方面的困难，故煤中有机硫的分布尚未完全弄清。煤中有机硫的主要存在形式是噻吩，其次是硫醚键和巯基（—SH）。

2.2.2.3　煤中含氮官能团

煤中含氮量多在 1%~2%，大约 50%~75% 的氮以吡啶环或喹啉环形式存在，此外还有胺基、亚胺基、腈基和五元杂环等。由于含氮结构非常稳定，故定量测定十分困难，至今尚未见到可信的定量结果。

2.2.3　煤的岩石组成

煤是一种有机生物岩，煤岩学是用研究岩石的方法来研究煤的学科。它是与煤地质学、古生物学、煤化学和煤工艺学等学科相关的一门边缘科学。它以显微镜为主要工具，兼用肉眼和其他技术手段，研究自然状态下煤的岩相组成、成因、结构、性质、煤化度及其加工利用特性。对煤岩相组成的研究，不仅是研究煤的成因、性质及变化规律的基本手段，同时在指导煤田的勘探和开采、预测煤的可选性、进行煤的分类、指导炼焦配煤等方面都具有重要作用。

2.2.3.1 宏观煤岩组成

根据颜色、光泽、断口、裂隙、硬度等性质的不同，用肉眼可将煤层中的煤分为镜煤、亮煤、暗煤和丝炭四种宏观煤岩成分。其中镜煤和丝炭是简单的宏观煤岩成分，亮煤和暗煤是复杂的宏观煤岩成分。它们是煤中宏观可见的基本单位。

（1）镜煤。光亮、均一、常具有内生裂隙的宏观煤岩成分。在成煤过程中，镜煤是由成煤植物的木质纤维组织经过凝胶化作用形成的。镜煤呈黑色、光泽强、结构均匀、性脆，具有贝壳状断口。镜煤的内生裂隙发育，裂隙面呈眼球状，裂隙间有时充填方解石和黄铁矿等薄膜。随煤化度加深，镜煤的颜色由深变浅，光泽变强，内生裂隙增多。在中等变质阶段，镜煤具有强黏结性和膨胀性。在煤层中镜煤呈透镜状或条带状，厚度一般不超过 20mm，有时呈线理状夹杂在亮煤或暗煤中，但有明显的分界线。在煤层中，镜煤的裂隙常垂直于层理。

（2）亮煤。光泽次于镜煤，具有微细层理的宏观煤岩成分。亮煤呈黑色光泽，脆性、密度、结构均匀性和内生裂隙发育程度等均逊于镜煤。断口有时呈贝壳状，表面隐约可见微细纹理。在显微镜下观察，亮煤是一种复杂的、非均一的宏观煤岩成分。中等变质阶段，亮煤具有较强黏结性和膨胀性。在煤层中亮煤常组成较厚的分层，甚至整个煤层。

（3）暗煤。光泽暗淡、坚硬、表面粗糙的宏观煤岩成分。暗煤呈灰黑色、内生裂隙不发育、密度大、坚硬且具有韧性。它的层理不清晰，呈粒状结构，断口粗糙。在显微镜下可以观察到暗煤是一种复杂的、非均一的宏观煤岩成分。暗煤由于组成不同，其性质差异很大。如富含惰质组的暗煤，略带丝绢光泽，挥发分低，黏结性弱；富含树皮的暗煤，略带油脂光泽，挥发分和氢含量较高，黏结性较好；含大量黏土矿物的暗煤密度大、灰分高。在煤层中暗煤可以单独成层，或以它为主形成较厚的分层。

（4）丝炭。有丝绢光泽、纤维状结构、性脆的、单一的宏观煤岩成分。在成煤过程中，丝炭是由成煤植物的木质纤维组织经丝炭化作用形成的。丝炭外观像木炭，灰黑色、质疏松多孔、性脆、易碎，故在煤粉中含量较多。有些丝炭的孔腔被矿物质填充，成为矿化丝炭。矿化丝炭质地坚硬、致密、密度大。在显微镜下观察，丝炭保留明显的细胞结构，有时还能看到年轮结构。丝炭含氢量低，含碳量高，没有黏结性，由于丝炭孔隙率高，易于吸氧而发生氧化和自燃。在煤层中丝炭呈扁平透镜体或不连续小夹层，沿煤的层面分布，厚度约为几毫米。

上述四种宏观煤岩成分是煤的宏观岩相分类的基本单位，其中镜煤和丝炭一般仅以细小的透镜体或不连续的薄层出现；亮煤和暗煤虽然分层较厚，但常常互相交叉，分界线不太明显。所以，在了解煤层的岩相组成和性质时，如以上述四种成分为单位，则不便进行定量分析，也不易了解煤层的全貌。通常，按照宏观煤岩成分在煤层中的总体相对光泽强度划分为四种宏观煤岩类型，在一定程度上反映宏观煤岩成分的组合情况。烟煤和无烟煤的宏观煤岩类型有光亮煤、半亮煤、半暗煤和暗淡煤四种。宏观煤岩成分在煤层中的自然共生组合称为宏观煤岩类型。

（1）光亮煤。煤层中总体相对光泽最强的类型，它含有大于 75% 的镜煤和亮煤，只含有少量的暗煤和丝炭。光亮煤成分较均一，通常条带状结构不明显，具有贝壳状断口，内生裂隙发育，较脆，易破碎。

（2）半亮煤。煤层中总体相对光泽较强的类型，其中镜煤和亮煤的含量大于50%~75%，其余为暗煤，也可能夹有丝炭。半亮煤的条带状结构明显，内生裂隙较发育，常具有棱角状或阶梯状断口。半亮煤是最常见的宏观煤岩类型。

（3）半暗煤。煤层中总体相对光泽较弱的类型，其中镜煤和亮煤含量仅为25%~50%，其余为暗煤，也夹有丝炭。半暗煤的硬度、韧度和密度较大。

（4）暗淡煤。煤层中总体相对光泽最弱的类型，其中镜煤和亮煤含量在25%以下，其余多为暗煤，也夹有少量丝炭。也有个别煤田存在以丝炭为主的暗淡煤。暗淡煤通常呈块状构造，层理不明显，煤质坚硬、韧性大、密度大，内生裂隙不发育。

在煤层中，各种宏观煤岩类型的分层往往多次交替出现。逐层进行观察、描述和记录，并分层取样，是研究煤层的基础工作。

2.2.3.2　煤的显微组成

煤的显微组分，是指煤在显微镜下能够区分和辨识的基本组成成分。按其成分和性质又可分为有机显微组分和无机显微组分。有机显微组分是指在显微镜下能观察到的煤中由植物有机质转变而成的组分，无机显微组分是指在显微镜下能观察到的煤中矿物质。

A　煤的有机显微组分

腐殖煤的显微组分大体可分四类，即凝胶化组分（镜质组）、丝炭化组分（惰质组）、稳定组（壳质组），以及凝胶化组分与丝炭化组分之间的过渡组分（半镜质组、半丝质组等）。各类显微组分按其镜下特征可以进一步分为若干组分或亚组分。下面介绍常见较典型的显微组分特征，其显微组分的名称系我国煤显微组分分类中的亚组分名称。

（1）凝胶化组分。凝胶化组分是煤中最主要的显微组分，我国多数煤田的凝胶化组分含量约为60%~80%，其基本成分来源于植物的茎、叶等木质纤维组织，它们在泥炭化阶段经凝胶化作用后，形成了各种凝胶体，因此称为凝胶化组分。在分类方案中则称为镜质组。在透射光下呈橙红色至棕红色，随变质程度增高颜色逐渐加深；在反光油浸镜下，呈深灰色至浅灰色，随变质程度增高颜色逐渐变浅，无突起。到接近无烟煤变质阶段时，透光镜下已变得不透明，反光镜下则变成亮白色。随变质程度增高非均质性逐渐增强。按其凝胶化作用程度不同，镜下可分为以下几种显微亚组分。

1）结构镜质体1。镜下特征：细胞结构保存完好，有时可见细胞壁保持原厚度或仅有微弱膨胀。细胞腔显示清楚，一般排列较规则，有时可见年轮；有的细胞壁虽已膨胀或膨胀较厉害，但细胞结构仍很清楚，细胞腔大多为圆形或椭圆形，排列不规则或由于挤压而变形。细胞腔有些是空的，但多数为有机质充填，如胶质镜质体、树脂体或微粒体等；也有的为矿物质所充填。因此细胞壁与细胞腔的颜色呈现差异。在反光油浸镜下细胞壁为深浅略有差异的深灰至灰色；细胞腔颜色随填充物不同变化很大。在透射光下呈橙色至橙红色。正交偏光镜下可见清晰的条带状消光。在煤中常呈透镜体、少数呈碎片状出现。

2）结构镜质体2。镜下特征：细胞壁强烈膨胀，细胞腔几乎全部消失，往往只见细胞结构的残迹或呈暗色的短或长（依切面不同而异）细条状结构；有的仅显示团块状结构，往往有镶边角质体伴随。正交偏光镜下呈现有微弱的条带状消光或网状消光现象。反光油浸镜下为深灰色，色调不均一。透射光下为橙红至红包，往往仍可见细胞结构，在煤中常呈条带状或透镜状出现。

3）均质镜质体。镜下特征：在普通显微镜下，不显示植物细胞结构，为完全均一的物质。常见有垂直于层理的裂纹，有时可见有镶边角质体；大部分均质镜质体用氧化剂腐蚀后，在50倍物镜下观察，可见清晰的木质细胞结构或树皮结构。反光油浸镜下为深灰色；透射光下为均一结构，呈橙红色；正交偏光镜下呈微粒状及均匀消光现象。在低变质煤中有时还可见到不清晰的假结构。在煤中以宽窄不等的条带和透镜体出现。

4）胶质镜质体。镜下特征：基本上是一种没有结构、均一致密的真正胶状的凝胶体，有时可见流动的痕迹。没有一定形状，其边界被伴生的显微组分包围。如渗入到细胞腔中或充填于裂隙中，还可见充填于菌类体和袍子体的生腔中。其镜下特征与均质镜质体相似。此组分在煤中较少见。

5）基质镜质体。镜下特征：呈现为均一或不均一的致密状态，没有固定形态。一般均作为其他显微组分、碎屑及共生矿物的胶结物或充填物。其中均一基质体显示出均一结构、颜色均匀，胶结着各种显微组分及矿物杂质。透光镜下及正交偏光镜下呈现出与均质镜质体相似的光性特征。不均一的基质体则为大小不一、形状各异、颜色略有深浅变化的团块状或斑点状的集合体。有的在油浸镜下为深灰色，具有不甚清晰的不均匀的木质结构，其中胶结有少量的孢子体或其他组分和矿物质。此种基质多见于长焰煤中。

6）团块镜质体。镜下特征：均一团块状。大多呈圆形、椭圆形、纺锤形或多少带有棱角状的轮廓清晰的均质块体。可单独出现或充填于细胞腔中（此时其大小与植物细胞腔一致，为 $50 \sim 100 \mu m$），也可成为较大的圆形或椭圆形的单个体，最大的可超过 $300 \mu m$。反光油浸镜下为深灰或浅灰色，透射光下为淡红色至红褐色，正交偏光镜下呈均匀消光现象。

7）碎屑镜质体。镜下特征：呈带有棱角和无定形轮廓，直径一般小于 $10 \mu m$ 的小碎片，常由结构镜质体、均质镜质体和少量镜质体的碎屑组成。碎屑镜质体常被基质镜质体胶结，其颜色、突起和反射率皆与上述镜质体相近，但颗粒小于 $10 \mu m$ 时在反光油浸镜下不易与基质镜质体区分，往往被视为基质镜质体，在煤中为少见组分。

（2）丝炭化组分。丝炭化组分是煤中常见的一种显微组分，但在煤中的含量比镜质组少，我国多数煤田的丝质组含量约为 $10\% \sim 20\%$。丝炭化组分是主要由成煤植物的木质纤维组织受丝炭化作用转化形成的显微组分。少数丝炭化组分来源于真菌遗体，或是在热演化过程中次生的显微组分。油浸反射光下呈灰白色—亮白色或亮黄白色，反射力强，中高突起。透射光下呈棕黑色—黑色，微透明或不透明。一般不发荧光。丝炭化组分在煤化作用过程中的光性变化不及镜质组明显。根据细胞结构和形态特征等丝炭化组分可分为以下若干组分。

1）丝质体。油浸反光下为亮白色或亮黄白色，中高突起，具细胞结构，呈条带状、透镜状或不规则状。常见细胞结构保存完好，甚至可见清晰的年轮及分节的管胞。细胞腔一般中空或被矿物、有机质充填。根据成因和反射色不同分为两个亚组分：火焚丝质体和氧化丝质体。火焚丝质体是植物或泥炭在泥炭沼泽发生火灾时，受高温炭化热解作用转变形成的丝质体。火焚丝质体的细胞结构清晰，细胞壁薄，反射率和突起很高，油浸反光下为亮黄白色。氧化丝质体与火焚丝质体相比细胞结构保存较差，反射率和突起稍低，油浸反光下为亮白色或白色。

2）半丝质体。油浸反光下为灰白色，中突起，呈条带状、透镜状或不规则状。具细胞结构，有的呈现较清晰的、排列规则的木质细胞结构，有的细胞壁膨胀或仅显示细胞腔的残迹。

3) 真菌体。来源于真菌菌孢子、菌丝、菌核和密丝组织。油浸反射光下呈现灰白色、亮白色或亮黄白色，中高突起，显示真菌的形态和结构特征；来源于真菌菌孢的真菌体，外形呈椭圆形、纺锤形，内部显示单细胞、双细胞或多细胞结构。形成于真菌菌核的真菌体，外形呈近圆形，内部显示蜂窝状或网状的多细胞结构。

4) 分泌体。由树脂、丹宁等分泌物经丝炭化作用形成，因而常被称为氧化树脂体，但它也可能起源于腐殖凝胶。油浸反射光下为灰白色、白色至亮黄白色，中高突起。形态多呈圆形、椭圆形或不规则形状，大小不一，轮廓清晰。一般致密、均匀。根据结构不同可分为无气孔、有气孔和具裂隙的三种。无气孔的多为较小的浑圆状，表面光滑，轮廓清晰。有气孔的往往具有大小相近的圆形小孔。第三种则呈现出方向大约一致或不一致的氧化裂纹。

5) 粗粒体。油浸反光下为灰白色、白色、淡黄白色，中高突起，基本上不呈现细胞结构。有的完全均一，有的隐约可见残余的细胞结构。通常为不规则的浑圆状单体或不定型基质。一般大于 $30\mu m$。

6) 微粒体。油浸反光下呈白灰色—灰白色至黄白色的细小圆形或似圆形的颗粒，粒径一般在 $1\mu m$ 以下。常聚集成小条带，小透镜体或细分散在无结构镜质体中。也常充填于结构镜质体的胞腔内或呈不定型基质状出现。反射力明显高于镜质组，微突起或无突起。主要为煤化作用过程中的次生显微组分。

7) 碎屑惰质体。为惰质组的碎屑成分，粒径小于 $30\mu m$，形态极不规则。

(3) 稳定组。稳定组是由植物中化学稳定性很强的成分（高等植物的繁殖器官、树皮、分泌物及藻类）形成的，在成煤过程列几乎没有发生质的变化。根据原始物质的不同，稳定组又可细分为木栓质体、角质体、树脂体、孢子体、藻类体、荧光体、沥青质体、渗出沥青体、壳屑体等。稳定组在透射光下为透明或半透明，颜色呈黄色或橙黄色，轮廓清楚，外形各有原始成分的明显特征；在反射光下呈深灰色，大多数稍有突起。稳定组的挥发分产率和含氢量都高，多数具有黏结性。

B　煤的有机显微组分与煤岩宏观组分的关系

把四种宏观煤岩成分（镜煤、亮煤、暗煤、丝炭）分别拿到显微镜下观察，可以看出它们是由三种有机显微组分以不同的比例组合而成的。其中，镜煤和丝炭基本上由单一的有机显微组分组成；镜煤基本上全由镜质组组成；丝炭基本上全由惰质组组成；而亮煤和暗煤都是由三种有机显微组分组合而成；但不同有机显微组分的含量不同，亮煤中镜质组含量最高，暗煤中惰质组和壳质组含量较高。它们的关系如图 2-3 所示。

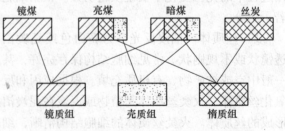

图 2-3　煤的显微组分与宏观煤岩成分的关系

C　煤的无机显微组分

煤岩无机显微组分是指在显微镜下能观察到的煤中矿物。煤中含有多种数量不等的无机矿物组分，常见的有黏土类、硫化物类、氧化物类和碳酸盐类等。

（1）黏土类矿物。黏土类矿物是煤中最常见、最重要的矿物，所占比例最大，是煤中矿物质的主要来源。常见的有高岭石、水云母、蒙脱石、伊利石等。在陆相沉积的烟煤和无烟煤中其含量最高。黏土类矿物在煤中常呈透镜状、薄层状，也有的以微粒状分散于基质中或充填于细胞腔中。这种细分散浸染状的黏土矿物通过选煤难以清除。

（2）硫化物类矿物。硫化物类矿物是海陆交互相沉积的煤中最常见的一种矿物，有黄铁矿、白铁矿、磁黄铁矿、黄铜矿、闪锌矿和方铅矿。其中主要有黄铁矿和白铁矿，又以黄铁矿为主。此类矿物多为不透明，在反射光下有较强的金属光泽，在煤中常呈透镜状、晶粒状、球状或以结核状出现，也有的以球状微晶散布在基质中或充填于细胞腔里。粒度较大的黄铁矿可以通过选煤除去，而微粒浸染体则很难从煤中解离并分选出。

（3）氧化物类矿物。氧化物类矿物主要有石英、蛋白石、赤铁矿等，其中以粉砂状、棱角状、半棱角状的石英碎屑为最常见。另外，化学成因的自生石英多以细粒和微粒分散于基质中，也有的在煤裂隙中呈脉状。

（4）碳酸盐类矿物。碳酸盐类矿物主要是方解石和菱铁矿。方解石常呈薄膜充填于煤的裂隙中和层面内，镜下多呈脉状；菱铁矿多呈球状或粒状分布在基质中。

（5）其他矿物。煤中其他矿物有金红石、长石、石膏等。反射光下煤中常见矿物的鉴定标志见表2-1。

表 2-1　反射光下煤中常见矿物鉴定标志

矿 物	普通反射光下			油浸反射光下颜色	其他特征	主要产状
	颜色	突起	表面特征			
黏土矿物	暗灰色	不显突起	微粒状、蠕虫状	黑色		透镜状、团块状、微粒状充填于细胞腔中
石英	深灰色	突起很高	平整	黑色	轮廓清晰	棱角状、半棱角状碎屑，自生石英外形不规则，个别呈自形晶
黄铁矿	浅黄白色	突起很高	平整或呈蜂窝状	亮黄白色	轮廓清晰	透镜状、结核状、浸染状、球粒状或具晶形，充填于胞腔中
方解石	乳白色	微突起	光滑、平整	灰棕色带有珍珠色彩	非均质性明显，常见解理	呈脉状充填于煤的裂隙中
菱铁矿	深灰色	突起	平整或呈放射状	灰棕色带有珍珠色彩	非均质性明显	粒状、结核状

2.3　煤的性质

2.3.1　煤的物理性质

煤的物理性质指煤不需要发生化学变化就能表现出来的性质，是煤的一定化学组成和分子结构的外部表现。它是由成煤的原始物质及其聚积条件、转化过程、煤化程度和风化、氧化程度等因素所决定。包括煤的颜色、光泽、断口、裂隙、密度、机械性质（硬度、脆度、可磨性）、光学性质（折射率、反射率）、热性质（比热容、热导率、热稳定性）、电性质（电导率、介电常数）、磁性质等。煤的物理性质对煤的开采、破碎、分选、型煤制造、热加工等具有很强的实际意义，可作为初步评价煤质的依据。

2.3.1.1 煤的密度

煤的密度单位是 g/cm^3 或 kg/m^3。煤的相对体积质量（亦称比重、相对密度）是煤的密度与参考物质的密度在规定条件下的比值，量纲为 1。密度与相对密度数值相同，但物理意义不同。学术上多使用密度，而工业上习惯相对体积质量。煤的密度因研究的目的和用途不同可分为真相对体积质量、视相对体积质量和散密度。

煤的真相对体积质量亦称真密度，是指煤的密度（不包括煤粒间和煤粒中所有孔隙的体积）与参考物质的密度在规定条件下之比，通常用 TRD 表示。真相对体积质量是煤的主要物理性质之一，它是计算煤层平均质量和煤质研究的一项重要指标。研究煤化程度、确定煤的分选密度等都要涉及煤的真相对体积质量。

煤的视相对体积质量亦称视密度，是指煤的密度（仅包括煤的内孔隙）与参考物质的密度在规定条件下之比，用 ARD 表示。煤的视相对体积质量常用于煤的埋藏量及煤的运输、粉碎、燃烧等过程的计算。

煤的散密度又称堆积密度或堆比重，是指用自由堆积方法装满容器的煤粒的总质量与容器容积之比，以 t/m^3 或 kg/m^3 为单位，用 BRD 表示。煤的散密度的大小不仅与煤的真密度有关，主要还取决于煤的粒度组成和堆积的密实度。煤的堆密度用于估算煤堆质量、煤炭运输物流量、煤仓储煤量、炼焦炉炭化室装煤量、气化炉的装煤量、商品煤的装车量以及设计矿车、煤仓、煤车等方面。

对同一煤样，煤的真密度数值最大，视密度其次，散密度的数值最小。

煤密度的波动范围较大，影响因素也较多，其中主要有煤的种类、岩相组成、煤化程度、矿物质的含量和煤的风化程度等。

（1）成煤原始物质的影响。不同成因的煤，密度是不同的，腐殖煤的真密度比腐泥煤高。如除去矿物质的纯腐殖煤的真密度在 $1.25g/cm^3$ 以上，而纯腐泥煤的真密度约为 $1.0g/cm^3$。腐殖煤的密度较腐泥煤高是由前者的分子结构特征所决定的，这可用腐殖煤有机质的芳香结构来解释。

（2）煤化度的影响。自然状态下煤的成分比较复杂，因各种因素的综合影响使煤的密度大体上随煤化度的加深而提高。当煤化度不高时真密度增加较慢，接近无烟煤时真密度增加很快。各大类煤的真密度大致范围：泥炭为 $0.72g/cm^3$，褐煤为 $0.8 \sim 1.35g/cm^3$，烟煤为 $1.25 \sim 1.50g/cm^3$，无烟煤为 $1.36 \sim 1.80g/cm^3$。

（3）岩相组成的影响。就腐殖煤的宏观显微成分而言，丝炭密度最大，暗煤次之，镜煤、亮煤最小。丝炭的真密度为 $1.37 \sim 1.52g/cm^3$，暗煤为 $1.30 \sim 1.37g/cm^3$，镜煤为 $1.28 \sim 1.30g/cm^3$，亮煤为 $1.27 \sim 1.29g/cm^3$。

（4）矿物质的影响。煤中矿物质含量与组成对煤的密度影响很大，矿物的密度比有机质密度大。例如常见黏土矿物的密度为 $2.4 \sim 2.6g/cm^3$；方解石密度为 $2.60 \sim 2.8g/cm^3$；石英的密度为 $2.65 \sim 2.66g/cm^3$；黄铁矿的密度约 $5.0g/cm^3$。可以粗略地认为煤的灰分每增加 1%，煤的密度增加 0.01%。

（5）水分及风化的影响。水分愈高的煤密度愈大，但这个因素的影响较为次要。煤风化作用使煤的密度增加，因为煤风化后灰分和水分都相对增加。特别是煤层露出地面之处，灰分增加得特别快。例如某矿区在106m深处煤的灰分为3.8%，而在煤层露头附近表面处其灰分高达42.1%，密度相应由1.53g/cm³增加到2.07g/cm³。

2.3.1.2 煤的机械性质

煤的机械性质是指煤在机械力的作用下所表现的抗压、抗碎、耐磨等物理机械性能。如硬度、可磨性、抗碎强度等。这些性质不仅对煤的开采、破碎、燃烧、气化和成型等工艺过程有实际意义，而且对煤的结构研究也有重要意义。

A 煤的硬度

煤的硬度是指在外来机械力的作用下煤抵抗变形或破坏的能力。根据煤的硬度值大小可了解机械的磨损情况以及破碎、成型加工的难易程度。由于机械力的不同，煤硬度表示的方式有刻划硬度（莫氏硬度）、弹性回跳硬度（肖氏硬度）、压痕硬度（努普硬度、显微硬度）和耐磨硬度（也称可磨性）等。常用的是刻划硬度和显微硬度。

用一套具有标准硬度的矿物来刻划煤，可得到粗略的相对硬度。标准矿物的莫氏硬度见表2-2。根据莫氏硬度的划分，煤的硬度一般为1~4。煤的硬度与煤化程度有关，中等煤化程度的焦煤，硬度较小，约为2~2.5；随着煤化程度的增高，硬度增加，无烟煤的硬度最大，约为4左右；同一煤化程度的煤，惰质组的硬度最大，壳质组最小，镜质组居中。刻划硬度的准确性较差，在科学研究上一般采用显微硬度指标。

表 2-2 标准矿物的刻划硬度

矿　物	硬度级别	矿　物	硬度级别
滑　石	1	长　石	6
石　膏	2	石　英	7
方解石	3	黄　晶	8
氟　石	4	刚　玉	9
磷灰石	5	金刚石	10

显微硬度属于压痕硬度的一种。一般采用特殊形状（如角锥形、圆锥形等）而又非常坚硬的压头，施加一定的压力，使压头压入到样品表面，形成压痕，卸除压力后用显微镜测量压痕的尺寸。如用方形棱锥形金刚石压入器时，通过测量压痕对角线的长度即可计算出显微硬度值。压痕越大，其对角线的长度越长，该煤的硬度越低；压痕越小，其对角线的长度越短，该煤的硬度越高。

显微硬度在测定时只需很小的一块表面，并能在脆性煤上留下压痕，因而可以避免由于煤的不均一性或脆性破裂所造成的误差，并能直接测定各煤岩组分的硬度。

研究表明，显微硬度与煤化程度的关系就像一个靠背椅，"椅背"是无烟煤，"椅面"是烟煤，"椅脚"为褐煤。由图2-4所示可见，从褐煤开始，显微硬度随煤化程度的提高而上升，在碳含量为75%~80%之

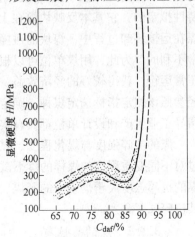

图 2-4 碳含量与显微硬度的关系

间有一个极大值；此后，显微硬度随煤化程度的提高而下降，在碳含量达到 85% 左右时最低；煤化程度若再提高，显微硬度又开始上升，到无烟煤阶段，显微硬度几乎随煤化程度的提高而呈直线上升。镜质组的显微硬度急剧升高，变化幅度很大，一般在 300 ~ 2000MPa 之间，因此显微硬度可作为详细划分无烟煤的指标。在不同还原程度煤中，强还原煤的显微硬度比弱还原煤的小。

B　煤的可磨性（HGI）

煤的可磨性是指一定量的煤在消耗相同的能量下，磨碎成粉的难易程度。可磨性指数越大，表明该煤越软，煤越容易被磨碎成粉，消耗的能量也越少；可磨性指数越小，表示煤越难以磨碎成粉，磨煤所消耗的能量也越多。

一般来说，现代煤炭生产的最终产品的尺寸是很小的。这是由于：（1）煤炭利用方面要求越来越多的粉煤。如火力发电厂产生蒸汽的锅炉，装煤时是以强大的压力把粉煤喷入燃炉内；冶金高炉喷吹煤粉；近年来开始发展的煤炭管道运输，要求把煤炭研磨成粉煤后才能在管道中以煤浆的形式送走。（2）通过研磨可以把矿物杂质分离出一部分，然后经过洗选，降低灰分、硫分等有害杂质，以减少运输费用和提高煤炭的利用效率。（3）可以使不同的煤炭，如采自同一矿井（矿区）的不同煤层的煤炭，经研磨和洗选后，按要求进行掺和，获得不同级别的煤炭产品，供不同目的的用户使用，以达到煤炭最佳的利用效果。

所以煤的可磨性是动力用煤和高炉喷吹用煤的重要特性，是表征燃煤制粉的难易程度的指标。在设计和改进制粉系统、估计磨煤机的产量和耗电率时经常需要测定煤的可磨性。此外，煤的可磨性也是煤质研究的重要参数。因此，煤的可磨性是评价煤炭工艺性能的重要控制性参数之一。

目前国际上普遍采用哈特葛罗夫法评定煤的可磨性。该法操作简便，具有一定的准确性，试验的规范性较强，现已被列入国际标准。其基本原理是破碎定律，即研磨煤粉所消耗的功与新产生的表面积成正比。

C　煤的抗碎强度

煤的抗碎强度是指一定粒度的煤样，从规定高度自由下落到足够厚度钢板上的抗破碎的能力。煤的抗碎强度试验方法是针对块煤在装卸、运输过程中落下和互相撞击而破碎的特性拟定的。它基本反映块煤在上述过程中的破碎特性。因为对于需要使用块煤的用户，煤在运输装卸过程中，煤块的碰撞常使原来的大块破裂成小块甚至产生一些煤粉，这是非常不利的。为此，用煤单位可以根据煤的抗碎强度数据来确定用煤的粒度，以保证生产的正常运行，获得较好的经济效益。而设计部门，如筛选厂、选煤厂可以根据不同的加工途径参照该测定指标选定煤种，确定加工设备及工艺流程。所以，煤的抗碎强度这一指标对指导工业生产和设计单位都具有实际的参考价值。

煤的抗碎强度与煤化程度、煤岩成分、矿物质含量，以及风化、氧化等因素有关。通过对不同变质程度的煤样的落下试验发现，中等煤化程度的煤抗碎强度最低，某些年老褐煤的抗碎强度大于烟煤中的肥煤、焦煤；无烟煤的抗碎强度最大；无烟煤变质程度愈深，其抗碎强度愈大。

2.3.1.3　煤的热性质

研究煤的热性质不仅对煤的热加工（干馏、气化、液化等）过程及其传热计算有很大的意义，而且某些热性质还与煤结构关系密切。如煤的导热性能反映煤的一些重要结构特征、煤中分子结构的接近程度和定向程度（排列的规则性）。煤的热性质主要有比热容、导热性和热稳定性等。

（1）煤的比热容。比热容是指在一定的温度范围内，单位质量的煤温度升高1℃时所吸收的热量，单位为$J/(g \cdot ℃)$。比热容是煤的最基本的热性质，计算时常常用到它。煤在室温下的比热容一般为$0.84 \sim 1.67J/(g \cdot ℃)$。

煤的比热容因碳含量、水分、灰分及温度的变化而变化，随碳含量（即煤化程度）的增加而减少。褐煤的比热容一般大于$1.564J/(g \cdot ℃)$，气煤的比热容约为$1.196J/(g \cdot ℃)$；无烟煤的比热容只有$0.936J/(g \cdot ℃)$，石墨的比热容更低，为$0.815J/(g \cdot ℃)$。

煤的比热容随水分的增高而增大，这是因为水的比热容较大的缘故；煤的比热容随煤中灰分的增高而减小，这是因为灰分的比热容较小，一般小于$0.72J/(g \cdot ℃)$。煤的比热容随温度呈抛物线形变化，当温度在350℃以下时，煤的比热容随温度的升高而增大；在$350 \sim 1000℃$时，煤的比热容随温度的升高而减小。

（2）煤的导热性。煤的导热性包括煤的导热系数和导温系数两个基本常数。煤是一种不良的导热体，所以，煤在焦炉中的升温速度很慢，提高煤的散密度对传热有利。煤的导热系数随煤化程度的增加而增加。

煤的导热性与其水分、灰分及温度有关。热导率随煤中水分的增高而变大，因为水的热导率远大于空气的热导率，前者是后者的25倍。所以煤粒间的空气被水排除后，煤料的导热率就会提高。矿物质对煤的热导率有很大影响，有机物的热导性远低于矿物质，因而煤的热导率随灰分的提高而增大。

（3）煤的热稳定性。煤的热稳定性是指块煤在加热时能否保持原有粒度的性能，也就是煤在高温燃烧或气化等过程中对热的稳定程度。热稳定性好的煤，在燃烧或气化过程中能保持原来的粒度烧掉或气化而不碎成小块，或破碎较少；热稳定性差的煤（如广东省四望崠矿的无烟煤）在燃烧或气化过程则迅速裂成小块或煤粉，降低气化和燃烧效率。要求使用块煤作燃料或原料的工业窑炉，如果使用热稳定性不好的煤影响很大，因为细粒度煤或煤粉增多后，轻则增加炉内的阻力和带出物，重则破坏整个气化过程，甚至造成停炉事故。因此，用块煤作气化原料时应考虑煤的热稳定性。在以非炼焦煤为主的型焦工艺中，也要注意煤的热稳定性，否则型煤在焙烧过程中由于"热崩"现象会使型焦的强度大大降低。

影响煤的热稳定性的因素：1）与煤化程度的关系。一般烟煤的热稳定性较好，而褐煤和无烟煤的热稳定性较差。褐煤是由于水分高，受热时水分蒸发易使煤碎裂而降低其热稳定性；无烟煤则是由于结构致密，受热对内外温差大，膨胀不均匀，产生应力使煤碎裂而降低其热稳定性。2）与煤中矿物质的组成及其成分有关，如含碳酸盐矿物多的煤，受热后因析出大量的CO_2而使煤破裂。

2.3.1.4 煤的磁性质

煤的有机质具有抗磁性，因为在外磁场的作用下产生的附加磁场与外磁场的方向相反。煤的磁化率是指磁化强度M（抗磁性物质是附加磁场强度）和外磁场强度H之比。但在化学上常用比磁化率x表示物质磁性的大小。比磁化率是在$10^{-4}T$磁场下，1g物质所呈现的磁化率（即单位质量的磁化率）。煤的比磁化率随着煤化程度的加深呈直线增加，在含碳量79%~91%阶段，直线的斜率减小。煤的比磁化率在烟煤阶段增加最慢，在无烟煤阶段增加最快，在褐煤阶段增加速度居中。利用比磁化率可计算煤的结构参数。

煤中有机质是抗磁性的，而黏土、页岩等含铁矿物为弱顺磁性的，利用煤与矿物质在磁性上存在的差异可以分离煤和矿物质。在高磁场作用下，含铁矿物等弱顺磁性的矿物质能够被吸引在强磁场区，而煤粒则受排斥，这种选煤方法即为磁选法选煤。

2.3.1.5　煤的电性质

煤的电性质包括煤的导电性、介电常数等，它们在煤的加工工艺中广泛应用。煤的导电性是指煤传导电流的能力。导电性的强弱用电阻率 ρ 或导电率 δ 表示。电阻率越小，导电率越大，煤的导电能力越强。

影响煤的导电性的因素有以下几方面：（1）煤的电阻率随煤化程度呈规律性变化。褐煤的电阻率较低，导电性较好；烟煤的电阻率较高，导电性较差；无烟煤的电阻率急剧降低，导电性良好。即煤的导电性随着煤化程度的加深而增加。（2）煤岩成分对煤的电阻率有较大的影响。同一煤化程度的煤，镜煤的电阻率显著地高于丝炭。（3）煤的电阻率与矿物质的数量和组成有关。在煤化程度较低和中等煤化程度阶段，煤的电阻率随矿物质含量的增加而减少；而在高煤化程度阶段，煤的电阻率随矿物质含量的增加而增加。另外，煤中的黄铁矿含量高时，会使煤的电阻率显著降低。（4）煤的水分、孔隙度对煤的电阻率也有较大的影响。水分含量高、孔隙度大，煤的电阻率较低。如褐煤、长焰煤等低煤化程度的煤，它们的导电性较好。

利用煤与矿物质在导电性上存在的差异，可以在电选设备上分离煤和矿物质。

2.3.1.6　煤的光学性质

研究煤的光学性质是获得煤结构信息的重要手段之一。通过光学性质的研究可以获得煤结构内部微粒的大小、形状和聚焦特性（相互关系和排列）的重要资料。如煤的反射能力表示了煤内部结构的分散度；煤在光学上的各向异性决定了煤结构内部微粒的形状和定向、聚集状况等。近年来，煤的某些光学性质被用作煤分类及黏结性的指标。如镜质体煤的反射率、褐煤萃取液的透光率等被用作煤的分类指标；煤萃取物的荧光性质被用于表征煤的黏性等。在煤的光学性质中主要介绍煤的反射率、折射率和透光率。

（1）煤的反射率。煤对垂直入射光于磨光面上光线的反射能力，称为煤的反射能力。在显微镜下的直观表现是磨光面的明亮程度。煤种不同，对照射到煤的磨光面的入射光的反射能力不同。煤的反射率 R 定义为：

$$R = \frac{I_r}{I_i} \times 100\% \tag{2-10}$$

式中，I_r 为反射光强度；I_i 为入射光强度。

反射率是不透明矿物重要的特性，也是鉴定煤化度的重要指标。

（2）煤的透光率。煤的透光率是指煤样在100℃的稀硝酸溶液中处理90min，所得有色溶液对一定波长（475nm）的光的透过率。有色溶液透光率的测定有分光光度计法和目视比色法两种，分光光度法因其重现性差，一般用得不多，我国国家标准采用目视比色法测定有色溶液的透光率，用 P_M 表示。

透光率在反映年轻煤的煤化度时非常灵敏，特别是在煤样受到轻微氧化时，其测值不受影响，而其他反映煤化度的指标如挥发分、碳含量、发热量等则有明显的变化。因此，在我国煤炭分类中将 P_M 列为划分烟煤和褐煤的主要指标以及褐煤划分小类的指标，一般年轻褐煤的 P_M 小于等于30%，年老褐煤在30%~50%之间，烟煤中煤化度最低的长焰煤的 P_M 通常大于50%。

（3）煤的折射率。折射率是最基本的光学测定值，通过折射率的加和性可以求出分子折射，它是煤结构解析研究中的重要性质之一。折射率的定义是光线通过某物质界面时，在界面发生折射后进入该物质内部，其入射角和折射角正弦之比值（百分数）。煤的折射率不能直接测定，但折射率同垂直入射光的反射率之间存在如式（2-11）所示关系式（比尔公式）：

$$R = \frac{(n - n_0)^2 + n^2 K^2}{(n + n_0)^2 + n^2 K^2} \tag{2-11}$$

式中，R 为煤的反射率，%；n_0 为标准介质的折射率，雪松油的 $n_0 = 1.514\%$；n 为煤的折射率，%；K 为煤对光线的吸收率，%。

2.3.1.7 煤的润湿性与润湿热

煤的润湿性是指煤与液体接触时被液体所润湿的程度。当煤与液体接触时，如果固体煤的分子对液体分子的作用力大于液体分子之间的作用力，则固体煤可以被润湿，煤的表面黏附该液体；相反，若液体分子之间的作用力大于固体煤分子对液体分子的作用力，则固体煤不能被润湿。对于同一种固体，不同液体的润湿性不同；对于不同的固体，同一种液体的润湿性也不同。煤的润湿性可应用于选煤。因为煤易被油类润湿而不易被水润湿，而矸石相反，故在粉煤浮选时加入矿物油用空气鼓泡，此时精煤就会被油膜包围而上浮，矸石被水包围而下沉，可达到分选目的。

通常，可利用液体表面张力 σ 和固体表面所成的接触角 θ 的大小来判定该液体对固体的润湿程度。若液滴能润湿固体，则液滴的形状如图2-5a所示，此时接触角为锐角；若液滴不能润湿固体，则如图2-5b所示，此时接触角 θ 为钝角。

图2-5　润湿作用与液滴形状

a—可润湿；b—不可润湿

通过测定接触角可确定液体对煤润湿性的大小。对粉煤无法直接测定其接触角，可将粉煤加压成型块再进行测定。粉末法测定煤的润湿性是将粉煤（小于200目）装填在测定器内，于15MPa下加压成型，制得的型块可看作毛细管集束体，再用水或苯润湿之。同时，从加入润湿剂的对侧向测定器内通入氮气以阻止润湿过程的进行，当润湿恰好终止时（即型块刚好能全部润湿时），立即精确地测定氮气的压强 P，所测 P 值与润湿接触角 θ 之间存在下列关系：

$$\cos\theta = P \cdot g \cdot r / 2\sigma \tag{2-12}$$

式中，r 为毛细管半径；P 为氮气压力；g 为重力加速度；σ 为液体的表面张力。

由式（2-12）求出的接触角 θ 愈大，煤就愈难被润湿；θ 值愈小，则煤越易被润湿。

接触角的测定法除粉末法外，还有倾板法、液滴法和气泡黏结法等。煤的润湿性取决于煤表面的分子结构特点。通常分别用水和苯作为液体介质测定煤的接触角，来反映煤的亲水性和亲油性。

煤被液体润湿时放出的热量称为煤的润湿热，煤的润湿热是用1g煤被润湿时放出的热量表示，单位为J/g。煤的润湿热通常可用热量计直接测定。煤的润湿热是液体与煤表面相互作用，主要由范德华力作用所引起，润湿热的大小与液体种类和煤的比表面积有关。因此，润湿热的测量值可用于确定煤孔隙的总表面积。在润湿热和BET法求出的煤表面积之间大致存在 $0.39 \sim 0.42J$ 相当于 $1m^2$ 的对应关系，据此计算得到煤的内表面积范围大致是 $10 \sim 200m^2/g$。

由于甲醇对煤的润湿能力强，用它作润湿剂时能在数分钟内释放出大部分润湿热，因此它是比较常用的测量介质。润湿热的影响因素很多，如年轻煤含氧官能团可能与甲醇发生强极化作用（如结合成氢键）而释放出额外的热量，煤中某些矿物质组分与甲醇作用也能放热或吸热等。

2.3.1.8 比表面与孔隙率

煤的表面积包括外表面积和内表面积两部分，但外表面积所占比例极小。主要是内表面积。煤的表面积大小与煤的微观结构和化学反应性有密切关系，是重要的物理指标之一。煤表面积的大小通常用比表面积来表示，即单位质量的煤所具有的总表面积。随着煤化度的变化，煤的比表面积具有一定的变化规律。煤化度低的煤和煤化度高的煤比表面积大，而中等煤化度的煤比表面积小，反映出煤化过程中分子空间结构的变化。

煤孔隙率是指煤中孔隙体积占煤总体积的百分比。孔隙率大小影响煤储层储集气体的能力。与常规天然气储层孔隙率相比，煤的孔隙率较低，前者一般为10%~20%，后者一般小于10%。煤和焦炭等的孔隙率对其反应性有重大影响。一般泥炭、褐煤的孔隙率很大，而中等变化程度的煤孔隙率为4%~5%，无烟煤块为2%~4%，一般型煤的孔隙率为14%~27%，焦炭的孔隙率为45%~55%，型焦的孔隙率为20%~30%，木炭的孔隙率为70%。

2.3.2 煤的化学性质

2.3.2.1 煤的氧化

煤的氧化过程是指煤同氧互相作用的过程。除燃烧外，煤在氧化时同时伴随着结构从复杂到简单的降解过程，该过程也称氧解。

通常，煤与氧的作用有风化、氧解和燃烧三种情况：

（1）煤在空气中堆放一定时间后就会被空气中的氧缓慢氧化，煤化度越低的煤越易氧化。氧化会使煤失去光泽，变得疏松易碎，许多工艺性质发生变化（发热量降低、黏结性变差）。这是一种轻度氧化，因为在大气条件下进行通常称风化。

（2）煤与双氧水、硝酸等氧化剂反应会很快生成各种有机芳香酸和脂肪酸，这是煤的深度氧化，也即氧解。

（3）若煤中可燃物质与空气中的氧进行迅速的发光、发热的剧烈氧化反应，即是燃烧。

用各种氧化剂对煤进行不同程度的氧化，可以得到不同的氧化产物，这对研究煤的结构和煤的工业应用都有重要意义。

A　煤的氧化阶段

煤的氧化过程按其反应深度或主要产品的不同可分为五个阶段，见表2-3。但同时也有平行反应发生。

表 2-3　煤的氧化阶段

氧化阶段	主要氧化条件	主要反应产物
一	从常温到100℃，空气或氧气	表面碳氧络合物
二	100~250℃，空气或氧气	可溶于碱的高分子有机酸（再生腐殖酸）
二	100~200℃碱溶液中，空气或氧气	可溶于碱的高分子有机酸（再生腐殖酸）
二	80~100℃硝酸	可溶于碱的高分子有机酸（再生腐殖酸）
三	200~300℃碱溶液中，空气或氧气	可溶于水的复杂有机酸（次生腐殖酸）
三	100℃碱性 $KMnO_4$ 氧化	可溶于水的复杂有机酸（次生腐殖酸）
三	100℃ H_2O_2 氧化	可溶于水的复杂有机酸（次生腐殖酸）
四	与三相同，但增加氧化剂量和延长反应时间	可溶于水的苯羧酸
五	彻底氧化	二氧化碳和水

第一阶段属于煤的表面氧化，氧化过程发生在煤的表面（内外表面）。首先形成碳氧络合物，而碳氧络合物是不稳定化合物，易分解生成一氧化碳、二氧化碳和水等。由于络合物分解而煤被粉碎，增加表面积，氧又与煤表面接触，使其氧化作用反复循环进行。

第二阶段是煤的轻度氧化，氧化结果生成可溶于碱的再生腐殖酸。

第三阶段属于煤的深度氧化，生成可溶于水的较复杂的次生腐殖酸。

第四阶段氧化与第三阶段相同，但增加氧化剂用量，延长反应时间，可生成溶于水的有机酸（如苯胺酸）。第二、第三、第四阶段为控制氧化，采用合适的氧化条件可以控制氧解的深度。

第五阶段是最深的氧化，称为彻底氧化，即燃烧。生成 CO_2 和 H_2O，以及少量 NO_x、SO_x 等化合物。

为简化起见，一般不考虑第五阶段，同时将第三阶段和第四阶段合并，这就成为三个阶段，即（1）表面氧化阶段；（2）再生腐殖酸阶段；（3）苯羧酸阶段。第一、二阶段属轻度氧化，第三阶段为深度氧化。

由上可见，氧化过程中包括顺序反应和平行反应，如何提高反应的选择性显然十分重要。液相氧化和气相氧化相比，一般反应速度较快、选择性好，所以研究较多。根据氧化剂的不同，煤的液相氧化有硝酸氧化、碱溶液中高锰酸钾氧化、双氧水氧化和碱溶液中空气或氧气氧化等。

B　煤的轻度氧化

煤轻度氧化研究的对象主要是褐煤和烟煤。氧化结果可生成不溶于水，但能溶于碱液或某些有机溶剂的再生腐殖酸。其组成和性质与泥炭和褐煤中的原生腐殖酸相似，为了与原生腐殖酸加以区别，故称再生腐殖酸。再生腐殖酸基本上保存了煤原有的结构特征，成为研究煤结构的重要方法。由于再生腐殖酸工在农业中有重要应用，因而轻度氧化已成为煤直接化学加工的一个方向。

用碱溶液从泥炭、褐煤和土壤等物质中抽提出的除去少量沥青和矿物质后的有机酸性物质称为腐殖酸。它不是单一的化合物，而是一种组成十分复杂多变的羟基羧酸混合物。腐殖酸的相对分子质量有高有低，按其质量的多少、溶解度和颜色的不同，一般分为三个组分：（1）黑腐酸，只溶于碱溶液；（2）棕腐酸，除溶于碱外，还可溶于丙酮和乙醇等有机溶剂；（3）黄腐酸，除溶于碱溶液和上述有机溶剂外，还能溶于水。这三种组分同样也是混合物，只不过是相对分子质量范围比腐殖酸小一些而已。图2-6所示为腐殖酸三个组分的分离流程。

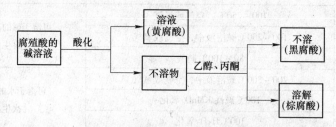

图2-6　腐殖酸三个组分的分离流程

迄今为止，腐殖酸的结构尚不十分清楚，大致结构特征是，腐殖酸的核心是芳香环和环烷环，周围有一个—COOH、—OH和＝C＝O等含氧官能团，环结构之间有桥键连接。腐殖酸中包含的环结构数目越多其相对分子质量越高。腐殖酸最简单的结构单元如图2-7所示。

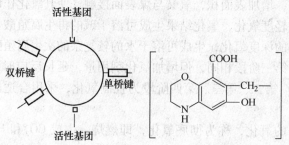

图2-7　腐殖酸分子的基本结构单元

煤的轻度氧化过程与煤的形成过程相反，如图2-8所示。

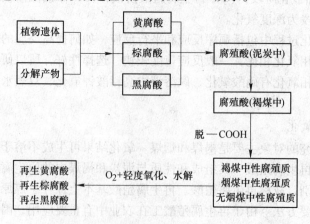

图2-8　煤的轻度氧化与煤的形成

因此，用轻度氧化的方法研究再生腐殖酸的组成结构，就可以获得有关煤结构的信息。腐殖酸类物质一般是指腐殖酸类及其派生出来物质的总称，它包括腐殖酸的各种盐类（钠、钾、铵等），各种络合物（络腐酸、腐殖酸-尿素等）以及各种衍生物（硝基腐殖酸、氯化腐殖酸、磺化腐殖酸等）。腐殖酸的主要性质有：（1）腐殖酸的钠盐、钾盐、铵盐可溶于水；（2）腐殖酸是一种亲水的可逆胶体，加入酸或高浓度盐溶液可使腐殖酸溶液发生凝聚；（3）腐殖酸具有弱酸性，所含羧基的酸性比乙酸强，故能分解乙酸钙，有一定的离子交换能力；（4）腐殖酸与金属离子能配合和整合，故能从水溶液中除去金属离子；（5）可溶于水的腐殖酸盐能降低水的表面张力，降低泥浆的黏度和失水；（6）腐殖酸具有氧化还原性，如可将 H_2S 氧化为硫，将 V^{4+} 氧化为 V^{5+}；黄腐酸能把 Fe^{3+} 还原为 Fe^{2+} 等；（7）腐殖酸具有一定的生理活性，作为氢接受体可参与植物体内的能量代谢过程，对植物体内的各种酶有不同程度的促进或抑制作用，也能促进铁、镁、锰、锌等离子的吸收与转移等。

因此，工业上常用轻度氧化的方法由褐煤或低变质烟煤（长焰煤、气煤）制取腐殖酸类物质，并广泛地应用于工农业和医药业上。另外，因为轻度氧化可破坏煤的黏结性，所以工业上对黏结性强的煤，有时需要对它们进行轻度氧化，以防止该类煤在炉内黏结挂料而影响操作。

C 煤的深度氧化

煤经轻度氧化得到腐殖酸类物质，如果继续氧化分解（在氧化第二、第四阶段条件下），可生成溶于水的低分子有机酸和大量二氧化碳。低分子有机酸类包括草酸、醋酸和苯羧酸（主要有苯的二羧酸、三羧酸、四羧酸、五羧酸和六羧酸等）。深度氧化是研究煤结构的重要方法，根据所得产物的结构特征就可以推测出煤的基本结构特征。

煤的深度氧化通常是在碱性介质中进行。碱性介质的作用是使氧化生成的酸转变成相应的盐而稳定下来；同时，由于碱的存在还能促使腐殖酸盐转变为溶液。因此可明显地减少反应产物的过度氧化，从而达到控制氧化的目的。常用的碱性介质是 $NaOH$、Na_2CO_3、$Ca(OH)_2$ 等。如果采用中性或酸性介质则会使 CO_2 增加，而水溶性酸降低。煤的深度氧化过程是分阶段进行的，氧化时首先生成腐殖酸，进一步氧化则生成各种低分子酸，如果一直氧化下去，则全部转变成 CO_2 和 H_2O。氧化过程又是一个连续变化过程，也就是边生成边分解的过程。因此，适当控制氧化条件可增加某种产品的产率。

D 煤的风化与自燃

煤在离地表很浅的煤层中或在堆放时，受大气因素（包括空气中的氧、地下水以及地面上的温度变化等）综合影响会发生的一系列物理、化学和工艺性质的变化，这种变化称为风化。风化作用实质上是煤中有机物质和某些矿物质的低温氧化引起的。在浅煤层中被氧化了的煤通常称作风化煤。而煤堆的风化虽然也产生一定的氧化作用，但不是主要的，煤堆的风化作用主要是由于水分的大量逸出造成的煤块碎裂，不叫风化煤。

煤的氧化是放热反应。煤在堆放过程中因氧化而释放的热量如不能及时排散，且不断积累起来，则煤堆温度就会升高。温度的升高又会促使氧化反应更激烈地进行，放出更多的热量。当煤的温度达到着火点时就会燃烧。这种由于煤的低温空气氧化、自热而引起的燃烧称为自燃。

为减少和防止煤的风化和自燃，煤的储存可采用以下几种方法：

（1）隔断法。若长时期大量存煤，可将煤储存在水中（如湖水、池塘及僻静的海湾）；也可将煤储存在惰性气体中（适合于实验室保存煤样）；或将煤逐层铺平压紧，在煤堆表面涂上一层油类物质（重油、沥青等），也可以在上面覆盖一层土或喷洒一层石灰乳；还可以将煤存放在密闭的储槽中。国外有的把固体二氧化碳（干冰）放在煤堆里，使之逐渐散出二氧化碳气体阻止氧气进入而防止氧化。

（2）按粒级堆放。不同粒级煤应分开堆放。

（3）换气法。在煤堆上装风筒，使煤堆通风散热。

（4）堆煤高度和时间。堆煤不宜过高，储煤时间不要太久，尤其是低煤化度煤应尽可能缩短储存期。煤堆高度一般小于 $1 \sim 2m$ 为宜。

2.3.2.2　煤的热解

煤的热解是指煤在隔绝空气或惰性气氛条件下持续加热至较高温度时，所发生的一系列物理变化和化学反应的复杂过程。黏结和成焦则是煤在一定条件下热解的结果。

A　煤的热解过程

根据煤的加热温度不同，热分解过程大致可分为以下阶段：

（1）120℃以前放出外在水分和内在水分，称为煤的干燥阶段。

（2）120～200℃放出吸附在小孔中的气体，如 CO_2、CO、CH_4 等，称为脱吸阶段。

（3）200～300℃放出热解水，开始形成气态产物，如 CO_2、CO、H_2O 等，并且有微量焦油析出，称为热解开始阶段。

（4）300～500℃大量析出焦油和气体，几乎全部的焦油均在此温度范围内析出。在这一阶段放出的气体主要为 CH_4 及其同系物。此外，还有不饱和烃 C_nH_m、H_2 及 CO_2、CO 等，为热解的一次气体。黏结性的烟煤在这一阶段则经胶质状态转变为半焦（煤经胶质状态转变为半焦的性质称为黏结性），称为胶质体的固化阶段。

（5）500～700℃半焦热解，析出大量含氢很多的气体，基本上不生成焦油，为热解的二次气体。半焦收缩产生裂纹，称为半焦收缩阶段。

（6）750～1000℃左右半焦进一步热分解，继续形成少量的气体（主要是 H_2），半焦变为高温焦炭（在工业条件下，煤能形成焦炭的性质称为结焦性），称为半焦转变为焦炭阶段。

煤的热分解过程是一个连续的分阶段的过程，每一个后续阶段必须通过前面所有的阶段。煤热加工的主要方法是进行干馏。

B　煤热解过程中的化学反应

煤热解过程中的化学反应是非常复杂的。包括煤中有机质的裂解，裂解产物中轻质部分的挥发，裂解残留物的缩聚，挥发产物在逸出过程中的分解及化合，缩聚产物的进一步分解，再缩聚等过程。总的来讲包括裂解和缩聚两大类反应。

煤热解化学反应分为以下几种：

（1）煤热解中的裂解反应。根据煤的结构特点，其裂解反应大致有下面四类：

1）桥键断裂生成自由基。联系煤的结构单元的桥键主要是：—CH_2—、—CH_2—CH_2—、—CH_2—O—、—O—、—S—、—S—S— 等，它们是煤结构中最薄弱的环节，受热很容易裂解生成自由基"碎片"。

2）脂肪侧链裂解。煤中的脂肪侧链受热易裂解，生成气态烃，如 CH_4、C_2H_6 和 C_2H_4 等。

3）含氧官能团裂解。煤中含氧官能团的热稳定性顺序为：—OH $\gg$ =C=O>—COOH >—OCH_3。羟基不易脱除，到 $700 \sim 800℃$ 以上，有大量氢存在时，可生成 H_2O。羰基可在 $400℃$ 左右裂解，生成 CO。羧基热稳定性低，在 $200℃$ 能分解生成 CO_2 和 H_2O。另外，含氧杂环在 $500℃$ 以上也可能断开，放出 CO。

4）煤中低分子化合物的裂解。煤中以脂肪结构为主的低分子化合物受热后熔化，同时不断裂解，生成较多的挥发性产物。

（2）一次热解产物的二次热解反应。上述热解产物通常称为一次分解产物，其挥发性成分在析出过程中受到更高温度的作用（像在焦炉中那样），就会产生二次热解反应，主要的二次热解反应有以下几种：

1）裂解反应。

$$C_2H_6 \longrightarrow C_2H_4 + H_2 \tag{2-13}$$

$$C_2H_4 \longrightarrow CH_4 + C \tag{2-14}$$

$$CH_4 \longrightarrow C + 2H_2 \tag{2-15}$$

$$\tag{2-16}$$

2）脱氢反应。

$$\tag{2-17}$$

$$\tag{2-18}$$

3）加氢反应。

$$\tag{2-19}$$

$$\tag{2-20}$$

$$\tag{2-21}$$

4）缩合反应。

$$\tag{2-22}$$

$$\text{（苯）} + C_4H_6 \longrightarrow \text{（萘）} + 2H_2 \qquad (2\text{-}23)$$

5）桥键分解。

$$-CH_2- + H_2O \longrightarrow CO + 2H_2 \qquad (2\text{-}24)$$

$$-CH_2- + -O- \longrightarrow CO + H_2 \qquad (2\text{-}25)$$

（3）煤热解中的缩聚反应。煤热解的前期以裂解反应为主，后期则以缩聚反应为主。缩聚反应对煤的黏结、成焦和固态产品质量影响很大。

1）胶质体固化过程的缩聚反应。主要是热解生成的自由基之间的结合，液相产物分子间的缩聚，液相与固相之间的缩聚和固相内部的缩聚等。这些反应基本在 550～600℃ 前完成，结果生成半焦。

2）从半焦到焦炭的缩聚反应。反应特点是芳香结构脱氢缩聚、芳香层面增大。苯、萘、联苯和乙烯等也可能参加反应，如：

$$\qquad (2\text{-}26)$$

多环芳烃之间的缩合如：

$$\qquad (2\text{-}27)$$

3）半焦和焦炭的物理性质变化。在 500～600℃ 之间煤的各项物理性质指标如密度、反射率、导电率、X 射线衍射峰和芳香晶核尺寸等变化都不大。在 700℃ 左右这些指标产生明显跳跃，以后随温度升高继续增加。

C　煤的高真空热解

在高真空下使煤进行热分解，也称为煤的分子蒸馏。中国科学院山西煤炭化学研究所曾对其进行了研究，并设计和制造了不锈钢制的分子蒸馏装置，用来研究煤的结构和黏结性。分子蒸馏的原理是在高真空中放一薄层的高分子有机物质，将它的分子蒸馏出来，并冷凝在冷凝器上。物质的蒸馏面与冷凝面之间的距离应当小于它的分子平均自由路径（一个分子在碰撞另一个分子之前所经历的平均距离）。在 133Pa 真空时，分子的平均自由路径约为 5cm，这代表一般分子蒸馏设备的蒸馏面与冷凝面之前的标准距离。设计距离应小于此标准距离，一般为 3～5cm。这样一来，从蒸馏面离开的分子，在冷凝前（平均而言）

不与其他分子碰撞，也不与比蒸馏面温度更高的面相遇。所以分子蒸馏技术是控制大分子有机物热分解的好方法，在研究复杂的有机化合物方面是一种新工具。

因为在高真空中使一薄层煤热分解时，煤中含有的或者由于热分解生成的、相对分子质量比较低的物质能迅速蒸馏并附着在冷却面上，所以这些相对低分子质量的初次热解产物能迅速从加热面析出，在不再或很少进一步热分解或热缩聚的状态下将其冷凝取出。由此可知，对于煤的初次热解产物数量和性质的研究，高真空热分解是一种有效的方法。

图 2-9 所示为兰德勒尔（Ladner）提出的高真空馏出物的结构模型，它是煤的黏结组分，其特点是芳香环之间以脂环作为桥键。

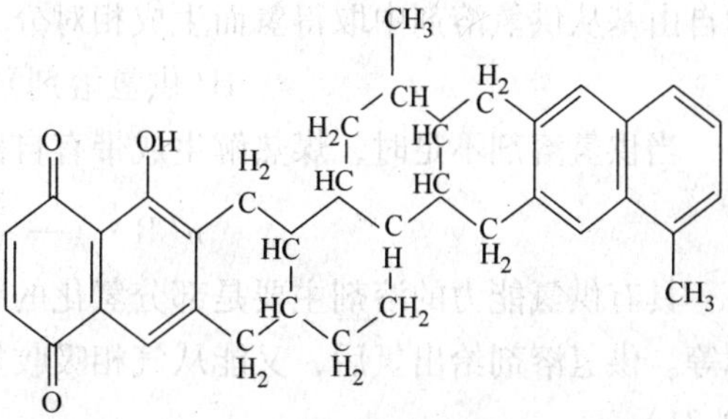

$(C_{36}H_{36}O_8$ 相对分子质量为 516)

图 2-9　高真空馏出物的结构模型

2.3.2.3　煤的加氢

煤加氢是煤十分重要的化学反应，是研究煤的化学结构与性质的主要方法之一，也是具有发展前途的煤转化技术。煤加氢分轻度加氢和深度加氢两种。煤加氢可制取液体燃料，可脱灰、脱硫制取溶剂精制煤，生产结构复杂和有特殊用途的化工产品以及对煤进行改质等。煤的加氢又称煤的氢化。最初研究煤加氢的主要目的是液化制取液体燃料油。人们研究了煤和烃类的化学组成后发现，固体的煤与液体的烃类在化学元素的组成上几乎没有区别，仅仅是各元素含量的比例不同而已，特别是 H/C 原子比。一般石油的 H/C 接近 2，褐煤、长焰煤、肥煤、无烟煤分别约为 0.9、0.8、0.7 和 0.4。从分子结构来看，煤主要是由结构复杂的芳香烃组成的，相对分子质量高达 5000 以上，而石油则主要由结构简单的支链烃组成，相对分子质量小得多，仅为 200 左右。通过对煤加氢，可以破坏煤的大分子结构，生成相对分子质量小、H/C 原子比大、结构简单的烃，从而将煤转化为液体油。

研究表明，在一定条件下对煤进行不同程度的加氢处理，煤的性质将发生巨大变化。轻度加氢可以生产以固体为主的洁净燃料，深度加氢可以生成液体油，经进一步加工可以得到发动机燃料、化工产品及化工原料。

A　煤加氢的主要化学反应

煤加氢液化是一个极其复杂的反应过程，有平行反应，也有顺序反应。不可能用一个或几个反应式完整地进行描述。煤加氢液化的基本化学反应如下：

（1）热解反应。现已公认，煤热解生成自由基，是加氢液化的第一步，煤热解温度是在煤的软化温度以上，煤结构单元间易受热裂解的桥键主要有：1）次甲基键：—CH_2—，—CH_2—CH_2—，—CH_2—CH_2—CH_2— 等；2）含氧桥键：—O—，—CH_2—O— 等；3）含硫桥键：—S—，—S—S—，—S—CH_2— 等。

热解反应式可示意为：

$$R—CH_2—CH_2—R' \longrightarrow RCH_2 \cdot + R'CH_2 \cdot \tag{2-28}$$

这些桥键的键能较低，受热很容易裂解生成自由基"碎片"。自由基在有足够氢存在时，便得到饱和而稳定下来，生成低相对分子质量的液体，若没有氢供应就会重新缩合。

（2）供氢反应。煤加氢时一般都用溶剂作介质，溶剂的供氢性能对反应影响很大。研究证明，反应初期使自由基稳定的氢主要来自溶剂而不是来自氢气。煤在热解过程中生成的自由基从供氢溶剂中取得氢而生成相对分子质量低的产品，稳定下来。

$$\text{H（供氢溶剂）} + R \cdot \longrightarrow RH \tag{2-29}$$

当供氢溶剂不足时，煤热解生成带有自由基的碎片缩聚而形成半焦。

$$n(R \cdot) \xrightarrow{\quad 缩聚 \quad} 半焦(R)_n \tag{2-30}$$

具有供氢能力的溶剂主要是部分氢化的缩合芳环，如四氢萘、9，10－二氢菲和四氢喹啉等。供氢溶剂给出氢后，又能从气相吸收氢。如此反复起到传递氢的作用。反应式见式（2-31）：

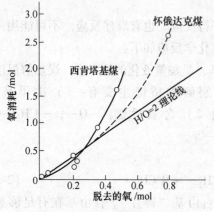

$$(2\text{-}31)$$

（3）脱杂原子反应。煤有机质中的 O、N、S 等元素称为煤中的杂原子。杂原子在加氢条件下与氢反应，生成 H_2O、H_2S、NH_3 等低分子化合物。使杂原子从煤中脱出。这对煤加氢液化产品的质量和环境保护是很重要的。

1）脱氧反应。在煤加氢反应中，发现开始氧的脱除与氢的消耗正好符合化学计量关系，如图 2-10 所示。可见反应初期氢几乎全部消耗于脱氧，以后氢耗量剧增是因为有大量气态烃相富氢液体生成。从煤的转化率和氧脱除率关系（图 2-11）可见，开始转化率随氧的脱除率成直线关系增加。当氧脱除率达 60% 时，转化率已达 90%。另有 40% 的氧十分稳定，难以脱除。

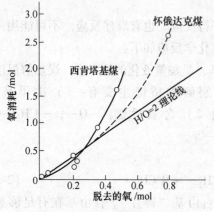
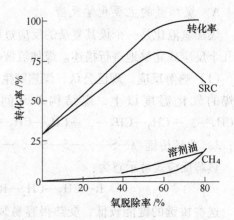

图 2-10   氢消耗与氧脱除的关系   图 2-11   煤的转化率与氧脱除率的关系

脱氧反应主要有以下几种：

醚基 $\qquad RCH_2\!-\!O\!-\!CH_2\!-\!R' + 2H_2 \longrightarrow RCH_3 + R'CH_3 + H_2O$ （2-32）

羧基 $\qquad R\!-\!COOH + 4H_2 \longrightarrow RH + CH_4 + 2H_2O$ （2-33）

羰基

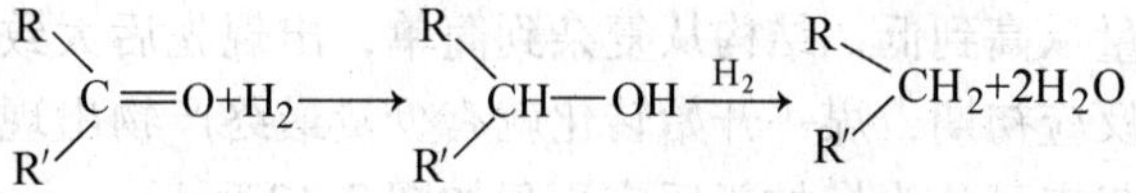

（2-34）

醌基

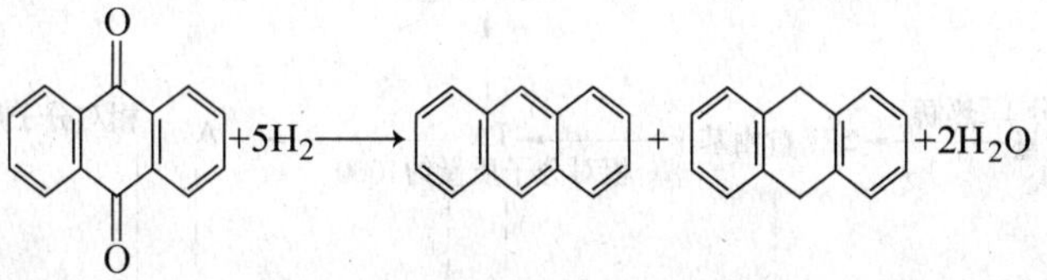

（2-35）

酚羟基难以脱除： $\qquad ROH + H_2 \longrightarrow RH + H_2O$ （2-36）

2）脱硫反应。脱硫与脱氧一样比较容易进行。有机硫中硫醚最易脱除，噻吩最难，一般要用催化剂。煤中硫化物加氢可生成 H_2S 脱除。

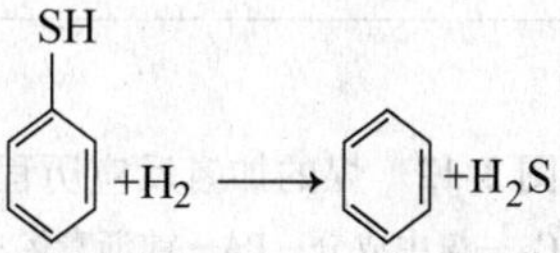

（2-37）

3）脱氮反应。脱氮反应要比脱氧、脱硫困难得多。在轻度加氢时氮含量几乎不减少，它需要激烈的反应条件和高活性催化剂。脱氮与脱硫不同的是含氮杂环只有当旁边的苯环全部饱和后才能破裂。如：

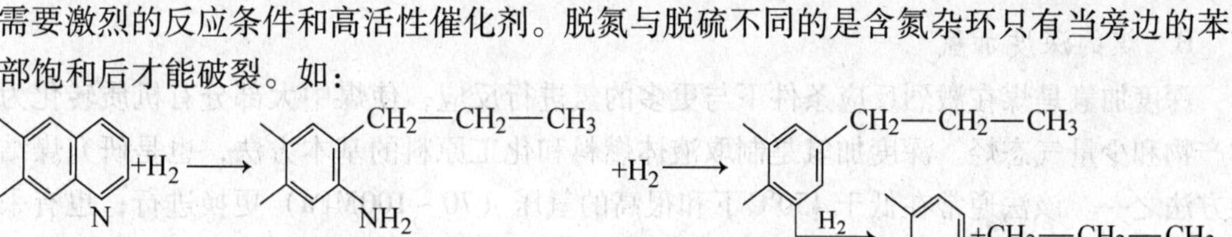

（2-38）

4）加氢裂解反应。它是煤加氢液化的主要反应，包括多环芳香结构饱和加氢、环破裂和脱烷基等。随着反应的进行，产品的相对分子质量逐步降低，结构从复杂到简单。

5）缩聚反应。在加氢反应中如温度太高、供氢量不足或反应时间过长，会发生逆向反应，即缩聚反应。生成相对分子质量更大的产物，例如：

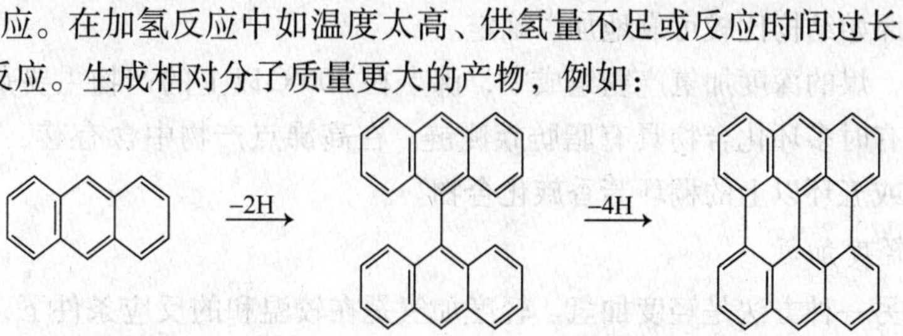

（2-39）

综上所述，煤加氢液化反应使煤的氢含量增加，氧、硫含量降低，生成相对分子质量较低的液化产品和少量气态产物。煤加氢时发生的各种反应，因原料煤的性质、反应温度、反应压力、氢量、溶剂和催化剂的种类等不同而异。因此，所得产物的产率、组成和性质也不同。如果氢分压很低，氢又不足时，在生成含氢量较低的高分子化合物的同时还可能发生脱氢反应，并伴随发生缩聚反应和生成半焦；如果氢分压较高，氢量富裕，将促进煤裂解和氢化反应的进行，并能生成较多的低分子化合物。所以加氢时，除了原料煤的性质外，合理地选择反应条件是十分重要的。

煤加氢液化反应包括一系列非常复杂的顺序反应和平行反应，说它有顺序反应是因反应产物的相对分子质量从高到低，结构从复杂到简单，出现先后大致有一个次序；说它有平行反应是因即使在反应初期，煤一开始转化就有少量最终产物出现，任何时候反应产品都不是单一的。综合起来可认为煤加氢反应历程如图 2-12 所示。

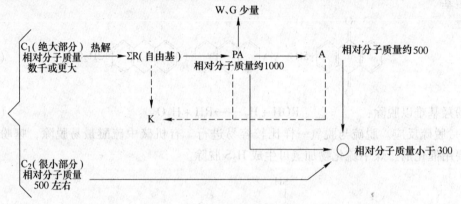

图 2-12　煤的加氢反应历程

C—煤；C_1，C_2—煤中成分；PA—前沥青烯；A—沥青烯；

○—油；G—气体；W—水；K—半焦

B　煤的深度加氢

深度加氢是煤在激烈反应条件下与更多的氢进行反应，使煤中大部分有机质转化为液体产物和少量气态烃。深度加氢是制取液体燃料和化工原料的基本方法，也是研究煤结构的方法之一。该法通常在低于 450℃ 下和很高的氢压（70～100MPa）更换进行；也有采用较低氢压（15MPa）的催化加氢方法。

煤的深度加氢在低于 450℃ 下进行，煤中大分子只发生部分的破坏、解聚或裂解。在此条件下，可以认为煤的结构单元基本上保持不变。环状化合物基本上未发生破裂（至少不明显），脂肪族产物的碳骨架也未发生改变。因此，通过煤加氢产物的组成和结构的研究，可将煤的原始结构比较可靠地加以确定。

试验表明，煤的深度加氢产物组成中，沸点在 200℃ 以上的产物主要是由多环芳香族化合物组成。有时多环化合物具有脂肪族侧链。在高沸点产物中含有苊、芘及其同系物。它们都是四环或五环以上的稠环芳香族化合物。

C　煤的轻度加氢

煤加氢的另一种方法是轻度加氢。轻度加氢是在较温和的反应条件下，也就是在较低的氢压（8～10MPa）和较低的温度（不超过煤的分解温度）下，对煤进行加氢。轻度加氢与深度加氢不同，轻度加氢不能使煤的有机质氢解为液体产物，煤的外形没有发生变化，煤的元素组成变化也不大，只能使煤的分子结构发生不大的变化，但煤的许多物化性质和工艺性质却发生明显变化。如轻度加氢后煤的黏结性，在原油中的溶解度，焦油产率，挥发分产率等发生明显变化。煤轻度加氢可改善煤的性质，因此，具有工业意义，也可用来了解煤的分子结构。

2.3.2.4 煤的卤化

煤的卤化是指在煤的结构中引入氯、氟等卤族元素。和煤进行卤化可以用氯、氟，也可以用它们的化合物。因为氯和氟都是强氧化剂，所以在和煤进行卤化的同时，还伴随有氧化作用，导致煤分子的键链断裂成较低的分子。

A 煤的氯化

煤的氯化方法主要有两种：一是在较高温度（约 175℃ 或更高）下用氯气进行气相氯化；二是在低于 100℃ 的温度下，在水介质中进行氯化。在水的强离子化作用下，氯化反应速度很快，煤的转化程度较深，故研究得较多。煤在水介质中发生氯化反应时可发生取代、加成和氧化反应。

氯化反应的前期主要是芳环和脂肪侧链上的氢被氯取代，析出 HCl：

$$RH + Cl_2 \longrightarrow RCl + HCl \tag{2-40}$$

在反应后期当煤中氢含量大大降低后也有加成反应发生：

$$C = C + Cl_2 \longrightarrow Cl - C - C - Cl \tag{2-41}$$

在氯化过程中，氯含量大幅度上升，有时可达30%以上。氯化煤是棕褐色固体，不溶于水。影响氯化反应的主要因素有温度、时间、氯气流量、水煤比和催化剂等。

氯气溶解于水产生盐酸和氧化能力很强的次氯酸，次氯酸可将煤氧化产生碱可溶性腐殖酸和水溶性有机酸。但煤的氯化反应不断生成的盐酸能抑制氧化作用，所以氧化与氯化相比较，一般不是主要的。

氯化煤的溶剂抽提物可以作为涂料和塑料的原料。用溶剂抽提出的氯化腐殖酸具有生物活性，可作植物生长的刺激剂。氯化煤还可作水泥分散剂、鞣革剂和活性炭等。利用氯化时的副产物盐酸可以分解磷矿粉，生产腐殖酸——磷肥。煤在高温下气相氯化可制取四氯化碳。

B 煤的氟化

由于氟的化学活性高于氯，所以煤的氟化反应速度更快和更完全。气相氟化反应包括取代和加成反应，它可用来测定煤的芳香度。

煤在氟化后质量增加。总增重中包括氟加成的增重和氟取代的增重。

2.3.2.5 煤的磺化

煤与浓硫酸或发烟硫酸进行磺化反应，反应结果可在煤的缩合芳香环和侧链上引入磺酸基（—SO$_3$H），生成磺化煤。煤的磺化反应式见式（2-42）：

$$RH + HOSO_3H \longrightarrow R - SO_3H + H_2O \tag{2-42}$$

进行磺化反应时，在加热条件下浓硫酸是一种氧化剂，可把煤分子结构中的甲基（—CH$_3$）、乙基（—C$_2$H$_5$）氧化，生成羧基（—COOH），并使碳-氢键（C—H）氧化成酚羟基（—OH）。故磺化煤可表示为 $R \overset{OH}{\underset{SO_3H}{-}} COOH$，可简化表记为 RH。

由于煤经磺化反应后，增加了—SO_3H、—$COOH$ 和—OH 等官能团，这些官能团上的氢离子 H^+ 能被其他金属离子（如 Ca^{2+}、Mg^{2+} 等）所取代。当磺化煤遇到含金属离子的溶液，就以 H^+ 和金属离子进行交换。因此，磺化煤是一种多官能团的阳离子交换剂。

煤磺化反应工艺条件包括：

（1）原料煤。采用挥发分大于 20% 的中等变质程度的烟煤。为了确保磺化煤具有较好的机械强度，最好选用暗煤较多的煤种，灰分在 6% 左右，不能过高。煤粒度 2~4mm，粒度太大磺化不完全，而过小使用时阻力大。

（2）硫酸浓度和用量。硫酸浓度应大于 90%，发烟硫酸反应效果更好。硫酸对煤的质量比一般为 (3~5):1。

（3）反应温度在 110~160℃ 为宜。

（4）反应时间包括升温在内的总反应时间一般在 9h 左右。反应开始需要加热，因磺化反应为放热反应，所以反应进行后就不需供热了。

煤磺化反应后经洗涤、干燥、过筛制得多孔的黑色颗粒，称氢型磺化煤（RH）。若与 Na^+ 交换可制成钠型磺化煤（RNa）。

磺化煤是一种制备简单、价格低廉、原料广泛的阳离子交换剂。它们的饱和交换能力为 1.6~2.0mmol/g。其主要用途是：（1）锅炉水软化剂，除去 Ca^{2+} 和 Mg^{2+}。（2）有机反应催化剂，用于烯酮反应、烷基化或脱烷基化反应、酯化反应和水解反应等。（3）钻井泥浆添加剂。（4）处理工业废水（含酚和重金属废水）。（5）湿法冶金中回收金属，如 Ni、Ga、Li 等。（6）制备活性炭。磺化煤机械强度差，在运输相使用过程中破损率高，并且当水温超过 40℃ 时磺化煤会变质。

2.3.2.6　煤的水解

煤的水解一般是在碱性溶液中进行的一系列反应。实验证明，煤中可水解的键不多，但引起煤中有机质的变化，如煤水解后不溶残余物在苯中的溶解度增加，可达 27%，而原煤在苯中只溶解 6%~8%。利用乙醇、异丙醇和乙二醇代替水，进行水解反应，其效果更好。但目前上述的水解反应还不能保证定量进行。

通过对煤水解产物的研究，可说明煤的结构单元是由缩合芳香环组成，在芳香环的周围有含氧官能团，为煤结构提供了依据，如酚类的形成，可能是由于煤中醚键的水解；酸或醇类的产生是由于煤中的醛基在 NaOH 介质中进行歧化作用形成酸或醇；二元酸的生成，是由于煤中醌基在碱性介质中水解时产生氧化。

煤在 NaOH 水溶液中的水解是很复杂的，除水解反应外还有热解、氧化和加氢等反应。

2.3.3　煤的工艺性质

煤的工艺性质是指煤炭在一定的加工工艺条件下或某些转化过程中所呈现的特性。如煤的黏结性、结焦性、可选性、低温干馏性、反应性、机械强度、热稳定性、结渣性、灰熔融性、灰黏度和煤的发热量等。

不同煤种或不同产地的煤往往工艺性质差别较大，不同加工利用方法对煤的工艺性质有不同的要求。因此，必须了解煤的各种工艺性质，以便选择最合理的利用途径并满足各种工业用煤的质量要求。

2.3.3.1 气化和燃烧用煤的工艺性质

为了保证煤炭气化与燃烧的顺利进行，并满足不同工艺过程对煤质的不同要求，需要了解它们的工艺性质。这些工艺性质主要包括煤灰在高温下的性质、反应性和着火点等。

A 煤灰熔融性

煤灰熔融性曾被称为煤灰熔点，是煤灰在规定条件下得到的随加热温度而变化的变形、软化、呈半球和流动特征的物理状态。煤灰熔融性是与煤灰化学组成密切相关的一个动力用煤高温特性的重要测定项目之一，是动力用煤的重要指标，反映了煤中矿物质在锅炉中燃烧时的变化动态。

煤灰是由各种矿物质组成的混合物，这种混合物并没有一个固定的熔点，而仅有一个熔化温度的范围。由于多种混合物交织在一起，其开始熔化的温度远比其任一组分的纯净矿物质的熔点低。这些组分在一定温度下还形成一种共熔体，这种共熔体在熔化状态时，有熔解煤灰中其他高熔点物质的性能，从而改变熔体的成分及其熔化温度。

煤灰中各种化学成分含量的不同决定了灰分的熔点不同。如果灰中（$SiO_2 + Al_2O_3$）所占的比例大，则灰分的熔点高，其他的主要成分，如 Fe_2O_3、CaO 和 MgO 等都是较易熔的成分，它们含量大时，则灰分的熔点低。

GB/T 219—2008 规定采用角锥法测定煤灰的熔融性。角锥法设备简单、操作方便、准确性较高。其方法特点是：将煤灰和糊精混合，制成一定尺寸的角锥体，放入特制的灰熔点测定炉内。在一定的气体介质中以一定的升温速度加热，观察并记录灰锥形态变化过程中的四个特征熔融温度——变形温度、软化温度、半球温度和流动温度，如图 2-13 所示。

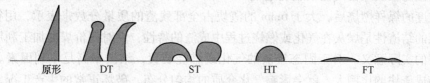

图 2-13 灰锥熔融特征示意图

（1）变形温度 DT。灰锥尖端或棱开始变圆或弯曲时的温度（如果灰锥尖保持原形，锥体收缩和倾斜不算变形温度）。

（2）软化温度 ST。灰锥弯曲至锥尖触及托板或灰锥变成圆球时的温度。

（3）半球温度 HT。灰锥形变至近似半球形，即高约等于底长的 1/2 时的温度。

（4）流动温度 FT。灰锥熔化展开成高度在 1.5mm 以下的薄层时的温度。

通常将 DT ~ ST 温度区间称为煤灰的软化范围，ST ~ FT 温度区间称为煤灰的熔化范围，以 ST 作为衡量煤灰熔融性的主要指标。

B 煤灰黏度

煤灰黏度是指煤灰在熔融状态下的内摩擦因数，表征煤灰在高温熔融状态下流动时的物理特性。煤灰黏度是动力用煤和气化用煤的重要指标，特别是对于液态排渣炉来说，仅靠煤灰熔融温度的高低已经不能正确判断煤灰渣在液态时的流动特性，而需要测定煤灰在熔融态时黏度特性曲线。在现代煤气化工艺中，很多工艺对煤灰黏度提出了要求，因为这些煤气化工艺均是在高于煤灰软化温度下操作，以期延长设备的使用寿命，降低操作费用，提高经济效益。

实验表明，由于煤灰组成不同，虽然两种煤灰的熔融温度可能相近，但其黏度-温度特性曲线有很大的差别。因此，需要测定煤灰的黏度-温度特性曲线，才能了解灰渣的流动性，以帮助制定相应的操作条件或采用添加助熔剂或配煤的方法来改变煤灰的流动性，使其符合液态排渣炉的使用要求。

正常液态排渣的黏度一般为 $5 \sim 10Pa \cdot s$，最多不超过 $25Pa \cdot s$。同一煤灰的黏度随温度升高而降低，相同温度下，煤灰的黏度大；CaO、MgO、Fe_2O_3、K_2O、Na_2O 等碱性成分高，可以降低灰黏度。当煤灰的酸碱比由小变大时，指定黏度下的温度会降低。所以，在生产中可以根据工艺需要采用添加助熔剂或配煤的方法达到改变煤灰成分及灰黏度的目的。

煤灰成分中，影响煤灰黏度的主要因素是 SiO_2、Al_2O_3、Fe_2O_3 和 Fe^{3+} 质量分数、CaO 以及 MgO。其中 SiO_2 和 Al_2O_3 能提高灰的强度；Fe_2O_3、CaO 和 MgO 能降低灰的黏度；Fe^{3+} 质量分数增加时，灰黏度增加，临界黏度温度升高。但当 Fe_2O_3 含量高、SiO_2 含量低时，增加 SiO_2 含量反而会降低黏度。此外，Na_2O 也能降低黏度。

灰渣的流动性不仅取决于它的化学成分，也取决于它的矿物组成。化学成分相同但矿物组成不同的灰渣完全可能有不同的流动性。只有在真液范围内灰渣的黏度才完全取决于它的化学成分，而与各成分的来源（即矿物质组成）无关。因此，有关灰渣黏度和化学成分的关系的研究，多数都局限于真液范围内。

C　煤的结渣性

结渣性是反映煤在气化或燃烧过程中，煤灰受热、软化、熔融而结渣的性能的量度，以一定粒度的煤样燃烧后，大于 6mm 的渣块占全部残渣的质量分数来表示，用符号 Clin 表示。煤的结渣性是煤灰在气化或燃烧过程中成渣的特性，它对评价煤的加工利用特性具有很重要的实际意义。对于固态排渣的气化或燃烧装置，结渣率高是不利因素。结渣率高，煤结成渣块的比例大，就会影响气化介质的均匀分布，破坏正常的生产工况，还会给操作带来一定的困难，同时增加了灰渣中的碳含量，降低了煤炭利用率。因此，无论是气化或燃烧用煤，都要求采用不易结渣或只轻度结渣的煤。而煤的结渣性指标，就是判断煤在气化或燃烧过程中是否容易结渣的一个重要参数。

影响结渣性的因素主要是煤中矿物质的含量及其组成。一般矿物质含量高的煤易结渣，矿物质中钙、铁含量高容易结渣，而 Al_2O_3 含量高则不易结渣。此外，结渣性还随鼓风强度的提高而增强。

D　煤的气化反应性

煤的反应性又叫煤的活性。煤的反应性是指煤在一定温度下和 CO_2、O_2 及水蒸气等的反应能力。煤的反应性与煤的气化和燃烧等工艺之间有十分密切的关系。反应性强的煤，在气化和燃烧过程中的反应速率快、效率高，尤其是一些高效能的新型气化工艺（如流化床气化和悬浮床气化等），煤的反应性就更直接关系到煤在炉中的反应情况，如耗煤量、耗氧量和煤气中的有效成分等。在流态化燃烧的新技术中，煤的反应性与反应速率之间具有很规律的相关关系。因此，煤的反应性是一项重要的气化和燃烧的特征标志。

通常，测定煤的反应能力大小是用脱去挥发分后的煤（有的煤脱去挥发分后已成为焦）来还原 CO_2，所以应该称为煤、焦炭对 CO_2 的反应能力。煤的反应性主要与煤的变质程度有关。在一般情况下，煤化程度低的煤对 CO_2 的反应性好。因此，褐煤的反应性较大，烟煤的反应性居中，无烟煤的反应性最小。除了煤化程度外，煤的孔隙率、煤灰成分等对煤的气化反应也有较大影响。煤的孔隙率越大，气化反应的接触面积越大，其反应性的影响也变大。煤灰中碱金属和碱土金属对 C 和 CO_2 的还原反应具有催化作用，使煤的反应性提高。此外，煤的反应性随温度的提高而增强。这表明煤在气化和燃烧过程中有时可通过改变温度（保证煤灰不结渣的前提下）来弥补煤的反应性较差的缺陷。

E 煤的着火温度

着火温度也叫燃点、临界温度或着火点。煤释放出足够的挥发分与周围大气形成可燃混合物的最低燃烧温度叫做煤的着火温度。煤的着火温度是煤的燃烧特性之一。在生产、储存和运输过程中可根据煤的着火温度来采取预防措施，以避免煤发生自燃，减少环境污染和经济损失。

着火温度与煤的变质程度有关。煤的着火点随煤质程度的增高而增高，因此煤的着火点和挥发分产率有明显规律。无烟煤的着火点最高，而褐煤的着火点最低。利用煤的着火点可以判断煤的氧化程度，也可以利用原煤着火点和氧化煤着火点的差值来预测煤的自燃倾向。一般着火点低的煤和氧化后着火点降低值大的煤容易自燃。

着火点的测点方法很多，有着火温度法、双氧水法、吸氧法和亚硝酸钠法等。测定煤的着火温度有以下几方面的意义：（1）着火温度与煤阶有一定的关系，一般煤阶高的着火温度也比较高，煤阶低的煤着火温度也低，所以着火温度可以作为判断煤炭变质程度的参考。（2）根据煤的氧化程度与着火温度之间的关系，利用原煤样的着火温度和氧化煤样的着火温度的差值来推测煤的自燃倾向，一般来说，原煤煤样着火温度低，而氧化煤样着火温度降低数值大的煤容易自燃。（3）根据煤的着火温度的变化来判断煤是否被氧化。煤受轻微氧化时，用元素分析或腐殖酸测定方法是难以做出判断的，而煤氧化后着火温度却会明显下降，所以着火温度可作为煤氧化的一种非常灵敏的指标。

煤的着火温度与煤的挥发分、水分、灰分以及煤岩组成有关。一般说来，煤的着火温度随挥发分的增高而降低，在相同挥发分产率下，褐煤的着火温度比烟煤低很多。

2.3.3.2 炼焦用煤的工艺性质

黏结性和结焦性是烟煤的一个重要的工艺性质，在冶金工业中煤的黏结性是评价炼焦用煤的主要指标，炼焦用煤必须具有一定的黏结性。

煤的黏结性是指烟煤在干馏时黏结其本身或外加惰性物的能力；煤的结焦性是指煤在工业焦炉或模拟工业焦炉的炼焦条件下，结成具有一定块度和强度焦炭的能力。

煤的黏结性反映烟煤在干馏过程中能够软化熔融形成胶质体并固化黏结的能力。测定煤黏结性的试验一般加热速度较快，到形成半焦即停止。煤的黏结性是煤形成焦炭的前提和必要条件，炼焦煤中肥煤的黏结性最好。

煤的结焦性反映烟煤在干馏过程中软化熔融易结成半焦，以及半焦进一步热解、收缩最终形成焦炭全过程的能力。测定煤结焦性的试验一般加热速度较慢。可见，结焦性好的煤除具备足够而适宜的黏结性外，还应在半焦到焦炭阶段具有较好的结焦能力。在炼焦煤中焦煤的结焦性最好。

　　测定煤黏结性和结焦性的实验室方法很多，常用的方法有坩埚膨胀序数、罗加指数、黏结指数、吉氏流动度、胶质层指数、奥阿膨胀度和格金焦型等七种。

2.3.3.3　煤的可选性

　　煤的可选性是指从原煤中分选出符合质量要求的精煤（浮煤）的难易程度。工业上选煤过程多用水作介质，利用精煤与中煤及矸石的密度差，从煤中选出低灰、低硫的精煤，排出中煤、矸石和黄铁矿。选煤对提高煤炭质量等级、降低灰分、节能、减少污染及煤炭综合利用等均有重大的意义。

　　煤炭的洗选首先要了解它的可选性及其特征。煤的可选性是确定选煤工艺和设计选煤厂的主要依据。通过煤的可选性研究可估计各级产品的灰分和产率。可选性特征可以表明煤在分选时，理论上所获得的对应于不同净煤灰分或硫分时产品的最高产率。对易选原煤可以得到产率高而灰分（或硫分）低的精煤。选煤厂可采用较简单的工艺和设备，以提高选煤厂的经济效益。

　　有关选煤具体内容于第3章详细介绍。

2.4　煤的结构

　　煤的分子结构的研究一直是煤化学学科的中心环节，受到了广泛的重视。为了研究煤的化学组成和结构，长期以来采用了物理、物理化学、化学等方法进行研究。但是由于煤这一研究对象的复杂性、多样性、非晶质性和不均匀性，到目前为止虽然已做了大量的研究工作并取得了一定的进展，但煤的分子结构问题还没有最终解决。几十年来根据试验结果和分析推测，提出的煤的分子结构模型不下数十种。目前对这个问题的认识现状可以概括为：定性描述多于定量计算，轮廓介绍多于具体剖析，统计平均多于个别结果。

　　因为烟煤储量最大、应用最广，而煤岩显微组分中又以镜质组为主，再加上镜质组具有矿物质含量很低，在煤化过程中变化比较均匀等优点，所以长期以来烟煤的镜质组一直是煤化学的主要研究对象。在分子结构研究方面同样如此，故本章内容将以烟煤镜质组为主，重点介绍煤分子结构研究的结论。

2.4.1　煤的大分子结构

2.4.1.1　煤的大分子结构基本概念

　　煤的有机质是由大量相对分子质量不同、分子结构相似但又不完全相同的"相似化合物"组成的混合物。根据实验研究，煤的有机质可以大体分为两部分：一部分是以芳香结构为主的环状化合物，称为大分子化合物；另一部分是以链状结构为主的化合物，称为低分子化合物。前者是煤有机质的主体，一般占煤有机质的90%以上，后者含量较少，主要存在于低煤化程度的煤中。煤的分子结构通常是指煤中大分子芳香族化合物的结构；煤的大分子结构十分复杂，一般认为它具有高分子聚合物的结构，但又不同于一般的聚合物，它没有统一的聚合单体。

　　研究表明，煤的大分子是由多个结构相似的"基本结构单元"通过桥键连接而成的。这种基本结构单元类似于聚合物的聚合单体，它可分为规则部分和不规则部分。规则部分由几个或十几个苯环、脂环、氢化芳香环及杂环（含氮、氧、硫等元素）缩聚而成，称为基本结构单元的核或芳香核；不规则部分则是连接在核周围的烷基侧链和各种官能团；桥键则是连接相邻基本结构单元的原子或原子团。随着煤化程度的提高，构成核的环数不断增多，连接在核周围的侧链和官能团数量则不断变短和减少。

2.4.1.2 煤大分子基本结构单元的核

基本结构单元的核主要由不同缩合程度的芳香环构成，也含有少量的氢化芳香环和氮、硫杂环。随煤变质程度的增加，基本结构单元的缩合度增加，缩合芳环数也增加。低煤化度煤基本结构单元的核以苯环、萘环和菲环为主，缩合环数较少，尺寸也较小；中等煤化度烟煤基本结构单元的核则以菲环、蒽环和芘环为主；到无烟煤阶段，基本结构单元核的芳香环数急剧增加到十多个，且逐渐趋向石墨结构。

由于煤结构的复杂性和不均一性，故而难以确切了解煤的分子结构，因此常常采用所谓的结构参数来综合描述煤的基本结构单元的平均结构特征。这里主要介绍芳碳率、芳氢率、芳环率和环缩合度指数等四个结构参数：

（1）芳碳率 $f_{ar}^C = C_{ar}/C$。基本结构单元中芳香族结构的碳原子与总碳原子数之比。

（2）芳氢率 $f_{ar}^H = H_{ar}/H$。基本结构单元中芳香族结构的氢原子与总氢原子数之比。

（3）芳环率 $f_{ar}^R = R_{ar}/R$。基本结构单元中芳香环数与总环数之比。

（4）环缩合度指数 $2(R-1)/C$。基本结构单元中的环形成缩合环的程度。

不同煤化程度煤的结构参数列于表 2-4 中。

表 2-4 不同煤化程度煤的结构参数

碳含量/%	f_{ar}^C		f_{ar}^H		H_{ar}/C_{ar} [①]	H_{al}/C_{al} [②]	平均环数
	NMR [③]	FTIR [④]	NMR	FTIR			
75.0	0.69	0.72	0.29	0.31	0.33	1.48	2
76.0	0.75	0.75	0.34	0.33	0.36	0.74	2
77.0	0.71	0.65	0.33	0.24	0.34	1.89	2
77.9	0.38	0.49	0.16	0.14	0.42	1.32	1
79.4	0.77	0.77	0.31	0.31	0.31	1.91	3
81.0	0.70	0.69	0.31	0.34	0.31	1.45	2
81.3	0.77	0.74	0.30	0.36	0.35	2.11	3
82.0	0.78	0.73	0.36	0.32	0.34	2.14	3
82.0	0.74	0.76	0.33	0.31	0.33	1.74	3
82.7	0.79	0.73	0.32	0.29	0.31	2.34	3
82.9	0.75	0.79	0.39	0.39	0.38	1.59	3
83.4	0.78	0.69	0.33	0.29	0.32	2.31	3
83.5	0.77	0.69	0.34	0.29	0.36	2.42	3
83.8	0.54	0.56	0.18	0.16	0.31	1.69	1
85.1	0.77	0.80	0.43	0.45	0.36	1.38	3
86.5	0.76	0.78	0.33	0.42	0.36	1.75	3
90.3	0.86	0.84	0.53	0.50	0.35	1.91	6
93.0	0.95		0.68		0.23	2.06	30

①H_{ar}/C_{ar}—芳香氢、碳原子比；②H_{al}/C_{al}—脂肪氢、碳原子比；③NMR—核磁共振波谱；④FTIR—傅里叶变换红外光谱。

2.4.1.3　基本结构单元的官能团和烷基侧链

基本结构单元的缩合环上连接有数量不等的烷基侧链和含氧（还有少量含硫、含氮）官能团。

（1）烷基侧链。根据煤的红外光谱、核磁共振、氧化和热解的研究结果，已确认煤的结构单元上连接有烷基侧链。连接在缩合环上的烷基侧链是指甲基、乙基、丙基等基团。藤井修治在比较缓和的条件下（150℃、氧气）把煤中的烷基氧化为羧基，然后通过元素分析和红外光谱测定，求得不同煤种的烷基侧链的平均长度，见表2-5。

表2-5　烷基侧链的平均长度

C_{daf}/%	65.1	74.3	80.4	84.3	90.4
侧链的长度（碳原子数）	5.0	2.3	2.2	1.8	1.1

由表2-5可见，烷基侧链随煤化度增加开始很快缩短，然后渐趋稳定。低煤化度褐煤的烷基侧链长边5个碳原子，高煤化度褐煤和低煤化度烟煤的烷基侧链碳原子数平均为2左右，至无烟煤则减少到1，即主要含甲基。另外，烷基碳占总碳的比例也随煤化程度增加而减少，煤中碳为70%，烷基碳占总碳的8%左右；80%时约占6%；90%时，只有3.5%左右。

（2）含氧官能团。煤分子上的含氧官能团有羟基、羧基、羰基、甲氧基和醚键等。含氧官能团随煤化程度提高而减少。煤中含氧官能团的分布和煤化程度的关系如图2-14所示。

甲氧基消失得最快，在年老褐煤中就几乎不存在了；其次是羧基，羧基是褐煤的典型特征，到了烟煤阶段羧基的数量大大减少，到中等煤化程度的烟煤时羧基已经基本消失；羟基和羧基在整个烟煤阶段都存在，甚至在无烟煤阶段还有发现。羰基在煤中的含量虽少，但随煤化程度提高而减少的幅度不大，在不同煤化程度的煤中均有存在。煤中的氧有相当一部分以非活性状态存在，主要是醚键和杂环中的氧。

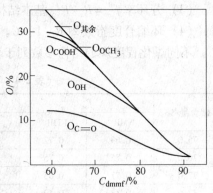

图2-14　煤中含氧官能团的分布和煤化程度的关系

（3）含硫和含氮官能团。煤中的含硫官能团与含氧官能团的结构类似，包括硫醇、硫醚、二硫醚、硫醌及杂环硫等。煤中的氮含量一般在1%~2%，主要以六元杂环、吡啶环或喹啉环等形式存在。此外，还有氨基、亚氨基、腈基、五元杂环吡咯及咔唑等。理论上，含硫和含氮官能团随煤化程度提高有减少趋势，煤有机质中氮、硫含量不高，其他因素往往掩盖了煤化程度的影响，但从一些数据也可以看出氮含量随煤化程度的提高而下降。

2.4.1.4　链接基本结构单元的桥键

联系煤结构单元之间的桥键到底有哪些类型，这也是煤结构研究个的重要课题。经长期大量的试验，发现煤的大分子结构单元间的连接是通过次甲基键(—CH₂—，—CH₂—CH₂—，—CH₂—CH₂—CH₂—等)、醚键和硫醚键（—O—，—S—，—S—S—等）、次甲基醚键和次甲基硫醚键（—CH₂—O—，—CH₂—S—等）和芳香碳—碳键（C_{ar}—C_{ar}）等桥键实现的。这些桥键在煤中并不是平均分布的，在褐煤和低煤化度烟煤中，主要存在前三种桥键，尤以长的次甲基键和次甲基醚键为多；中等煤化度烟煤中桥键数目最少，主要键型为—CH$_2$—，—CH$_2$—CH$_2$—和—O—；至无烟煤阶段桥键又有所增多，键型则以 C$_{ar}$—C$_{ar}$为主。

煤的结构单元通过这些桥键形成相对分子质量大小不均一的高分子化合物。它们的数量与煤的分子大小有直接关系，并与煤的工艺性质有密切联系。因为这些键在整个煤的分子中属薄弱环节，比较容易受热或化学试剂作用而裂解。不过到目前为止，还没有一种方法能定量测定这些桥键的数量，它们的热稳定性也互有区别。

根据物理和化学研究方法研究煤所得到的信息，可以提出煤的结构单元模型。表 2-6 是一些煤结构单元的化学结构模型。表中的结构式大致反映了各种煤结构单元的特点和立体结构，缺点是没有包括所有杂原子和各种可能存在的官能团和侧链。

从表 2-6 中可以看出，随煤化程度的提高，煤分子的结构单元呈规律性变化，侧链、官能团数量减少，结构单元中缩合环数增加。

表 2-6　不同煤化程度煤的结构单元模型

煤种	成分特征/%			结构单元
	指标	干燥基	干燥无灰基	
褐煤	C	64.5	76.2	
	H	4.3	4.9	
	V	40.8	45.9	
次烟煤	C	72.9	76.7	
	H	5.3	5.6	
	V	41.5	43.6	
高挥发分烟煤	C	77.1	84.2	
	H	5.1	5.6	
	V	36.5	39.9	
低挥发分烟煤	C	83.8	—	
	H	4.2		
	V	17.5		

煤种	成分特征/%			结构单元
	指标	干燥基	干燥无灰基	
无烟煤	—	—	—	

2.4.1.5　煤中低分子化合物

随着对煤结构认识的深化，发现在煤的聚合物立体结构中还分散嵌有一定量的低分子化合物。它们同样是煤的重要组成部分。

这里的低分子化合物主要是指相对分子质量小于 500 的有机化合物，目前还没有更明确的定义。它们的来源是成煤植物成分（如树脂、树蜡、萜烯和甾醇等）以及成煤过程中形成的未参加聚合的化合物等。

低分子化合物大体上是均匀分布在整体结构中的。有人认为是被吸持在煤的孔隙中，也有人认为是形成固体"溶液"。结合力有范德华力、氢键力、电子给予-接受结合力等。由于这些化合物为长键烃和含氧衍生物以及多环芳烃等，所以上述几种结合力叠加起来相当可观，再加上空隙结构的空间阻碍，故部分低分子化合物很难抽提，甚至在不发生化学变化的条件下根本不能被抽提出来。煤中的低分子化合物虽然数量不多，但它的存在对煤的性质影响很大，譬如若抽出黏结性煤中的低分子化合物，其黏结性和结焦性将在很大程度上受到破坏。

2.4.2　煤的结构模型

煤的结构模型是根据煤的各种结构参数进行推断和假想而建立的，用以表示煤平均化学结构的分子图示。建立煤的结构模型是研究煤的化学结构的重要方法。

从 20 世纪初开始研究煤结构以来，人们提出的煤分子结构模型已有十几个。这些模型反映了当时对煤化学结构的认识观点和研究水平。煤结构模型的建立与煤结构的研究方法密切相关。各种模型只能代表统计平均概念，而不能看作煤中客观存在的真实分子形式。

2.4.2.1　煤的化学结构模型

为了了解煤在气化、液化等转化过程中的化学反应本质，人们进行了大量的研究工作以阐明煤的化学结构。虽然如此，仍存在一些争论，缺乏统一的认识，部分原因就在于煤的非晶态、高度复杂和结构不均一，仅此一点就极大地限制了各种分析技术在煤结构研究中的应用。此外，煤是强吸收性的物质，如果在制样过程中稍有不当，就得不到高质量的分析谱图，使通过物理分析确定煤的化学结构的方法受到了制约。通常，能够明确指认的只是有限几个官能团。在这种情况下，人们就希望通过建立煤结构模型的方法来研究煤，并认为煤结构模型应该能够表现出煤的特性和行为。本节将介绍五个代表性的结构模型，从不同侧面了解煤的化学结构。

（1）Fuchs 模型。Fuchs 模型是 20 世纪 60 年代以前煤化学结构模型的代表。当时对煤化学结构的研究主要是用化学方法进行的，得出的也是一些定性的概念，可用于建立煤化学结构模型的定量数据还很少，Fuchs 模型就是基于这种研究水平提出的。图 2-15 是由德国人 W. Fuchs 提出，Krevelen 于 1957 年修改了煤结构模型。

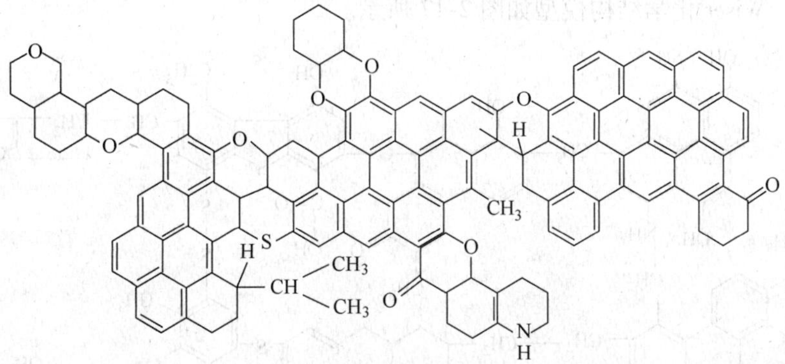

图 2-15 Fuchs 化学结构模型（经 Van Krevelen 修改）

Fuchs 模型将煤描绘成很大的蜂窝状缩合芳香环和在其边缘上任意分布着以含氧官能团为主的基团所组成的一类大分子化合物，煤中缩合芳环平均为 9 个，最大部分有 11 个之多。随后，煤结构的研究开始广泛采用 X 射线衍射、红外光谱分析和统计结构解析等物理测试和分析方法，研究水平有了一定提高，提出了许多经典性的煤结构模型。但这些模型与 Fuchs 模型具有一个共同的特点，即结构单元中芳香缩合环都很大。

（2）Given 模型。Given 化学结构模型表示低煤化度烟煤是由环数不多的缩合芳香环（主要是萘环）构成的一类大分子化合物，如图 2-16 所示。

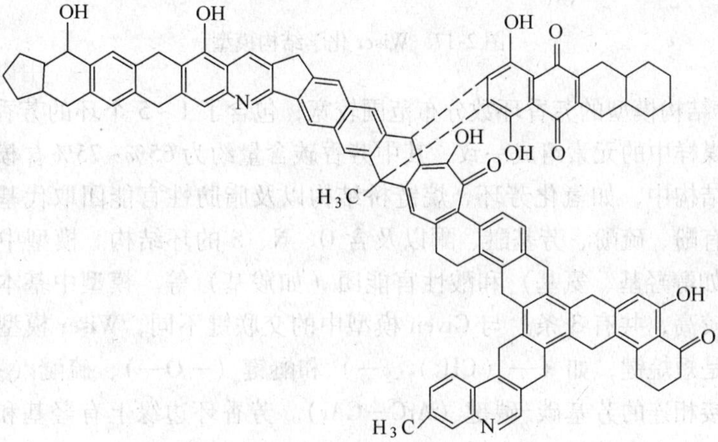

图 2-16 Given 化学结构模型

在这些环结构之间以脂环相互连接，分子呈线性排列构成折叠状、无序的三维空间大分子。氮原子以杂环形式存在，大分子结构上连有多个在反应或测试中确定的官能团，如酚羟基和醌基等。Given 模型加强了煤中氢化芳环结构，这些结构在煤液化反应过程的初期具有供氢活性。缩合芳香环结构单元之间交联键的主要形式是邻位亚甲基，但模型中没有含硫的结构，也没有醚键和两个碳原子以上的次甲基桥键，这是 Given 化学结构模型的一个不足。

（3）Wiser 模型。Wiser 化学结构模型被认为是迄今为止比较全面、合理的一个，主要针对年轻烟煤，基本上反映了煤分子结构的现代概念，可以合理解释煤的液化和其他化学反应性质。Wiser 化学结构模型如图 2-17 所示。

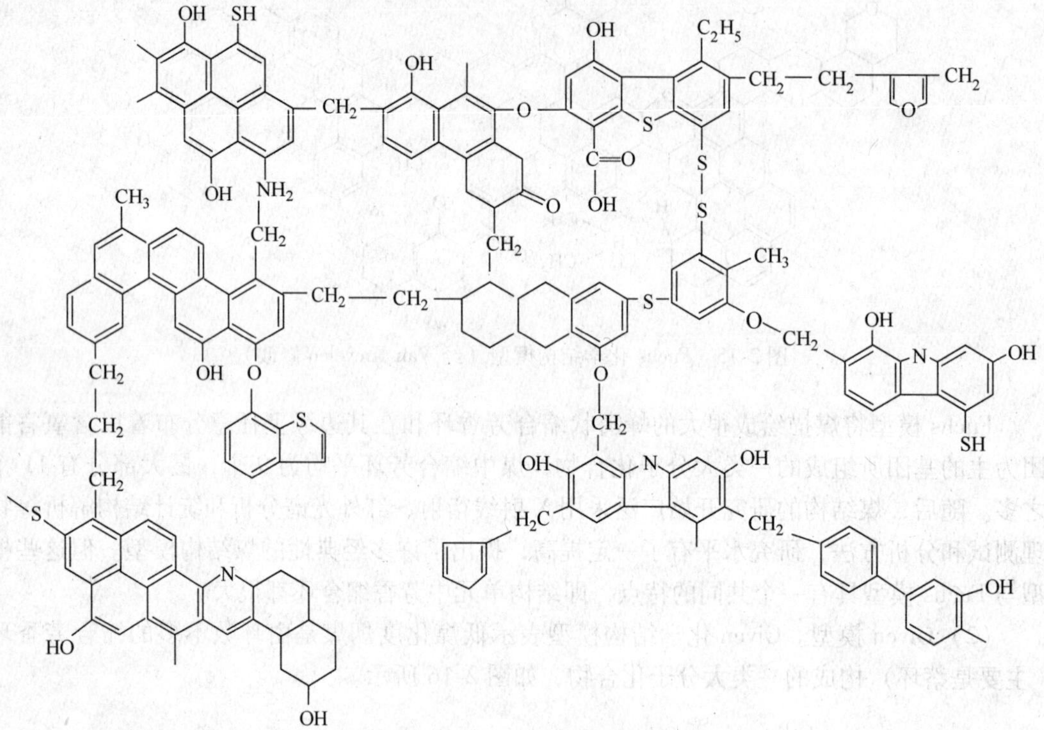

图 2-17   Wiser 化学结构模型

Wiser 化学结构模型的芳香环数分布范围较宽，包含了 1~5 个环的芳香结构。模型的元素组成和烟煤样中的元素组成一致，其中芳香碳含量约为 65%~75%。模型中的氢大多存在于脂肪性结构中，如氢化芳环、烷链桥结构以及脂肪性官能团取代基，芳香性氢较少。模型中含有酚、硫酚、芳基醚、酮以及含 O、N、S 的环结构。模型中还含有一些不稳定的结构（如醇羟基、氨基）和酸性官能团（如羧基）等。模型中基本结构单元之间的交联键数也较高，共有 3 条。与 Given 模型中的交联键不同，Wiser 模型中芳香环之间的交联，主要是短烷键，如（—（CH$_2$）$_{1-3}$—）和醚键（—O—）、硫醚（—S—）等弱键以及两芳环直接相连的芳基碳-碳键（ArC—CAr）。芳香环边缘上有羟基和羰基，由于是低煤化度烟煤，也含有羧基。结构中还有硫醇和噻吩等基团。

Wiser 化学结构模型的主要不足在于缺乏对立体结构的考虑，即缺乏对给出的官能团、取代基以及缩合芳环等在立体空间中形成稳定化学结构和谐性的考虑。

（4）本田模型。本田模型如图 2-18 所示。该模型的特点是最早设想在有机结构部分存在低分子化合物，缩合芳香环以菲为主，它们之间有比较长的次甲基键连接，对氧的存在形式考虑比较全面。不足之处在于没有包括硫和氮的结构。

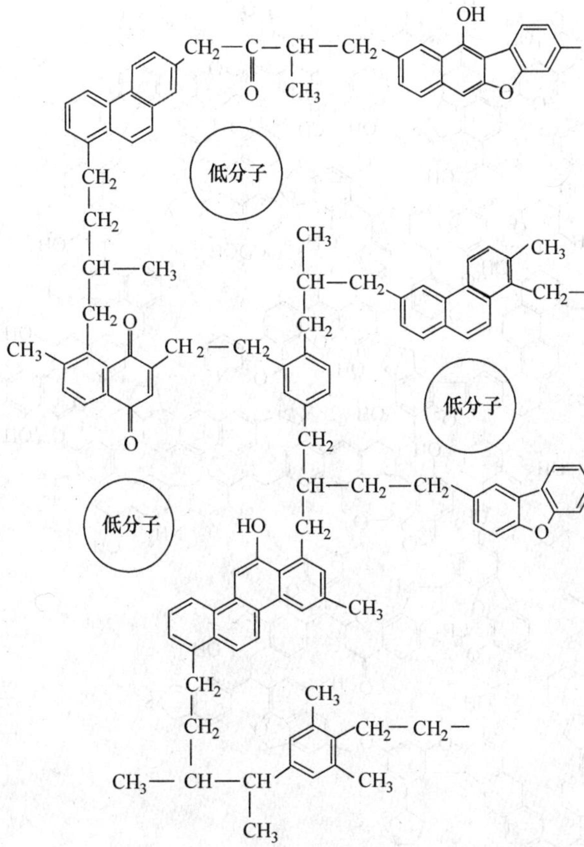

图 2-18　本田模型

（5）Shinn 模型。Shinn 化学结构模型是目前广为人们接受的煤大分子模型，是根据煤在一段和二段液化过程产物的分布提出来的，所以又叫做反应结构模型，如图 2-19 所示。

与以上几种模型（C 原子数为 100 左右）不同，Shinn 化学结构模型以烟煤为对象，以相对分子质量 10000 为基础，将考察结构单元扩充至 C 原子数为 661，通过数据处理和优化得出分子式为 $C_{661}H_{561}O_{74}N_{16}S_6$，此模型不仅考虑了煤分子中杂原子的存在，而且官能团、桥键分布均比较接近实验结果。Shinn 模型中含氧较多，基本结构的芳香环数多为 2~3 个，其间由 1~4 个桥结构相连。大多数桥结构是亚甲基（—CH_2—）和醚（—O—）。氧的主要存在形式是酚羟基。模型中有一些特征明显的结构单元，如缩合的喹啉、呋喃和吡喃。该结构假设芳环或氢化芳环单位由较短的脂链和醚键相连，形成大分子的聚集体，小分子相镶嵌于聚集体孔洞或空穴中，可通过溶剂溶解抽提出来。

2.4.2.2 煤的物理结构模型

煤的化学结构模型仅能表达煤分子的化学组成与结构，一般不涉及煤的物理结构和分子间的联系，但煤的许多物理特性如硬度、压缩性、萃取性以及扩散与质量传递等性能均与其物理结构有关。此外，从煤的形成来看，煤是一个"多孔岩石"，微孔隙占据了其大部分表面积，煤的这种多孔性亦与其物理结构有关。研究煤的物理结构，就是要进一步阐述煤中非共价键相互作用的存在及其对煤分子聚集态的影响，对于煤分子模拟、控制质量

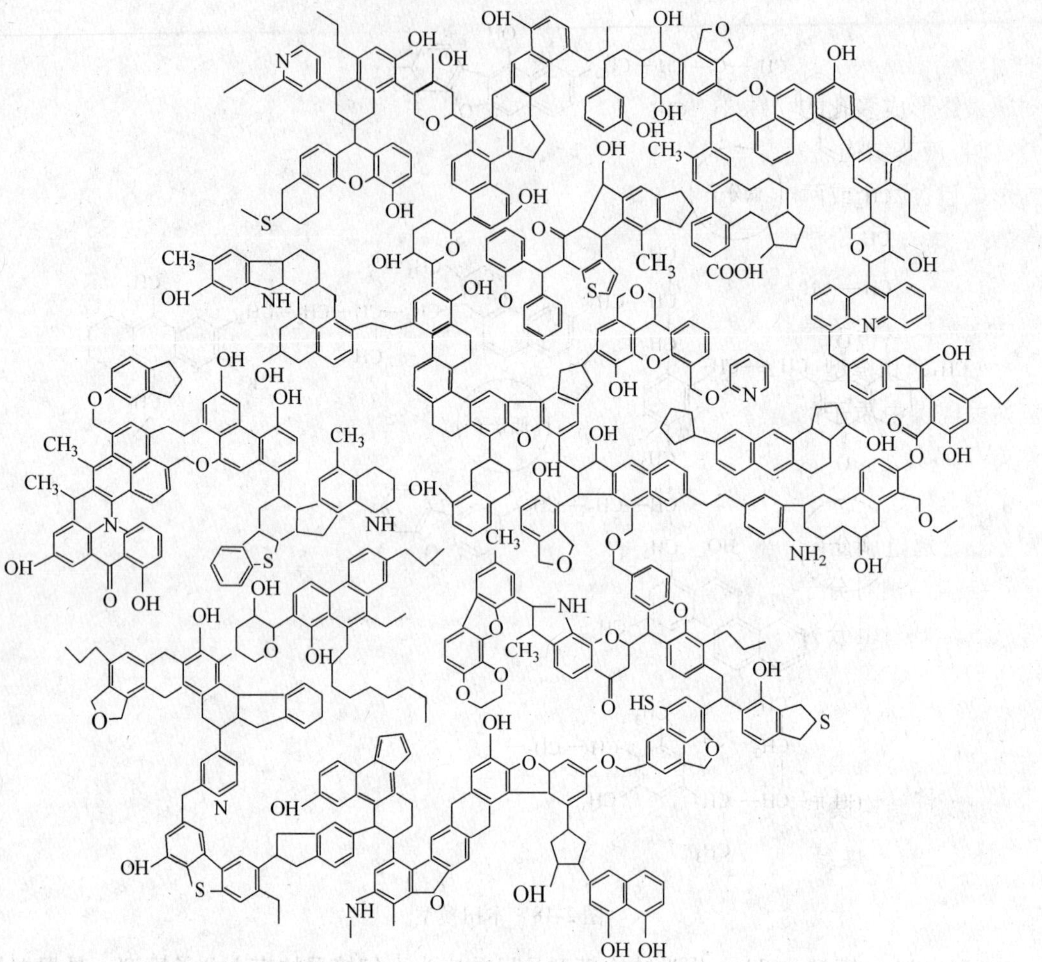

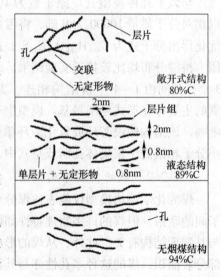

图 2-19 Shinn 化学结构模型

传递、弹塑性和指导降低煤相对分子质量的化学过程具有重大意义。

Van Krevelen 首先提出了煤物理结构的概念，他认为煤是一个三维交联的大分子物质。随着现代科学技术的发展以及物理测试仪器和化学分析技术的提高，对煤的物理结构的分析取得了长足的进展。

在描述煤的物理结构的模型中，以 Hirsch 模型和两相模型最具代表性。

（1）Hirsch 模型。Hirsch 根据 X 射线衍射研究结果提出的物理模型将不同煤化度的煤划归为三种物理结构，如图 2-20 所示。Hirsch 模型比较直观地反映了煤的物理结构特征，解释了不少现象。不过"芳香层片"的含义不够确切，也没有反映出煤分子构成的不均一性。

图 2-20 Hirsch 物理结构模型

1）敞开式结构。敞开式结构属于低煤化度烟煤，其特征是芳香层片较小，而不规则的"无定形结构"比例较大。芳香层片间由交联键连接，并或多或少地在所有方向任意取向，最终形成多孔的立体结构。

2）液态结构。液态结构属于中等煤化度烟煤，其特征是芳香层片在一定程度上定向，并形成包含两个或两个以上层片的微晶；层片间交联键数目大为减少，故活动性大。这种煤的孔隙率小，机械强度低，热解时易形成胶质体。

3）无烟煤结构。无烟煤结构属于无烟煤，其特征是芳香层片增大，定向程度增大。由于缩聚反应的结果形成大量微孔，故孔隙率高于前两种结构。

（2）两相模型。两相模型又称为主-客模型。此模型由 Given 等于 1986 年根据 NMR 氢谱发现煤中质子的弛豫时间有快、慢两种类型而提出，他提出了煤的双组分假设：一个组分为包含大量芳香族多环芳烃、氢化芳烃，通过脂肪链和醚链连接起来的三维碳结构，相对分子质量很大，热解后可以成焦；另一组分为相对分子质量很小的物质，存在于网络中的空隙部分，这就是所谓的低分子化合物。双组分假设是两相物理结构模型重要的理论基础，由此构建的两相物理结构模型如图 2-21 所示。

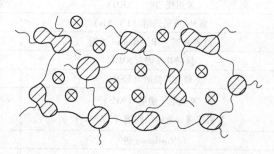

芳环，氢化芳环；　　　脂键、醚键；　$\otimes$ 小分子

图 2-21　两相物理结构模型示意图

2.4.2.3　煤结构的综合模型

总结煤结构模型的发展过程有两个主要特点：一是煤大分子结构的稠环芳香部分的苯环数由多至少，再由少至多变化；二是结构模型朝综合变化方向发展。煤结构的综合模型同时考虑了煤的分子结构及其空间构造，也可理解为煤的化学结构模型与物理结构模型的组合。

（1）Oberlin 模型（1989 年）。它是 Oberlin 用高分辨透射电镜（TEM）研究煤结构后提出的。其特点是稠环个数较多，最大有 8 个苯环，近似于 Fuchs 模型与 Hirsch 模型的组合。但它过于强调了 C_0 卟啉的存在。

（2）球（Sphere）模型（1990 年）。它是 Grigoriew 等人用 X 射线衍射径向分布函数法研究煤的结构后提出的。其最大特点是首次提出煤中具有 20 个苯环的稠环芳香结构。这一模型可以解释煤的电子谱与颜色。

2.4.3　煤结构的研究方法

煤结构的研究方法归纳起来可以分为三类：

（1）物理研究方法。如 X 射线衍射、红外光谱、核磁共振波谱以及利用物理常数进行统计结构解析等。表 2-7 列举了各种现代仪器用于煤结构研究及其提供的信息情况。

（2）物理化学研究方法。利用溶剂萃取手段，将煤中的组分分离并进行分析测定，以获取煤结构的信息。

表 2-7　各种现代仪器用于煤结构研究及其提供的信息

方　法	所提供的信息
密度测定	孔容、孔结构、气体吸附与扩散、反应特性
比表面积测定	
小角 X 射线散射（SAXS）	
计算机断层扫描（CT）	
核磁共振成像	
电子投射/扫描显微镜（TEM/SEM）	形貌、表面结构、孔结构、微晶石墨结构
扫描隧道显微镜（STM）	
原子力显微镜（AFM）	
X 射线衍射（XRD）	微晶结构、芳香结构的大小与排列、键长、原子分布
紫外-可见光谱（UV-Vis）	芳香结构大小
红外光谱（IR）-Raman 光谱	官能团、脂肪和芳香结构、芳香度
核磁共振谱（NMR）	C 原子及 H 原子分布、芳香度、缩合芳香结构
顺次共振谱（ESR）	自由基浓度、未成对电子分布
X 光电子能谱（XPS）	原子的价态与成键、杂原子组分
X 射线吸收近边结构谱（XANES）	
Mossbauer 谱	含铁矿物
原子光谱（发射/吸收）	矿物质成分
X 射线能谱（EDS）	
质谱（MS）	碳原子数分布、碳氢化合物类型、相对分子质量
电学方法（电阻率）	半导体特性、芳香结构大小
磁学方法（电阻率）	自由基浓度
光学方法（折射率、反射率）	煤化程度、芳香层厚度与排列

（3）化学研究方法。对煤进行适当的氧化、氢化、卤化、水解等化学处理，对产物的结构进行分析测定，并据此推测母体煤的结构。此外煤的元素组成和煤分子上的官能团、羟基、羧基、羰基、甲氧基、醚键等也可以采用化学分析的方法进行测定。

2.5　煤的分类

煤是重要的能源和化工原料，其种类繁多，组成和性质各不相同，而各种工业用煤对煤的质量又有特殊要求，只有使用种类、质量都符合要求的煤炭才能充分发挥设备的效率，保证产品的质量。为了指导生产并使煤炭资源得到合理利用，有必要对煤进行科学的分类。煤炭分类是煤化学的主要研究内容之一，是煤炭资源勘查、开采规划、资源调配、煤炭加工利用及煤炭贸易等的共同依据。根据不同的分类目的，煤炭分类包括实用分类（包括技术分类和商业编码）与科学/成因分类（即使是纯科学分类，通常也有实际用途）两大类，这两大类在总体上构成了煤炭分类的完整体系。

2.5.1　煤分类的意义

在任何一门科学中，只有对所研究的个别现象及把研究中所积累的各种资料加以系统地分门别类地整理、汇总,才能作出科学的分类。煤的分类也是一样,人们在刚发现煤时,只知道它是一种可以燃烧的黑色石头,所以古代人们称煤为石炭。随着煤炭进一步用于古代冶炼术中的打铁、炼铁和炼钢等方面,对煤的认识就深化了一步。由于社会的不断进步,煤炭的用途也越来越广泛,人们对煤的性质、组分结构和用途等的了解也越来越深入,并发现各种煤炭既有相似的地方,又有不同的特性,这就是物质的共性与特性的矛盾与统一。根据工业利用的需要,人们就设法把各种不同的煤划分为性质相类似的若干个类别,这就形成了煤分类的概念。有了合适的煤分类,又反过来推动煤的合理利用和促进煤化学及煤加工利用工艺的不断前进。

2.5.2 煤分类的方法与原则

人们对各种自然界物质进行分类时,需要遵循两个共同的原则:第一是根据物质各种特性的异同,划分出自然类别(分类学);第二是对划分出的类别加以命名表述。这是分类系统学的通常程序。对煤炭进行分类时,根据分类目的的不同,有实用分类(技术分类和商业编码)和科学/成因分类(即使是纯科学分类,通常也有实际用途)两大类。这两大类构成了煤炭分类的完整体系。

煤炭的科学分类应符合下列几项原则:(1)要全面地包括各产地的全部煤种;(2)能包括各种煤的全部性质,如物理性质、化学性质、物理化学性质和工艺性质;(3)能确定各种煤的现代工业用途,炼焦、气化、低温干馏、加氢、动力及其他综合利用。

2.5.3 煤的分类指标

煤的牌号反映煤的有机特性,因此,以煤化程度和煤的黏结性作为煤的两个工业分类指标。目前,世界各国分类指标不统一,各主要工业国家及国际上煤分类方案的选用指标见表2-8,这些煤炭分类既有大体的一致性,也有各国的特殊性。

表2-8 一些国家煤炭分类指标及方案对照简表

国 家	分类指标	主要类别名称	类数
英 国	挥发分,格金焦型	无烟煤、低挥发分煤、中挥发分煤、高挥发分煤	4大类 24小类
德 国	挥发分、坩埚焦特征	无烟煤、贫煤、瘦煤、肥煤、气煤、气焰煤、长焰煤	7类
法 国	挥发分、坩埚膨胀序数	无烟煤、贫煤、1/4肥煤、1/2肥煤、短焰肥煤、肥煤、肥焰煤、干焰煤	8类
波 兰	挥发分、罗加指数、胶质层厚度、发热量	无烟煤、无烟质煤、贫煤、半焦煤、副焦煤、正焦煤、气焦煤、气煤、长焰气煤、长焰煤	10大类 13小类
前苏联 (顿巴斯)	挥发分、胶质层厚度	无烟煤、贫煤、黏结瘦煤、焦煤、肥煤、气肥煤、气煤、长焰煤	8大类 13小类
美 国	挥发分、固定碳、发热量、坩埚焦特征	无烟煤、烟煤、次烟煤、褐煤	4大类 13小类
日 本 (煤田探查审议会)	发热量、燃料比、反射率	无烟煤、沥青煤、亚沥青煤、褐煤	4大类 7小类

事实上，烟煤分类是煤分类中的主要部分，目前各国大多采用干燥无灰基挥发分来表征煤化程度。但从发展来看，采用镜质组反射率表征煤化程度要更好一些。反映煤黏结性和结焦性的指标很多，如黏结指数、罗加指数、胶质层最大厚度、坩埚膨胀序数、奥亚膨胀度、格金焦型等。各种指标都有自己的优缺点，在指标的选择上各国并不一致，这主要取决于各国煤炭的实际情况。总的说来，煤的分类指标主要从两个方面来进行选择：

（1）煤化程度。各国用来反映煤化程度的指标是干燥无灰基挥发分（V_{daf}），这是因为它能较好地反映煤化程度，并与煤的工艺性质有关，而且其区分能力强，测定方法简单，易于标准化。但是煤的挥发分不仅与煤的变质程度有关，而且还受煤的岩相组成的影响。同一种煤的不同岩相组成其挥发分有很大差别。变质程度相同的煤田，由于岩相组成的不同而有不同的挥发分值；而不同变质程度的煤，在岩相组成不同的情况下，也有可能得到相同的挥发分值。因此，煤的挥发分有时也不能十分准确地反映煤的变质程度，尤其是对挥发分较高的煤其误差更大。因此，有的国家采用的发热量或镜质组反射率作为无烟煤变质程度的主要指标。煤的发热量适合于低变质程度的煤和动力煤，一般以干燥无灰基（恒湿无灰基）的高位发热量代表煤的变质程度。镜质组反射率在高变质阶段的烟煤和无烟煤，能较好地反映煤的变质程度的规律，并综合反映了变质过程中镜质组分子结构变化，其组成又在煤中占优势，因此，该指标可排除岩相差异的影响，比挥发分产率更能确切地反映煤的变质程度规律。

（2）煤的黏结性。煤的黏结性是煤在热加工过程中重要的工艺性质，是煤炭分类中又一个重要指标。表示煤的黏结性的指标很多，如胶质层最大厚度、罗加指数、坩埚膨胀序数、奥阿膨胀度和格金焦型等。

坩埚膨胀序数指标在法国、意大利、德国等国普遍采用。它在一定程度上反映煤的黏结性，而且方法简单，对于煤质变化太大时，较为可靠。但其测定结果是根据焦饼的外形，故常有主观性，且过于粗略。

格金焦型在英国使用，它与挥发分较为接近，对黏结性不同的煤都能加以区分。但其测定方法较为复杂，且人为因素较大。

罗加指数对弱黏结煤和中等黏结煤的区分能力强，且测定方法简单，操作快速，所需煤样少，易于推广。

奥阿膨胀度对强黏结煤的区分能力较好，测试结果的重现性好，但对黏结性弱的煤区分能力差，设备加工较困难。

吉氏流动度是反映煤产生胶质体最稀薄状态的黏度。它对弱或中等黏结煤有一定的区分能力，该法灵敏度较高，测值十分敏感，但存在许多人为和仪器的因素，使得在不同实验室测得的结果不能一致。

我国目前采用胶质层最大厚度 Y 值和黏结性指数 G 来表示煤的黏结性。用胶质层最大厚度表征中等或强黏结煤的黏结性，而用黏结性指数表征弱黏结煤的黏结性，充分利用了它们各自的优点。

2.5.4　中国煤的分类

2.5.4.1　中国煤的技术分类

A　煤类划分代号与编码

GB/T 5751—2009 先根据干燥无灰基挥发分等指标，将煤炭分为无烟煤、烟煤和褐煤；再根据干燥无灰基挥发分及黏结指数等指标将烟煤划分为贫煤、贫瘦煤、瘦煤、焦煤、肥煤、1/3 焦煤、气肥煤、气煤、1/2 中黏煤、弱黏煤、不黏煤及长焰煤。各类煤的名称可用下列汉语拼音字母为代号表示：WY——无烟煤；YM——烟煤；HM——褐煤；PM——贫煤：PS——贫瘦煤；SM——瘦煤；JM——焦煤；FM——肥煤；1/3JM——1/3 焦煤；QF——气肥煤；QM——气煤；1/2ZN——1/2 中黏；RN——弱黏；BN——不黏煤；CY——长焰煤。

各类煤用两位阿拉伯数码表示。十位数系按煤的挥发分分组，无烟煤为 0（$V_{daf} \leqslant 10.0\%$），烟煤为 1~4（$V_{daf} > 10.0\% \sim 20.0\%$，$V_{daf}$ 20.0%~28.0%，$V_{daf} > 28.0\% \sim 37.0\%$ 和 $V_{daf} > 37.0\%$），褐煤为 5（$V_{daf} > 37.0\%$）。个位数，无烟煤类为 1~3，表示煤化程度；烟煤类为 1~6，表示黏结性；褐煤类为 1~2，表示煤化程度。

B 中国煤炭技术分类体系

GB/T 5751—2009 包括五个表：无烟煤、烟煤及褐煤的分类表，无烟煤亚类的划分，烟煤的分类，褐煤亚类的划分和中国煤炭分类简表；并有一个附图——中国煤炭分类图如图 2-22 所示，图 2-22 表明各煤种的相互关系及其在中国煤炭分类图中的位置。

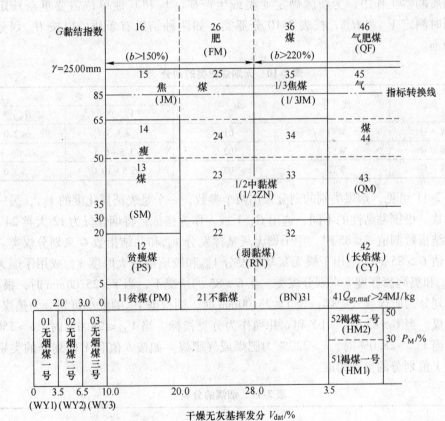

图 2-22　中国煤炭分类

由表 2-9 可见，无烟煤、烟煤和褐煤的主要区分指标是表征煤化度的干燥无灰基挥发分 V_{daf}。当 $V_{daf} > 37.0\%$，$G \leqslant 5$ 时，再用透光率 P_M 来区分烟煤和褐煤（在地质勘察中，$V_{daf} > 37.0\%$，在不压饼的条件下测定的焦渣特征为 1~2 号的煤，再用 P_M 来区分烟煤和褐煤）。

　　凡 $V_{daf} > 37.0\%$，$P_M > 50\%$ 者为烟煤；$33\% < P_M \leqslant 50\%$ 的煤，如果恒湿无灰基高位发热量 $Q_{gr,maf} > 24MJ/kg$，划分为长焰煤，否则为褐煤。

表 2-9　无烟煤、烟煤及褐煤的分类

类别	代号	编码	分类指标	
			$V_{daf}/\%$	$P_M/\%$
无烟煤	WY	01，02，03	$\leqslant 10.0$	
烟煤	YM	11，12，13，14，15，16 21，22，23，24，25，26 31，32，33，34，35，36 41，42，43，44，45，46	$> 10.0 \sim 20.0$ $> 20.0 \sim 28.0$ $> 28.0 \sim 37.0$ > 37.0	—
褐煤	HM	51，52	> 37.0	$\leqslant 50$

　　由表 2-10 无烟煤的分类可见，无烟煤小类的划分是采用 V_{daf} 和 H_{daf} 作为指标，将无烟煤分为三个亚类。在已确定无烟煤亚类的生产矿、厂的日常工作中，可以只按 V_{daf} 分类；在地质勘察工作中，为新区确定亚类或生产矿、厂和其他单位需要重新核定亚类时，应同时测定 V_{daf} 和 H_{daf}，按表 2-10 分亚类。如两种结果有矛盾，以按 H_{daf} 划分亚类的结果为准。

表 2-10　无烟煤亚类的划分

亚类	代号	编号	分类指标	
			$V_{daf}/\%$	$H_{daf}/\%$
无烟煤一号	WY1	01	$\leqslant 3.5$	$\leqslant 2.0$
无烟煤二号	WY2	02	$> 3.5 \sim 6.5$	$> 2.0 \sim 3.0$
无烟煤三号	WY3	03	$> 6.5 \sim 10.0$	> 3.0

　　由表 2-11 可见，烟煤类别的划分采用两个参数，一个是表征煤化度的 V_{daf}，另一个是黏结性参数。根据黏结性的不同，选用 G、Y 或 b 作为指标，将烟煤分为 12 大类 24 小类。当烟煤黏结指数测值 $G \leqslant 85$ 时，用干燥无灰基挥发分 V_{daf} 和黏结指数 G 来划分煤类。当黏结指数测值 $G > 85$ 时，则用干燥无灰基挥发分 V_{daf} 和胶质层最大厚度 Y，或用干燥无灰基挥发分 V_{daf} 和奥阿膨胀度 b 来划分煤类。在 $G > 85$ 的情况下，当 $Y > 25.00mm$ 时，根据 V_{daf} 的大小可划分为肥煤或气肥煤；当 $Y \leqslant 25.00mm$ 时，则根据 V_{daf} 的大小可划分为焦煤、1/3 焦煤或气煤。当 $G > 85$ 时，用 Y 和 b 并列作为分类指标。当 $V_{daf} \leqslant 28.0\%$ 时，$b > 150\%$ 的为肥煤；当 $V_{daf} > 28.0\%$ 时，$b > 220\%$ 为肥煤或气肥煤。如按 b 值和 Y 值划分的类别有矛盾时，以 Y 值划分的类别为准。

表 2-11　烟煤的分类

类别	代号	编码	分类指标			
			$V_{daf}/\%$	G	Y/mm	$b/\%$
贫煤	PM	11	$10.0 \sim 20.0$	$\leqslant 5$		
贫瘦煤	PS	12	$10.0 \sim 20.0$	$5 \sim 20$		
瘦煤	SM	13	$10.0 \sim 20.0$	$20 \sim 50$		
		14	$10.0 \sim 20.0$	$50 \sim 65$		

类别	代号	编码	$V_{daf}/\%$	G	Y/mm	$b/\%$
				分 类 指 标		
焦煤	JM	15	10.0~20.0	>65	≤25.0	≤150
		24	20.0~28.0	50~65		
		25	20.0~28.0	>65	≤25.0	≤150
肥煤	FM	16	10.0~20.0	(>85)	>25.0	>150
		26	20.0~28.0	(>85)	>25.0	>150
		36	28.0~37.0	(>85)	>25.0	>220
1/3 焦煤	1/3JM	35	28.0~37.0	>65	≤25.0	≤220
气肥煤	QF	46	>37.0	(>85)	>25.0	>220
气煤	QM	34	28.0~37.0	50~65	≤25.0	≤220
		43	>37.0	35~50		
		44	>37.0	50~65		
		45	>37.0	>65		
1/2 中黏煤	1/2ZN	23	20.0~28.0	30~50		
		33	28.0~37.0	30~50		
弱黏煤	RN	22	20.0~28.0	5~30		
		32	28.0~37.0	5~30		
不黏煤	BN	21	20.0~28.0	≤5		
		31	28.0~37.0	≤5		
长焰煤	CY	41	>37.0	≤5		
		42	>37.0	5~35		

由表 2-12 可见，褐煤的煤化度参数采用透光率 P_M，并采用恒湿无灰基高位发热量 Q 作为辅助指标，将褐煤分为两小类。凡 $V_{daf} > 37.0\%$，$P_M > 30\% \sim 50\%$ 的煤，如恒湿无灰基高位发热量 $Q_{gr,maf} > 24\mathrm{MJ/kg}$，则划分为长焰煤。

表 2-12　褐煤亚类的划分

亚类	代号	编号	$P_M/\%$	$Q_{gr,maf}/\mathrm{MJ \cdot kg^{-1}}$
			分 类 指 标	
褐煤一号	HM1	51	≤30	—
褐煤二号	HM2	52	30~50	≤24

2.5.4.2　各类煤的特征与用途

（1）无烟煤。无烟煤是煤化程度最高的一类煤，其特点是挥发分产率低、固定碳含量高、光泽强、硬度高（纯煤真相对密度达到 1.35~1.90），燃点高（一般可达 360~420℃），无黏结性，燃烧时不冒烟。无烟煤按其挥发分产率及用途分为三个小类，01 号年老无烟煤适于作碳素材料及民用型煤；02 号典型无烟煤是生产合成煤气的主要原料；03号年轻无烟煤因其热值高、可磨性好而适于作高炉喷吹燃料。这三类无烟煤都是较好的民用燃料。北京、晋城和阳泉三矿区的无烟煤分别为 01 号、02 号和 03 号无烟煤的代表。用无烟煤配合炼焦时，需经过细粉碎，但一般不提倡将无烟煤作为炼焦配料使用。

（2）贫煤。贫煤是烟煤中煤化程度最高、挥发分最低而接近无烟煤的一类煤，国外也称其为半无烟煤。表现为燃烧时火焰短、燃点高、热值高、不黏结或弱黏结，加热后不产生胶质体。主要用作动力、民用和工业锅炉的燃料，低灰低硫的贫煤也可用作高炉喷吹燃料。作为电厂燃料使用时，与高挥发分煤配合燃烧更能充分发挥热值高而又耐烧的优点。我国潞安矿区是生产贫煤的典型代表。

（3）贫瘦煤。贫瘦煤是烟煤中煤化程度较高、挥发分较低的一类煤，是炼焦煤中变质程度最高的一种，受热后只产生少量胶质体，黏结性比典型瘦煤差，其性质介于贫煤和瘦煤之间。单独炼焦时，生成的粉焦多，配煤炼焦时配入较少比例就能起到瘦化作用，有利于提高焦炭的块度。这种煤主要用于动力或民用燃料，少量用于制造煤气燃料。山西西山矿区生产典型的贫瘦煤。

（4）瘦煤。瘦煤是烟煤中煤化程度较高、挥发分较低的一类煤，是中等黏结性的炼焦煤，炼焦过程中能产生相当数量的胶质体，Y 值一般在 $6 \sim 10mm$。单独炼焦时能得到块度大、裂纹少、落下强度较好的焦炭，但耐磨强度较差，主要用于配煤炼焦使用。高硫、高灰的瘦煤一般只用作电厂及锅炉燃料。峰峰四矿生产典型的瘦煤。

（5）焦煤。焦煤是烟煤中煤化程度中等或偏高的一类煤，是一种结焦性较强的炼焦煤，加热时能产生热稳定性较好的胶质体，具有中等或较强的黏结性。焦煤是一种优质的炼焦用煤，单独炼焦时能得到块度大、裂纹少、落下强度和耐磨强度都很高的焦炭，但膨胀压力大，有时推焦困难。峰峰五矿、淮北后石台及古交矿井生产典型的焦煤。

（6）肥煤。肥煤是煤化程度中等的烟煤，热解时能产生大量胶质体，有较强的黏结性，可黏结煤中的一些惰性物质。单独炼焦时能生成熔融性好、落下强度高的焦炭，耐磨强度优于相同挥发分的焦煤炼出的焦炭，但是单独炼焦时焦炭有较多的横裂纹，焦根部位常有蜂焦，因而其强度和耐磨性比焦煤稍差，是配煤炼焦的基础煤，但不宜单独使用。我国河北开滦、山东枣庄是生产肥煤的主要矿区。

（7）1/3 焦煤。1/3 焦煤是一种中等偏高挥发分的强黏结性炼焦煤，其性质介于焦煤、肥煤与气煤之间，属于过渡煤类。单独炼焦时能生成熔融性良好、强度较高的焦炭，焦炭的落下强度接近肥煤，耐磨强度明显高于气肥煤和气煤。既能单独炼焦供中型高炉使用，同时也是炼焦配煤的好原料，炼焦时的配入量在较宽范围内波动都能获得高强度的焦炭。安徽淮南、四川永荣等矿区产 1/3 焦煤。

（8）气肥煤。气肥煤的煤化程度与气煤接近的一类烟煤，是一种挥发分产率和胶质层厚度都很高的强黏结性炼焦煤，结焦性优于气煤而劣于肥煤，单独炼焦时能产生大量的煤气和胶质体，但因其气体析出过多，不能生成强度高的焦炭。气肥煤最适宜高温干馏制煤气，用于配煤炼焦可增加化学产品的回收率。我国江西乐平和浙江长广煤田为典型的气肥煤生产矿区。

（9）气煤。气煤的煤化程度较低，挥发分较高的烟煤，结焦性较好，热解时能生成一定量的胶质体，黏结性从弱到中等都有。胶质体的热稳定性较差，单独炼焦时产生的焦炭细长、易碎，同时有较多纵向裂纹，焦炭强度和耐磨性均低于其他炼焦煤。在炼焦中能产生较多的煤气、焦油和其他化学产品，多作为配煤炼焦使用，有些气煤也可用于高温干馏制造城市煤气。我国抚顺老虎台、山西平朔等矿区生产典型气煤。

（10）1/2 中黏煤。1/2 中黏煤的煤化程度较低，挥发范围较宽，受热后形成的胶质体较少，是黏结性介于气煤与弱黏煤之间的一种过渡性煤类。一部分煤黏结性稍好，在单独炼焦时能结成一定强度的焦炭，可用于配煤炼焦。另一部分黏结性较弱，单独炼焦时焦炭强度差，粉焦率高。1/2 中黏煤主要用于气化原料或动力用煤的燃料，炼焦时也可适量配入。目前我国这类煤的资源很少。

（11）弱黏煤。弱黏煤的煤化程度较低，挥发范围较宽，受热后形成的胶质体少，显微组分中惰质组含量较多，是一种黏结性较弱的非炼焦用烟煤。炼焦时有时能结成强度差的小块焦，有时只能部分能凝结成碎屑焦，粉焦率高。一般适于气化原料及动力燃料使用。山西大同是典型的弱黏煤矿区。

（12）不黏煤。不黏煤是一种在成煤初期就遭受相当程度氧化作用后生成的以惰质组为主的非炼焦用烟煤，煤化程度低，隔绝空气加热时不产生胶质体，因而无黏结性。煤中水分含量高，纯煤发热量较低，仅高于一般褐煤而低于所有烟煤，有的还含有一定量的再生腐殖酸，煤中氧含量多在 10%~15%。主要用作发电和气化用煤，也可作动力用煤及民用燃料。我国东胜、神府矿区和靖远、哈密等矿区都是典型的不黏煤产地。

（13）长焰煤。长焰煤是煤化程度最低、挥发分最高的一类非炼焦烟煤，有的还含有一定量的腐殖酸，因其燃烧时的火焰较长而被称为长焰煤。长焰煤的燃点低，纯煤热值也不高，储存时易风化碎裂，受热后一般不结焦。有的长焰煤加热时能产生一定量的胶质体，结成细小的长条形焦炭，但焦炭强度低、易破碎、粉焦率高。长焰煤一般不用于炼焦，多用作电厂、机车燃料及工业窑炉燃料，也可用作气化用煤。辽宁省阜新及内蒙古准格尔矿区是长焰煤基地。

（14）褐煤。褐煤是煤化程度最低的一类煤，外观呈褐色到黑色，光泽暗淡或呈沥青光泽，块状或土状的都有，其特点是水分大、孔隙大、密度小、挥发分高、不黏结，含有不同数量的腐殖酸。煤中氢含量高达 15%~30%，化学反应性强、热稳定性差。块煤加热时破碎严重，存放在空气中容易风化，碎裂成小块甚至粉末，使发热量降低，煤灰中常有较多的氧化钙，熔点大都较低。根据透光率分成年老褐煤（$P_M > 30\%~50\%$）和年轻褐煤（$P_M < 30\%$）。褐煤大多用作发电厂锅炉的燃料，也可用作化工原料，有些褐煤可用来制造磺化煤或活性炭，有些褐煤可用作提取褐煤蜡的原料，腐殖酸含量高的年轻褐煤可用水提取腐殖酸，生产腐殖酸铵等有机肥料，用于农田和果园，能起到增产的作用。我国内蒙古霍林河及云南小龙潭矿区是典型褐煤产地。

2.5.4.3 中国煤层煤的科学成因分类

中国煤层煤分类如图 2-23 所示。煤层煤的煤阶划分是用恒湿无灰基高位发热量 $Q_{gr,maf}$（MJ/kg）作为划分低煤阶煤的指标，将低煤阶煤分为低阶褐煤、高阶褐煤和次烟煤三小类；再以镜质组平均随机反射率 $\overline{R}_{ran}$（%）作为区分中煤阶烟煤和高煤阶无烟煤的指标，将烟煤分为低阶、中阶、高阶和超高阶四小类；将无烟煤分为低阶、中阶和高阶三小类。

以无矿物质基镜质组含量 V_{tdmmf}（%）表示煤岩显微组分组成；将 $V_{tdmmf} < 40\%$ 的煤称为低镜质组煤；将 $V_{tdmmf} \geq 40\%$ 到 $< 60\%$ 的煤称为中镜质组煤；将 $60\% \leq V_{tdmmf} < 80\%$ 的煤称为较高镜质组煤；将 $V_{tdmmf} \geq 80\%$ 的煤称为高镜质组煤。

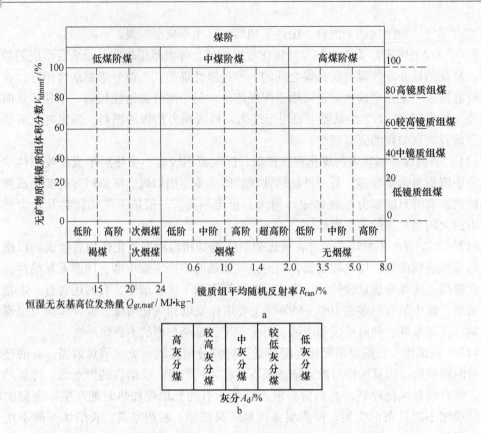

图 2-23   中国煤层煤分类

a—按煤阶和煤的显微组分组成的分类；b—按煤的灰分分类

以干燥基灰分表征煤的品位：$A_d < 10\%$ 称为低灰分煤；$10\% \leqslant A_d < 20\%$ 的煤称为较低灰分煤；$20\% \leqslant A_d < 30\%$ 的煤称为中灰分煤；$30\% \leqslant A_d < 40\%$ 的煤称为较高灰分煤；$40\% \leqslant A_d \leqslant 50\%$ 的煤称为高灰分煤。

煤类名称的冠名顺序以品位、显微组分组成、煤阶依次排列。命名示例见表 2-13。

表 2-13   煤类命名示例

$A_d/\%$	V_{tdmmf} (Vol)/%	u_{ran} /%	$Q_{gr,maf}$ /MJ·kg^{-1}	命名表述
16.71	82	0.30	16.8	较低灰分、高镜质组、高阶褐煤
8.50	65	0.58	23.8	低灰分、较高镜质组、次烟煤
22.00	50	0.70		中灰分、中镜质组、中阶烟煤
10.01	60	1.04		较低灰分、较高镜质组、高阶烟煤
3.00	95	2.70		低灰分、高镜质组、低阶无烟煤

2.5.5   煤的国际分类

ISO11760：2005 首先对分类涉及的主要术语进行了定义。其中，关于"煤"的定义

"主要由植物遗体转化而成的碳质沉积岩，含有一定量的矿物质，相应的灰分产率小于或等于50%（干基质量分数）"被《中国煤炭分类》（GB/T 5751—2009）采用。但需要注意的是目前我国用于煤炭储量计算时所统计的煤炭灰分上限为40%。

考虑到煤的物理和化学性质实质上取决于地质成熟度（煤阶）、岩相组成和矿物质的数量（以及矿物质的种类和赋存方式），因此，国际煤分类根据以下性质进行煤分类：以灰分产率（某基准下的百分数）表征煤中无机矿物的含量；以镜质组反射率（平均随机反射率）π_r 表征煤阶；以镜质组含量（无矿物质基体积分数）表征煤岩组成。将煤分为低煤阶煤、中煤阶煤和高煤阶煤等三个一级煤类，每个一级煤类再细分为 3 ~ 4 个亚类，见表2-14。

表2-14　主要煤类别的一级煤类和亚类的煤阶分类

一级煤类	定义	亚类	特征
低煤阶（褐煤和次烟煤）	煤层煤水分小于等于75%且 $\pi_r < 0.5\%$	低煤阶煤 C（褐煤 C）	$\pi_r < 0.4\%$ 且煤层煤水分 35%~75%，无灰基
		低煤阶煤 B（褐煤 B）	$\pi_r < 0.4\%$ 且煤层煤水分小于等于35%，无灰基
		低煤阶煤 A（次烟煤）	$0.4\% \leqslant \pi_r < 0.5\%$
中煤阶（烟煤）	$0.5\% \leqslant \pi_r < 2.0\%$	中煤阶煤 D（烟煤 D）	$0.5\% \leqslant \pi_r < 0.6\%$
		中煤阶煤 C（烟煤 C）	$0.6\% \leqslant \pi_r < 1.0\%$
		中煤阶煤 B（烟煤 B）	$1.0\% \leqslant \pi_r < 1.4\%$
		中煤阶煤 A（烟煤 A）	$1.4\% \leqslant \pi_r < 2.0\%$
高煤阶（无烟煤）	$2.0\% \leqslant \pi_r < 6.0\%$（或 $\pi_{V,max} < 8.0\%$）	高煤阶煤 C（无烟煤 C）	$2.0\% \leqslant \pi_r < 3.0\%$
		高煤阶煤 B（无烟煤 B）	$3.0\% \leqslant \pi_r < 4.0\%$
		高煤阶煤 A（无烟煤 A）	$4.0\% \leqslant \pi_r < 6.0\%$（或 $\pi_{V,max} < 8.0\%$）

由表2-14可见，中、高煤阶煤全部采用镜质组反射率作为分类指标，但产低煤阶煤阶段还引入煤层煤水分作为辅助指标，区分煤和泥炭，以及褐煤内的小类。煤层煤水分大于75%时属于泥炭而不归属为煤，不属于国际煤分类的范畴。

以镜质组含量表征的岩相或显微组分组成，将煤划分为如表2-15所示四类。

表2-15　煤岩组成分类

镜质组体积含量（无矿物质基）/%	镜质组类别	镜质组体积含量（无矿物质基）/%	镜质组类别
<40	低镜质组煤	≥60 和 <80	较高镜质组煤
≥40 和 <60	中镜质组煤	≥80	高镜质组煤

国际煤分类以灰分产率表征的煤的无机成分，将煤划分为五类，见表2-16。

表2-16　灰分产率分类

灰分产率	灰分类别	灰分产率	灰分类别
$A_d < 5$	极低灰煤	$20 \leqslant A_d < 300$	较高灰煤
$5 \leqslant A_d < 10$	低灰煤		
$10 \leqslant A_d < 20$	中灰煤	$30 \leqslant A_d < 50$	高灰煤

思 考 题

2-1　简述煤是如何形成的?

2-2　成煤植物的主要化学组成是什么, 它们对成煤过程有何影响?

2-3　腐泥煤与腐殖煤有何不同?

2-4　煤中常量元素与微量元素是如何分类的, 各有哪些主要的元素?

2-5　煤中有哪些主要危害元素?

2-6　煤中硫有哪几种存在形式, 煤中硫对煤的应用有什么影响?

2-7　煤中有哪些含氧官能团, 它们在煤中的相对含量及随煤化度的变化有何规律?

2-8　煤中含硫官能团与含氮官能团随煤化度的变化有什么规律?

2-9　煤的显微组分有哪几种, 每一显微组分的特点是什么?

2-10　试描述煤的宏观煤岩特征。

2-11　影响煤密度的因素有哪些?

2-12　煤的反射率与折射率随煤化度如何变化?

2-13　什么是煤的氧化, 可分为哪几个阶段, 各阶段的主要产物是什么?

2-14　简述煤的热分解过程。

2-15　什么是煤的磺化, 磺化煤有哪些主要用途?

2-16　煤的高真空热分解的目的及工作原理是什么?

2-17　煤一般可进行哪些卤化反应, 试述各种卤化反应的原理及产物用途。

2-18　煤的黏结性与结焦性有何不同?

2-19　煤分子结构单元是如何构成的? 结构单元之间如何构成煤的大分子?

2-20　随煤化程度的变化, 煤分子结构呈现怎样的规律性变化?

2-21　什么是煤的化学结构, 煤有哪些代表性的化学结构模型?

2-22　常用的煤炭分类指标有哪些?

2-23　分别介绍各类煤的主要特点。

参 考 文 献

[1] 程君, 周安宁, 李建伟. 煤结构研究进展 [J]. 煤炭转化, 2001, 24 (4): 1-12.

[2] 陈鹏. 中国煤炭性质、分类和利用 [M]. 北京: 化学工业出版社, 2003.

[3] 何启林, 王德明. 煤的氧化和热解反应的动力学研究 [J]. 北京科技大学学报, 2006, 28 (1): 1-5.

[4] 何选明. 煤化学 [M]. 北京: 冶金工业出版社, 2010.

[5] 郝学民, 张浩勤. 煤液化技术进展及展望 [J]. 煤化工, 2008, (4): 28-32.

[6] 姜英. 中国洁净煤技术丛书——动力煤和动力配煤 [M]. 北京: 化学工业出版社, 2012.

[7] 蔺华林, 张德祥, 高晋生. 煤的加氢化抽取芳烃研究进展 [J]. 煤炭转化, 2006, 29 (2): 93-97.

[8] 李建亮, 吴国光, 孟献梁. 煤岩显微组分性质的研究进展 [J]. 中国煤炭, 2007, 33 (12): 26-36.

[9] 虞继舜. 煤化学 [M]. 北京: 冶金工业出版社, 2000.

[10] 张香兰, 张军. 煤化学 [M]. 北京: 煤炭工业出版社 (国家安全生产监督管理总局), 2012.

3 煤炭分选

3.1 重力分选

3.1.1 重力研究对象及其应用

不同粒度和密度的矿粒组成的物料在流动介质中运动时，由于它们性质的差异和介质流动方式的不同，其运动状态也不同。在真空中不同性质的物体具有相同的沉降速度，但在水、空气、重液（密度大于水的液体或高密度盐类的水溶液）、悬浮液（固体颗粒与水的混合物）、空气重介质（固体颗粒与空气的混合物）等分选介质中，由于受到不同的介质阻力，其运动状态也各有差异。矿粒在静止介质中不易松散，不同密度、粒度、形状的矿粒难以互相转移，即使能够分层亦难以实现分离。

重力选矿又称重选，是根据矿粒间由于密度的差异，在运动介质中所受重力、流体动力和其他机械力的不同，从而实现按密度分选矿粒群的过程。粒度和形状会影响按密度分选的精确性。

各种重选过程的共同特点是：（1）矿粒间必须存在密度的差异；（2）分选过程在运动介质中进行；（3）在重力、流体动力及其他机械力的综合作用下，矿粒群松散并按密度分层；（4）分层好的物料，在运动介质的作用下实现分离，并获得不同的最终产品。

重选的目的，主要是按密度来分选矿粒。因此，在分选过程中，应设法创造条件，减少矿粒的粒度和形状对分选结果的影响，以使矿粒间的密度差别在分选过程中能起主导作用。根据介质运动形式和作业目的的不同，重选可分为以下几种工艺方法：水力分级、重介质选矿、跳汰选矿、摇床选矿、溜槽选矿、洗矿。其中洗矿和分级是按密度分离的作业，其他则均属于按密度分选的作业。

重选是当今最通用的几种选矿方法之一，尤其广泛地用于处理密度差较大的物料。在我国它是煤炭分选的最主要方法，也是分选金、钨、锡矿石的传统方法。在处理稀有金属（钍、钛、锆、铌等）矿物的矿石中应用也很普遍。重选法也被用来分选铁、锰矿石；同时也用于处理某些非金属矿石，如石棉、金刚石、高岭土等。对于那些主要以浮选法处理的有色金属（铜、铅、锌等）矿石，也可用重选法进行预先分选，除去粗粒脉石或围岩，使其达到初步富集。重选法还广泛应用于脱水、分级、浓缩、集尘等作业。而这些工艺环节几乎是所有选矿厂和选煤厂所不可缺少的。

3.1.2 跳汰选矿

3.1.2.1 概述

跳汰选矿是指物料主要在垂直升降的变速介质流中，按密度差异进行分选的过程。物料在粒度和形状上的差异，对选矿结果有一定的影响。跳汰时所用的介质可以是水，也可以是空气。以水作为分选介质时，称为水力跳汰；以空气作为分选介质时，称为风力跳汰。目前，生产中以水力跳汰应用最多，故本章内容仅涉及水力跳汰。

实现跳汰过程的设备叫跳汰机。被选物料给到跳汰机筛板上，形成一个密集的物料层，这个密集的物料层称为床层。在给料的同时，从跳汰机下部透过筛板周期地给入一个上下交变水流，物料在水流的作用下进行分选。首先，在上升水流的作用下，床层逐渐松散、悬浮，这时床层中的矿粒按照其本身的特性（矿粒的密度、粒度和形状）彼此做相对运动进行分层。上升水流结束后，在休止期间（停止给入压缩空气）以及下降水流期间，床层逐渐紧密，并继续进行分层。待全部矿粒都沉降到筛面上以后，床层又恢复了紧密状态，这时大部分矿粒彼此间已失去了做相对运动的可能性，分层作用几乎全部停止，只有那些极细的矿粒，还可以穿过床层的缝隙继续向下运动（这种细粒的运动称作钻隙运动），并继续分层。下降水流结束后，分层暂告终止，至此完成了一个跳汰周期的分层过程。物料在一个跳汰周期中的分层过程如图3-1所示。物料在每一个周期中，都只能受到一定的分选作用，经过多次重复后，分层逐渐完善。最后，密度低的矿粒集中在最上层，密度高的矿粒集中在最底层。

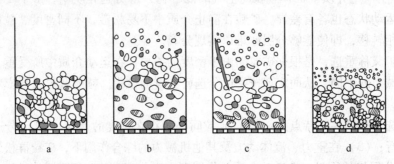

图 3-1　矿粒在跳汰时的分层过程示意图
a—分层前颗粒混杂堆积；b—上升水流将床层托起；
c—颗粒在水流中沉降分层；d—水流下降，床层密集，重矿物进入底层

物料在跳汰过程中之所以能分层，起主要作用的内因是矿粒自身的性质，但能让分层得以实现的客观条件则是垂直升降的交变水流。

在跳汰机入料端给入物料的同时，伴随物料也给入了一定量的水平水流。水平水流虽然对分选也起一定的作用，但它主要是起润湿和运输的作用。润湿是为了防止干物料进入水中后结团；运输是负责将分层之后位于上层的低密度物料冲带走，使它从跳汰机的溢流堰排出机外。

跳汰机中水流运动的速度及方向是周期变化的，这样的水流称作脉动水流。脉动水流每完成一次周期性变化所用的时间即为跳汰周期。在一个周期内表示水速随时间变化的关系曲线称作跳汰周期曲线。水流在跳汰室中上下运动的最大位移称为水流冲程。水流每分钟循环的次数称为冲次。跳汰室内床层厚度、水流的跳汰周期曲线形式、冲程和冲次是影响跳汰过程的重要参数。

跳汰分选法的优点在于：工艺流程简单，设备操作维修方便，处理能力大，且有足够的分选精确度。因此，在生产中应用很普遍，是重选中最重要的一种分选方法。

煤炭分选中，跳汰选煤占很大比重。全世界每年入选煤炭中，有50%左右是采用跳汰

机处理；我国跳汰选煤占全部入选原煤量的70%。另外跳汰选煤处理的粒度级别较宽，在 0.5~150mm 范围；既可不分级入选，也可分级入选。跳汰选煤的适应性较强，除了极难选的煤，其他均可优先考虑采用跳汰的方法处理。

矿石分选中，跳汰选矿是处理粗、中粒矿石的有效方法，大量地用于分选钨矿、锡矿、金矿及某些稀有金属矿石；此外，还用于分选铁、锰矿石和非金属矿石。处理金属矿石时，给矿粒度上限可达 30~50mm，回收的粒度下限为 0.2~0.074mm。

3.1.2.2 跳汰过程中垂直交变水流的运动特性

A 跳汰机内垂直交变水流的运动特性

在跳汰机中水流运动包括两部分：垂直升降的变速脉动水流和水平流。前者是矿粒在跳汰机中按密度分层的主要动力；后者的主要作用是运输物料，但对矿粒分层还是有影响的。为便于分析，现以简单的活塞跳汰机为例，讨论其水流的运动特性。活塞跳汰机的工作原理如图 3-2 所示。

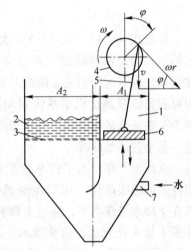

活塞跳汰机工作时，由于偏心轮 4 转动。经连杆 5 与驱动活塞室 1 内的活塞 6 作往复上下运动。进水管 7 给入筛下水，在活塞往复运动的作用下，使跳汰室 2 中筛板 3 上的床层经受垂直升降变速水流的作用。按密度分层的跳汰过程就是在这种条件下进行的。

图 3-2 活塞跳汰机工作示意图
1—活塞室；2—跳汰室；3—筛板；
4—偏心轮；5—连杆；
6—活塞；7—进水管

由图 3-2 可知，若偏心轮的偏心距为 r，连杆长度为 l，并且连杆长度 l 比偏心距 r 大许多，此时，活塞上下运动的速度 v 可以看作是偏心轮的圆周速度在垂直方向上的投影，即

$$v = \omega r \sin\varphi \tag{3-1}$$

或

$$v = \omega r \sin\omega t \tag{3-2}$$

式中，ω 为偏心轮旋转角速度，rad/s，$\omega = \dfrac{2\pi n}{60}$，其中 n 为偏心轮转数，r/min；t 为偏心轮转过 φ 角所需要的时间，s。

当 $\varphi = 0$ 或 $\varphi = \pi$ 时，活塞的瞬时速度为最小，$v_{min} = 0$；

当 $\varphi = \pi/2$ 时，活塞的瞬时速度达到最大值，即

$$v_{max} = \omega r = \frac{\pi n r}{30} = 0.105 n \pi \tag{3-3}$$

活塞运动的加速度，可由式（3-1）的一阶导数求出，即

$$\dot{v} = \frac{\mathrm{d}v}{\mathrm{d}t} = \omega^2 r \cos\omega t \tag{3-4}$$

经时间 t，活塞的行程 h 可由水速对时间的积分求出，即

$$h = \int_0^t v \mathrm{d}t = \int_0^t \omega r \sin\omega t \mathrm{d}t = r(1 - \cos\omega t) \tag{3-5}$$

跳汰室内水流运动速度 u 比活塞运动速度 v 小，这是由于活塞与机壁之间有缝隙，存

在漏水现象，所以应考虑一个小于 1 的漏水系数 β；再有，跳汰室横断面积 A_2 一般均大于活塞室横断面积 A_1。因此，还应考虑一个反映两室面积比的系数 A_1/A_2（图 3-2）。所以，跳汰室内水流速度 u、加速度 $\dot{u}$ 及行程 s（波高）分别为：

$$u = \frac{A_1}{A_2}\beta\omega r\sin\omega t \tag{3-6}$$

$$\dot{u} = \frac{A_1}{A_2}\beta\omega^2 r\cos\omega t \tag{3-7}$$

$$s = \frac{A_1}{A_2}\beta r(1 - \cos\omega t) \tag{3-8}$$

根据式（3-4）、式（3-5）及式（3-6），在直角坐标中可绘制活塞跳汰机垂直交变水流的速度、加速度及行程与时间的关系曲线。如图 3-3 所示，从图中可看出活塞跳汰机中跳汰周期特性曲线即速度曲线为一条正弦函数曲线；而水流运动的加速度曲线，是一条余弦函数曲线。

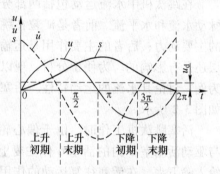

实际生产中，为了调节床层的松散状况和水流下降时的吸啜作用（床层逐渐紧密的过程中，细颗粒在下降水流作用下，穿过大颗粒间隙的现象），要从筛下给入补充水，也称顶水，其上升流速即为图

图 3-3 活塞跳汰机水流速度、加速度及行程与时间的变化关系曲线

3-3 中所标注的 u_d。结果，跳汰过程中加大了上升水流的速度，减弱了下降水流的作用。致使上升水流的作用时间稍长于下降水流的作用时间。

B   水流运动特性对床层松散与分层的作用

由于床层的分层主要是在垂直交变水流的作用下完成的，而分层的产生又是以床层获得松散为前提的。因此，研究跳汰周期的性质，即水流运动特性及其对床层松散与分层的作用，具有十分重要的意义。

为了便于分析问题，现以正弦跳汰周期为例，并将该跳汰周期分为 t_1、t_2、t_3、t_4 四个阶段（图 3-4），分别讨论跳汰周期的各阶段中水流和床层运动及变化的特点，来考察松散及分层过程。

在一个跳汰周期 T 内，介质、床层及矿粒的运动状态如图 3-4 所示。其中图 3-4a 反映的是在一个

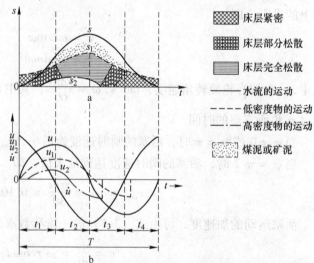

图 3-4 正弦跳汰周期四个阶段床层松散与分层过程
s，s_1，s_2—分别为水、低密度物和高密度物的行程；
u，u_1，u_2—分别为水、低密度物和高密度物运动速度；
$\dot{u}$—水流运动的加速度

跳汰周期内，水流和床层的行程与时间的关系以及床层的松散过程；图 3-4b 表示水流运动的速度、加速度及矿粒运动行程随时间变化状况。现按水流运动特性对一个周期内四个阶段的作用分析如下。

第 Ⅰ 个阶段——水流加速上升时期或称上升初期。

上升水流在前 $\pi/2$ 周期内，水流运动的特点是：水流上升，其速度越来越大，速度方向向上，其加速度方向也向上。速度由零增加到最大值，加速度则由最大值减小到零。由图 3-4a 可看出，在 t_1 阶段初期，床层呈紧密状态，随着上升水流的产生，最上层的细小颗粒开始浮动，由于上升水流速度逐渐加大，水流动压力也逐渐增大，当动压力大于床层在介质中所受的重力时，床层便脱离筛面而升起，并进而渐次松散。因矿粒密度大于水的密度，使得床层开始升起的时间迟于水。但床层一经松散，便给矿粒提供了相互转移的条件。于是，低密度颗粒向上启动时间早，且运动速度快；高密度颗粒则滞后上升，相比之下速度也慢，这种情况对按密度分层是有利的。但是，总的看来，如图 3-4a 所示，在 t_1 阶段，床层仍处于紧密状态，矿粒的运动和分层受到较大的限制。尤其在这个阶段矿粒上升的速度小于水速的增加，使矿粒与介质间的相对速度较大，这就加剧了矿粒粒度和形状对分层过程的不良影响，而且这段时间延续得愈长（即 t_1 愈长），对按密度分层愈不利。由此可见，在水流加速上升时期，水流运动的主要任务是较快地将床层举起，使其占据一定高度。为床层进一步的充分松散与分层创造一个空间条件。

第 Ⅱ 阶段——水流减速上升时期或称上升末期。

上升水流在 $\pi/2 \sim \pi$ 周期内，水流运动的特点是：水流上升，但速度越来越小，由最大值降到零，速度方向仍向上为正；水流加速度由零到负的最大值，其方向向下。这时在水流动力作用下，床层继续上升，松散度逐渐达到最大。矿粒在此期间的上升速度已开始逐渐减慢，甚至一部分高密度粗矿粒在这期间已转而下降。由于颗粒运动惯性的作用，矿粒上升速度比水流上升速度减小得慢，致使矿粒和水流间的相对运动速度变小，以致在某一瞬间它们的相对速度降低到零。此后，水流与矿粒间的相对运动速度还要再次逐渐增大，但与上升初期相比，仍然保持在较小的范围内。因此，在这一期间，矿粒的粒度和形状对按密度分层的影响较弱。而且，上升水流的负加速度越小，t_2 阶段延续的时间就越长，密度对矿粒运动状态起主导作用的时间也就越长，故对按密度分层的效果就会越好。

第 Ⅲ 阶段——水流加速下降时期或称下降初期。

水流运动到 $\pi \sim 3\pi/2$ 周期内，水流运动的特点是：水流下降，下降速度越来越快，速度方向向下，加速度方向也向下。在这期间，床层虽然还处于松散状态，但因水流运动方向已转而向下，故床层状况的发展趋势是趋于紧密。此时，一部分高密度的粗颗粒在下降水流出现之前已开始沉降。而另一部分低密度的细颗粒，则由于本身的惯性，在下降水流的前期还在继续上升。不过上升速度已经缓慢，随着下降水流速度的逐渐增大，前一类矿粒与介质间的相对速度必然渐趋变小，甚至在某一瞬间变成零；后一类矿粒尽管在下降初期是顶着下降水流作上升运动的，但是由于这时矿粒运动速度都比较小，所以与水流之间的相对速度也低，随着下降水速的增大，这些矿粒将逐渐转为下降，基于它们是受水流及重力的双重作用，其下降速度将比水流速度增加得更快，这就使得相对速度进一步降低，而且很快由小于水速转而追上水速，由此可见，在 t_3 阶段，矿粒与介质之间的相对运动速度是较低的，这就有利于矿粒按密度分层。显然，如果在下降初期介质流速增加得过快，很有可能使与矿粒之间的相对速度变大，故从这个意义上说，在下降初期，应使水流加速度较小，t_3时间较为长些，即下降初期水流特点应是长而缓。

但是应当注意，在这个阶段，床层下部高密度的粗颗粒已逐渐落到筛板上，速度很快为零。整个床层在下降介质流中渐渐地趋于紧密，机械阻力猛增，高密度的粗矿粒首先失去活动性；而细矿粒则在逐渐收缩的床层间隙中继续朝下运动，这就是吸啜作用。显然，由于吸啜作用的存在，可使高密度细颗粒落入床层底部。由此可见，尤其对分选不分级或宽粒级物料，吸啜作用是必不可少的。它既是按密度分层过程的延续，又是分层过程的补充。为了加强吸啜作用，水流应是短而速。这就与前面分析产生了矛盾，考虑两方面要求，下降初期水流应适度的长而缓。

第Ⅳ阶段——水流减速下降时期或称下降末期。

水流运动进入$3\pi/2 \sim 2\pi$周期内，水流运动的特点是：水流继续下降，但速度越来越小，由最大绝对值降到零；加速度方向向上，由零增加到最大值。t_4阶段包括床层恢复到筛面后的整个阶段，该阶段的特点是床层比较紧密，分层过程几乎完全停止。但由于下降水流依然存在，使得一些细矿粒在下降水流的吸啜作用下仍然可通过床层的间隙向下移动，从而使在前期被冲到上层的高密度细矿粒行至床层下方，甚至穿过筛孔进入跳汰机底部，成为重产物排出，改善分选效果。但是，倘若下降水流的吸啜作用过强，作用时间过长，也会使一部分低密度的细矿粒进入底层，导致分选效率下降。因此，在下降末期吸啜作用应加以适当控制。

再有，床层经历该阶段时间过长，则在一个跳汰周期中不起主要分层作用的时间就会占得过多，其结果会导致跳汰机的处理能力降低。此外，如果在此期间床层收缩得过于紧密，将使床层在下一个跳汰循环中不易很快松散，同样也降低跳汰机的处理能力。

总之，水流在整个下降期间，它所肩负的任务是使床层的松散时间尽可能延长，让分层过程得以充分进行；但当分层完毕后，下降水流也应尽快停止，既防止低密度物混入高密度物，又避免床层过度紧密。故整个下降水流，初期应适度长而缓，末期应尽量短而速。原有跳汰周期一旦完结，应立即开始一个新的跳汰周期。

从上述跳汰周期特性对床层松散与分层的作用可以看出，活塞跳汰机水流运动特性并非是理想的跳汰周期。因为判断一个跳汰周期的水流特性是否合理，一般要从三个方面看，一是对床层的尽快松散是否有利；二是对按密度分层作用的效果；三是针对原料性质的特点，对吸啜作用的影响。

3.1.2.3　跳汰机

国内外使用的各种类型的跳汰机，根据设备结构和水流运动方式不同，大致可以分为活塞跳汰机、隔膜跳汰机、空气脉动跳汰机及动筛跳汰机等几种。

活塞跳汰机是以活塞往复运动产生一个垂直上升的脉动水流。它是跳汰机的最早形式，现在基本上已被隔膜跳汰机和空气脉动跳汰机所取代。

隔膜跳汰机是用隔膜取代活塞的作用。其传动装置多为偏心连杆机构，也有采用凸轮杠杆或液压传动装置的，机器外形以矩形、梯形为多，近年来又出现了圆形。按隔膜的安装位置不同，又可分为上动型（又称旁动型）、下动型和侧动型隔膜跳汰机。隔膜跳汰机主要用于金属矿选矿厂。

空气脉动跳汰机（亦称无活塞跳汰机）中的水流垂直交变运动是借助压缩空气进行的。按跳汰机空气室的位置不同，分为筛侧空气室（侧鼓式）和筛下空气室跳汰机。该类型跳汰机主要用于选煤。

动筛跳汰机有机械动筛和人工动筛两种，手动已少用。机械动筛的槽体中水流不脉动，直接靠动筛机构用液压或机械驱动筛板在水介质中作上下往复运动，使筛板上的物料产生周期性地松散。目前该类型跳汰机主要用于大型选煤厂尤其是高寒缺水地区选煤厂的块煤排矸。

选煤常用的跳汰机主要有空气脉动跳汰机和动筛跳汰机。

A　筛侧空气室跳汰机

筛侧空气室跳汰机是目前我国选煤厂中使用最多的跳汰机。根据结构与用途的不同，筛侧空气室跳汰机可分为不分级煤跳汰机、块煤跳汰机和末煤跳汰机三种。

筛侧空气室跳汰机的基本结构如图 3-5 所示。

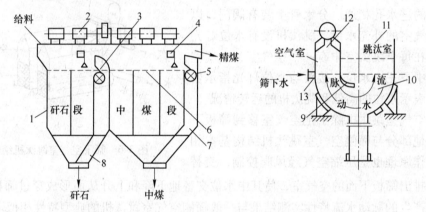

图 3-5　筛侧空气室跳汰机的结构

1—机体；2—风阀；3—溢流堰；4—自动排料装置的浮标传感器；
5—排料轮；6—筛板；7—排中煤通道；8—排矸道；9—分隔板；
10—脉动水流；11—跳汰室；12—空气室；13—顶水进水管

跳汰机由机体 1、风阀 2、筛板 6、排料装置 4、5 和排矸道 8、排中煤通道 7 等部分组成。机体由纵向分隔板分为空气室和跳汰室，两室的下部相通。空气室上部密闭，设有特制风阀。风阀的作用是将压缩空气交替地给入空气室中，同时按一定的规律将空气室中的压缩空气排出室外。当给入压缩空气时，跳汰室中的水被强制上升；待空气室的压缩空气排出时，跳汰室中的水位又自动下降，由此推动跳汰室水面上下运动形成脉动水流 10，改变给入的压缩空气量可以调节跳汰机中的水流冲程，改变风阀的运动速度，也可调节水流脉动的频率，顶水从空气室下部顶水进水管 13 进入以改变跳汰机水流运动特性，并在跳汰室中形成水平流，便于运输物料，同时使物料在跳汰室中进行松散和分层。跳汰机中的冲水是从机头与原料煤一起给入的。原料煤在跳汰机中经分层得到分选后，在第一段（矸石段）和第二段（中煤段）的重产物矸石、中煤分别经各段末端的排料装置排到各自的排料道，并与透筛的小颗粒重产物一块排到各自的排料口，再经与机体密封的脱水斗子提升机排出。轻产物（精煤）自溢流口排出机体。

　　B　筛下空气室跳汰机

　　筛下空气室跳汰机的空气室在跳汰机筛板下面，因而具有一些筛侧空气室跳汰机所不具备的特点。目前筛下空气室跳汰机已在许多国家制造和使用。筛下空气室跳汰机构造示意图如图 3-6 所示。

　　每个跳汰室装一个卧式风阀，为其中两个空气室提供压缩空气。压缩空气从空气室的一端给入。空气室的端部有上下两个孔，上面的孔与风阀的进气口相接，用以进入压缩空气。下面的孔用以送入顶水。在机体的一侧设有风水包，水包侧面与总水管相接，下面则接有五个分水管分别与空气室的进水孔相通。分水管上装有阀门，以调节各空气室的补充水量。跳汰机设有水位灯光指示器。在每个跳汰室中有一个空气室，空气室中设有上中下三个水位，接头与水位灯光指示器相接，以表示水位的高低和跳汰机的运转情况。

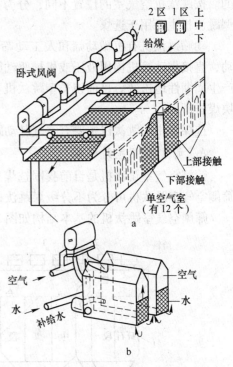

图 3-6　筛下空气室跳汰机结构

　　筛下空气室跳汰机除了把空气室移到筛板下面外，其他部分与筛侧空气室跳汰机结构基本相同。其工作原理也是压缩空气经风阀控制，交替地压入和排出筛板下面的空气室，使其中水位交替地下降和上升从而形成穿过筛板的脉动水流。所产生的脉动水流特性实测结果与一般筛侧空气室跳汰机的典型特性相似。

　　筛下空气室跳汰机与筛侧空气室跳汰机相比具有以下几个特点：

　　（1）筛下空气室跳汰机的空气室在跳汰室筛下，结构紧凑、重量轻、占地面积小。

　　（2）筛下空气室跳汰机的空气室沿跳汰室的宽度布置，能使跳汰室内沿宽度各点的波高相同，有利于物料均匀分选，适于跳汰机大型化。这是筛下空气室跳汰机的主要优点。

　　（3）筛下空气室跳汰机的空气室的面积为跳汰室面积的 1/2，即空气室内水面脉动高度为 200mm 时，跳汰室水面脉动高度为 100mm。

　　（4）筛下空气室跳汰机的脉动水流没有横向冲动力。

　　由于筛下空气室跳汰机的空气室水位比筛面水位低，而且空气室内有 0.021MPa 的空气余压，压缩空气推动液面运动，比筛侧空气室跳汰机要多克服一段静压头和空气余压，所以压缩空气的风压比一般筛侧空气室跳汰机所要求的高，大约为 0.025 ~ 0.035MPa。

　　筛下空气室跳汰机和筛侧空气室跳汰机分选效果相近。我国筛侧空气室跳汰机的不完善度 I 一般为 0.2 左右，邢台选煤厂使用的筛下空气室跳汰机为 LTX-14 型，跳汰机第一段 $I = 0.127$，第二段 $I = 0.255$，与筛侧空气室跳汰机效果相当。

　　C　动筛跳汰机

　　动筛跳汰机具有设备结构紧凑、工艺简单、用水量少、基建投资省、营运费用低等优点。可替代重介质排矸、选择性破碎和手选，也可用于动力煤、块煤的分选。

动筛跳汰机还可以同其他设备组成多种工艺流程，如大于50mm级原煤用动筛跳汰机分选，小于50mm级原煤用重介质旋流器分选；13~200mm级原煤用动筛跳汰机分选，小于13mm级原煤用重介质旋流器分选；大于50mm级原煤用动筛跳汰机分选，小于50mm级原煤采用干法选煤机分选。

由于动筛跳汰机循环水用量仅为0.08~0.2m³/t，所以在高寒和缺水干旱地区更能发挥优势。

（1）动筛跳汰机。动筛跳汰机是跳汰机的一种。工作时，槽体中水流不脉动，直接靠动筛机构用液压或机械驱动筛板在水介质中作上下往复运动。使筛板上的物料形成周期性的松散。

动筛机构上升时，颗粒相对于筛板总体上看没有相对运动，而水介质相对于颗粒向下运动。动筛机构下降时，由于介质阻力的作用，水介质形成相对于动筛机构的上升流，颗粒则在水介质中作干扰沉降，从而实现按密度分选。

动筛跳汰机区别于空气脉动跳汰机之处在于：1）不用风，也不用冲水和顶水；2）物料的松散度由动筛机构的运动特性所决定。

（2）液压驱动动筛跳汰机。我国研制成功的TD系列液压驱动动筛跳汰机是适用于块煤分选和排矸的一种高效而简单的设备。液压驱动动筛跳汰机由主机、驱动装置和控制装置三部分组成。动筛机构及排矸轮的动力由液压站提供；动筛机构及排矸轮的运动特性由电控柜控制。主机结构如图3-7所示。

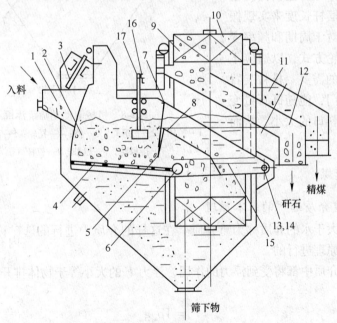

图3-7 液压驱动动筛跳汰机结构示意图

1—槽体；2—动筛机构；3—液压油缸；4—筛板；5—闸门；6—排料轮；
7—手轮；8—溢流堰；9—提升轮前段；10—提升轮后段；11—精煤溜槽；
12—矸石溜槽；13—销轴；14—油马达；15—链；16—传感器；17—浮标

动筛机构在液压油缸的驱动下，绕销轴作上下往复摆动。并在其中部设有溢流堰，在溢流堰的下方前端设有可调闸门，以调整溢流堰与筛板之间的开门大小。溢流堰下方筛板的末端设有星轮结构的排料轮，由液压马达驱动。产品由提升轮排出，提升轮的中部设有隔板，将提升轮分成两段，前段装矸石，后段装轻产品，为了防止轻重产品互相污染，在轻重产品之间和两侧增设了由筛网或冲孔板制成的防污染隔板，隔板下部还装有橡胶板，并与提升轮中间隔板内径相接触，上部装有轴套，可绕动筛筛帮的轴转动，当动筛上下运动时，由于重力作用，隔板基本呈自由下垂状态，能有效地起到分隔轻重两产品的作用。另外，采用筛网或冲孔板结构的隔板装置，使动筛对水介质的拨动减弱，也可避免横向水流将小块矸石带到筛下，防止提升轮发生故障。为了防止破坏筛网，在筛板的入料端设置了筛板护栏，并与动筛筛帮固定。为防止筛板横向摆动，专门设置了防横向摆动装置。

（3）机械驱动动筛跳汰机。我国自行研制成功的 GDT4/2.5 型机械驱动动筛跳汰机已投入使用。GDT4/2.5 型机械驱动动筛跳汰机由主机、驱动装置和控制装置三部分组成。主机结构如图 3-8 所示。该机驱动系统采用便于调节的曲柄摆杆机构。通过曲柄的连续传动使摆杆绕固定轴做往复摆动，带动动筛工作。L 形摆杆可以在较宽的范围内靠丝杆调节摆杆长度来实现振幅的无级可调。对于周期和频率变化，采用换胶带轮方式，以适应不同煤质原煤分选的需要。排料装置采用自动浮标闸门，能随矸石量变化而自动改变排料口的大小，从而实现自动排矸。

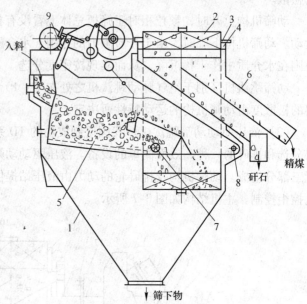

图 3-8　机械驱动动筛跳汰机结构

1—槽体；2—提升轮；3—挡；4—托轮；5—动筛；6—溜槽；

7—排料轮；8—销轴；9—拉杆（驱动机构）

3.1.3　重介质选煤

3.1.3.1　重介质选矿的基本原理

通常将密度大于水的介质称为重介质。在这样的介质中进行的选矿称为重介质选矿，它是按阿基米德原理进行的。

任何物体在介质中都将受到浮力的作用，浮力 F 的大小等于物体排开的同体积介质的重量，即：

$$F = V\rho_{zj}g \tag{3-9}$$

颗粒在介质中的有效重力 G_0 与重力加速度 g_0 分别为：

$$G_0 = G - F = V(\delta - \rho_{zj})g \tag{3-10}$$

$$g_0 = \left(\frac{\delta - \rho_{zj}}{\delta}\right)g \tag{3-11}$$

由式 (3-7)、式 (3-8) 可知，G_0 及 g_0 均随 ρ_{zj} 增大而减小。

在重介质中，当 $\delta > \rho_{zj}$ 时，g_0 为正，与 g 的方向一致，矿粒将向下沉降；而当 $\delta < \rho_{zj}$ 时，g_0 为负，与 g 的方向相反，矿粒将向上浮起。因此，为使分选过程能有效进行，重介质密度应介于矿石中轻、重两种矿物的密度之间，即 $\delta_2 > \rho_{zj} > \delta_1$。在这样的介质中，分选完全属于静力作用过程。流体的运动和颗粒的沉降不再是分层的主要作用因素，而介质本身的性质却是影响分选的重要因素。

3.1.3.2 重介质的种类与加重质的选择

A 重介质的种类

重介质有重液与重悬浮液之分。

重液是一些密度高的有机液体或无机盐类的水溶液。它们是均质液体，可用有机溶剂或水调配成不同的密度。如三溴甲烷 ($CHBr_3$) 或四溴乙烷 ($C_2H_4Br_4$)，最高密度可达 $2.9 \sim 3.0 g/cm^3$。用不同量的苯、甲苯或四氯化碳与之混合，即可改变其密度。碘化钾与碘化汞按 1:1.24 的比例配成的水溶液最高密度可达 $3.2 g/cm^3$；二碘甲烷 (CH_2I_2) 溶液最高密度可达 $3.3 g/cm^3$；甲酸铊 ($HCOOTl$) 和丙二酸铊 ($CH_2(COOTl)_2$) 配成的溶液，密度最高达 $4.25 g/cm^3$；氯化钙的水溶液最高密度可达 $1.4 g/cm^3$；氯化锌的水溶液，密度可达 $1.8 \sim 2.0 g/cm^3$；四氯化碳与甲苯配成的溶液密度可达 $1.6 g/cm^3$。上述重液的共同特点是来源有限，价格昂贵，有毒，有腐蚀作用且不易回收。生产上几乎不用其作为重介质，只在实验室中做重力分析或分离矿物时使用。

重悬浮液是由密度大的固体微粒分散在水中构成的非均质两相介质。高密度固体微粒起加大介质密度的作用，故称为加重质。加重质的粒度一般为 -200 目占 60%~80%，能够均匀分散于水中。此时，置于其中的较大矿粒便受到了像均匀介质一样的增大了的浮力作用。密度大于重悬浮液密度的矿粒仍可下沉，反之则上浮。因重悬浮液具有价廉、无毒等优点，在工业上得以广泛应用。目前所说的重介质选矿，实际上就是重悬浮液选矿。

B 加重质的选择

工业上所用的加重质因要求配制的重悬浮液密度不同而不同，常用的有下列几种。

(1) 硅铁。选矿用的硅铁含 Si 为 13%~18%，这样的硅铁密度为 $6.8 g/cm^3$，可配制密度为 $3.2 \sim 3.5 g/cm^3$ 的重悬浮液。硅铁具有耐氧化、硬度大、带强磁性等特点，使用后经筛分和磁选可以回收再用。根据制造方法的不同，硅铁又分为磨碎硅铁、喷雾硅铁和电炉刚玉废料等。其中喷雾硅铁外表呈球形，在同样浓度下配制的悬浮液黏度小，便于使用。

(2) 方铅矿。纯的方铅矿密度为 $7.5 g/cm^3$，通常使用的为方铅矿精矿，Pb 品位为 60%，配制的悬浮液密度为 $3.5 g/cm^3$。方铅矿悬浮液用后可用浮选法回收再用。但其硬度低，易泥化，配制的悬浮液黏度高，且容易损失。因此，现已逐渐少用。

(3) 磁铁矿。纯磁铁矿密度为 $5.0 g/cm^3$ 左右，用含 Fe 60% 以上的铁精矿配制的悬浮液密度最大可达 $2.5 g/cm^3$，磁铁矿在水中不易氧化，可用弱磁选法回收。

此外，还可用选矿厂的副产品如砷黄铁矿、黄铁矿等作加重质。

从生产的角度来看，配制的重悬浮液不但应达到分选要求的密度，而且应具有较小的黏度及较好的稳定性。为此，选择的加重质应具有足够高的密度，且在使用过程中不易泥化和氧化，来源广泛，价格低廉，便于制备与再生，这些都是选择加重质时必须考虑的因素。

3.1.3.3　重悬浮液的性质

A　悬浮液的密度

悬浮液是一种不均质的两相系统，在固、液两相间具有很大的相界面，因此，它具有类似胶体系统的物理化学性质，这就使悬浮液在密度和黏度方面与均质重液有不同的性质。密度是指单位体积所具有的质量。悬浮液的密度等于加重质的密度和液体（水）密度的加权平均值，即：

$$\rho_{zj} = \lambda\delta_j + (1 - \lambda)\rho_s \tag{3-12}$$

因水的密度为 $1g/cm^3$，所以：

$$\rho_{zj} = \lambda(\delta_j - 1) + 1 \tag{3-13}$$

式中，ρ_{zj} 为重介质悬浮液的密度，g/cm^3；λ 为悬浮液的固体容积浓度，%；δ_j 为加重质的密度，g/cm^3；ρ_s 为水的密度，g/cm^3。

式（3-13）所求悬浮液的密度 ρ_{zj}，在物理意义上与均质介质的密度不完全相同，只有将悬浮液中的固、液两相作为一个统一的整体看待时，才具有密度的概念。因悬浮液是由两种密度完全不同的质点（即固、液两相质点）所构成的两相混合物，故悬浮液密度 ρ_{zj} 在数值上不能表征其中每一个质点的密度，因此通常称该密度为悬浮液的假密度，或称悬浮液的物理密度。

悬浮液内各质点密度的不均一性影响矿粒在其中的分选。只有当加重质粒度较细，容积浓度又较高，而选入的矿粒粒度大时，在分选过程中，对矿粒而言，悬浮液才能作为一个整体称其为分选介质；否则，此时的分选介质只是悬浮液中的液体而不是悬浮液的整体，悬浮液的密度也就没有什么意义了。而矿粒在悬浮液中的沉降，仅仅看作是矿粒在液体中受加重质悬浮粒作用的干扰沉降。矿粒在悬浮液中所排开的介质不是具有密度为悬浮液密度的悬浮液本身，而是悬浮液中的液体，它的密度为 ρ_s。因此，尽管有的矿粒密度低于悬浮液的密度 ρ_{zj}，但也将下沉，即矿粒不能按悬浮液的密度 ρ_{zj} 进行浮沉过程，而达到高低不同密度矿粒的分离。

从以上分析可知，在重介质选矿过程中作为分选介质而起作用的悬浮液，其中固体悬浮粒（加重质）的粒度和容积浓度与入选物料之间应具有一定的关系；再有，从式（3-9）可以看出，悬浮液的密度要由加重质的密度和容积浓度来决定。

B　悬浮液的稳定性

悬浮液的稳定性是指悬浮液维持自身密度不变的性质。由于悬浮液中的加重质受自身重力作用始终有向下沉降的趋势，从而使上下层密度发生变化，显然加重质的沉降速度直接影响悬浮液的稳定性，因此通常用加重质在悬浮液中的沉降速度 v 的倒数表示稳定性的大小，称作稳定性指标 Z（s/cm），即：

$$Z = \frac{1}{v} \tag{3-14}$$

Z 值越大，表示悬浮液的稳定性越好，分选越易进行。

由于加重质粒度的不均匀。v 值很难用计算方法方法求得，而多用试验方法测定。试验时将悬浮液倒入 1000mL 或 2000mL 的量筒中，搅拌均匀后静置沉降。经过一段时间后，由于加重颗粒的沉降，在上部出现清水层，清水层与混浊液界面的下降速度即可视为加重质的沉降速度。取直角坐标纸，以纵坐标自上而下表示清水层高度，横坐标自左而右表示沉降时间，将沉降开始后各时间段内沉降的距离对应地标注于坐标纸上，即可获得沉降曲线，如图 3-9 所示。曲线上任一点的切线与横轴夹角的正切即为该时刻的沉降速度。在开始沉降的相当长一段时间内，曲线斜率基本不变，评定悬浮液稳定性的指标即以这一段的沉降速度为准。

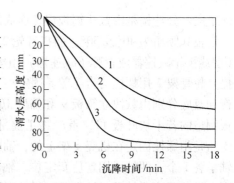

图 3-9　测定磁铁矿悬浮液稳定性
的沉降曲线

1——0.074mm 占 85.83%；
2——0.074mm 占 61.42%；
3——0.074mm 占 48.73%

3.1.3.4　重介质分选机

矿粒借重悬浮液在重力场中按密度完成分选过程所用的设备称重介质分选机。

工业上使用的重介质分选机种类繁多。国内外对大于 6mm 或 13mm 粒级块煤采用重悬浮液进行分选时，使用最多的设备有斜轮重介质分选机和立轮重介质分选机，其分选粒度上限一般为 300mm 左右，最大可达 1200mm。对于分选 6~13mm 以下的细粒物料，利用离心力场来强化分选过程，其设备主要采用重介质旋流器。

A　斜轮重介质分选机

斜轮重介质分选机也称德留包依（Drewboy）重介质分选机。该机兼用水平和上升介质流选出两产品。其特点是生产能力大、入料粒级宽，从机械结构到工艺性能已属于成熟的块煤重介质分选设备。它还可以分选大块原煤，用以代替人工拣矸。斜轮重介质分选机的结构如图 3-10 所示，它是由分选槽 1、排放重产物的斜提升轮 2 以及排煤轮 3 等主要部

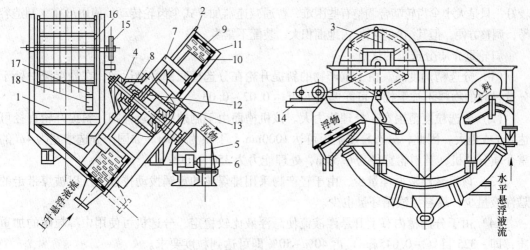

图 3-10　斜轮重介质分选机的结构

1—分选槽；2—斜提升轮；3—排煤轮；4—提升轮轴；5—减速装置；6，14—电动机；
7—提升轮骨架；8—齿轮盖；9—立筛板；10—筛底；11—叶板；12—支座；
13—轴承座；15—链轮；16—骨架；17—橡胶带；18—重锤

件组成。分选槽是由数块钢板焊接而成的多边形箱体，上部呈矩形。底部顺煤流方向的两块钢板其倾角为40°或50°。斜提升轮2装在分选槽旁侧的机壳内，提升轮轴4经减速器5（摆线齿轮减速器或歪脖子减速器）由电动机6带动旋转。斜提升轮下部与分槽底部相通，提升轮骨架7用螺栓与齿轮盖8固定在一起。齿轮盖用键安装在轴上。斜提升轮轮盘的边帮和盘底分别由数块立筛板9和筛底10组成。在轮盘的整个圆面上，沿径向装有冲孔筛板制造的若干块叶板11，重产物主要是经它刮取提升的。斜提升轮的轴由支座12支撑，支座是用螺栓固定在机壳支架上的，轴的上部装有单列推力球面轴承和双列向心球面滚子轴承各1个，两轴承用定位套定位，轴承座13用螺栓与支座相连，轴的下部仅装一个双列向心球面滚子轴承，轴端通过浮动联轴节与减速器的出轴联结。排煤轮是六角形，其轴是焊接件，轴两端装有轴头，电动机14通过链轮15带动其转动，轴两端装有骨架16，在对应角处分别有6根卸料轴相联，在每根卸料轴上装有若干个用橡胶带17吊挂的重锤18。轻产物就是靠排煤轮转动时由重锤逐次拨出的。

该分选机兼用水平介质流和上升介质流，在给料端下部位于分选带的高度引入水平介质流，在分选槽底部引入上升介质流。平介质流不断给分选带补充合格悬浮液，防止分选带密度降低。上升介质流造成微弱的上升介质速度，防止悬浮液沉淀。水平介质流和上升介质流使分选槽中悬浮液的密度保持稳定均匀，并造成水平流运输浮煤。原煤进入分选机后按密度分为浮煤和沉物两部分，浮煤由水平流运至溢流堰被排煤轮3刮出，经固定筛一次脱介后进入下一脱水脱介作业。沉物下沉至分选槽底部，由斜提升轮的叶板11提升至排料口排出。在提升过程中也进行一次脱介。

随着分选槽槽宽的增加，排矸用的斜提升轮转速逐渐减慢。由于排矸轮转速在 1~5r/min 之间，它的转速是很低的，因此，要求排矸轮的转动有一套减速装置。我国各厂使用的减速器有摆线针齿齿轮减速器、歪脖子减速器、普通减速器加开式伞齿轮传动。摆线针齿齿轮减速器具有速比大、传动功率高、重量轻、结构紧凑、占地面积小、噪声小等优点，但要求精度高、制造复杂、维修困难。歪脖子减速器使用较多，其结构紧凑，占地少，维修方便，使用性能也较好，只是大小伞齿轮啮合调整有些困难，普通减速器加开式伞齿轮传动，使用可靠，制造容易，调整方便，但其结构落后，占地面积大，装配不紧凑。

斜轮重介质分选机的优点：

（1）分选精确度高。由于重产物的斜提升轮在分选槽底部旁侧运动，在悬浮液中处于分选过程的物料不被干扰，可能偏差 E 可达 0.02~0.03。

（2）分选粒度范围宽，处理能力大。该机槽面由于制造的比较开阔，斜提升轮直径可达 8m 或更大。因此，分选粒度上限可达 1000mm，下限为 6mm。如国产分选槽宽为 4m 的重介质分选机，其斜轮直径为 6.55m，处理能力为 350~500t/h。

（3）该机悬浮液循环量少，由于轻产物采用排煤轮的重锤拨动排放，所以被煤带走的悬浮液量少，故悬浮液循环量也少。

（4）由于分选槽内有上升悬浮液流使悬浮液比较稳定，分选机可使用中等粒度的加重质，即 -325 目（-0.045mm）占 40%~50% 即可达到粒度要求。

当前选煤设备大型化是种趋势，但斜轮重介质分选机的排矸轮采用中心传动，这将使制作槽宽 5m 以上的大型设备受到限制。

国产槽宽 1.6m 斜轮重介质分选机，是两端给料，除了多设一个排煤轮，分选槽结构稍有变化外，其基本结构与上述重介质分选机相同。

B　三产品斜轮重介质分选机

三产品斜提升轮重介质分选机结构如图 3-11 所示。该机采用两种不同密度的悬浮液分选原煤，得到三种产品：精煤、中煤和矸石。该机主要优点是简化工艺流程、节约基建投资。三产品斜提升轮重介分选机由分选槽和斜提升轮等主要部件组成。该机斜轮由两个同心圆圈组成，中间由叶板隔成扇形隔室。在分选槽内分别给入高、低密度的两种悬浮液，这两种悬浮液具有明显和稳定的分界面。从分选槽上部给入原煤，首先在上部低密度悬浮液中分选出精煤，由六角轮及时排出。沉物（中煤和矸石）在高、低密度分界面进行再分选。此时，中煤被分界面下部的高密度悬浮液带到斜轮的内隔室提升，经中煤排料口排出。矸石沉入分选槽最下部，由斜轮的外隔室提升并从矸石排料口排出。

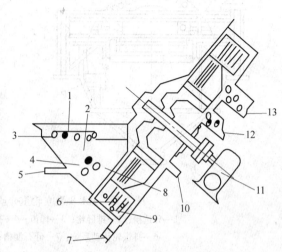

图 3-11　三产品重介质斜轮分选机结构示意图
1—低密度悬浮液入口；2—低密度悬浮液；3—悬浮液液面；
4—高、低密度悬浮液分界面；5—高密度悬浮液入口；
6—高密度悬浮液；7—排悬浮液旋塞；8—中煤；9—矸石；
10—悬浮液出口；11—蜗轮蜗杆传动装置；
12—排中煤口；13—排矸石口

三产品重介质斜轮分选机入料粒度为 6.3～254mm，其处理量不受中煤和矸石的含量影响。三产品分选机应根据需要在密度 1300～1900kg/m³ 之间选配两种密度不同的悬浮液，并且能使界面分明、密度稳定，这样才能精确地分选出三种产品，从而获得较好的分选效果。

C　立轮重介质分选机

立轮重介质分选机作为块煤分选设备在国外应用较多。我国 20 世纪 70 年代初期研制了 JL1.8 型立轮重介质分选机，安装在汪家寨选煤厂，用来分选跳汰机的中煤，获得良好效果。在此基础上于 80 年代初又设计了 JL2.5 型立轮重介质分选机，用以处理 50～300mm 粒级的块煤排矸。

立轮重介质分选机与斜轮重介质分选机工作原理基本相同，其差别仅在于分选槽槽体型式和排矸轮安放位置等机械结构上有所不同。在相同处理量时，立轮重介质分选机具有体积小、重量轻、功耗少、分选效率高及传动装置简单等优点。

JL 型立轮重介质分选机是由我国自行设计制造的，有三种规格，现以 JL1.8 为例叙述其结构，如图 3-12 所示。

分选槽 1 是用钢板制作的焊接件，几何形状规则，相对排矸轮分选槽基本是独立的，故重介质受排矸轮 2 的干扰较小。分选槽入料端的斜角为 50°，出料端的斜角为 44°，分选槽的有效宽度为 1800mm，分选槽底部与排矸轮相通。排矸轮 2 由两套托轮装置 9 支承，传动是靠安在两侧的棒齿 3 带动。悬浮液经管道水平给入分选槽内。原煤从给料端进入，浮煤经排煤轮 5 的刮板从溢流口刮出。沉物由槽底经排矸轮提起，并从矸石溜槽 7 排出。

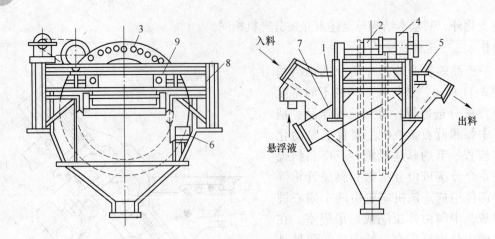

图 3-12　JL1.8 型立轮重介质分选机结构示意图

1—分选槽；2—排矸轮；3—棒齿；4—排矸轮传动系统；5—排煤轮；

6—排煤轮传动系统；7—矸石溜槽；8—机架；9—托轮装置

3.1.3.5　重介质旋流器

由于原矿的质量变坏，细粒物料的比例相对增加，矿物的可选性变差，在采用粗粒物料重介质分选机的同时，对细粒重介质旋流器的应用日益广泛。重介质旋流器是一种利用离心力场强化细粒级矿粒在重介质中分选的设备，能使密度差值小（±0.1 含量大）的难选和极难选细粒物料也能获得精确的分选。该设备结构简单，无运动部件，分选效率高。对于选煤来说，入料粒度上限由原来的 13(10)mm，已扩大到 50mm，有效分选下限可达 0.15(0.10)mm。分选细粒煤时，可能偏差 $E = 0.02 \sim 0.06$，同时，还可以脱除煤中黄铁矿硫。根据其机体结构和形状分为圆锥形和圆筒形两产品重介质旋流器，双圆筒串联型、圆筒形与圆锥形串联的三产品重介质旋流器。根据给料方式，可以分为有压给料式和无压给料式两种。有压给料是指被选物料和悬浮液预先混合后，用泵或定压箱压入旋流器内。旋流器的工作压力取决于给料压力的大小。如荷兰的 D. S. M 重介质旋流器及其仿制品（日本永田式、前苏联两产品重介质旋流器以及我国煤用或矿用重介质旋流器），另外，美国的麦克纳利、英国的沃西尔、日本的倒立旋流器等皆属此类。无压给料式重介质旋流器的特点是悬浮液与煤分开给入旋流器内，即悬浮液用泵或定压箱压入旋流器中形成旋涡流，而煤靠自重进入，并被卷进旋涡流内进行分选。属于该类的有美国 D. W. P 旋流器。

这里重点介绍 D. S. M 圆锥形重介质旋流器。

A　重介质旋流器的构造和分选过程

D. S. M 型两产品重介质旋流器结构如图 3-13 所示。其主体由圆筒部分和圆锥部分组成。

重介质旋流器的分选过程：原矿和悬浮液的混合物以一定的压力由入料管 1 沿切线方向给入旋流器的圆筒部分，形成强大的旋流，其中一股是沿着旋流器圆柱体和圆锥体内壁形成一个向下的外螺旋流；另一股是在围绕旋流器轴心形成一个向上的内螺旋流，其轴心形成负压，实为空气柱（图 3-14）。

由于离心力的作用，高密度的物料甩向锥体 2 内壁，并随部分悬浮液向下作螺旋运动，最后从底流口排出；低密度物料集中在锥体中心，随内螺旋上升运动经溢流管 4 进入

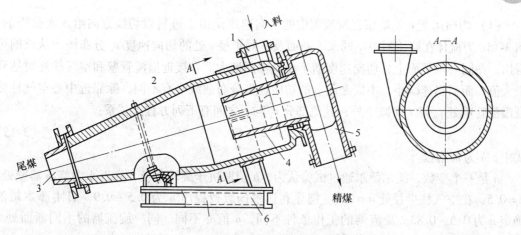

图 3-13 两产品重介质旋流器结构

1—入料管；2—锥体；3—底流口；4—溢流管；5—溢流室；6—基架

溢流室5，并从切线方向的出口排出。

　　B 重介质旋流器中流体的分布规律

　　为了说明矿物颗粒在旋流器内的分离过
程，首先介绍旋流器中流体的分布规律。旋
流器中的流体流速分布是很复杂的。旋流器
中任一点矿浆的流动速度可分解为切向、径
向和轴向三个分速度。凯尔萨尔用特殊的显
微镜观察过细粒在透明的水力旋流器内运动
的情况。为了方便起见，现对三个分速度分
别进行分析。图3-15为凯尔萨尔测定的旋流
器中流体流速分布图。

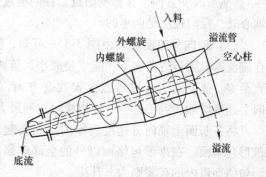

图 3-14 重介质旋流器分选过程

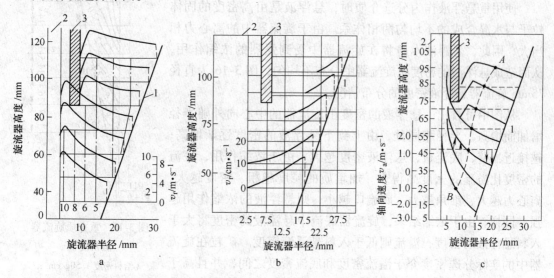

图 3-15 凯尔萨尔测定的旋流器中流体速度的分布

a—切向速度曲线；b—径向速度曲线；c—轴向速度曲线；1—旋流器内壁；2—空气柱；3—溢流管

（1）切向速度 v_τ。矿浆在旋流器中的切向速度是由于进料以切线方向给入而获得的。图 3-15a 为流体在旋流器中不同水平断面及不同半径 r 处的切向速度 v_τ 分布图。从该图可看出，在同一水平面上，切向速度随半径减小而增大。在接近溢流管壁和空气柱处时达到最大值，而后迅速减小，不同断面上的切向速度分布曲线略有不同，除靠近中心空气柱处及溢流管壁处 v_τ 随 r 而减小外，其他部分 v_τ 与 r 之间有下列方程式关系：

$$v_\tau r^n = 常数 \tag{3-15}$$

式中，n 为幂指数。

n 是一个变量，凯尔萨尔通过试验认为，n 值取决于旋转半径，靠近水力旋流器壁处，$n = 0.5$，在空气柱半径处 $n = 0.3$。匈牙利达尔扬教授提出 n 为 0.5 ~ 0.9。日本藤本敏治确定 n 为 0.5 ~ 0.83。旋流器的工作条件不同，n 值亦不同。同一旋流器的不同断面处 n 值略有差异，但仍可用平均值表示。

（2）径向分速度 v_r。由图 3-15b 可知，径向分速度 v_r 随半径的减小而减小（直至零），然后改变方向。在器壁附近，径向速度是向外的；而靠近轴心处，径向速度是向里的。

（3）轴向分速度 v_a。由图 3-15c 可知，流体的轴向分速度在旋流器壁附近方向向下，随半径减小，流体的轴向速度减小，直至零。速度曲线通过零点位置改变方向，之后随半径减小，向上速度增加，到接近空气柱边缘时达到最大值。

将各断面上轴向分速度为零的点连接起来，可得到一个圆锥形包络面。在锥形包络面以外的全部矿浆都向下流动，在锥形包络面以内的矿浆则为上升流。

以上结论是在固体浓度很小的水介质中测得的。对重悬浮液的运动情况测得较少。

使用重悬浮液作为分选介质时，悬浮液是由高密度的固体粒子与水混合成的不均匀两相体系。由于旋流器中的离心力相当大，因此，悬浮液本身将在旋流器中受到强烈的浓缩作用，从而造成悬浮液的密度在旋流器中分布不均匀，图 3-16 为直径 75mm 旋流器悬浮液密度的分布情况。

从图中可看出，悬浮液的密度由旋流器的中心向外随半径增加而增高，半径相同处，由上到下悬浮液的密度逐渐增高；越接近器壁、底流口，悬浮液密度越大。由于浓缩作用，底流的密度比溢流的密度高得多。加重质的粒度越粗、密度越大、离心力越大、锥角越大、底流口越小，则悬浮液的浓缩作用越强。同样，由于浓缩结果，旋流器底流中悬浮液的密度将大于入料悬浮液的密度，溢流则低于入料悬浮液密度。矿粒在旋流器中的实际分选密度介于溢流密度和底流密度之间，并且高于入料的密度。分选密度增高的数值（与入料相比）与操作条件（浓缩作用的强弱）有关。一般为 0.2 ~ 0.4g/cm³，在重介质旋

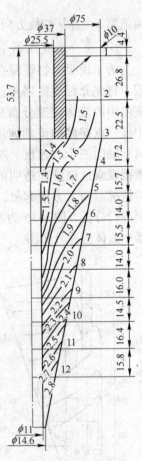

图 3-16　重介质旋流器
恒密度面

（给料密度 1.50g/cm³；
溢流密度 1.40g/cm³；
底流密度 2.78g/cm³）

流器中可以采用密度较低的悬浮液来得到较高的分选密度，从而减少加重质的用量。

C 影响重介质旋流器工作的因素

影响重介质旋流器工作的因素有下列几个方面：

（1）进料压力。进料压力越高，悬浮液进料速度就越快，旋流器的处理量就越大。这一点与分级用的水力旋流器相同。此外，进料压力越高，离心力也就越大。因此，在一定程度上增大进料压力可以加速分选过程，提高分选效果。但随着入料压力增高，悬浮液本身的浓缩作用也会加强，一方面会增大矿粒实际分离密度，另一方面会使旋流器中密度分布更加不均匀，反而降低分选效果。因此，压力过大，对分选并不是有利的。所以，压力增加时，应适当地加大底流口来调节排放量。此外，压力增大还会增加动力消耗和设备的磨损。现在趋向采用低压或无压给料，一般给料压力在 0.05 ~ 0.1MPa。

（2）悬浮液的密度。入料中悬浮液的密度越高，在其他条件相同时矿粒的实际分选密度也越高。在一般情况下，入料中悬浮液密度可以比实际要求的分选密度低 0.2 ~ 0.4g/cm³，要求的分选密度越高，差值越大。在生产过程中，这个差值可以通过旋流器的进料压力与底流口大小来调节，入料悬浮液密度越低，加重质用量越少。但是，此时悬浮液在旋流器中受到浓缩作用也越强，悬浮液密度的分布越不均匀，因而导致分选效率降低。

（3）入料的固液比（矿粒与悬浮液的体积比）。入料的固液比直接影响旋流器的处理量和分选效果。入料的固液比增高时，旋流器按固体矿粒计算的处理量增大，分选效率相应要降低，因为此时旋流器中物料层增厚，而导致分层阻力加大，分层速度降低，错配物增加。因此，在一般情况下采用 1:6 ~ 1:4 的固液比较适宜，在处理极难选煤时可以降低到1:8。

（4）旋流器结构参数。

1）圆柱体的长度。在旋流器的直径和锥角确定后，旋流器的容积和总长度主要取决于圆柱部分的长度。旋流器圆柱部分的长短对分选效果影响很大。

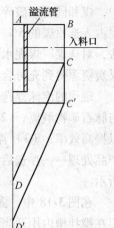

图 3-17 圆柱长度与
分选效果关系

由图 3-17 可看出，当圆柱部分增长时其容积和总长度都增加（*ABCD* 与 *ABC'D'* 比较）。因此，入选物料在旋流器中的停留时间增长，实际分选密度提高。但圆柱长度太长会使低密度产物质量变坏；反之，圆柱部分过短会引起圆柱部分的介质流不稳定，实际分选密度降低，使部分浮物损失到底流中去。

2）圆锥角的大小。在同样直径、同样容积的旋流器的情况下，随着锥角的增大实际分选密度也增大。

3）溢流口的孔径。溢流口直径增大后，可增大实际分选密度。但溢流口过大时会造成圆柱部分溢流速度过大，影响溢流的稳定。虽然溢流出量增加，但浮物（精煤）质量降低。一般情况下溢流口直径为旋流器直径的30%~40%。

4）底流口的直径。实践证明，缩小底流口可使实际分选密度增大，但底流口过小会造成矿粒在底流口挤压。对于选煤来说，底流口过小会使矸石易混入精煤中，严重时引起底流口堵塞；但底流口过大，又会引起精煤损失。一般底流口直径为 $(0.24 \sim 0.30)D$。

5）锥比。底流口直径与溢流口直径之比称为锥比。锥比的大小与旋流器直径、入选物料性质、介质性质等因素有关。当旋流器直径较小，可选性较差时，锥比要小一点；反之，锥比可大一点。加重质的粒度较粗时锥比可大一些。实践证明，锥比一般在 $0.7 \sim 0.8$ 为宜。

6）入料口尺寸。当入料口尺寸过小时，入料粒度上限受限制，易发生堵塞现象；入料口尺寸过大时，旋流器切线速度减小（或相应增加入料压头，以保证入料速度）。一般情况下入料口在 $(0.20 \sim 0.25)D$ 范围内。旋流器的入料口、溢流口、底流口的直径比大致为 $0.2 : 0.4 : 0.3$。

7）溢流管插入深度。溢流管插入深度对分选有一定影响，根据我国圆锥形旋流器技术规格，插入深度在 $320 \sim 400mm$ 范围时，实践证明效果较好。

旋流器结构各参数是互相联系的。各参数有其独立性，但又互相影响。参数之间互相影响后又产生新的参数。因此，重介质旋流器分选密度及分选效果的好坏受很多因素影响。

3.2　煤泥浮选

3.2.1　浮选的原理与基本过程

浮选又称浮游选煤，浮选的入料粒度上限可达 $0.5mm$，但选煤厂一般都控制在 $0.5mm$ 以下，因为重选的分选下限是 $0.5mm$。湿的煤粉称为煤泥，是浮选的原料。煤泥有两种：即原生煤泥和次生煤泥，前者是由入选原煤中的煤粉（煤尘）形成的，后者是选煤过程中，煤和矸石因破碎和泥化作用形成的。一般原生煤泥占入选原煤的 $10\% \sim 20\%$，次生煤泥占入选原煤的 $5\% \sim 10\%$，二者合计约为 $15\% \sim 30\%$。浮选是当前分选煤泥最有效的方法，对选煤厂煤泥水处理和回收细粒精煤具有重要的作用。搞好细粒精煤回收，不仅会使煤炭资源得到充分合理的利用，也可提高经济效益。

现代的泡沫浮选过程一般包括以下作业：（1）磨矿——即先将矿石磨细，使有用矿物与脉石矿物解离；（2）调浆加药——调整矿浆浓度适合浮选要求，并加入所需的浮选药剂以提高效率；（3）浮选分离——矿浆在浮选机中进行充气浮选，完成矿物的分选；（4）产品处理——浮选后的泡沫产品和尾矿产品进行脱水分离。泡沫浮选的过程如图 3-18 所示。

在图 3-18 中，固体矿物颗粒和水构成的矿浆（矿浆通常来自分级或浓缩作业）首先要在搅拌槽内用适当的浮选药剂进行调浆，必要时（在选煤厂）还要补加一些清水或其他工艺的返回水（如过滤液）调配矿浆浓度，使之符合浮选要求。用浮选药剂调和矿浆的主要目的是使目的矿物表面增加疏水性（捕收剂或活化剂），或使非目的矿物表面变得更加亲水，抑制它们上浮（抑制剂），或促进气泡的形成和分散（起泡剂）。调好的矿浆被送往浮选槽，矿浆和空气被旋转的叶轮同时吸入浮选槽内。空气被矿浆的湍流运动粉碎为许多气泡，起泡剂促进微小气泡的形成和分散。在矿浆中气泡与矿粒发生碰撞或接触，并按表面疏水性的差异决定矿粒是否在气泡表面上发生附着。结果，表面疏水性强的矿粒附着

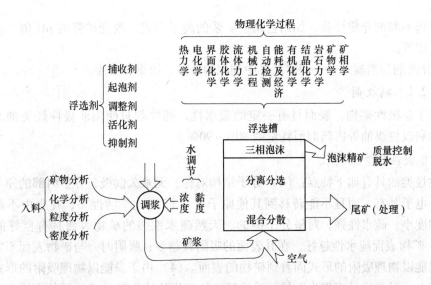

图 3-18　泡沫浮选过程

到气泡表面，并被气泡携带上浮至泡沫层，被刮出成为精矿；而表面亲水性强的颗粒不和气泡发生黏附，仍然留在矿浆中，最后随矿浆流排出槽外成为尾矿。这种有用矿物进入泡沫称为精矿称正浮选，反之称为反浮选。

3.2.2　浮选药剂

矿物能否浮选取决于矿物表面润湿性。自然界中的矿物绝大多数可浮性都很差，必须通过浮选药剂来加强，而且这种加强必须要有选择性，即只能加强一种矿物或某几种矿物的可浮性；而对其他矿物不仅不能加强，有时还要削弱。这样，就可以人为地控制矿物的浮选行为。浮选之所以能被广泛应用于矿物加工，重要的原因在于它能通过浮选药剂灵活、有效地控制浮选过程，成功地将矿物按人们的要求加以分开，使资源得到综合利用。

浮选药剂的种类很多，既有有机化合物又有无机化合物，既有酸和碱，又有不同的盐类等。浮选药剂分类法很多，最基本的方法是根据药剂的用途分类，通常分为捕收剂、起泡剂和调整剂三类。

（1）捕收剂。能选择性地作用于矿物表面并使其疏水的有机物质称为捕收剂。捕收剂作用于矿物-水界面，通过调高矿物的疏水性，使矿粒能更牢固地附着于气泡进而上浮。

（2）起泡剂。起泡剂为表面活性剂，主要富集在水-气界面，促使空气在矿浆中弥散成小气泡，防止气泡兼并，并提高气泡在矿化和上浮过程中的稳定性，保证矿化气泡上浮后形成泡沫层。

（3）调整剂。调整剂主要用于调整其他药剂（主要是捕收剂）与矿物表面的作用，调整矿浆的性质，提高浮选过程选择性。调整剂的种类较多，可细分为四种：

1）活化剂促进捕收剂与矿物的作用，从而提高矿物可浮性的药剂（多为无机盐），这种作用称活化作用。

2）抑制剂与活化剂相反，能削弱捕收剂与矿物的作用，从而降低矿物可浮性的药剂（各种无机盐及一些有机化合物），这种作用称为抑制作用。

3）介质 pH 值调整剂主要是调整矿浆的性质，形成对某些矿物浮选有利，而对另一些矿物浮选不利的介质性质，如用它调整矿浆的离子组成、改变矿浆的 pH 值、调整可溶性盐的浓度等。

4）分散剂与絮凝剂——调整矿浆中细泥的分散、团聚和絮凝。

3.2.2.1　捕收剂

煤属于非极性矿物，表面具有一定的疏水性，捕收剂只使用非极性烃类油。其中煤油、柴油和改性煤油等占药剂消耗量的 80%~90%。

A　非极性烃类油特性

非性烃类油具有如下特点：（1）分子结构对称，无永久偶极，分子内部的原子以共价键结合，电子共有，而且不能转移到其他原子上。（2）化学活性差，在水中不解离成离子、溶解度小、疏水性强，对呈分子键的、天然疏水性强的矿物表面具有良好的吸附性能。（3）矿物表面疏水性越好，在其表面的吸附量越多；吸附时，与矿物表面不发生化学反应，只能以物理吸附的形式固着到矿物的表面。（4）由于只能以物理吸附的形式吸附到矿物表面上，烃类油只能作为天然可浮性较好的矿物的捕收剂。（5）因其难溶于水，实际上是以油滴形式存在于水中，故其用量较大。

非极性烃类油主要有两方面来源：石化产品（如煤油、轻柴油）和其他工业副产品。

B　非极性烃类油的捕收作用

非极性烃类油的捕收作用主要表现在三个方面：

（1）非极性烃类油可以提高疏水性矿物和气泡的附着。由于非极性烃类油在矿物表面展开，增加了矿物表面的疏水程度，削弱了其水化作用，可使矿粒与气泡碰撞时水化膜易破裂，附着过程易进行。

（2）非极性烃类油可有效提高疏水矿粒在气泡上的附着的牢固程度。原因是由于非极性烃类油能沿着三相接触周边富集，形成三相接触油环。

（3）细粒的物料表面黏附油滴后相互兼并，还可以形成气絮团。

非极性烃类油用量与煤粒和气泡黏附牢固程度的关系为：在一定范围内，煤粒和气泡黏附牢固度会随非极性烃类油用量的增大而增大，但药剂用量过大，黏附牢固度会降低。主要原因是随非极性烃类油用量增大，气泡与矿物之间油膜增厚，油分子与油分子之间易断开，矿粒从气泡上脱落；用量较小时，矿粒与气泡分离，油分子留在矿物表面或随气泡带走，但 $\sigma_{固油}$ 和 $\sigma_{气油}$ 均较小，所以分离较困难。

C　常用的非极性烃类油捕收剂

国内外选煤厂煤泥浮选常用的捕收剂多数是石油产品，主要有煤油、轻柴油和一些人工合成的非极性烃类油捕收剂，如我国的 FS201、ZF 浮选剂等。此外，还有一些其他工业的副产品。以前使用的焦油产品现已很少采用。

（1）煤油。煤油是煤泥浮选中应用最广泛的非极性烃类油捕收剂之一。煤油分馏温度为 200~300℃，其主要成分为 $C_{11}~C_{16}$ 的烷烃。煤油基本上不溶于水，只具有捕收性，当芳烃含量较大时，具有一定起泡性能。煤油用量一般为 0.5kg/t。用量过大，有显著的消泡作用。矿石浮选时煤油用量可取下限。

根据不同的用途，煤油分为灯用煤油、拖拉机煤油、航空煤油等品种。按照规定，其中小于 270℃ 的馏出物含量不小于 70%，大于 310℃ 馏出物含量应小于 2%。煤油中常含少量芳烃、烯烃等，但由于来源不同其性质差异很大，芳烃含量一般在8%～15%之间。如灯用煤油含芳烃量少；拖拉机煤油含芳烃量大；航空煤油含异构烷烃多。我国浮选中这三种煤油均有应用。

（2）轻柴油和页岩柴油。柴油是目前最广泛使用的非极性烃类油捕收剂。按加工方法的不同轻柴油可分为催化柴油、直馏柴油、热裂化柴油和焦化柴油等，密度0.74～0.95g/cm³。除特殊需要外，通常根据用户需要，由上述各种柴油按一定配比调和而成。轻柴油碳链为15～18个碳，分馏温度约165～365℃。冬季用的柴油初馏点应比夏季的低。上述轻柴油含碳85.5%～86.5%，含氢13.5%～14.5%，此外，还含少量的硫、氮、氧有机化合物及金属化合物。

轻柴油具有馏分重、密度高、黏度大、在水中分散的油珠尺寸大、在煤表面展开速度慢等特点，但疏水性强，被表面孔隙吸收的数量少，因此，低阶煤浮选时作为捕收剂较为有利。

轻柴油用量通常为1～3kg/t，个别可达4kg/t以上，它的用量还与煤泥浮选活性剂和起泡剂用量有关。其组成波动比煤油大，尤其芳烃含量，如催化裂化轻柴油芳烃含量比直馏轻柴油高得多，故其成分不如煤油稳定。此外，因芳烃含量高，所以浮选活性较煤油高，但选择性不如煤油。

页岩轻柴油是页岩焦油所得馏出物经冷压脱蜡，再经酸碱洗涤后的产品。按馏程可分为页岩1号轻柴油和页岩2号轻柴油。前者为小于340℃馏出物，后者为小于375℃馏出物。组成中有较多的含氧、氮化合物的杂质，故其兼具捕收性和起泡性。通常用于易选或中等易选煤泥，用量大约为1.5～2kg/t。

（3）FS-201和FS-202。FS-201是以180～280℃的烯烃与苯在三氯化铝催化作用下进行烷基化反应，反应物经碱洗、水洗再经脱苯、精馏，截取255℃以前的馏分即为FS-201。255℃以后的馏分为烷基苯。FS-201的主要成分为轻质烷基苯。药剂用量比煤油低约30%。

FS-202是以直馏煤油为原料，经加氢、脱蜡并提取正构烷烃后的抽余油。其中，捕收活性强的190～230℃馏分含量达84%，芳烃含量占20%左右。由于异构烷烃和芳烃含量较高，作浮选药剂使用时浮选活性较一般煤油和轻柴油高，耗油量比煤油低40%左右。FS-202已在很多选煤厂使用，亦称脱蜡煤油。但该产品因是航空煤油的原料，所以来源受到限制。

（4）燃料油。燃料油是煤炭、石油和页岩加工所得的重质产品，分为1～6个等级：1号指煤油，燃料油号数越大，着火点越高。国外选煤厂常用燃料油作为捕收剂，多为5号燃料油。燃料油除用于选煤外还可用于选矿。

（5）ZF浮选剂。ZF浮选剂是由山东胜利炼油厂的煤油经烃类液相催化氧化制得，其煤油组成中浮选活性强的170～230℃馏分含量高，230℃以上的重馏分含量低，仅占15.8%。烃类氧化后可得到酸37.41%、醛和酮23.77%、醇38.82%，烃和氧化烃的比例为60:40的浮选剂。

ZF浮选剂兼具起泡性和捕收性，其中烃氧化物含量较高时，醇、醛、酮的含量对改善浮选药剂的选择性有利。浮选剂的浮选活性与馏分有密切的关系。87～100℃和100～130℃馏分的药剂用量较低，说明这两种馏分的烃氧化物浮选活性最高。在技术指标相同的条件下，ZF 浮选剂比其他药剂（起泡剂和捕收剂的总量）用量可降低一半左右。并可降低浮选精煤水分，但价格较高。如能脱除产品中羧酸和羟基酸，不仅有利于改善药剂的活性和选择性，而且还可降低其成本。

3.2.2.2 起泡剂

浮选矿浆经捕收剂和调整剂处理，使矿物的表面性质达到了浮选要求。此时如果矿浆中存在性质良好的气泡就能实现浮选。普通的水或矿物悬浮液中通入气体只能形成少量大而易碎的气泡，不能形成稳定的泡沫，但往水中加入少量异极性表面活性物质，如醇、有机酸等，便可以得到小且不易兼并的气泡。气泡浮到水面，生成具有一定稳定性的泡沫，这些具有起泡作用的表面活性物质称为起泡剂。

目前广泛采用的起泡剂通常是一种异极性表面活性物质（有机物），由两部分组成：一端为亲水的极性基；另一端为亲气的非极性基。因此，起泡剂能在气-液界面上定向吸附和排列，起泡剂起泡能力与这两个基的性质密切相关。起泡剂多数是杂极性表面活性剂，可以在气液界面吸附浓集，降低气-液表面能，使气泡体系能量降低，促使空气分散，生成直径较小的气泡，并能在相界面上进行定向排列，以其极性端指向水，非极性端指向气。由于极性端和水分子发生作用，在气泡表面形成一层水化层，可增加气泡的稳定性，阻碍气泡的破裂和兼并。

A　起泡剂的作用

（1）使空气在矿浆中分散成小气泡，并防止气泡兼并。浮选过程中，希望生成的气泡直径较小，而且具有一定的寿命，但气泡直径过小，会导致泡沫太过稳定，对分选不利。在矿浆中气泡直径大小与起泡剂浓度有关。试验表明，矿浆中没加起泡剂时，气泡平均直径约为 $3 \sim 5mm$，加入起泡剂后可降到 $0.5 \sim 1mm$。浮选过程希望气泡不兼并，升浮到矿浆表面后也不立即破裂，能形成定稳定的泡沫，保证浮选过程的顺利进行。这些都是靠起泡剂来实现的。

（2）增大气泡机械强度，提高气泡的稳定性。气泡为了保持最小面积通常呈球形。起泡剂在气-液界面吸附后，定向排列在气泡的周围，如图 3-19 所示。气泡在外力作用下发生变形时，使气泡表面的起泡剂分子吸附密度发生变化。变形地区表面积增加，起泡剂密度降低，表面张力增大，但降低表面张力是体系的自发趋

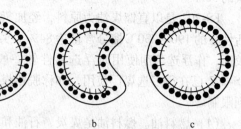

图 3-19　起泡剂增大气泡的机械强度
a—变形前；b—发生变形；c—恢复原形

势。因此，当气-液界面存在有起泡剂时，会增强气泡的抗变形能力。如果变形力不大，气泡将不致破裂，并能恢复原来的球形，增加气泡的机械强度。

（3）降低气泡的运动速度，增加气泡在矿浆中的停留时间。首先，起泡剂极性端有一层水化膜，气泡运动时必须带着这层水化膜一起运动，由于水化膜中水分子与其他水分子之间具有引力，故将减缓气泡运动速度；其次，为了保持气-液界面张力为最小，气泡要保持其球形，不容易变形，增大了运动过程的阻力，使气泡运动速度降低；最后，由于起

泡剂作用的结果，产生的气泡直径小、数目多，小气泡的运动速度通常较慢，因此，增加了气泡在矿浆中的停留时间，使矿粒与气泡的碰撞机会增多，提高分选效果。

实践表明，起泡剂用量不宜过大，否则会降低起泡能力。起泡剂浓度、溶液的表面张力和起泡能力之间的关系如图 3-20 所示，由图可见，当起泡剂浓度开始增大时，溶液的表面张力降低比较明显，起泡能力显著增大。当起泡剂浓度达到饱和状态（B 点）时，和纯水（A 点）一样溶液不能生成稳定的泡沫层。因此，溶液的起泡能力不完全由表面张力降低的绝对值决定。

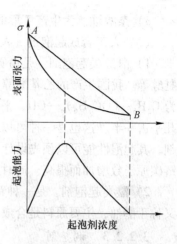

图 3-20　起泡剂浓度与溶液表面张力及其气泡能力的关系

B　常用起泡剂

起泡剂可分为三大类：天然类、工业副产品和人工合成品。

（1）天然起泡剂。天然起泡剂是由林木直接蒸馏和加工后的产品。

1）松油。是最早的天然起泡剂，主要成分为 a-萜烯醇（$C_{10}H_{17}OH$），萜烯醇含量随原料而异，约为 40%～60%，其他为萜烯和醚类化合物。松油为淡黄色或棕色液体，密度为 0.9～0.95g/cm³。起泡能力较强，一般无捕收性。若萜烯醇含量较低，杂质含量较高时，有一定捕收性。用量一般为 10～60g/t。

2）2 号油。亦称松醇油，是我国选矿厂应用最广泛的一种起泡剂。占起泡剂总用量的 95% 以上。2 号油以松节油为原料，经水合反应制得，为淡黄色油状液体，密度为 0.9～0.91g/cm³。主要成分为 a-萜烯醇，含量为 44%～60%，高者可达 80%，其余为萜烯类化合物。起泡性能较松油稍弱，泡沫稍脆，无捕收能力，组成和性质较稳定。用量为 20～100g/t。

3）樟脑油。樟树的枝、叶或根干馏得到原油，提取樟脑后再分馏便得各种樟脑油，分红、白、蓝三种。白色油可代替松油作起泡剂，选择性较松油好，并可用于优先浮选，用量为 100～200g/t；红色油生成的泡沫发黏；蓝色油则兼具起泡性和捕收性，可用于浮选煤泥或与其他起泡剂配合使用。

4）桉叶油。由桉叶经蒸馏得到，主要成分为桉叶醇，含量为 50%～70%。起泡性比松油弱，但选择性好，用量较大。

我国南方盛产樟树、桉树，可充分利用枝叶提取樟脑油和桉叶油。

（2）工业副产品起泡剂。工业副产品起泡剂主要用于选煤厂。

1）杂醇。来源较广，是选煤厂应用较多的起泡剂。如用发酵法制酒精时的副产品，其主要成分为丙醇、丁醇和戊醇的混合物，生成的泡沫较脆，选择性好，可以用于难选煤和高硫煤的浮选。用量 200～300g/t。此类杂醇密度为 0.8g/cm³ 左右，黄色透明液体，80～132℃馏分占 95%，其余为大于 132℃的馏分。此外，糖厂、酒厂用一氧化碳和氢合成甲醇工艺也有此类杂醇。

2）仲辛醇。以蓖麻子生产葵二酸时的副产品，仲辛醇含量为 70%～80%，辛酮 10%～20%。仲辛醇是我国选煤厂广泛应用的起泡剂，起泡性能较杂醇强，用量一般为 100g/t。

　　3）杂醇油。为生产丁醇的高沸点残留液，主要成分为伯醇、仲醇和少量酮类化合物。

　　（3）人工合成起泡剂。人工合成起泡剂是人工合成专门生产用作起泡剂的化工产品。

　　1）醚醇类起泡剂。是由石化产品合成的新型起泡剂，有甲基醚醇、乙基醚醇、丁基醚醇等。我国生产的乙基醚醇是由环氧丙烷和乙醇在苛性钠催化下聚合而成的。其结构式为 $C_2H_5—(OC_3H_6)_n—OH$，平均分子量为 200，也称醚醇油。国外金属矿浮选大量使用，几乎占一半。这也是一种可以严格按照环氧丙烷数目和醇的碳链长度由人工合成的起泡剂，其起泡性能可以预先设计，并在过程中进行调节。起泡能力随环氧丙烷数目及醇的烃链碳原子数增加而提高。同时，捕收性能增加，选择性降低。

　　2）醚类起泡剂。是一种新型起泡剂，国内的 4 号油即属此类，成分为三乙氧基丁烷，又称丁醚油，主要原料是合成聚乙烯醇过程中的副产品，来源广泛。

3.2.2.3　调整剂

　　广而言之，浮选过程所使用药剂除捕收剂和起泡剂以外均可称为调整剂。调整剂是抑制矿物与捕收剂作用的一种辅助药剂。调整剂按作用可分为活化剂、抑制剂、矿浆 pH 值调整剂、分散与絮凝剂四类。究竟属于哪一类和具体作用条件密切有关。同一药剂在一定条件下属于活化剂，在另一条件下却属于抑制剂，有时在某一条件下还能同时起两种或更多作用。

3.2.3　浮选机

　　浮选机的种类繁多，差别主要表现在充气方式、充气搅拌装置结构等方面，所以目前应用最多的分类法是按充气和搅拌方式的不同将浮选机分为两大类，即机械搅拌式和无机械搅拌式。利用叶轮-定子系统作为机械搅拌器实现充气和搅拌的统称为机械搅拌式浮选机。根据供气方式的不同又细分为机械搅拌自吸式和机械搅拌压气式两种。前者的搅拌器在搅拌的同时完成吸入空气和将空气分割成细小气泡；后者的搅拌器仅用于搅拌和分割空气，空气是依靠外部系统强制压入的。不用叶轮-定子系统作为搅拌机构，而用专门设备从浮选机外部强制吸入或压入空气的统称为无机械搅拌式浮选机，又称充气式浮选机。根据生成气泡的方法不同，有使空气通过微孔而强制弥漫的压气式；有用喷射旋流手段产生强制涡流切割空气及使空气溶解后再析出的喷射式；也有用真空减压法使气泡从矿浆中析出的真空减压式等。

3.2.3.1　机械搅拌式浮选机

　　机械搅拌式浮选机分自吸式和压气式两类，自吸式具有如下特点：

　　（1）搅拌力强，可保证密度、粒度较大的矿粒悬浮，并可促进难溶药剂的分散与乳化。

　　（2）对分选多金属矿的复杂流程，自吸式可依靠叶轮的吸浆作用实现中矿返回，省去大量砂泵。

　　（3）对难选和复杂矿石或希望得到高品位精矿时，可保证得到较好的稳定指标。

　　（4）运动部件转速高、能耗大、磨损严重、维修量大。

　　压气式是靠压入空气来完成充气，故具有以下特点：

　　（1）充气量大，便于调节，对提高产量和调整工艺有利。

　　（2）搅拌不起充气作用，故转速低、磨损小、能耗低、维修量小。

　　（3）液面稳定、矿物泥化少、分选指标好，但需压气系统和管路。

XJM-4 浮选机是我国 20 世纪 70 年代初自行研制、在我国使用最广泛的浮选机之一，该机由浮选槽、中矿箱、搅拌机构、刮泡机构和放矿机构几部分组成。每台浮选机有 4 ~ 6 个槽体，单槽容积 4m³，两槽体之间由中矿箱连接，最后一槽有尾矿箱。中矿箱、尾矿箱均有调整矿浆液面的闸板机构。每个槽内有个搅拌机构和放矿机构，两侧各有刮泡机构。槽体与前室中矿箱通过下边的 U 形管连通。

充气搅拌机构由固定部分和转动部分组成，结构如图 3-21 所示，用四个螺栓将其固定在浮选槽的角钢上。固定部分由伞形定子 1、套筒 2 和轴承座 3 等组成。套筒上装有对称的两根进气杆 4，管端设有进气量调整盖 5，轴承座和套筒之间设有调节叶轮和定子间轴向间隙的调节垫片 6，转动部分由伞形叶轮 7、空心轴 8 和皮带轮 9 组成。空心轴上端有可更换的、带有不同直径中心孔的调节端盖，用以调节叶轮定子组的真空度，从而调节空心轴的进气量，并调整浮选机的吸浆量和动力消耗。

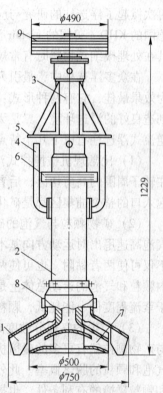

图 3-21　XJM-4 型浮选机
搅拌机构

该机的特点是采用了三层伞形叶轮。第一层（上部）有 6 块直叶片，与定子配合吸入循环矿浆和套筒中的空气；第二层伞形隔板与第一层之间构成吸气室。由中空轴吸入空气；第三层是中心有开口的伞形板，与第二层隔板之间形成吸浆室，前室矿浆通过中矿箱和 U 形管吸入。定子也呈伞形，在叶轮上方，由圆柱面和圆锥面两部分组成，其上分别开有 6 个和 16 个矿浆循环孔，定子锥面下端有 16 块与径向呈 60°夹角的定子导向片，倾斜方向与叶轮旋转方向一致。定子可以稳定矿浆液面，定子上的导向片与叶轮甩出的矿浆气流一致，可减少叶轮周围矿浆的旋转和涡流，提高矿浆、空气的混合程度，并使叶轮吸气能力提高。定子盖板可使叶轮在停机时不被淤塞。定子循环孔可改善矿浆循环，使没黏附气泡的颗粒再入叶轮，强化分选。

XJM-4 型浮选机工作时，叶轮转动甩出矿浆形成负压，来自套筒的空气和循环孔吸入的循环矿浆被吸到叶轮上部直叶片所作用的空间进行混合，入料矿浆从叶轮底部中心吸入管吸到吸浆室。在离心力作用下，上述各股浆气物料分别沿各自锥面向外甩出。自空心轴吸入的空气与吸浆室吸入的矿浆先在叶轮内混合后再甩出，甩出的所有的矿浆与空气的混合物在叶轮出口处相遇，激烈混合，并通过定子导向叶片和槽底导向板冲向四周斜下方；然后在槽底折向上，形成 W 形矿浆流动形式。运动过程中气泡不断矿化，稳定升到液面，形成泡沫层。

3.2.3.2　充气式浮选机

这类浮选机结构特点是无机械搅拌器，无传动部件，矿浆的充气靠外部压入空气，故称为充气式浮选机。最典型的是浮选柱，压入的空气通过特制的、浸没在矿浆中的充气器（亦称气泡发生器）形成细小气泡。因浮选柱属单纯的压气式浮选机，对矿浆没有机械搅拌或搅拌较弱，为使矿粒能与气泡得到充分碰撞接触，通常矿浆从浮选柱上部给入，产生的气泡从下部上升，利用这种逆流原理实现气泡矿化。同机械搅拌式相比，浮选柱具有结构简单、制造容易、占地小、维修方便、操作容易、节省动力、对微细颗粒分选效果好等优点，适用于组分简单、品位较高的易选矿石的粗、扫选作业，在选煤厂用于脱除细粒灰分和黄铁矿已显示出优越于常规浮选机的效果。但由于气泡发生器容易发生堵塞、运转不稳定等问题而使浮选机未能得到更加广泛应用。20 世纪 80 年代后由于这些问题基本解决，再次掀起了浮选柱的研究与应用高潮，出现了一批各具特色的浮选柱，如加拿大的 CFCC、德国的 KHD、美国的 Flotair 浮选柱、VPI 泡沫浮选柱等。其中一些取得了较大的成功，尤其在处理极细粒物料时有常规浮选机所不可比拟的分选效果。

在众多浮选柱中，最引人注目的有短体自由喷对式和高柱体逆流式浮选柱，后者被认为效果最佳，它有两种形式：一是充填介质式——柱内充满某种结构的材料以粉碎气泡和创造良好的浮选环境；二是无充填式——柱内无充填，以其他方法创造必要的分选条件。逆流式浮选柱有以下几个特点：

（1）比常规机械搅拌式浮选机和短体喷射式浮选柱有更大的矿化区；前者的矿化区仅在转子周围的高剪切区，后者的也仅在射流所及的范围内，而逆流式浮选柱从给料口到气泡入口的整个捕集区都是矿化带，所以容积利用率高，单位容积的处理能力也大。

（2）矿物颗粒与气泡的碰撞及黏附概率大。机械搅拌式和喷射式浮选机的矿物颗粒和气泡高速甩出时运动方向基本一致，依靠紊流中两者间的速度差碰撞并实现黏附。但紊流不仅可使两者黏附，也可使两者脱离，且为了产生紊流要消耗很大的能量。逆流式浮选柱内颗粒和气泡的运动总体上是相向的，虽然运动的绝对速度较小，但相对速度却不小。由于紊流程度低、能耗低，颗粒和气泡的脱离概率也低。

（3）产生的气泡分散度高、微细气泡多，因而同样的充气量可产生更大的气-液界面，与矿物颗粒就有更多的碰撞机会，而且可产生多个气泡黏附于一个颗粒的气固絮团，降低气泡和颗粒的脱落概率。此外，大量微细气泡上升速度较慢，基本处于层流状态，创造了和颗粒碰撞的有利条件，也提高了浮选的速率和回收率。

（4）减少了高灰细泥的污染。机械搅拌式浮选机的泡沫精煤中常夹带高灰细泥，而逆流式浮选柱的湍流程度低，顶部又有冲洗水，迫使泡沫间夹带的入料水和高灰细泥排出，有利生产低灰精煤和浮选脱硫。许多采用机械搅拌式浮选机的选煤厂为提高精煤质量，或采用精选、扫选等复杂的流程，或以降低重选精煤的灰分来平衡全厂的精煤灰分，若采用逆流式浮选柱处理细泥，提高分选效果，则有可能以简单的浮选工艺取得全厂的最高精煤产率。

由于浮选柱发展和应用时间较短，对其原理、结构和操作因素的影响还了解得不够，加上气泡发生器易堵塞和操作不便等问题仍未彻底解决，因此，对浮选柱有必要进行更深入的研究，不断改进，才能使它的长处充分发挥。

　　A　传统浮选柱

图 3-22 是国产浮选柱示意图，为高 6~7m 的圆柱体，底部装有一组微孔材料制成的充气器，上部设有给矿分配器，给入的矿浆均匀分布在柱体的横断面上，缓缓下降，在颗粒下降过程中与上升的气泡碰撞，实现矿化。浮选柱内浮选区的高度远大于其他浮选机，因此矿粒与气泡碰撞和黏附的概率大。浮选区内矿浆气流的湍流强度较低，黏附在气泡上的疏水性矿粒不易脱落。浮选柱的泡沫层可达数十厘米，一次富集作用特别显著，且可向泡沫层淋水加以强化，往往一次粗选便可获得高质量最终精矿。如加拿大研制的浮选柱高

达 12~15m。这种浮选柱的最显著特点也是正压微孔充气和气泡与颗粒的逆流碰撞矿化。浮选柱在我国应用已多年，选择性好，适于分选细粒物料，但充气器易堵塞是其推广应用的主要障碍。

B 新型浮选柱

近年来，国内外对浮选柱进行了深入广泛的研究，新型充气器和新型结构已用于工业生产，其中国内最引人注目的为旋流静态微泡浮选柱。

FCMC 旋流微泡浮选柱是我国研制的适合中国煤泥的浮选柱。1992 年投入工业应用以来已形成直径 1m、1.5m、2m、3m 的系列规格。旋流浮选柱的结构和原理如图 3-23 所示，包括浮选段、旋流段和气泡发生器三部分。浮选段又分两个区：旋流段和入料点之间的捕集区（又称矿化区）及入料点与溢流口之间的泡沫区（又称精选区）。在浮选段顶部设有冲水装置和泡沫精煤收集槽。给矿管位于柱顶约 1/3 处，最终尾矿从旋流器的底流口排出。气泡发生器位于柱体外部，沿切线方向与旋流段相衔接。气泡发生器上设有空气入管和起泡剂添加管。

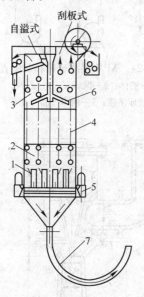

图 3-22 浮选柱结构

1—竖管充气器；2—下体；3—上体；4—中间圆筒；
5—风室；6—给矿器；7—尾矿管

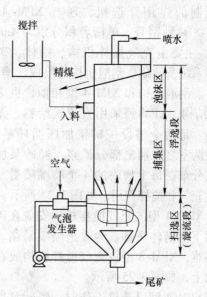

图 3-23 旋流微泡浮选柱结构

气泡发生器利用循环矿浆加压喷射的同时吸入空气与起泡剂，进行混合和粉碎气泡，并通过压力降低释放、析出大量微泡，然后沿切线方向进入旋流段。气泡发生器在产生合适气泡的同时也为旋流段提供旋流力场。

含气、固、液三相的循环矿浆沿切线高速进入旋流段后，在离心力作用下作旋流运动，气泡和已矿化的气固絮团向旋流中心运动，并迅速进入浮选段。气泡与从上部给入的矿浆反向运动、碰撞并矿化实现分选。旋流段的作用是对在浮选段未及分选的煤粒进行扫选，以提高精煤产率，矿化气泡在柱体内上升到柱体上部较厚的泡沫层中，由于冲洗水的喷淋作用，上升的泡沫不断受到清洗，清除夹带的高灰杂质，使精矿的品位进一步提高。

旋流微泡浮选柱除具有逆流浮选柱的特点外，还其有如下独特之处：集浮选与重选于一体，强化分选。该浮选柱的底部为锥形旋流器，利用泡沫浮选与旋流力场中的重选相结合。工作时旋流器的给料是浮选柱的中矿，用循环泵加压后经气泡发生器给入水介质旋流器进行再次分（扫）选，旋流器内产生的气团和气泡进入浮选段精选，而最终尾矿由底流排出。由于气团与矸石及黄铁矿的密度差别大，在旋流力场中可得到强化分选。利用浮选段保证选择性，利用重选旋流强化回收，不仅处理量大、精煤产率高、灰分低，且可降低柱体高度。

C　空气析出式浮选机

这是一类能从矿浆中析出大量微泡为特征的浮选机，故称为空气析出式浮选机，或降压式浮选机。属于这类浮选机的有喷射式、旋流式和真空式浮选机。它们都无机械搅拌器，无传动部件。这类浮选机进一步又可分为吸气式和真空减压式，而矿浆加压式可再细分为吸气式和压气式两类。由于真空减压式结构复杂，使用很少，在此仅介绍矿浆加压式。

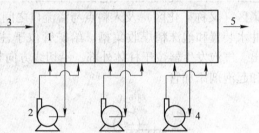

图 3-24　XPM 型浮选机和泵配置
1—槽体；2—循环泵；3—入料；
4—循环矿浆；5—槽内产品（尾矿）

XPM 喷射（旋流）式浮选机是我国自行研制的煤用浮选机，现有 XPM-4 和 XPM-8 两种型号，单槽容积分别为 $4m^3$ 和 $8m^3$。主要由充气搅拌机构、槽体、矿浆循环系统及放矿、刮泡机构等组成。槽体、放矿、刮泡机构和 XJM-4 型相似，也多为 6 室结构。XPM 型采用直流式给料、无中矿箱。每两个槽设一矿浆加压循环系统，即从两室之间抽出部分矿浆，经砂泵加压后从分布在每个槽内的 4 个喷嘴喷射，以产生充气和搅拌作用。如图 3-24 所示。

XPM-4 型的充气搅拌机构安放在矿浆液面下的槽体下部。为改进喷嘴易堵、更换困难，XPM-8 型将充气搅拌机构放在液面以上，如图 3-25 所示。

XPM-4 型浮选机工作时，经砂泵加压的矿浆以 20m/s 速度从设有螺旋叶片的喷嘴中螺旋状高速射出，在混合室产生负压，吸入空气，由高速射流粉碎成小气泡，并沿切线方向进入旋流器，高速旋转后呈伞状甩向槽底。故称 XPM-4 型为喷射旋流式。而 XPM-8 型喷射出的矿浆直接射到伞形分散器上，然后呈伞状甩向槽底，故称喷射式。在矿浆加压过程中，空气溶解度加大，喷射时由于混合室的负压使矿浆减压，溶解的空气以微泡形式在疏水性煤粒表面析出，增强了煤粒与气泡的附着力和煤粒（尤其是粗粒）的上浮力。没有浮出

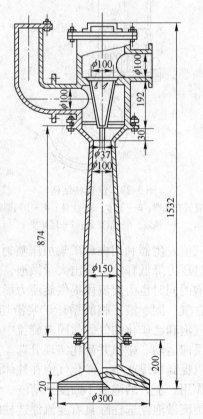

图 3-25　XPM-8 型喷射式浮选机的充气搅拌装置

的煤粒则可通过砂泵对矿浆的循环再次完成分选。

XPM 浮选机由于独特的矿浆循环和喷射方式产生大量微泡，药剂充分乳化，伞状甩出的矿浆形成 W 形矿浆流，对矿粒碰撞和液面稳定及降低槽深有利，每槽采用 4 个喷射装置比 1 个充气搅拌机构可产生更稳定和均匀的充气搅拌。此外，采用矿浆多次循环，精选循环量大（一般为入料量的 1 倍以上），故该机处理量大，每台 XPM-8 型矿浆处理量可达 500m³/h。

3.3 干法选煤

干法选煤主要是利用煤与矸石的物理性质差别进行分选，如密度、粒度、形状、光泽度、导磁性、导电性和辐射性、摩擦系数等。干法选煤有风选、拣选、摩擦分选、磁选、电选、微波分选等，其中最常见的是风力选煤（即风力摇床、风力跳汰），它是以空气作为介质，早在 20 世纪 20 年代即已开始应用。1916 年，美国达拉斯市萨顿钢铁公司首先将风力选煤机投入应用，由于存在不可克服的缺点，现已被淘汰。近期发展的空气重介质流化床选煤方法是以空气和加重质（磁铁矿粉或其他物质）作为介质，它以无比的优越性得到迅速发展。

3.3.1 风力选煤

风力选煤以空气作介质，与湿法选煤以水作介质有很大的不同，其主要区别在于：空气的密度很小（$\rho_a = 1.23 \mathrm{kg/m^3}$），仅是水密度的 1/813。空气的黏度也比较小（$\mu = 1.8 \times 10^{-5} \mathrm{Pa \cdot s}$），仅是水黏度的 1/50。因此，物体在空气介质中下落的加速度几乎等于自由落体的加速度。煤和矸石在空气介质中的等沉系数，比其在水介质中的等沉系数小得多，约为 1.86，即入料要得到有效分选，其上下限粒度比约为 2:1，在实际分选中，由于物料形状、周围颗粒干扰等作用的影响，入料上下限粒度比可达 3:1。但这样的入料粒度范围仍比较窄，而且物料的形状和粒度对分选影响很大，且煤和矸石的视密度差不得低于 0.8，所以风力选煤的分选精度低，适应性差。

俄罗斯是世界上应用干法选煤生产规模最大的国家之一，至今还拥有一定量的风力选煤厂和有风选系统的选煤厂，干法选煤年处理能力约 3000 万吨，占原煤入选量的 8%，其中 2/3 的选煤厂分选褐煤。在乌拉尔地区有年处理能力 300 万吨的风力选煤厂。俄罗斯风力分选设备种类较多，有风力摇床、风力跳汰机、γ射线选矸机等。经过长期生产实践，仅有 GⅡ-6 型和 GⅡ-112 型两种规格的风力摇床在生产中应用。该机主要由分选床、机架、供风系统、振动机构、集尘装置等部分构成。

风力选煤的优点：适合缺水地区的煤炭分选，无煤泥水处理系统，操作费用低，无需产品脱水，投资省。

风力选煤的缺点：入料的粒级窄，因为单个球形煤和矸石在空气中达到有效分离的粒度比小于 3:1，粒度太宽就得不到有效分选；入料的水分小于 4%~5%，水分过高则物料不易松散，得不到有效分选；分选密度下限高，在 1.6g/cm³ 左右，只适合易选煤排矸。工作风量大，约为 13000m³/(h·m²)，导致粉尘污染严重。

由于风力选煤存在上述缺点，因此，其应用范围越来越小，可以说目前虽有少量应用，但从技术和经济发展的角度上看，风力选煤已被淘汰。

3.3.2 空气重介质流化床选煤

近期得到迅速发展的空气重介质流化床选煤技术是基于风力选煤效率低和湿法重介质选煤效率高而发展起来的。它以气固两相悬浮体（即气固流化床）作为分选介质，分选介质的密度与分选密度基本一致，类似于湿法重介质选煤以液固悬浮体作为分选介质。

空气重介质流化床不仅具有似流体性质，而且密度均匀稳定，当入选物料密度大于流化床的密度时，就下沉；反之，则上浮，使物料按密度分层，流化床的平均密度 ρ 可表示为：

$$\rho = (1 - \varepsilon)\rho_s \tag{3-16}$$

式中，ε 为流化床的空隙率，% ；ρ_s 为流化床中加重质的密度，g/cm^3。

在世界上首先由中国矿业大学完成了用于处理 $50 \sim 6mm$ 煤炭的空气重介质流化床干法选煤技术工业性试验，1994 年 6 月 50t/h 空气重介质流化床干法选煤厂通过了国家技术鉴定和工程验收。试验结果表明，空气重介质流化床选煤技术分选精度高，EP 值为 0.05 左右，投资约为同厂型湿法选煤厂的 1/2，用风量少，无环境污染。

思 考 题

3-1 简述跳汰过程中物料分层过程。

3-2 简述具有垂直升降交变水流的跳汰机的两股水流及其作用。

3-3 为使跳汰过程更好地按密度分选，对跳汰周期四个阶段水流特性如何要求为好，请简要分析。

3-4 在跳汰过程中，跳汰周期特性的基本形式及有利于分选的形式是什么，理想的水流特征是什么？

3-5 筛下空气室跳汰机与筛侧空气室跳汰机相比有哪些特点？

3-6 什么是悬浮液的稳定性？影响悬浮液稳定性的因素及保持悬浮液稳定性的措施有哪些？

3-7 简述斜轮重介质分选机两股介质流的作用以及斜轮重介质分选机的优缺点。

3-8 简述影响重介质旋流器工作的因素。

3-9 画出重介质回收与净化的常用工艺流程。

3-10 简述介质损失的原因，如何降低介质损失？

参 考 文 献

[1] 吴寿培，刘炯天. 采煤选煤概论 [M]. 北京：煤炭工业出版社，1992.

[2] 谢广元. 选矿学 [M]. 徐州：中国矿业大学出版社，2005.

[3] 魏德洲. 固体物料分选学 [M]. 北京：冶金工业出版社，2000.

[4] 黄波. 煤泥浮选技术 [M]. 北京：冶金工业出版社，2012.

[5] 杨小平. 重力选煤技术 [M]. 北京：冶金工业出版社，2012.

[6] 沈政昌. 浮选机理论与技术 [M]. 北京：冶金工业出版社，2013.

# **4** 煤泥水处理

4.1　煤泥水处理的目的和意义

　　选煤过程耗水量大，选 1t 煤约需要水 2.5 ~ 3.5m³，随着原煤产量和原煤入洗率的增加，选煤所需水量将十分可观。而我国煤炭资源和水资源呈逆向分布，富煤地区缺水。近年来我国约 80% 的煤炭增长来自西北的富煤缺水地区，已探明的 1 万亿吨煤炭保有储量中，晋、陕、蒙三省区占 60.3%，新、甘、宁、青等省区占 22.3%，东部四大缺煤区的 19 个省区只占 19.4%。据调查，全国 86 个大型国有重点煤炭企业中有 71% 缺水，其中 40% 属于严重缺水。水资源缺乏将会成为影响煤炭入选量提高的因素之一，提高煤泥水的循环利用率是缓解这种供需矛盾的有效手段之一。

　　随着采煤设备大型化和机械化发展，薄煤层开采过程中顶底板夹矸大量混入原煤，加之从采煤工作面到选煤厂之间煤炭的机械化运输，都使原煤中的细粒物料日趋增加，入选原煤中细颗粒含量多在 20% 以上，甚至一些选煤厂小于 0.5mm 的煤泥占入厂原煤量的 30%，其中小于 200 目的含量占浮选入料的 60% 以上。微细物料的增加提高了煤泥水的悬浮稳定性，增加了煤泥水的处理难度。在我国，只有少数选煤厂，如大屯、柴里等选煤厂，煤泥水易于自然沉降，多数选煤厂煤泥水即使添加大量的絮凝药剂也达不到清水循环的目的，迫于相关环保政策的压力而不能外排，只能保持高浓度循环水洗煤。煤泥水高浓度循环，会使煤炭分选过程受到显著影响，如洛塔林格选煤厂曾通过试验验证，在比较纯净的煤泥水中，煤的有效分选粒度为 0.4 ~ 0.5mm，煤泥水悬浮固体含量高时，有效分选粒度提高至 1.0mm。冀中能源集团邢台矿选煤厂生产实践表明：清水选煤的精煤灰分比浓度为 100g/L 煤泥水选煤精煤灰分平均低 0.5 ~ 1.5 个百分点，产品质量可提升 1 ~ 2 个等级。总之，如果煤泥水高浓度循环，不仅会影响脱水、浮选等生产环节的效率，严重时甚至会导致系统瘫痪。高浓度煤泥水如果外排，则会浪费大量的煤泥资源和水资源，据统计，2003 年我国选煤行业产生的煤泥水量已达 42 亿立方米，煤泥水外排量约 3.0 亿立方米，煤泥流失量约 30.0 万吨。煤泥水中除含有大量的煤泥外，还有许多浮选药剂、絮凝剂等有毒物质，大量煤泥水外排会对选煤厂周边的大气、土壤、水体、生态环境等造成破坏，贵州六枝煤业集团地宗选煤厂曾因外排煤泥水污染黄果树瀑布，被停产治理。因此选煤厂实现清水循环不仅有利于提高产品质量，而且还可以有效避免由此引发的资源浪费和环境污染问题。

　　综上所述，利用各种煤泥水处理技术，实现煤泥高效回收，煤泥水澄清，并保证必须排放时能符合环境保护的排放要求，不污染环境，就是煤泥水处理的主要目的。

4.2　煤泥水的主要性质

　　原煤在水中经过分级、脱泥、精选、脱水等作业后分选出产品，大量粒度小于 0.5mm

的颗粒残留在水中形成待澄清的煤泥水。煤泥水是一种复杂的多相分散体系。从颗粒组成看，它是由不同粒度、不同形状、不同密度、不同岩相、不同矿物组成、不同表面性质的颗粒以不同的比例和水混合而成，而补加水又具有不同离子组成、不同酸碱度、不同矿化度，不同的补加水和煤颗粒混合更加剧了煤泥水的复杂性和煤泥水处理的艰巨性。

从表 4-1 可以看出，此选煤厂煤泥水样的固体颗粒粒度组成以微细颗粒为主，-0.045mm 占 69.89%。因为固体颗粒粒度较细，煤泥水难沉降，要想实现煤泥水的澄清循环利用，必须了解煤泥水的化学性质和煤泥颗粒的性质。

表 4-1 某选煤厂煤泥水样的粒度组成

粒径/mm	占本级/%	灰分/%	筛上累计/%	筛下累计/%
+0.5	0.65	30.64	0.65	100.00
-0.5 +0.3	2.44	16.09	3.09	99.35
-0.3 +0.2	5.77	14.52	8.86	96.91
-0.2 +0.15	0.30	15.10	9.16	91.14
-0.15 +0.13	4.41	18.99	13.57	90.84
-0.13 +0.074	13.37	30.61	26.94	86.43
-0.074 +0.045	3.17	45.82	30.11	73.06
-0.045	69.89	65.56	100.00	69.89
合 计	100.00	53.68		

4.2.1 煤中矿物组成和矿物性质

煤中的矿物组成和矿物性质决定了循环煤泥水体系的性质及体系中固体颗粒的成分。煤性脆、易被粉碎成微细颗粒，但由于具有较强的疏水性，颗粒之间容易凝聚成团，而且煤在水中不会发生溶解反应，所以煤对循环煤泥水体系的溶液化学性质影响不大。

4.2.1.1 煤中矿物组成

对五个煤样进行了 XRD 分析，煤中的脉石矿物组成见表 4-2，它包括黏土矿物、氧化矿物、碳酸盐矿物、硫化矿物、硫酸盐矿物及其他矿物。

表 4-2 五个煤样的脉石矿物组成　　　　　　　　（%）

煤样	高岭石	伊利石	蒙脱石	绿泥石	伊蒙混层	黏土矿物小计	石英	氧化矿物小计
枣庄	10.50					10.50	6.54	6.54
大屯	75.68					75.68	9.12	9.12
邢台	46.76	9.51	4.25		15.99	76.52	10.73	10.73
石台	58.15				11.17	69.32	30.68	30.68
临涣	49.71	7.24	5.14	3.43	9.14	74.67	15.62	15.62

煤样	方解石	白云石	菱铁矿/针铁矿	碳酸盐小计	黄铁矿	石膏	硫化矿及硫酸盐小计	其他
枣庄	35.07	35.04		70.11	7.28	5.57	12.85	
大屯	10.00	5.20		15.20				
邢台	2.23	1.01	0.61	3.85	2.23		2.23	6.68
石台								
临涣	2.29	0.95	0.38	3.62	1.90		1.90	4.19

黏土矿物是煤中最主要的脉石矿物，后四个煤样的黏土矿物含量都超过60%，常见的有高岭石、伊利石和蒙脱石。高岭石是煤中最主要的黏土矿物，其含量明显高于其他黏土矿物，这是由于泥炭中有机酸的存在有利于高岭石的形成。

4.2.1.2　煤中矿物性质

A　黏土矿物性质

a　黏土矿物的表面电性

黏土矿物的结构层（四面体片和八面体片）通常带有电荷。黏土矿物的电荷是使黏土矿物具有一系列电化学性质的根本原因并直接影响着黏土矿物的性质。根据电荷来源，黏土矿物的电荷可分为两类：永久电荷（结构电荷）与表面电荷（可变电荷）。

永久电荷一般源于矿物晶格中的类质同象置换，但也可以由结构缺陷产生。这种负电荷的数量取决于晶格中的替代离子的多少，与环境的 pH 值无关，因此称为永久电荷。由于不同黏土矿物晶格中离子替代情况不同，所以，不同的黏土矿物的永久电荷多少也不同。蒙脱石的每个单位晶胞含有 0.25 ~ 0.60 个结构负电荷，它主要源于八面体片中的二价镁离子和二价铁离子等对三价铝离子替代；而伊利石因为大约有1/4的四价硅离子被三价铝离子替代，所以每个单位晶胞中的负电荷为0.6 ~ 1；一般地，高岭石是电中性的。黏土矿物的永久（或结构）负电荷大部分是分布在黏土矿物晶层的层面上。

表面电荷一般是源于发生在黏土矿物表面的结构变化。同样，表面电荷也可以由表面离子的吸附作用产生。表面电荷与 pH 值有关，因此，表面电荷也称为可变电荷。与永久电荷不同，表面电荷不是产生于黏土矿物结构层的内部，而是产生于矿物的表面，如层状硅酸盐矿物边缘裸露的各种醇、端面的断键、1:1 型层状硅酸盐矿物的铝氧八面体基面等。表面电荷是由沿黏土矿物结构表面的 Si—O 断键、Al—OH 断键等的水解作用产生的，如 O^{2-} 与 H^+ 成键形成羟基（—OH）。这些具有路易斯酸碱特征的表面羟基是两性的，既能作为酸，也可以作为碱，是产生表面电荷的重要机理。它们可以以下述形式进一步与 H^+ 或 OH^- 作用：

$$MOH + H^+ \longrightarrow M—OH_2^+ \tag{4-1}$$

$$MOH + OH^- \longrightarrow M—O^- + H_2O \tag{4-2}$$

式中，M 代表 Al^{3+}、Si^{4+} 等离子。

由这些表面反应形成的净电荷可以是正电荷，也可以是负电荷，主要取决于硅酸盐矿物的结构、溶液的 pH 值和盐度。在相对较低的 pH 值条件下，样品将具有阴离子交换能力；在相对较高的 pH 值条件下，样品将具有阳离子交换能力。

黏土矿物的表面电荷和永久电荷共同构成黏土矿物的总净电荷，在蒙脱石等2:1型黏土矿物中，表面电荷小于总电荷的1%；而在高岭石等黏土矿物中，表面电荷构成总净电荷的主要部分。黏土矿物的净电荷是其正负电荷的代数和。由于黏土矿物的负电荷一般都多于正电荷，所以黏土矿物一般都带有净电荷。

b　黏土矿物的泥化特性与比表面积

高岭石属于 1:1 型黏土矿物，两晶片之间靠氢键结合在一起，电荷基本上是平衡的，因此高岭石晶层牢固，晶格无扩展性、无分散性和膨胀性。高岭石颗粒在水中具有较小的比表面积和较大的粒径。高岭石晶体结构如图4-1所示。

伊利石属于2:1型矿物，上下两个面上的离子虽然没有形成氢键，但K^+使晶片与晶片之间获得很好的结合，故伊利石晶层牢固，晶格无扩展性，其分散性和膨胀性居于高岭石和蒙脱石之间。

虽然蒙脱石也属于2:1型矿物，但晶层之间既没有氢键，也没有K^+链接，水可以进入晶层，使得晶体体积产生很大变化。同时蒙脱石中类质同晶现象较多，产生负电荷也较多，需要吸附大量的阳离子来平衡多余的负电荷。蒙脱石晶体结构如图4-2所示。

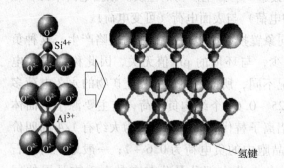

图4-1 高岭石晶体结构示意图　　　　图4-2 蒙脱石晶体结构示意图

黏土矿物的亲水性是黏土矿物的一个重要属性。由于黏土矿物表面上的羟基和氧原子以及各种交换阳离子的水合作用，而且黏土矿物性脆易碎，使得黏土矿物在分散体系中迅速呈微细颗粒存在，这就形成了黏土矿物泥化。泥化形成微细颗粒，并产生巨大表面积是黏土矿物的一大特点。部分黏土矿物的最大比表面积见表4-3。

表4-3 三种黏土矿物的最大比表面积

黏土矿物	比表面积/$m^2 \cdot g^{-1}$		
	内表面积	外表面积	总表面积
蒙脱石	750	50	800
高岭石	0	15	15
伊利石	5	25	30

B 煤中其他矿物性质

煤中氧化矿物主要为石英。石英矿物密度大、不易机械粉碎和泥化、界面化学性质稳定。石英表面荷负电，但由于粒度粗，比表面积小，所以对煤炭的洗选加工影响较小。

煤中的碳酸盐矿物主要有方解石和白云石。这两类矿物可以在水中溶解产生金属阳离子Ca^{2+}和Mg^{2+}，减少循环煤泥水体系中其他黏土矿物的负电性。

煤中的硫化矿物主要是黄铁矿。硫化矿物在水中形成酸性溶液环境，促进了盐类矿物在水中的溶解。

煤中的硫酸盐矿物主要是石膏。石膏的溶解度比方解石和白云石大，可以溶解产生大量的Ca^{2+}，对循环煤泥水体系的性质有着重要的影响。

黏土矿物表面荷负电、易泥化、对金属阳离子有较好的吸附性能，碳酸盐矿物和硫酸盐矿物可溶解产生金属阳离子，这三类矿物对循环煤泥水体系的性质影响较大。

4.2.2 煤泥水体系的溶液化学性质

在循环煤泥水体系中，主要的阳离子为 K^+、Na^+、Ca^{2+}、Mg^{2+}，阴离子为 Cl^-，本节对这些离子的来源做简要分析。

4.2.2.1 矿物溶解反应

矿物溶解反应指原煤中的氯化物、硫酸盐类（石膏）和碳酸盐类（方解石和白云石）等矿物质在水中的溶解反应。

氯化物：
$$NaCl \longrightarrow Na^+ + Cl^- \tag{4-3}$$

硫酸盐类（石膏）：
$$CaSO_4 \Longleftrightarrow Ca^{2+} + SO_4^{2-} \tag{4-4}$$

碳酸盐类（方解石和白云石）：
$$CaCO_3 + CO_2 + H_2O \Longleftrightarrow Ca^{2+} + 2HCO_3^{2-} \tag{4-5}$$

$$CaMg(CO_3)_2 + 2CO_2 + 2H_2O \Longleftrightarrow Ca^{2+} + Mg^{2+} + 4HCO_3^{2-} \tag{4-6}$$

从上述矿物溶液反应可知，循环煤泥水体系中的离子种类和含量与原煤中的矿物质种类和含量有关。

4.2.2.2 离子交换反应

根据交换离子的不同，离子交换可以分为阳离子交换和阴离子交换。在循环煤泥水体系中，黏土矿物的阴离子交换容量小于阳离子的交换容量，因此在循环煤泥水体系中主要是 K^+、Na^+ 和 Ca^{2+}、Mg^{2+} 的阳离子交换反应，在黏土颗粒表面的阳离子与循环煤泥水体系中阳离子发生离子交换，以 Ca^{2+} 和 Na^+ 之间的离子交换为例：

$$黏土 \cdot 2Na + Ca^{2+} \longrightarrow 黏土 \cdot Ca + 2Na^+ \tag{4-7}$$

离子交换的反应规律是：离子价态越高，离子半径越大，水化离子半径越小，交换能力越强（H^+ 除外）。常见离子的交换能力的强弱顺序为：$H^+ > Fe^{3+} > Al^{3+} > Ca^{2+} > Mg^{2+} > K^+ > Na^+$。

通常用阳离子交换容量来表示黏土矿物对阳离子的吸附能力大小，主要黏土矿物的阳离子交换容量见表4-4。

表 4-4 三种黏土矿物的阳离子交换容量

矿物	高岭石	蒙脱石	伊利石
阳离子交换容量/meq·100g^{-1}	1~10	80~100	20~40

蒙脱石的交换容量最大，伊利石次之，高岭石最小，该容量与三种矿物的最大比表面积大小一致。由于蒙脱石的层间距可膨胀扩大，故其中80%以上的交换容量分布在层面上；而高岭石的晶层牢固，无膨胀性，可交换离子主要分布在颗粒表面上。

4.2.2.3 选煤过程中水质变化

在选煤过程中，由于煤中矿物的溶解和吸附，煤泥水中的离子组成会发生变化，通过研究五个选煤厂的水质状况，分别化验选煤厂补加水和循环水的离子组分，水质分析见表4-5。

表 4-5　五个选煤厂的水质分析　　　　　　　　（mg/L）

水　源		Na^+ 和 K^+	Ca^{2+}	Mg^{2+}	Al^{3+}	Fe^{3+}	Cl^-	SO_4^{2-}	HCO_3^-	总离子	硬度 /mmol·L^{-1}
枣庄	补加水	76.38	567.61	223.97	—	—	760.82	307.49	124.29	2006.56	23.52
	循环水	268.41	594.83	320.63			1007.57	675.54	259.35	3126.33	28.23
大屯	补加水	249.69	520.20	147.04	0.73	2.85	337.40	1758.69	95.04	3211.64	19.25
	循环水	406.05	454.91	128.94	0.67	2.72	347.11	1912.08	94.90	3347.38	16.86
邢台	补加水	15.38	50.00	15.70	—	1.88	23.00	—	175.31	281.27	1.95
	循环水	330.06	33.14	12.56		2.41	42.00	152.17	590.00	1162.34	1.42
石台	补加水	50.02	107.64	31.31	0.04	—	75.19	133.66	301.19	699.05	4.00
	循环水	311.52	21.02	9.39	0.11	3.57	64.01	180.87	604.84	1195.33	1.02
临涣	补加水	216.75	69.57	53.67	1.34	—	58.55	300.68	582.83	1283.39	4.05
	循环水	424.22	13.62	9.90	0.61	2.88	101.13	446.69	481.77	1480.82	0.86

　　结合五个选煤厂的水质分析和煤样的矿物组成分析，由表 4-2 和表 4-5 可知，枣庄选煤厂循环水的水质硬度较高，是因为补加水的水质硬度高，且煤中矿物组成以碳酸盐矿物和硫酸盐矿物为主，含有少量的黏土矿物；大屯选煤厂补加水和循环水的水质硬度分别为 19.25mmol/L 和 16.86mmol/L，由于煤中仅含有大量高岭石和少量的碳酸盐矿物，不含有其他黏土矿物，所以循环水的水质硬度略低于补加水的水质硬度；邢台、石台和临涣选煤厂的补加水和循环水的水质硬度都很低，且循环水的水质硬度低于补加水的水质硬度，是因为此三种煤中的矿物组成以黏土矿物为主，尤其是含有蒙脱石、伊利石和伊蒙混层，此类矿物吸附大量的 Ca^{2+} 和 Mg^{2+}，使得循环水的水质硬度较低，且补加水多为当地的低水质硬度的地下水，地下水的水质硬度也与地下矿物组成有关。

4.3　煤泥水处理工艺和设备

4.3.1　煤泥水处理工艺

　　选煤厂完善的煤泥水系统通常包括：煤泥分选—尾矿浓缩—压滤，缺少任何环节都不能实现煤泥水的闭路循环。我国典型的煤泥水处理工艺见表 4-6。

表 4-6　典型的煤泥水处理工艺

煤泥水处理工艺	优　点	缺　点	应　用
直接浮选—尾煤浓缩—压滤	可以实现洗水闭路，精煤回收充分	投资大、运行成本高	大中型炼焦煤选煤厂
煤泥重介选—尾煤浓缩—压滤	粗煤泥分选精度高，投资小	精煤回收下限 0.1mm，尾煤量大	全重介、难浮选煤泥选煤厂
煤泥重介选—粗煤泥直接回收—细煤泥浓缩—压滤	投资和运行费用比第一种稍低	适用于分选密度在 1.6kg/L 以上的易选粗煤泥，细煤泥量大、脱水困难	动力煤选煤厂及小型炼焦煤选煤厂

煤泥水处理工艺	优 点	缺 点	应 用
煤泥水浓缩—直接回收	投资小	经济效益低，煤泥脱水困难，设备用量大，洗水闭路循环难度大	动力煤选煤厂及小型炼焦煤选煤厂
煤泥水沉降池	投资小，生产费用低	洗水不能闭路，环境污染和资源浪费严重	小型选煤厂

图 4-3 所示为炼焦煤选煤厂的典型处理工艺流程图。该工艺系统包括分选后的脱水、煤泥水的浓缩、煤泥精选及产品脱水、尾煤煤泥水澄清和尾煤脱水四个工序。上述工序构成了煤泥回收和获得低浊度循环水的煤泥水系统，这些工序基本上都是固液分离工序，其目的是从煤泥水中回收煤泥并获得澄清水供选煤厂循环使用。

国外发达国家煤泥水的处理系统都比较完善，煤泥分选—尾矿浓缩—压滤各工艺单元的设备性能都比较好，尤其是煤泥分选设备性能好，为煤泥水的后续处理、煤泥浓缩和煤泥脱水创造了良好的条件；同时，由于入选的原煤性质较好，分选后的煤泥水处理难度不是很大。而且，国外也常采用尾矿库处理煤泥水，经过长时间的沉降可得到澄清的循环水，但是该方法占地面积较大。

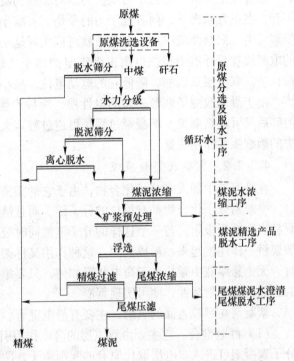

图 4-3 炼焦煤选煤厂煤泥水处理工艺流程图

4.3.2 煤泥水处理药剂

在选煤厂的实际生产中，为了保持清水洗煤，实现洗水闭路循环，对这些煤泥水的处理必须寻找强化细颗粒物料沉降的方法。选煤厂通常采用凝聚和絮凝的方法来强化煤泥水的沉降。

4.3.2.1 凝聚及凝聚原理

在悬浮液中加入电解质使悬浮液失稳的现象称为凝聚。

由于选煤厂的细颗粒煤泥水可以近似地看成胶体，因此可以引用 DLVO 理论来分析凝聚原理。该理论认为胶体微粒之间具有范德华引力和静电斥力，即颗粒的凝聚和分散特性是受颗粒间双电层静电能及分子作用能的支配，其总作用能为两者的代数和。

颗粒之间分子作用能指分子间的范德华引力。两个单分子的范德华力与其间距的六次方成反比。间距增大时，分子之间引力显著减小；当颗粒的直径很小时，微粒间的引力是多个分子综合作用的结果，它们与间距的关系不同于单分子，该力与间距的三次方、二次方及一次方成反比；间距越小，方次也越低。因此，多分子范德华力的作用较单分子更大。

颗粒间的静电能主要是由于颗粒接近到一定距离时，带有同号电荷的微粒产生斥力引起的。由于固体颗粒表面常带有剩余电荷，在固-液界面存在一定的电位差，因而在颗粒周围形成了双电层结构，在自然 pH 值下，多数颗粒带负电。由于带有电性，在固体外围吸附了一定数量的反号离子，使整个颗粒处于电中性状态。当两个颗粒相互靠近时，其间产生斥力，特别是当两个颗粒双电层重叠时，产生的斥力更大。

通过以上分析，范德华力是引力，对颗粒的凝聚有利；静电力是斥力，对颗粒的凝聚不利。在正常状态下，两者处于力的平衡。若减小颗粒间的斥力，就会破坏这一平衡，使凝聚发生。向悬浮液中加入电解质就可以实现这一意图。煤泥颗粒一般带有负电荷，加入的电解质在悬浮液中很快电离出带正电的离子，这些带正电的离子可中和颗粒表面的电荷，使其双电层被压缩，降低它的电动电位，减小斥力，使凝聚发生。

由于凝聚改变了颗粒表面的电性质，所以产生的凝聚体小而密实。凝聚体有时易碎，但碎后又可重新凝聚，即凝聚过程是可逆过程。大量试验表明，凝聚对胶体颗粒或悬浮液中的微细颗粒作用明显。

4.3.2.2 絮凝及絮凝原理

在悬浮液中加入高分子化合物，由于它的架桥作用使悬浮液失稳的现象叫絮凝。

一般高分子化合物都有很长的分子链，而且链上有很多活性基团，这些活性基团能和颗粒表面进行吸附，若一个这样的分子链能同时吸附两个或两个以上微粒，那么就把微粒像架桥一样连接起来，形成絮团。这种作用又称架桥作用。用高分子化合物进行架桥作用时，无论悬浮液中颗粒表面荷电状况如何，只要添加的絮凝剂分子具有可在颗粒表面吸附的官能团或吸附活性，便可实现絮凝。

絮凝剂在颗粒表面的吸附，主要有静电键合、氢键键合和共价键键合三种类型。

（1）静电键合。它主要由双电层的静电作用引起。如颗粒表面带正电荷，阴离子型高分子絮凝剂可进入双电层取代原有的配衡离子，两者的吸附紧密。

（2）氢键键合。当絮凝剂分子中有—NH_2和—OH基团时，可与颗粒表面电负性较强的氧进行作用，形成氢键，虽然氢键键能较弱，但由于絮凝剂聚合度大，氢键键合的总数也大，所以该项能量不可忽视。但单纯氢键的选择性较差。

（3）共价键键合。高分子絮凝剂的活性基团在矿物表面的活性区吸附，并与表面离子产生共价键作用。此种键合常可在颗粒表面生成难溶的表面化合物或稳定的络合物，并能导致絮凝剂的选择性吸附。

三种键合可以同时起作用，也可以仅一种或两种起作用，具体视颗粒与聚合物体系的特性和水溶液的性质而定。

大量试验表明，絮凝剂使用时用量不宜过大。因为过量的絮凝剂会将颗粒包裹住，不利于与其他颗粒作用，使絮凝作用削弱。一般颗粒表面被絮凝剂半饱和覆盖时，絮凝效果最佳。

4.3.2.3 凝聚剂和絮凝剂

A 凝聚剂

凝聚剂主要为无机电解质。其电离出来的离子应和颗粒所荷离子的电性相反，且离子的价态越高，所起凝聚作用越强。凝聚剂分阴离子型和阳离子型，由于大部分物质的颗粒荷负电，因此工业上常用的凝聚剂多为阳离子型。可分为以下几种。

无机盐类有硫酸铝、硫酸钾铝、硫酸铁、硫酸亚铁、碳酸镁、氯化铁、氯化铝、氯化锌、铝酸钠等。

金属的氢氧化物类有氢氧化铝、氢氧化铁、氢氧化钙和生石灰等。

聚合无机盐类有聚合铝、聚合铁等。聚合铝又可细分为碱式氯化铝 $[Al_2(OH)_nCl_{6-n}]_m$，碱式硫酸铝 $[Al_2(OH)_n(SO_4)_{3-n/2}]_m$；聚合铁又可细分为碱式氯化铁 $[Fe(OH)_nCl_{6-n}]_m$ 和碱式硫酸铁 $[Fe(OH)_n(SO_4)_{i-n/2}]_m$。上述各分子式中的 m 为聚合度。

在各类凝聚剂中，聚合物凝聚剂作用效果最好。但作用机理也最复杂。因为其凝聚作用并非只是单个的金属离子，起主要作用的是聚合离子。下面以硫酸铝和碱式氯化铝为例介绍其凝聚原理。

(1) 硫酸铝。硫酸铝是强酸弱碱盐，使用时通常将它配成浓度为 10%~20% 的溶液，溶液的 pH 值为 4。硫酸铝在水中的电离式为：

$$Al_2(SO_4)_3 \longrightarrow 2Al^{3+} + 3SO_4^{2-} \tag{4-8}$$

将硫酸铝溶液加入悬浮液后，将继续发生下列水解和聚合反应：

$$Al^{3+} + nH_3O^+ \longrightarrow [Al(OH)_n]^{3-n} + 2nH^+ \tag{4-9}$$

反应式中的 n 值为 1~6。显然，此反应和溶液的 pH 值有关，起主要凝聚作用的不是 Al^{3+} 离子，而是 $[Al(OH)_n]^{3-n}$ 离子。

(2) 碱式氯化铝。碱式氯化铝是用氧化铝生产中的废渣为原料制成的氯化铝和氢氧化铝的中间物的水解产物，其凝聚作用更为复杂。下面根据铝盐的水解过程来分析聚合铝的凝聚作用。水解方程式为：

$$Al(OH_2)_6^{3+} \xrightarrow{H_2O} [Al(OH)_n]^{3-n} + (12-n)H^+ \tag{4-10}$$

水解产物通过 OH^- 架桥，形成多核络合物，这种无机大分子化合物和悬浮液的 pH 值关系十分密切：1) 当 pH < 4 时，以 $[Al(OH)_n]^{3+}$ 离子形式存在，$n \approx 6 \sim 10$。2) 当 $4 \leqslant$ pH < 6 时，以 $[Al_6(OH)_{15}]^{3+}$、$[Al_7(OH)_{17}]^{4+}$、$[Al_8(OH)_{20}]^{4+}$、$[Al_{13}(OH)_{34}]^{5+}$ 等离子形式存在。3) 当 $6 \leqslant$ pH < 8 时，会发生 $Al(OH)_3$ 沉淀。4) 当 pH $\geqslant$ 8 时，以 $[Al(OH)_4]^-$、$[Al_8(OH)_{26}]^{2-}$ 等离子形式存在。

即在不同 pH 值矿浆中，聚合铝呈不同电性的高价离子，它们不仅压缩颗粒双电层，而且吸附于颗粒表面。另外，这些水合氧化物都是络合大分子，有很强的吸附能力，其本身也能同时吸附两个或两个以上的颗粒，使其成团，发生沉降，有的书上把这种作用称为聚团作用。

从以上碱式氯化铝的凝聚原理不难看出，使用凝聚剂时矿浆的 pH 值很重要。因此，硫酸、盐酸、苛性钠等酸碱化合物又被用作助凝聚剂。

聚铁无机高分子化合物是利用废铁锈及废酸等制得的，故自身呈酸性，每升聚铁溶液中含铁约 90~130g，是一种价廉高效的凝聚剂。实践表明，它不仅能使微细粒颗粒凝聚成团，而且对去除悬浮液中的 COD、BOD 色度也有很好的效果。

使用无机大分子凝聚剂需要有较长的搅拌时间。可用的阴离子型凝聚剂很少，最常用的是六聚偏磷酸钠，但价格较昂贵，一般不用于实际生产。

B　絮凝剂

絮凝剂为有一定线形长度的高分子有机聚合物，絮凝剂的种类很多，按其来源可分为天然的和人工合成的两大类。

（1）天然高分子絮凝剂。

1）淀粉加工产品及其衍生物。淀粉主要来源于粮食作物，是一种高分子化合物，并且是一种混合物，不是一个单纯的分子，由可溶性的直链淀粉及不溶性的支链淀粉组成，分子式为 $(C_6H_{10}O_5)_n$。多数淀粉虽不溶于水，但经热处理或碱处理后，可变为糊状的水溶性物质，具有很好的絮凝性能。淀粉的分子量可达 60000 ~ 100000，其分子链长度可达 200nm 以上。多数在 400 ~ 800nm 范围内。

2）纤维素的衍生物。自然界纤维素分布最广，是构成植物细胞壁的基础物质，其通式和淀粉相同，但淀粉的结构单元是 α- 葡萄糖，而纤维素的结构单元是 β- 葡萄糖。纤维素本身不溶于水，但经化学处理后，其衍生物溶于水，且是很有效的絮凝剂。其分子量从十几万到几十万，国外此类产品有 CMC（羧甲基纤维素）、HEC 等。

3）腐殖酸钠。腐殖酸类化合物富含于褐煤、泥煤和风化烟煤中，是一种天然高分子聚合电解质。其含量最高可达 70% ~ 80%，平均分子量为 25000 ~ 27000，具有胶体化合物的性质，腐殖酸本身不溶于水，其钾盐和钠盐易溶于水。用风化的露头煤经苛性钠处理后，就可得腐殖酸钠，这是一种很好的絮凝剂。有的选煤厂已把该凝聚剂用于实际生产。

（2）人工合成的高分子絮凝剂。人工合成的高分子絮凝剂种类很多，按其官能团分类主要有阴离子型、阳离子型和非离子型三大类。常见的人工合成高分子絮凝剂的官能团见表 4-7。

表 4-7　高分子絮凝剂主要官能团

阴离子型官能团	—COOH	羧基
	—SO₃H	磺酸基
	—OSO₃H	硫酸酯基
非离子型官能团	—OH	羟基
	—CN	氰基
	—CONH₂	酰胺基
阳离子型官能团	—NH₂	伯胺基
	—NHR	仲胺基
	—NR₂	叔胺基
	—NR₃	季胺基

（3）絮凝剂的配制及使用。絮凝剂在选煤厂中最主要的用途是提高澄清、浓缩设备固液分离的效果；另一个用途是某些特殊设备，如深锥浓缩机、带式压滤机等，需要有适当的絮凝剂配合使用才能充分发挥作用。另外，目前国内外的一些学者正在进行旨在提高过滤效果的助滤剂的研究，他们的研究方向大都是对絮凝剂进行改性，以达到助滤目的。

选煤厂购买的絮凝剂大都是粉末状的，使用时必须先溶解。溶解设备通常用搅拌桶，要求搅拌时叶轮的转速小于 400r/min，时间为 1 ~ 1.5h，若转速过快、时间过长，容易使分子链断裂，降低使用效果。溶解顺序是先在搅拌桶中加水，然后再加絮凝剂，同时开始搅拌。配制的浓度一般为 0.1% ~ 0.15%，絮凝剂的用量一定不能过大，否则不仅增加成本，而且絮凝剂效果也不一定好。絮凝剂在用于处理煤泥水时，其用量最好控制在0.1%~1%（按体积计）以内。絮凝剂最好是现用现配，不宜长时间存放。絮凝剂添加一般采用多点加入法，使絮凝剂在煤泥水中充分分散，以提高药效。实践证明，把絮凝剂加到浓缩机的入料溜槽或管道中絮凝效果较好。

C 凝聚剂和絮凝剂的配合使用

凝聚剂是靠改变颗粒表面的电性质来实现凝聚作用的，当用它处理粒度大、荷电量大的颗粒时，使用量就会很大，导致生产成本增加；但凝聚剂对荷电量小的微细颗粒作用较好，且得到的澄清水和沉淀物的质量都很高。絮凝剂用于处理煤泥水时，由于它不改变颗粒表面的电性质，颗粒间的斥力仍然存在，产生的絮团蓬松，其间含有大量的水，澄清水中还含有细小的粒子；但絮凝剂的用量却较低。由此可看出，凝聚剂和絮凝剂在处理煤泥水时都各有优缺点。实践表明，把两者配合起来使用将可获得较理想的效果。其作用原理是：凝聚剂先把细小颗粒凝聚成较大一点的颗粒，这些颗粒荷的电性较小，容易参与絮凝剂的架桥作用，且颗粒与颗粒间的斥力小了，产生的絮团比较压实。由于细小的颗粒都被凝聚成团，产生的澄清水质量也较高。图 4-4 形象地描述出了凝聚剂在絮凝过程中的作用。

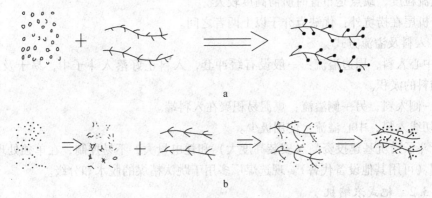

图 4-4 凝聚剂在絮凝过程中的作用
a—不加凝聚剂的絮凝过程；b—加入凝聚剂的絮凝过程

凝聚剂和絮凝剂配合使用时，一定要先加凝聚剂后加絮凝剂，这样可以提高药剂作用效果。生产实践表明，两种药剂配合使用时，用药成本不仅不会大幅度增加，而且大多数选煤厂的用药成本有所降低。

4.3.3 煤泥水处理设备

在煤泥水处理中常用的自然沉降设备包括煤泥沉淀池、浓缩漏斗、角锥沉淀池、斗子捞坑、沉淀塔、沉淀槽、深锥浓缩机和耙式浓缩机等。本节主要介绍斗子捞坑、耙式浓缩机、深锥浓缩机三种常用设备。

4.3.3.1 斗子捞坑

斗子捞坑是一种倒锥台形脱水、分级设备，入料从中心或一侧给入，溢流从四周或另几侧排走，通常由钢筋混凝土制成，在池内或池外装有脱水斗子提升机，沉淀物在斗子提升过程中初步脱水后，在较高位置卸料。

（1）斗子捞坑的几种主要形式。斗子捞坑的几种主要形式如图4-5所示。

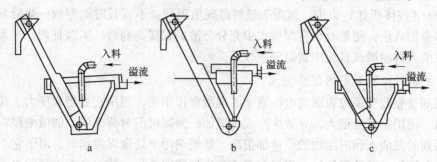

图4-5　斗子捞坑的三种形式

a—斗子在捞坑内；b—斗子在捞坑外；c—斗子机尾在捞坑外

斗子在捞坑内：属于挖入式给料，勺斗将沉物自行挖出，但只能局部捞取池底煤泥，池壁有堆积现象，面积利用率低，另外机尾长期埋于煤泥水中，机件易损坏，检修也不方便。

斗子在捞坑外：属于喂入式给料，物料可全部进入斗子，沉降面积利用率高，能较有效控制截流粒度，缺点是布置时所需高度较大。

斗子机尾在捞坑外：优缺点介于以上两者之间。

（2）入料及溢流方式。

1）中心入料，周边溢流：一般设有缓冲套，入料正好落入斗子中，易于及时捞取，减少了物料的淤积。

2）一侧入料，另一侧溢流：煤泥易积聚在入料端。

3）切线入料，中心溢流：使用极少。

由于斗子捞坑基建投资高（安装高度大）和耗电量大，不易控制，在单独处理煤泥时较少采用（可用其他设备代替）。现选煤厂多用于跳汰精煤的脱水和分级。

4.3.3.2　耙式浓缩机

耙式浓缩机是由圆筒带倾斜的池子（倾斜角12°）和一个绕中心轴同转的耙子（将沉淀物移送至池底中心）联合组成的浓缩、澄清设备。该设备中心给料，周边溢流，底流经池底中心用泵抽出或靠自重排放。该设备直径大，高度小，底流集中排放，控制管理方便，在煤泥水处理中应用极广。

耙式浓缩机是利用煤泥水中固体颗粒自然沉淀来完成对煤泥水连续浓缩的设备。它的实质是由一个供煤泥水沉淀的池体和一个将沉淀物收集到排出口的运输耙联合组成的设备。它的生产过程是连续的，煤泥水从池体上方中部给入，澄清后的溢流水从池体周边流入溢流水槽，沉淀后的产物（底流）从池体锥底中央的排料口用泵抽出。同时，在运输耙将沉淀物沿池底向中心富集的过程中，还产生挤压作用，从而使沉淀物的水分得到进一步的排除。

图4-6所示为煤泥水在浓缩池中沉淀的静态过程，需要浓缩的煤泥水首先进入自由沉降区（B区），水中的颗粒靠自重迅速下沉，沉到压缩区（D区）时，煤浆已聚集成紧密接触的絮团而继续下降到浓缩物区（E区），由于耙子的运转，使E区形成一个锥形表面，浓缩物受到耙子的压力进一步被压缩，挤出其中部分水分，最后由卸料口排出，即浓缩机

的底流产品。煤浆由 B 区沉至 D 区时，中间要经过 C 区，在这里一部分煤粒能靠自重下沉，而另一部分煤粒却又受到密集煤粒的阻碍而不能自由下沉，形成了介于 B、D 两区之间的过渡区。A 区得到的澄清水从溢流堰流出，称为溢流产品口。由此可见，在五个区域中，A 区和 E 区是浓缩的结果，B、C、D 各区是浓缩的过程，浓缩池应有足够的深度（应能包括上述五区所需的高度）。

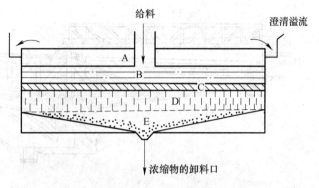

图 4-6 浓缩机的浓缩过程

在煤浆浓缩过程中，颗粒的运动是相当复杂的。由于浓缩机给料一般浓度不高，所以可视 B 区的颗粒运动为自由沉降；在 C 区以后，煤浆浓度逐渐增加，颗粒实际上是在干扰沉降的条件下运动的，所以煤泥颗粒在浓缩过程中的下沉速度是变化的，它与煤泥水中煤粒的粒度和密度、煤泥水的浓度、环境温度及水的 pH 值等多种因素有关，一般只能通过试验来确定。

对于一定的物料，浓缩机的溢流澄清度和底流的浓度与给料浓度和它在浓缩机内停留时间有关。显然，浓缩物在机内停留时间越长，溢流越清，底流越浓。

耙式浓缩机从传动特点来分可分为中心传动式和周边传动式两种，从结构特点来分可分为普通浓缩机和高效浓缩机两种。

（1）中心传动的耙式浓缩机。中心传动的耙式浓缩机多为较小型，池体有钢板焊成和钢筋混凝土制成两种。图 4-7 所示为小型中心传动耙式浓缩机示意图。中心传动的耙式浓缩机的浓缩过程为：煤泥水由给料管给入浓缩池中央稳流筒，筒的下边缘沉在澄清水面以下，煤泥水经稳流筒向四周流散，并开始沉淀。澄清水从周边的溢流槽排出。沉淀物由刮板刮至池中心卸料筒，用泵抽出。

（2）周边传动的耙式浓缩机。周边传动的耙式浓缩机（图 4-8）的耙架一端借助于特殊止推轴承放置在浓缩机的中央支柱上，另一端与传动小车相连，由小车驱动绕池子的中心线回转。按传动方式不同又分周边辊轮传动和周边齿条传动，均为大型机所采用。在北部严寒地区应采用周边齿条传动的形式，可以避免冬季冰雪造成的辊轮打滑现象。

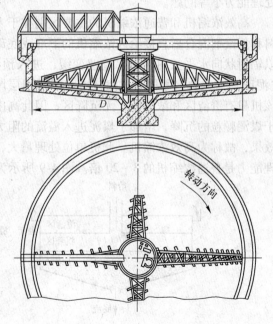

图 4-7 中心传动耙式浓缩机

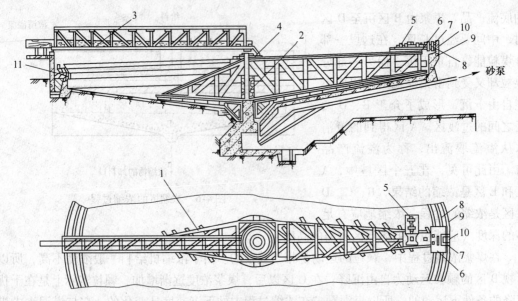

图 4-8　周边传动耙式浓缩机结构

1—耙架；2—混凝土支柱；3—料槽；4—支架；5—电动机；6—传动架；
7—辊轮；8—轨道；9—齿条；10—传动齿轮；11—溢流槽

（3）高效浓缩机。我国传统的选煤厂煤泥水的浓缩与澄清大都使用普通耙式浓缩机，由于普通耙式浓缩机在连续作业过程中固体颗粒的沉降与澄清水上升运动方向相反，细泥颗粒容易被上升水流带入溢流，细泥颗粒必然在生产工艺系统中不断循环积聚，使洗水浓度增高。因此，普通耙式浓缩机存在着浓缩效率低、底流固体回收率低、澄清水质量差、处理能力小等问题。

高效浓缩机和普通浓缩机的主要区别在于入料的方式不同。其工作原理大都是采用入料和絮凝剂混合后直接给入浓缩机的下部或底部，经过一定机构的稳流装置或折流板强制以辐射状向水平方向扩散，流速变缓，进入预先形成的高浓度絮团层（有的资料中称为"泥床"），入料经絮团层过滤，增大了絮团层厚度，清水通过絮团层从上部溢流堰排出。该机只有澄清区和浓缩区，无沉降区，因此高度影响较小，缩短了煤泥沉降的距离，有助于煤泥颗粒的沉降，增加了煤泥进入溢流的阻力，使得大部分煤泥进入池底。提高了沉降效果，故称为高效浓缩机。此机单位处理量大，分离迅速。一般高效浓缩机的单位面积处理能力是普通浓缩机的 3～20 倍。图 4-9 所示为两者分区情况比较图。

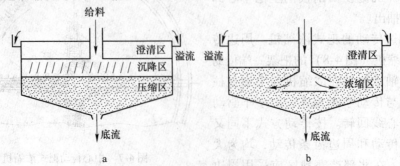

图 4-9　普通浓缩机和高效浓缩机内料浆沉降过程分区情况比较

a—普通浓缩机；b—高效浓缩机

4.3.3.3 深锥浓缩机

深锥浓缩机是一种高度大于直径，上部圆筒，下部倒圆锥（锥角较小）的澄清、浓缩设备，它的特点是在锥体带有搅拌装置，并且圆锥部分较长。它利用在入料中加入絮凝剂和高度所产生的自然压力，获得较澄清的溢流和高浓度底流。

深锥浓缩机不但有澄清带和浓缩带，而且还有一个压缩带。它的圆锥部分充满不断被压紧和浓缩的沉淀物，由于圆筒部分高度大，可依靠沉淀物本身的压力压紧凝聚下来的物料，同时在沉淀过程中，凝聚物受慢速转动的搅拌器的辅助作用，将水从凝聚体内挤出，进一步提高了沉淀物的浓度。

深锥浓缩机简图如图 4-10 所示。

深锥浓缩机工作过程是煤泥水经入料调节阀给入给料槽，并在这里加入凝聚剂，借助于挡板使凝聚剂与煤浆均匀混合，然后煤浆经稳流圈流入机内。在深锥浓缩机里，由于搅拌器的轻轻搅拌，凝聚剂与煤浆充分接触，在重力作用下，固体颗粒沉淀到底部，经排料控制阀排出。为了保持深锥浓缩机稳定的工作状态，一般均设自动测量和调节装置，对入料量和排料量及凝聚剂用量进行控制。

深锥浓缩机的单位面积处理量和要求的底流固体含量有关。当要求的底流固体含量为 300g/L 时，其单位面积处理量约为 $8m^3/(m^2 \cdot h)$。当要求的底流固体含量为 $500 \sim 600g/L$ 时，其单位面积处理量约为 $3.5 \sim 4m^3/(m^2 \cdot h)$。

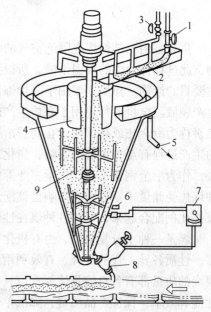

图 4-10　深锥浓缩机
1—入料调节阀；2—给料槽；3—凝聚剂调节阀；
4—稳流圈；5—溢流管；6—测压元件；
7—排料调节器；8—排料阀；9—搅拌器

思 考 题

4-1　简述絮凝与凝聚的原理。

4-2　简述斗子捞坑的几种主要形式。

4-3　简述耙式浓缩机的工作原理。

4-4　简述高效浓缩机与普通浓缩机的主要区别。

参 考 文 献

[1] 谢广元. 选矿学 [M]. 徐州：中国矿业大学出版社，2005.

[2] 张明旭. 选煤厂煤泥水处理 [M]. 徐州：中国矿业大学出版社，2005.

[3] 金雷. 选煤厂固液分离技术 [M]. 北京：冶金工业出版社，2012.

[4] 张志军. 水质调控的煤泥水澄清和煤泥浮选研究 [D]. 沈阳：东北大学，2012.

5 炼焦及配煤

焦炭是由黏结性煤在隔绝空气的条件下加热至 1000℃ 左右干馏得到的多孔性团体块状物，此过程称为煤的高温干馏，所得到的最终产物为焦炭、煤气和煤焦油等，一般焦炭为主要目的产物。焦炭主要用于高炉炼铁生产以及铸造、造气、电石生产和有色金属冶炼等生产领域。全世界每年用于高炉生产的焦炭约占焦炭总产量的 85% 以上。高炉炼铁使用的焦炭称为冶金焦或高炉焦，在高炉冶炼生产中，焦炭起着极其重要的作用，其质量对高炉的生产过程有至关重要的影响，焦化工业的发展主要受高炉炼铁生产的影响。随着经济发展，作为冶金钢铁工业、化学工业等的主要原料，对焦炭的需要与日俱增。传统的单一煤种炼焦受储量短缺等因素影响已被配煤炼焦新工艺所取代。配煤炼焦是把不同煤化程度的煤按比例配合起来，利用各种煤在性质上的互补原理，生产符合质量要求的焦炭。

煤是一种十分复杂的、由有机化合物和天然矿物质组成的混合物。我国的煤炭种类繁多、性质各异。煤的合理、有效利用与煤本身的性质有着十分密切的关系，不同的用户对煤炭的质量都有各自的具体要求。只有使用煤质优良的煤，才能充分发挥各种用煤设备的性能和效率，保证产品质量，降低单位产品煤耗和生产成本。所谓"配煤"，就是根据用户对煤质的要求，将若干单种煤按一定的比例掺混后得到配合煤，使之在性能上相互取长补短。虽然配煤的性质是由各种掺配单种煤叠加而成的，但其综合性能得到了优化，已与原各单种煤的性质有所差别，因此，它已成了人为加工而成的新"煤种"。除炼焦配煤，动力配煤技术近年来在我国也发展较快，某些煤用量较大的城市、大的煤炭集散地以及一些煤种较多且煤质复杂的矿区正计划建设动力配煤场。动力配煤技术作为一种比较适合中国国情的洁净煤技术在我国将会有广阔的发展前景。此外，利用配煤生产型煤和活性炭等技术也已经在我国的许多地方得到了广泛应用。以配煤为原料生产出的型煤和活性炭产品，其综合性能和在生产成本方面的优势往往是单种煤所无法比拟的。

5.1 焦炭的性质

5.1.1 焦炭的宏观构造

焦炭是一种质地坚硬，以碳为主要成分的、含有裂纹和缺陷的不规则多孔体，呈银灰色。其真密度为 $1.8 \sim 1.95 g/cm^3$，视密度为 $0.80 \sim 1.08 g/cm^3$，气孔率为 35%~55%，堆密度为 $400 \sim 500 kg/m^3$。用肉眼观察焦炭都可看到纵横裂纹。沿粗大的纵横裂纹掰开，仍含有微裂纹的是焦块；将焦块沿微裂纹分开，即得到焦炭多孔体，也称焦体。焦体由气孔和气孔壁构成，气孔壁又称焦质，其主要成分是碳和矿物质。焦炭的裂纹多少直接影响焦炭的粒度和抗碎强度。焦块微裂纹的多少、焦体的孔孢结构与焦炭的耐磨强度、高温反应性能有密切关系。孔孢结构通常用焦炭的裂纹度、气孔率、气孔平均直径和比表面积等参数表示。

(1) 裂纹度。裂纹度即焦炭单位面积上的裂纹长度。裂纹分为纵裂纹和横裂纹两种：裂纹面与焦炉炭化室炉墙面垂直的裂纹称纵裂纹；裂纹面与焦炉炭化室炉墙面平行的裂纹称横裂纹。焦炭中的裂纹有长短、深浅和宽窄的区分，可用裂纹度指标进行评价。焦炭裂纹度常用测量方法是将方格（1cm×1cm）框架平放在焦块上，量出纵裂纹与横裂纹的投影长度。所用试样应有代表性，一次试验需用25块试样，取统计平均值。

(2) 气孔率。焦炭气孔率是指气孔体积与总体积比的百分数，焦炭的气孔有大有小，有开口的有封闭的。气孔率可以利用焦炭的真密度和视密度的测定值加以计算。焦炭的气孔数量还可以用比孔容积来表示，即单位质量多孔体内部气孔的总容积，可用四氯化碳吸附法测定。

$$气孔率 = \left(1 - \frac{视密度}{真密度}\right) \times 100\% \tag{5-1}$$

(3) 气孔平均直径。焦炭中存在的气孔大小是不均一的，一般称直径大于 $100\mu m$ 的气孔为大气孔，$20 \sim 100\mu m$ 的为中气孔，小于 $20\mu m$ 的为微气孔。焦炭与 CO_2 作用时，仅大的气孔才能使 CO_2 进入，因此焦炭的孔径分布常用压汞法测量。

$$r = \frac{750000}{p} \tag{5-2}$$

式中，r 为外加压力为 $p(MPa)$ 时，汞能进入孔中的最小孔径。

设半径在 r 到 $r + dr$ 范围内的孔体积为 dV，孔径大小的分布函数为 $D(r)$，则

$$dV = D(r)dr \tag{5-3}$$

对式（5-2）微分得：

$$dr = -75000\frac{dp}{p^2} \tag{5-4}$$

式（5-4）代入式（5-3）得：

$$D(r) = \frac{dV}{dr} = -\frac{p^2}{75000} \times \frac{dV}{dp} \tag{5-5}$$

p 和 dV/dp 可由实验测出，由此可按式（5-1）、式（5-4）分别得出 r 和 $D(r)$，按 $D(r)$ 对 r 绘图即得孔径分布曲线，进而算出气孔平均直径。

(4) 比表面积。比表面积指单位质量焦炭内部的表面积，单位为 m^2/g。一般用气相吸附法或色谱法进行测定。

5.1.2 焦炭的物理机械性能

焦炭在高炉炼铁过程中的作用要求焦炭具有适当的块度和较高的强度，焦炭块度大小与均匀性受焦炭强度的影响，因此，焦炭的强度是焦炭质量的重要指标。

焦炭是外形和尺寸不规则的物料，只能用统计的方法来表示其粒度，即用筛分试验获得的筛分组成及计算的平均粒度进行表征。我国现行冶金焦质量标准规定粒度小于25mm焦炭占总量的百分数为焦末含量，粒度大于40mm称为大块焦，25~40mm为中块焦。大于25mm为大中块焦。高炉焦的适宜粒度范围在25~80mm之间，炼焦生产中应尽可能增加该粒度范围内焦炭的产率。对于铸造用焦质量，则要求粒度大于80mm级为佳。焦炭的筛分组成主要与炼焦配煤的性质和炼焦条件有关，一般气煤炼制的焦炭块度小，焦煤和瘦

煤炼制的焦炭块度大。

强度是冶金焦和铸造焦物理机械性能的重要指标，由于焦炭是一种多孔、易碎、无固定形状的固体，其强度难以评价。目前评价焦炭强度的方法是采用各种转鼓试验来测定焦炭的强度。对于铸造焦质量的评价还可以采用坠落试验，我国现行的铸造焦炭国标 GB 8729—88 同时给出两种强度考核指标，但当两个并列使用不一致时，以转鼓指标为准。我国冶金焦炭质量分级指标见表 5-1。

表 5-1 冶金焦炭质量分级指标

类别	抗碎强度 M_{25}/%	耐磨强度 M_{10}/%	灰分（干基）/%	硫分（干基）/%	挥发分（无水无灰基）/%
Ⅰ	≥92.0	≤7.0	≤12	≤0.60	
Ⅱ	≥88.1～92.0	≤8.5	12.01～13.50	0.61～0.80	≤1.9
Ⅲ	≥83.0～88.0	≤10.5	13.51～15.00	0.81～1.00	
块度种类	大块焦（＞40mm）		大中块焦（＞25mm）		中块焦（25～40mm）
全水分/%	4.0±1.0		5.0±2.0		≤12.0
焦末含量/%	≤4.0		≤5.0		≤12.0

注：1. 水分只作生产控制指标，不作质量考核依据。

2. 焦末含量系指 25mm 以下部分，并以湿基计算。

3. 本表摘自国标《中国冶金焦质量标准》（GB/T 1996—2003）。

5.1.3 焦炭的化学组成

5.1.3.1 工业分析

工业分析主要包括：

（1）水分。焦炭的水分是焦炭试样在一定温度下干燥后的失重占干燥前焦样的百分率，分全水分（M_t）和分析试样（即空气干燥基）水分（M_{ad}）两种。生产上要求稳定控制焦炭的全水分，以免引起高炉、化铁炉等的炉况波动。焦炭全水分因熄焦方式而异，并与焦炭块度、焦粉含量、采样地点、取样方法等因素有关，湿熄焦时，焦炭全水分约为 4%～6%；干熄焦时，焦炭在储运过程中也会吸附空气中水，使焦炭水分达 0.5%～1%。焦炭用于各种用途时，水分过大会引起热耗增大，用于电石生产时，水分过大还会引起生石灰消化；用于铸造时，焦炭水分不宜过低，以防冲天炉顶部着火。小粒级焦炭有较大的比表面，故粒级愈小的焦炭水分愈大，我国规定大于 40mm 粒级的高炉焦全水分为 3%～5%，大于 25mm 粒级的高炉焦全水分为 3%～7%。

（2）灰分。焦炭的灰分是焦炭分析试样在（850±10）℃下灰化至恒重其残留物占焦样的质量百分率，用 A_{ad} 表示。灰分是焦炭中的有害杂质，主要成分是高熔点的 SiO_2 和 Al_2O_3，焦炭灰分在高炉冶炼中要用 CaO 等熔制使之生成低熔点化合物，并以熔液形式排出。灰分高，就要适当提高高炉炉渣碱度，不利于高炉生产。此外，焦炭在高炉中被加热到高于炼焦温度时，由于焦质和灰分热膨胀性不同，会在灰分颗粒周围产生裂纹，使焦炭加速碎裂或粉化。灰分中的碱金属还会加速焦炭同 CO_2 的反应，也使焦炭的破坏加剧。一般，焦炭灰分每增 1%，高炉焦比约提高 2%，石灰石用量约增加 2.5%，高炉产量约下降 2.2%。焦炭用于铸造生产时，其灰分每减少 1%，铁水温度约提高 10℃，并提高铁水含碳量。焦炭用于固定床煤气发生炉时，其灰分提高将降低发生炉生产能力，焦炭的灰熔点较低时，还会影响发生炉正常排渣。

（3）挥发分和固定碳。挥发分是焦炭分析试样在（900±10）℃下隔绝空气快速加热后的失重占原焦样的百分率，并减去该试样的水分得到的数值。挥发分是焦炭成熟度的标志，它与原料煤的煤化度和炼焦最终温度有关。一般成熟焦炭的空气干燥基挥发分 V_{ad} 为 1%~2%。固定碳是煤干馏后残留的固态可燃性物质，由计算得：

$$C_{ad} = 100 - M_{ad} - A_{ad} - V_{ad} \tag{5-6}$$

上述分析基（空气干燥基）可通过下列计算换算成干基（X_d）或可燃基（X_{daf}）。

$$X_d = \frac{X_{ad}}{100 - M_{ad}} \times 100\% \tag{5-7}$$

$$X_{daf} = \frac{X_{ad}}{100 - M_{ad} - A_{ad}} \times 100\% \tag{5-8}$$

5.1.3.2 元素分析

元素分析主要包括：

（1）碳与氢。将焦炭试样在氧气流中燃烧，生成的水和 CO_2 分别用吸收剂吸收，由吸收剂的增量确定焦样中的碳和氢含量。碳是构成焦炭气孔壁的主要成分，氢则包含在焦炭的挥发分中。由不同煤化度的煤制取的焦炭其含碳量基本相同，但碳结构和石墨化度有差异，它们同 CO_2 反应的能力也不同。氢含量随炼焦温度的变化比挥发分随炼焦温度的变化明显，且测量误差也小，因此根据焦炭的氢含量可以更可靠地判断焦炭的成熟程度。

（2）氮。在有混合催化剂（$K_2SO_2 + CuSO_2$）存在的条件下，焦样能与沸腾浓硫酸反应，使其中的氮转化为 NH_4HSO_4，再用过量 NaOH 反应使 NH_3 分出，经硼酸溶液吸收，最后用硫酸标准溶液滴定，可确定焦样中的含氮量。焦炭中的氮是焦炭燃烧时生成 NO_2 的来源。

（3）硫。焦炭中的硫有无机硫化物硫、硫酸盐硫和有机硫三种形态，这些硫的总和称全硫，工业上通常用重量法测定全硫（S_t）。硫是焦炭中的有害杂质，高炉焦的硫约占整个高炉炉料中硫的80%~90%，炉料中的硫仅5%~20%随高炉煤气逸出，其余的硫靠炉渣排出。这就要增加熔剂，使炉渣的碱度提高。一般焦炭含硫每增加1%，高炉焦比约增加1.2%~2.0%，石灰石用量约增加2%，生铁产量约减少2.0%~2.5%。焦炭用于铸造时，焦炭中的硫在冲天炉内燃烧生成 SO_2，随炉气上升同金属炉料作用生成 FeS 而进入熔化铁水中，直接影响铸件质量。焦炭用于气化时使煤气含硫提高，增加煤气脱硫负荷。

（4）氧。焦炭中的氧含量很少，一般通过减差法计算得到，即：

$$O = (100 - C - H - N - S_t - M - A) \times 100\% \tag{5-9}$$

对于可燃基：

$$O_{daf} = (100 - C_{daf} - H_{daf} - N_{daf} - S_{t,daf}) \times 100\% \tag{5-10}$$

（5）磷。焦炭中的磷主要以无机盐类形式存在于矿物质中，因此可将焦样灰化后从灰分中浸出磷酸盐，再用适当的方法测定磷酸盐溶液中的磷酸根含量，得出焦样含磷。通常焦炭含磷较低，约0.02%，一般元素分析不测定磷含量。高炉炼铁时，焦炭中的磷几乎全部转入生铁，转炉炼钢不易除磷，故生铁含磷应低于0.01%~0.015%，同时采取转炉炉外脱磷技术，降低钢含磷。高炉焦一般对含磷不作特定要求。

（6）钾与钠。焦炭中的钾、钠含量在0.05%~0.3%之间，它与焦炭灰分中的其他金属氧化物，如 CaO、MgO、Fe_2O_3 一起对焦炭的 CO_2 反应性及反应后强度产生不利影响。对焦炭钾、钠含量的研究主要基于高炉冶炼的需要。高炉入炉焦炭中的钾、钠来源于原料煤，主要以无机盐的形式存在于矿物质中；高炉风口焦炭中的钾、钠主要来源于高炉内的碱循环。钾、钠含量的测定主要是用原子吸收分光光度法，按照灰分测定方法，将分析焦样灰化后研磨过 160 目筛孔，然后置于灰皿内，于 (815 ± 10)℃灼烧至恒量，经氢氟酸、高氯酸分解，在盐酸介质中使用空气 3-乙炔火焰进行原子吸收测定。结果以 K_2O、Na_2O 的形式表示，并转换为以焦炭为基准。随着高炉焦炭热性质研究的深入，对焦炭中钾、钠含量的分析显得尤为重要。

5.1.4 焦炭的高温反应性

5.1.4.1 反应机理

焦炭的高温反应性是焦炭与二氧化碳、氧和水蒸气等进行化学反应的性质，简称焦炭反应性。

$$C + O_2 \longrightarrow CO_2 \qquad \Delta H = -394 \text{kJ/mol} \tag{5-11}$$

$$C + H_2O \longrightarrow H_2 + CO \qquad \Delta H = 131110 \text{kJ/mol} \tag{5-12}$$

$$C + CO_2 \longrightarrow 2CO \qquad \Delta H = 173 \text{kJ/mol} \tag{5-13}$$

焦炭在高炉炼铁、铸造化铁和固定床气化过程中都要发生以上三种反应。由于焦炭与氧和水蒸气的反应有与二氧化碳的反应类似的规律，因此大多数国家都用焦炭与二氧化碳间的反应特性评定焦炭反应性。

焦炭是一种碳质多孔体，它与 CO_2 间的反应属气固相反应，其反应是通过到达气孔表面上的 CO_2 和 C 反应来实现的，所以反应速率不仅取决于化学反应速率，还受 CO_2 扩散影响。当温度低于 1100℃时，化学反应速率较慢，焦炭气孔内表面产生的 CO 分子不多，CO_2 分子比较容易扩散到内表面上与 C 发生反应，因此整个反应速率由化学反应速率控制；当温度为 1100~1300℃时，化学反应速率加快，生成的 CO 使气孔受堵，阻碍 CO_2 的扩散，因此，整个反应速率由气孔扩散速率控制；当温度大于 1300℃时，化学反应速率急剧增加，CO_2 分子与焦炭一接触来不及向内扩散就在表面迅速反应形成 CO 气膜，反应速率受气膜扩散速率控制。当焦炭的粒度加大时，气孔的影响增强，气孔扩散速率控制区增大，并相应减小气膜扩散速率控制区。

总之，焦炭与 CO_2 的反应速率与焦炭的化学性质及气孔比表面积有关。只有采用粒径为几十微米到几百微米的细粒焦进行反应性实验时，才能排除气体扩散的影响，获得焦炭和 CO_2 的化学动力学性质。通常从工艺角度评价焦炭的反应性均采用块状焦。要使所得结果有可比性，应规定焦样粒度、反应温度、CO_2 浓度、反应气流量、压力等参数。

5.1.4.2 影响焦炭反应的速度的因素

(1) 原料煤性质。焦炭反应性随原料煤煤化程度变化而变化。低煤化程度的煤炼制的焦炭反应性较高；相同煤化程度的煤，在流动度和膨胀度高时制得的焦炭一般反应性较低；不同煤化程度的煤所制得的焦炭其光学显微组织不同，反应性就不同。金属氧化物对焦炭反应性有催化作用，原料煤灰分中的金属氧化物（K_2O、Na_2O、Fe_2O_3、CaO、MgO 等）含量增加时，焦炭反应性增高，其中钾、钠的作用更大。一般情况下，钾、钠在焦炭

中每增加 $0.3\% \sim 0.5\%$，焦炭与 CO_2 的反应速率约提高 $10\% \sim 15\%$。

（2）炼焦工艺。提高炼焦最终温度，结焦终了时采取焖炉等措施，可以使焦炭结构致密，减少气孔表面积，从而降低焦炭反应性。采用干熄焦可以避免水汽对焦炭气孔表面的活化反应，也有助于降低焦炭反应性。

5.1.5　焦炭的反应性及反应后强度

焦炭与 CO_2 或水蒸气反应的反应速率称为焦炭的化学反应性，可以用反应后气体中 CO 和 CO_2 的百分浓度来表示，也可以用在一定反应条件下，反应一定时间之后所消耗的焦炭量占参加反应的焦炭量的百分率来表示（称为块焦反应率 CRI）。

将一定量的焦炭试样在规定的条件下与纯 CO_2 气体反应一定时间，反应前后焦炭试样质量差与焦炭试样质量之比的百分比即得到块焦反应率 CRI。

$$CRI = \frac{G_0 - G_1}{G_0} \times 100\% \tag{5-14}$$

式中，G_0 为参加反应的焦炭试样质量，kg；G_1 为反应后残存焦炭质量，kg。

也可用化学反应后，载气中 CO 浓度和（$CO + CO_2$）浓度之比的百分率表示块焦反应率。

$$CRI = \frac{C}{C + C_0} \times 100\% \tag{5-15}$$

式中，C、C_0 为反应后气体中 CO、CO_2 气体浓度。

由于焦炭的高温转鼓试验受试验条件的制约，很难反映出焦炭受化学反应的影响，因此，测定焦炭与 CO_2 反应后的转鼓强度成为评价焦炭反应性能和高温强度的一项简便的试验方法。具体方法是将经 CO_2 反应后的焦炭先用氮气冷却，然后全部装入特定的转鼓内进行转鼓试验，试验后粒度大于某规定的焦炭质量 G_2 占反应后焦炭总质量 G_1 的百分率即为焦炭的反应后强度 CSR。

焦炭的反应性对焦炭在高炉或化铁炉内的作用有重要的影响，是评价焦炭质量的重要指标之一。焦炭的反应性受焦炭自身的粒度大小、气孔率和比表面积、焦炭内在性质以及反应的温度等因素影响。由于焦炭的性质以及气孔率的大小都与炼焦用煤的性质有关，因此，焦炭的反应性与煤的变质程度和煤的岩相组成之间有着密切的关系。

5.2　炼焦原理

5.2.1　成焦过程

烟煤是复杂的高分子有机化合物的混合物，它的基本单元结构是聚合的芳核，在芳核的周边带有侧链，年轻烟煤的芳核小、侧链多，年老烟煤则与此相反。煤在炼焦过程中，随温度的升高，连在芳核上的侧链不断脱落分解，而芳核本身则缩合并稠环化，反应最终形成煤气、化学产品和焦炭。在化学反应的同时，伴有煤软化形成胶质体，胶质体固化黏结，以及膨胀、收缩和裂纹等现象产生。

煤由常温开始受热，温度逐渐上升，煤料中水分首先析出，然后煤开始发生热分解，当受热温度在 $350 \sim 480$℃左右时，煤热解产生气态、液态和固态产物，出现胶质体。由于胶质体透气性不好，气体析出不易，产生对炉墙的膨胀压力；当超过胶质体固化温度时，则发生黏结现象，产生半焦。在由半焦形成焦炭的阶段，有大量气体生成，半焦收缩，出现裂纹。当温度超过650℃左右时，半焦阶段结束，开始由半焦形成焦炭。一直到950～1050℃时，焦炭成熟，结焦过程进行完成。上述成焦过程可用图5-1表示。

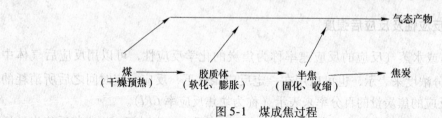

图5-1　煤成焦过程

成焦过程可分为煤的干燥预热阶段（低于350℃）、胶质体形成阶段（350～650℃）、半焦形成阶段（480～650℃）和焦炭形成阶段（650～950℃）。

5.2.2　煤的黏结与半焦收缩

煤热解时能形成胶质体，对于煤的黏结成焦非常重要。不能形成胶质体的煤没有黏结性。能很好黏结的煤在热解时形成的胶质体的液相物质多，能形成均一的胶质体，有一定的膨胀压力，如焦煤、肥煤即是如此。如果煤热解能形成的液相部分少，或者形成的液相部分的热稳定性差，很容易挥发掉，这样的煤黏结性就差，如弱黏结性气煤即是如此。

中等变质程度煤的镜质组形成的胶质体的热稳定性比稳定组的好，稳定组形成的胶质体容易挥发，所以它的结焦性不如镜质组。丝质组和惰性组不能形成胶质体，应该使之均匀分散在配煤的胶质体中。胶质体比较稠厚时，透气性较差，故在炼焦时能形成较大膨胀压力。这种膨胀压力有助于煤的黏结作用，因而提高煤的膨胀压力可以提高煤的黏结性。如控制煤料粒度、增加煤的堆密度均能提高煤的膨胀压力，从而可以提高弱黏结性煤的结焦性。增大加热进度也可以提高煤的黏结性。

黏结性差的煤形成的胶质体液相部分少，胶质体稀薄，透气性好，膨胀压力小。所以这种煤在粉碎时除了使惰性成分细碎并均匀分散外，黏结性成分的粒度不宜过细，以免堆密度降低。在形成胶质体时，液相部分可以更多地黏着固体颗粒分散在液相中，形成均一胶质体，有利于黏结。但是对于能形成大量液相部分的较肥煤应该细碎，细碎相当于瘦化作用，这样可以形成更稠厚均一的胶质体，提高焦炭机械强度。由于胶质体中有气相产物，在胶质体黏结形成半焦时有气孔存在，最终形成的焦炭是孔状体。气孔大小、气孔分布和气孔壁厚薄，对焦炭强度很有影响，这主要取决于胶质体性质。中等变质程度烟煤的镜质组能形成气孔数适宜、大小适中、分布均匀的焦炭，其强度很好。

半焦中的不稳定部分受热后会不断裂解，形成气态产物，残留部分不断结合增炭。这样，半焦失重紧密化，会产生体积收缩。由于半焦受热不均，存在收缩梯度，而且相邻层又不能自由移动，故有收缩应力产生。当收缩应力大于焦饼强度时出现裂纹。众多裂纹形成裂纹网将焦饼分裂成焦块，裂纹多时焦炭碎裂。

5.2.3　炭化室内成焦特征

炭化室由两面炉墙供热，在同一时间内的温度分布如图5-2所示。在装煤后8h时和图上表示的3h和7h时的情况相同,靠近炉墙部位已经形成焦炭,而中心部位还是湿煤,所以炭化室内同时进行着不同的成焦阶段。由图5-2可以看出,在装煤后约8h期间,炭化室同时存在湿煤层、干煤层、胶质体层、半焦层和焦炭层。

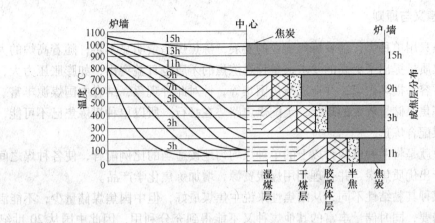

图5-2 炭化室煤料温度与成焦层分布

炭化室内膨胀压力过大时会危及炉墙。由于焦炉是两面加热,炉内两胶质体层逐渐移向中心,最大膨胀压力出现在两胶质体层在中心汇合时。由图5-2可以看出,两胶质体层在装煤后11h左右在中心汇合,相当于结焦时间的2/3左右。

炭化室内同时进行着成焦的各个阶段,由于五层共存,因此半焦收缩时相邻层存在着收缩梯度,即相邻层温度高低不等,收缩值的大小不同,所以有收缩应力产生,导致出现裂纹。各部位在半焦收缩的加热速度不等,产生的收缩应力也不同,因此产生的焦饼裂纹网多少也不一样。加热速度快,收缩应力大,裂纹网多,焦炭碎;靠近炉墙的焦炭,裂纹很多,形状像菜花,有焦花之称,其原因在于此部位加热速度快,收缩应力较大。

5.2.4 成焦过程气体析出途径

炭化室内煤料热解形成的胶质体层将由两侧逐渐移向中心。胶质体层透气性较差,在两胶质体层之间形成的气体不可能横穿过胶质层,只能上行进入顶空间,这部分气体称为里行气。里行气中含有大量水蒸气,是煤带入的水分蒸发产生的。里行气中的煤热解产物是煤经一次热解产生的,在进入顶空间之前没有经过高温区,所以没有受到二次热解作用。

在胶质体层外侧,随着胶质体固化和半焦热解产生大量气态产物,这些气态产物沿着焦饼裂纹以及炉墙和焦饼之间的空隙进入顶空间,此部分气体称外行气。外行气是经过高温区进入顶空间的,故经历了二次热解作用。外行气与里行气的组成和性质不同,里行气量较少,只占10%左右;外行气量大,占90%左右。

原料煤的性质对炼焦化学产品产率影响较大。煤的挥发分高,焦油和粗苯产率都高;不同性质煤炼焦的煤气产率和组成也不相同。温度对化学产品影响较大,最有影响的温度是炉墙温度和焦饼温度,炭化室顶空间温度只占次要地位。大量化学产品是在外行气中,里行气中的数量较少。

5.3　炼焦配煤

5.3.1　配煤意义与原则

早期炼焦只用单种煤，随着炼焦工业的发展，炼焦煤储量明显不足；随着高炉的大型化，对冶金焦质量提出了更高的要求，单种煤炼焦的矛盾也日益突出，如膨胀压力大，焦饼收缩量小，容易损坏炉墙，并造成推焦困难等，针对此种现象，结合中国煤源丰富、煤种齐全，但炼焦煤储量较少的现状，走配煤之路势在必行。所以单种煤炼焦已不可能，必须采用多种煤配合炼焦。

配煤炼焦就是将两种或两种以上的单种煤均匀地按适当的比例配合，使各种煤之间取长补短，生产出优质焦炭，并合理利用煤炭资源，增加炼焦化学产品。

不同的煤种其黏结性不同，从结焦性来说主焦煤最好，但中国焦煤储量少，不能满足焦化工业的需要，同时储量丰富的其他煤种又不能得到充分利用，因此中国从 20 世纪 50 年代就开始了炼焦配煤的研究和生产实践，建立了以气煤、肥煤为基础煤种，适当配入焦煤，使黏结成分、瘦化成分比例适当，并尽量多配高挥发分弱黏结煤的配煤原则。

为了保证焦炭质量，又利于生产操作，配煤应遵循以下原则：

（1）配合煤的性质与该厂的煤料预处理工艺以及炼焦条件相适应，保证炼出的焦炭质量符合规定的技术质量指标，满足用户的要求。

（2）焦炉生产中，注意不要产生过大的膨胀压力，在结焦末期要有足够的收缩度，避免推焦困难和损坏炉体。

（3）充分利用本地区的煤炭资源，做到运输合理，尽量缩短煤源平均距离，便于车辆调配，降低生产成本。

（4）在尽可能的情况下，适当多配一些高挥发分的煤，以增加化学产品的产率。

（5）在保证焦炭质量的前提下，应多配气煤等弱黏结性煤，尽量少用优质焦煤，努力做到合理利用中国的煤炭资源。

5.3.2　配煤理论

配煤原理是建立在煤的成焦机理基础上的。迄今为止煤的成焦机理可大致归纳为三类。（1）第一类是以烟煤的大分子结构及其热解过程中由于胶质状塑性体的形成，使固体煤粒黏结的塑性成焦机理。据此，不同烟煤由于胶质体的性质和数量的不同，导致黏结的强弱，并随气体析出数量和速度的差异，得到不同质量的焦炭。（2）第二类是基于煤岩相组成的差异，决定了煤粒有活性与非活性之分。由于煤粒之间的黏结是在其接触表面上进行的，因此以活性组分为主的煤粒相互间的黏结呈流动结合型，固化后不再存在粒子的原形；而以非活性组分为主的煤粒间的黏结则呈接触结合型，固化后保留粒子的轮廓，并由此确定最后形成的焦炭质量，此所谓表面结合成焦机理。（3）第三类是基于 20 世纪 60 年代以来发展起来的中间相成焦机理，该机理认为烟煤在热解过程中产生的各向同性胶质体，随热解进行会形成大的片状分子排列而成的聚合液晶，它是一种新的各向异性流动相态，称为中间相，成焦过程就是这种中间相在各向同性胶质体基体中的长大、融合和固化的过程。不同烟煤表现为不同的中间相发展深度，使最后形成不同质量和不同光学组织的焦炭。对应上述三种煤的成焦机理，派生出相应的三种配煤原理，即胶质层重叠原理、互换性原理和共炭化原理。

5.3.2.1　胶质层重叠原理

配煤炼焦时除了按加和方法根据单种煤的灰分、硫分控制配合煤的灰分、硫分以外，要求配合煤中各单种煤的胶质体的软化区间和温度间隔能较好地搭接，这样可使配合煤煤料在炼焦过程中能在较大的温度范围内处于塑性状态，从而改善黏结过程，并保证焦炭的结构均匀。不同牌号炼焦煤的塑性温度区间如图5-3所示。各种煤的塑性温度区间不同，其中肥煤的开始软化温度最低，塑性温度区间最宽；瘦煤固化温度最高，塑性温度区间最窄。气、1/3 焦、肥、焦、瘦煤适当配合可扩大配合煤的塑性温度范围。这种以多种煤互相搭配，胶质层彼此重叠的配煤原理，曾长期主导前苏联和我国的配煤技术。

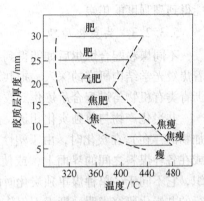

图 5-3　不同煤化度炼焦煤的塑性温度区间

在配煤炼焦时，中等挥发强黏结煤起重要作用，它可以与各类煤在结焦过程中良好结合，按胶质层重叠原理，中等挥发强黏结煤的胶质层温度间隔宽，可以搭接各类煤的胶质体，从而保证焦炭结构的均匀。因此配煤炼焦时要以肥煤为基础煤。

5.3.2.2　互换性原理

根据煤岩学原理，煤的有机质可分为活性组分和非活性组分（惰性组分）两大类。日本城博提出用黏结组分和纤维质组分来指导配煤。按照他的观点，评价炼焦配煤的指标，一是黏结组分（相当于活性组分）的数量，这标志煤黏结能力的大小；另一是纤维质组分（相当于非活性组分）的强度，它决定焦质的强度。煤的吡啶抽出物为黏结组分，残留部分为纤维质组分，将纤维质组分与一定量的沥青混合成型后干馏，所得固块的最高耐压强度表示纤维质组分强度。要制得强度好的焦炭，配合煤的黏结组分和纤维质组分应有适宜的比例，而且纤维质组分应有足够的强度。当配合煤达不到相应要求时可以用添加黏结剂或瘦化剂的办法加以调整。据此城博提出了图5-4所示的互换性配煤原理图，由图可以形象地看出：（1）获得高强度焦炭的配合煤要求是：提高纤维质组分的强度（用线条的密度表示），并保持合适的黏结组分（用黑色的区域表示）和纤维质组分比例范围。（2）黏结组分多的弱黏结煤，由于纤维质组分的强度低，要得到强度高的焦炭需要添加瘦化组分或焦粉之类的补强材料。（3）一般的弱黏结煤不仅黏结组分少，且

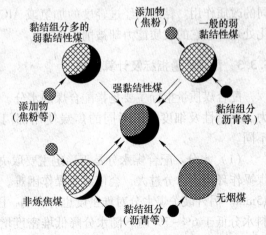

图 5-4　互换性配煤原理

纤维质组分的强度低，需同时增加黏结组分（或添加黏结剂）和瘦化组分（或焦粉之类的补强材料），才能得到强度好的焦炭。（4）高挥发的非黏结煤，由于黏结组分更少，纤维质组分强度更低，应在添加黏结剂和补强材料的同时对煤料加压成型，才能得到强度好的焦炭。（5）无烟煤或焦粉只有强度较高的纤维质组分，需在添加足够黏结性的前提下才能得到高强度的焦炭。

5.3.2.3　共炭化原理

不同煤料配合炼焦后如能得到结合较好的焦炭，这样的炼焦称不同煤料的共炭化。随着焦炭光学结构研究的深入，把共炭化的概念用于煤与沥青类有机物的炭化过程，以考核沥青类有机物与煤配合后炼焦对改善焦炭质量的效果，称为对煤的改质效果。

共炭化产物与单独炭化相比，焦炭的光学性质有很大差异，合适的配合煤料（包括添加物的存在）在炭化时，由于塑性系统具有足够的流动性，使中间相有适宜的生长条件，或在各种煤料之间的界面上，或使整体煤料炭化后形成新的连续的光学各向异性焦炭组织，它不同于各单种煤单独炭化时的焦炭光学组织。对不同性质的煤与各种沥青类物质进行的共炭化研究表明，沥青不仅作为黏结剂有助于煤的黏结性，而且可使煤的炭化性能发生变化，发展炭化物的光学各向异性程度，这种作用称为改质作用，这类沥青黏结剂又被称为改质剂。因此，共炭化原理的主要内容是描述共炭化过程的改质机理。

煤的可改质性按照煤化度的不同划分为四类：（1）高煤化度、不熔融煤（如无烟煤、贫煤、焦粉）。煤与黏结剂各自炭化，形成明显的两相，这时黏结剂只起黏结作用，并不引起煤的改质。（2）中等煤化度、熔融性好的煤与黏结剂共炭化时，可以形成均一的液相，所得焦炭出现新的、均匀的光学组织。煤与黏结剂单独炭化并分别呈现的光学组织已不存在。（3）低煤化度但能熔融的煤（如气煤、1/3焦煤）与活性添加剂共炭化时，能形成均一液相而得到新的光学组织。（4）低煤化度、不能熔融的煤（如长焰煤、不黏煤）一般不易被改质。

当黏结剂在共炭化体系中的浓度固定时，其改质能力与它的种类有关。根据各种黏结剂的改质能力可将它们分为弱活性、活性和高活性三类。弱活性黏结剂只能使中等煤化度、熔融性好的煤改质，对低煤化度煤无明显改质作用；活性黏结剂对低煤化度煤、熔融煤也有较强的改质作用；高活性黏结剂除不能改质无烟煤、焦粉外，对其他煤都有程度不同的改质作用。黏结剂经过轻度的加氢或 $AlCl_3$ 反应后，可明显提高改质能力，而经烷基化处理后，它的改质能力却被削弱。

5.3.3　配煤质量指标及计算方法

配合煤质量指标主要是指配合煤的水分、灰分、挥发分、硫分、胶质层厚度、膨胀压力、黏结性及细度等。不同的焦炭使用部门对其质量要求不同，其配合煤指标也有所不同。

（1）水分。配合煤水分是否稳定主要取决于单种煤的水分。水分过小，会恶化焦炉装煤操作环境；水分过大，会使装煤操作困难。通常水分每增加1%，结焦时间约延长 10~15min。另外装炉煤水分对堆密度也有影响，图5-5所示为二者的关系。由图5-5可见，煤料水分低于6%~7%时，随水分降低堆密度增高。水分大于7%，堆密度稍有增加，这是由于水分的润滑作用促进煤粒相对位移所致。但水分增高，水分汽化热大，煤料导热性差，会使结焦时间延长，炼焦耗热量增高，所以装炉煤水分不宜过高。水分过高不仅影响焦炭产量，也影响炼焦速度，同时影响焦炉寿命。所以要力求使配煤的水分稳定，以利于焦炉加热制度稳定。操作时，来煤应尽量避免直接进配煤槽，应在煤场堆放一定时期，通过沥水稳定水分，也可通过干燥稳定装炉煤的水分。一般情况下，配合煤水分稳定在10%左右较为合适。

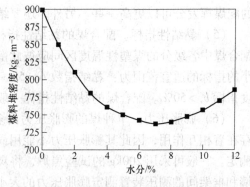

图 5-5　煤料堆密度与水分的关系

（2）灰分。成焦过程中，煤料中的灰分几乎全部转入焦炭中，因此要严格控制配煤灰分。一般配煤的成焦率为70%~80%，焦炭的灰分即为配煤灰分的1.3~1.4倍。

灰分是惰性物质，灰分高则黏结性降低。灰分的颗粒较大，硬度比煤大，它与焦炭物质之间有明显的分界面，而且膨胀系数不同。当半焦收缩时，灰分颗粒成为裂纹中心，灰分颗粒越大则裂纹越宽、越深、越长，所以配合煤的灰分高，则焦炭强度降低。高灰分的焦炭，在高炉冶炼中，一方面在热作用下裂纹继续扩展，焦炭粉化，影响高炉透气性；另一方面在高温下焦炭结构强度降低，热强度差，使焦炭在高炉中进一步破坏。配合煤灰分可直接测定，也可以将各单种煤灰分用加和性原则进行计算，见式（5-16）：

$$A_{\mathrm{d}} = \sum (A_{\mathrm{d}i} X_i) \tag{5-16}$$

式中，A_{d} 为配合煤的干燥基灰分，%；$A_{\mathrm{d}i}$ 为各单种煤的干燥基灰分，%；X_i 为各单种煤的干燥基煤配比量，%。

（3）硫分。配合煤硫分可直接测出，也可将各单种煤的硫分按加和性计算，见式（5-17）。

$$w_{\mathrm{d}}(S_{\mathrm{t}}) = \sum [w_{\mathrm{d}i}(S_{\mathrm{t}}) X_i] \tag{5-17}$$

式中，$w_{\mathrm{d}}(S_{\mathrm{t}})$ 为配合煤的干燥基全硫，%；$w_{\mathrm{d}i}(S_{\mathrm{t}})$ 为各单种煤的干燥基全硫，%；X_i 为各单种干燥基煤的配比量，%。

硫在煤中是一种有害物质，在配煤炼焦中，可通过控制配煤比以调节配合煤的硫分含量，使硫分控制在1.1%左右。而且在确定配煤比时，必须同时兼顾对焦炭灰分、硫分、强度的要求。降低配合煤硫分的根本途径是降低洗精煤的硫分或配用低硫洗精煤。

（4）挥发分。配煤挥发分 V_{daf} 的高低决定煤气和化学产品的产率，同时对焦炭强度也有影响。配合煤的挥发分可进行直接测定，也可按单种煤的挥发分用加和性计算，但两者之间有一定的差异。

对大型高炉用焦炭，在常规炼焦时，配合煤料适宜的 $V_{\mathrm{daf}} = 26\% \sim 28\%$，此时焦炭的气孔率和比表面积最小，焦炭的强度最好。若挥发分过高，焦炭的平均粒度小，抗碎强度低，而且焦炭的气孔率高，各向异性程度低，对焦炭质量不利。若挥发分过低，尽管各向异性程度高，但煤料的黏结性变差，熔融性变差，耐磨强度降低，可能导致推焦困难。确定配合煤的挥发分值应根据中国煤炭资源的特点，合理利用煤炭资源，尽量提高化学产品的产率，尽可能多配气煤，也可以使配煤挥发分控制在28%~32%之间。中小型高炉用焦的配煤挥发分可以更高一些。另外，还要结合黏结性指标的适宜范围统筹考虑。

（5）黏结性指标。配合煤的黏结性指标是影响焦炭强度的重要因素。根据结焦机理，配合煤中各级分的煤塑性温度区间应彼此衔接和依次重叠。以此为基础的反映黏结能力大小的指标的适宜范围为：黏结指数 $G = 58 \sim 72$，胶质层最大厚度 $Y = 16 \sim 20mm$，奥亚膨胀度指标 $b_t > 50\%$。配合煤的黏结性指标一般不能用单种煤的黏结性指标按加和性计算。

（6）膨胀压力。单种煤的膨胀压力由多种因素决定，煤热解时配合煤中各组分煤之间存在着相互作用，因此其膨胀压力不能用简单的加和性来计算，只能通过实验的方法加以测定。一般可采用200kg的试验焦炉，将炭化室的一侧炉墙做成可以活动的，通过活动炉墙和框架间的测压装置测定膨胀压力的大小。在确定配煤方案时有两点内容值得参考：一是在常规炼焦配煤范围内，煤料的煤化程度加深时，膨胀压力增大；二是对同一煤料，增大堆密度，膨胀压力增加。当用增加堆密度的方法来改善焦炭质量时，要注意膨胀压力可能产生的对炉墙的损害。根据中国的生产经验，膨胀压力的极限值应不大于 $10 \sim 15kPa$。

（7）煤料细度。煤料必须粉碎才能均匀混合。煤料细度是指粉碎后配合煤中的小于3mm的煤料量占全部煤料的质量分数。目前国内焦化厂常规炼焦煤料细度一般控制在80%左右，相邻班组细度波动不应大于1%；捣固炼焦细度一般大于85%。

细度过低，配合煤混合不均匀，焦炭内部结构不均一，强度降低；细度过高，不仅粉碎机动力消耗增大，设备生产能力降低，而且装炉煤的堆密度下降（表5-2），更主要的是细度过高，反而使焦炭质量受到影响。因为细度过高，煤料的表面积增大，生成胶质体时，由于固体颗粒对液相量的吸附作用增强，使胶质体的黏度增大而流动性变差，因此细度过高不利于黏结。故要尽量减少粒度小于0.5mm的细粉含量，以减轻装炉时的烟尘逸散，以免造成集气管内焦油渣增加，焦油质量变坏，甚至加速上升管的堵塞。关于不同细度对焦炭质量的影响，某焦化厂曾在200kg试验焦炉上进行对比试验，其结果见表5-3。

表5-2　装炉煤的堆密度和细度的变化关系

细度/%	风干煤堆密度/kg·m⁻³	水分5.7%的湿煤堆密度/kg·m⁻³
80	827	602
86	820	590
90	815	583

表5-3　不同细度的配煤所得焦炭质量对比

细度/%	粒度级/%						转鼓强度/%	
	大于5mm	5～3mm	3～2mm	2～1mm	1～0.5mm	小于0.5mm	M_{40}	M_{10}
67.4	18.2	14.5	12.0	8.4	13.8	33.2	64.39	10.11
73.7	12.0	14.5	12.6	8.4	14.6	38.1	65.39	9.87
82.2	4.8	13.0	13.0	9.6	17.0	42.6	65.17	9.98

在具体的配煤操作中，从焦炭质量出发不同的煤种应有不同的要求。比如，对于弱黏结煤，细度过低所造成的损害是主要的，应细粉碎；而对强黏结煤，细度过高所造成的不利是主要的，应粗粉碎。肥煤、焦煤较脆易碎，而气煤硬度较大，难碎，所以肥煤、焦煤适宜粗粉碎，气煤应细粉碎。配煤时，除选择合适的粉碎机械外，还应根据煤种特点考虑

煤料粉碎的工艺流程。

5.3.4 配煤试验

前面讲述的配煤理论可粗略指导配煤，但要获得优质焦炭，确定配煤方案，还需通过配煤试验来确定。

配煤试验的目的包括：（1）根据配煤要求为新建的焦化厂寻求供煤基地，节约优质炼焦煤，确定合理的配煤方案；为新建煤矿试验其煤质情况，评定在配煤中的结焦性能，以扩大炼焦煤源；（2）对生产上已使用的炼焦用煤进行工艺试验，扩大炼焦配煤途径，以提供增加产量和改善质量的措施；（3）变更煤种或较大范围调整配煤比例时，也必须做配煤试验。

配煤试验煤源调查与煤样采集包括：（1）煤源调查要求准确。要了解煤矿的名称、地理位置、生产规划、采矿能力和洗选能力。（2）制订采样计划。若采集的为原煤煤样，要首先进行洗选，并做浮沉试验，然后再制样；若采集的是洗精煤，可直接制样。（3）对煤样进行煤质分析。煤质分析包括煤的工业分析、岩相分析指标的测定等。（4）根据分析结果对煤质进行初步鉴定，并拟定配煤方案。（5）按照配煤方案对洗精煤进行粉碎，配合后在实验室试验焦炉和半工业试验焦炉中进行炼焦试验。

5.3.4.1 200kg 小焦炉炼焦试验

配煤炼焦试验设备有 2kg、45kg 试验小焦炉及铁箱试验，4.5kg 膨胀压力炉和 5kg 化学产品产量试验炉以及 200kg 试验炉。中国最常用的是 200kg 试验炉。此试验焦炉所做的配煤试验结果与生产焦炉比较接近，各试验结果对不同的配煤有较好的区分能力。因此，把此试验小焦炉作为配煤的半工业性试验。

试验用的是原煤样品需先经过洗选，洗选后的精煤应先粉碎后混合。要求配煤指标是：一次装干燥基煤量 230kg，细度（85 ±5）%，水分（M_{ad}）（10 ±1）%。每个煤样按 9 点取样法缩取出化验室煤样，同时对煤样进行化验室检验。配煤计算时一律采用干燥基，配煤时将各种粉碎后的单种煤充分混合均匀，并根据计算量将水均匀喷入煤中（粉碎时精煤含水量 4%~6%）。装炉前炭化室炉墙表面温度不得低于 940℃，焦炉的平均火道温度为 1050℃，要求试验焦炉的火道温度必须均匀、稳定，上下温差不超过 ±10℃，两侧平均温差应不大于 ±10℃。出焦后立即熄焦。焦炭除了测定水分、灰分、硫分和挥发外，还要测定机械强度和筛分组成。

5.3.4.2 在炼焦炉中的试验

通过 200kg 小焦炉试验，选出最佳方案，然后根据此方案在生产焦炉上选择一孔或数孔焦炉进行工业试验。主要目的是用于测定推焦是否顺利，按此配煤方案能否达到所规定的焦炭质量，从而决定煤料能否在实际生产中应用。进行生产焦炉的炉孔试验时必须严格控制配煤比、细度和水分，准确记录结焦时间、焦饼中心温度、焦饼收缩情况和推焦电流。通过炉孔试验，最终确定配煤方案。

为了最终鉴定焦炭是否适应用户的要求，还需做炉组试验和炼铁试验。

5.3.5 炼焦配煤工艺

炼焦配煤过程称为备煤，备煤工序主要包括来煤接受、储存、倒运、配合混匀、粉碎等生产环节，在炼焦厂属于煤的准备部分。由于炼焦厂的昼夜用煤量很大，涉及的煤种多，设施占地面积大，因此要求机械化和自动化作业程度高，而且备煤对焦炭的质量影响大。

炼焦厂无论大小都必须设置储煤场或储煤塔，并储存一定的煤量，以保证焦炉的连续生产，不致因来煤短期中断导致焦炉被迫停产保温，同时也是为了稳定装炉煤的质量。煤料在堆放过程中由于沥水，可使装炉煤的水分稳定。为了确保配煤的准确性和焦炭的质量，炼焦厂的储煤场应注意以下要求：储煤场的容量应提供 10～15d 的储煤量，应能提供各种煤分别堆、取、储的必要条件；要确保不同煤种单独存放，为了防止煤的氧化变质，煤的存放时间不宜过长。

炼焦厂备煤的粉碎加工环节分为先配合后粉碎和无粉碎后配合两种方式，配合和粉碎工艺有多种流程和设备，两者组合形成各种具体流程。配煤粉碎设备一般为锤式或反击式粉碎机，配煤设备主要是配煤槽及其下部的定量给料机构，配煤槽的个数应尽可能比炼焦采用的煤种多 2～3 个。生产中配煤比例的检测一般规定配煤比误差，挥发分相差不超过 ±0.7%，灰分不超过 ±0.3%。

5.4　炼焦工艺

5.4.1　焦炉装煤

5.4.1.1　装煤要求

焦炉装煤包括从煤塔取煤和由装煤车往炭化室内装煤，其操作要求是装满、压实、拉平和装匀。

由煤塔往装煤车放煤应迅速，使煤紧实，以保证煤斗足量，但煤斗底部不应压实，以防往炭化室放煤时煤流不畅。取煤应按煤塔漏嘴排列顺序进行，使煤塔内煤料均匀放出。清塔的煤料因属变质煤不得装入炭化室底部，以防发生焦饼难推。

往炭化室放煤应迅速，既可以提高煤料堆密度，增加装煤量，还可减少装煤时间，并减轻装煤冒烟程度。放煤后应平好煤，以利荒煤气畅流，为缩短平煤时间及减少平煤带出量，装煤车各斗取煤量应适当，放煤顺序应合理，平煤杆不要过早伸入炭化室内。

5.4.1.2　装煤过程的烟尘控制

装煤产生的烟尘来源包括：（1）装入炭化室的煤料置换出大量空气，装炉开始时空气中的氧还会和入炉的细煤粒不完全燃烧生成炭黑，而形成黑烟。（2）装炉煤和高温炉墙接触、升温，产生大量水蒸气和荒煤气。（3）随上述水蒸气和荒煤气同时扬起的细煤粉，以及装煤末期平煤时带出的细煤粉。（4）炉顶空间瞬时堵塞而喷出的荒煤气。

处理烟尘的方法包括：（1）上升管喷射。装煤时炭化室压力可增至 400Pa，使煤气和粉尘从装煤车下煤套筒不严处冒出，并易着火。采用上升管喷射，使上升管根部形成一定的负压，可以减少烟尘喷出。喷射介质有水蒸气（压力应不低于 0.8MPa）和高压氨水（1.8～2.5MPa）。（2）顺序装煤。顺序装煤不仅有利于平煤操作，而且在利用上升管喷射造成炉顶空间负压的同时，配合顺序装煤可减轻烟尘的通散。（3）连通管。在单集气管焦炉上为减少装煤时的烟尘逸散可采用连通管将位于集气管另一端的装炉烟气由该端装煤孔或专设的排烟孔导入相邻的、处于结焦后期的炭化室内。（4）带强制抽烟和净化设备的装煤车。（5）带抽烟、焚烧和预洗涤的装煤车和地面净化的联合系统。该系统的装煤车上不设吸气机和排气筒，使装煤车负重大为减轻。装煤时，装煤车上的集尘管道与地面净化装置的炉前管道与对应的装煤炭化室的阀门连通，由地面吸气机抽引烟气。装煤车上的预除尘器的作用在于冷却烟气和防止粉尘堵塞连接管道。

5.4.2 焦炉出焦

5.4.2.1 出焦操作要求

焦炉的出焦和装煤应严格按计划进行，保证各炭化室的焦饼按规定结焦时间均匀成熟，做到安全、定时、准点。并定时进行机械和设备的预防性检修。

为评定推焦操作的均衡性，要求各炭化室的结焦时间与规定位相差不超过 ±5min，并以推焦计划系数 K_1 和推焦执行系数 K_2 分别评定。

$$K_1 = \frac{M - A_1}{M} \tag{5-18}$$

式中，M 为班计划推焦炉数；A_1 为计划与规定结焦时间相差大于 ±5min 的炉数。

$$K_2 = \frac{N - A_2}{N} \tag{5-19}$$

式中，N 为班实际推焦炉数；A_2 为实际推焦时间超过计划时间 ±5min 的炉数。

$$K_3 = K_1 \times K_2 \tag{5-20}$$

式中，K_3 为总推焦系数，用以评价炼焦车间在遵守结焦时间方面的管理水平。

5.4.2.2 推焦计划

推焦计划根据循环检修计划及上一周转时间内各炭化室的实际推焦、装煤时刻制定，推焦计划均逐班为下一班编排，表中列出每一出炉号及其计划推焦和计划装煤时刻，所编排的推焦计划应保证每孔结焦时间与规定结焦时间相差不超过 ±5min，并保证必要的机械操作时间。推焦计划中如有乱签号应尽快调整，调整方法，一是向前提，即每次出炉时将乱签号向前提 1~2 炉，这种方法不损失出炉数，但调整较慢；二是向后调，即延长该炉号的结焦时间，使其逐渐调至原来位置，此法调整快，但损失出炉数。

5.4.3 熄焦与筛焦

为防止自燃和便于皮带运输，从炭化室出来的红热焦炭必须经过熄焦，然后送往筛焦楼进行筛分分级，最后按焦炭块度大小分别运往不同用户。

5.4.3.1 湿法熄焦

传统湿法熄焦的方法简单，操作方便，建设投资少。早期建设的焦化厂绝大多数采用该方法。湿法熄焦操作是用熄焦水泵将大量的冷却水通过熄焦塔直接喷洒在焦炭上，使焦炭的温度降至室温。熄焦操作的要点主要是控制水分稳定，一般全焦水分不大于 6%。

5.4.3.2 干法熄焦

高温焦炭携带的热量占炼焦耗热量的 40% 左右，在湿法熄焦过程中，这部分热量不仅损失，而且要消耗大量的熄焦水，熄焦过程还会对大气产生污染。

干法熄焦原理是利用惰性气体（主要是 N_2）将灼热的焦炭冷却，被加热后的惰性气体经废热锅炉生产蒸汽回收热量，惰性气体降温后再循环使用。干法熄焦除具有回收热量、改善熄焦的操作环境外，对焦炭质量也产生影响。干法熄焦有利于提高焦炭强度、降低反应性以及提高块度的均匀化。尽管干法熄焦有显著的优点，受到广泛的重视，但是干法熄焦的设备及基建投资大，故影响了其发展。我国目前已有多家焦化厂建设了干熄焦装置，发展干法熄焦是今后新建大型焦炉及现有大型焦化厂技术改造的重要方向。由于国家对大气环境质量要求的提高，大型焦化企业的经济实力得到增强，目前我国新建的大型焦炉一般配套建设干熄焦装置。

5.4.3.3　低水分熄焦

低水分熄焦工艺是国外开发的一种熄焦新技术，可以替代目前在工业上广泛使用的常规喷淋式湿熄焦方式，它以能够控制熄焦后的焦炭水分，从而得到水分较低且含水量相对稳定的焦炭而得名。

低水分熄焦工艺特别适用于原有湿熄焦系统的改造。经特殊设计的喷嘴可按最适合原有熄焦塔的方式排列。管道系统由标准管道及管件构成，可安装在原有熄焦塔内。在采用一点定位熄焦车有困难的情况下，也可沿用传统的多点定位熄焦车，但获得的焦炭水分将比一点定位熄焦车略高约 0.5%。

5.4.3.4　熄焦过程防尘

炼焦生产过程中，熄焦是一个阵发性污染源，排放的粉尘量约占焦炉总排放量 10% 以上。干法熄焦的防尘方法类似出焦过程的处理方法，即采用集尘罩、洗涤器等。湿法熄焦的粉尘治理可在熄焦塔自然通风道内设置挡板和过滤网，从而捕集绝大部分随熄焦蒸汽散发至大气并散落在熄焦塔周围地区的大量粉尘。为清除挡板和过滤网上的粉尘，要增添喷雾水泵，在挡板和过滤网上部喷洒水雾。这种方式在现用的熄焦塔上安装方便，集尘效果较好，但由于塔内气体阻力增加，蒸汽常会从熄焦塔下部喷出。

5.4.3.5　焦炭分级与筛焦

焦炭的分级是为了适应不同用户对焦炭粒度的要求，通常按粒度大小将焦炭分为 60 ~ 80mm、40 ~ 60mm、25 ~ 40mm、10 ~ 25mm、小于 10mm 等级别。粒度大于 60 ~ 80mm 的焦炭可供铸造使用，40 ~ 60mm 的焦炭供大型高炉使用，25 ~ 40mm 的焦炭供高炉和耐火材料厂竖窑使用，10 ~ 25mm 的焦炭用作烧结机的燃料或供小高炉、发生炉使用，小于 10mm 的粉焦供烧结矿使用。

一般大中型焦化厂均设有焦仓和筛焦楼，国内焦化厂多数将大于 40mm 的焦炭由辊轴筛筛出（筛上部分为大于 40mm 级），经胶带机送往块焦仓。辊轴筛下的焦炭经双层振动筛分成其他三级，分别进入焦仓。

筛分处理后的焦炭，冶金焦可由焦仓外运，也可用胶带机直接连续送往炼铁厂。焦化厂一般仍设有焦仓和储焦场，供多余块焦外运储存，或在通往炼铁厂的胶带机发生事故、高炉停风、炼铁厂焦仓储满等情况下供储存块焦之用。

5.5　炼焦化学产品回收

5.5.1　炼焦化学产品的组成与产率

5.5.1.1　化学产品的组成与产率

炼焦化学产品的组成和数量随干馏温度及原煤性质变化而变化，由每个炭化室逸出的煤气组成随炭化时间而异，但由于炼焦炉整个炉组的生产是连续的，正常生产情况下，焦炉煤气的总体组成基本是一致的，高温干馏产品产率见表5-4。

表 5-4　高温干馏产品产率　　　　　　　　　　　　　　（%）

产品	焦炭	净焦炉煤气	焦油	化合水	粗苯	氨	其他
产率	70~78	15~19	3~4.5	2~4	0.8~1.4	0.25~0.35	0.9~1.1

经回收化学产品和净化后的焦炉煤气，其组成见表5-5。焦炉煤气中其他组分的产率见表5-6。

表 5-5　净焦炉煤气的组成

组分	H_2	CH_4	CO	N_2	CO_2	C_nH_m	O_2
体积分数/%	54~59	24~28	5.5~7	3~5	1~3	2~3	0.3~0.7

表 5-6　焦炉煤气中其他组分的含量　　　　　　　　　　（g/m^3）

组分	水蒸气	焦油汽	粗苯	NH_3	硫化氢
含量	250~450	80~120	30~45	8~16	6~30
组分	氰化物	萘	吡啶盐基	其他硫化物	
含量	1.0~2.5	8~12	0.4~0.6	2~2.5	

5.5.1.2　化学产品产率的影响因素

炼焦配煤的性质和炼焦过程的操作条件决定着炼焦化学产品的产率。

配煤成分对煤气的组成有很大影响。煤气的产率 G（%）与配煤的挥发分有关，可由式（5-21）求得：

$$G = \alpha \sqrt{V_{daf}} \tag{5-21}$$

式中，α 为与煤种有关的系数（气煤 $\alpha = 3$，焦煤 $\alpha = 3.3$）；V_{daf} 为配煤的无水无灰基挥发分，%。

配煤的挥发分和煤的变质程度决定焦油的产率。

在配煤挥发分 $V_{daf} = 20\% \sim 30\%$ 的范围内，焦油产率可由式（5-22）求得：

$$T = -18.36 + 1.53 V_{daf} - 0.026 V_{daf}^2 \tag{5-22}$$

式中，T 为焦油产率，%。

炼焦化学产品的组成和产率受到焦炉操作温度、压力和停留时间等因素的影响，其最主要的影响因素是炉墙温度和炭化室顶部空间温度。

提高炉墙温度将使焦油中的苯族烃量减少，而萘、蒽、沥青和游离碳的含量增加，密度变大，酚类及中性油类含量降低。

炭化室顶部空间温度的高低是炼焦温度、炭化室顶部空间尺寸、煤气停留时间以及炉内煤气流动方向等相互复杂作用的结果。炭化室顶部车间温度不宜超过 800℃。若炭化室顶部空间温度过高，焦油和粗苯产率会由于热解作用而降低，高温化合水的产率增加。

焦炉操作压力对化学产品的产率和组成也有一定影响。当炭化室内形成负压时，空气被吸入，引起部分化学产品在炭化室内燃烧，导致煤气质量下降。当炭化室内压力过高时，煤气会因漏入燃烧系统或因炉门漏气而损失。

5.5.2　炼焦化学产品回收典型工艺

（1）硫铵流程。生产硫铵系统的煤气流程如图5-6所示，自焦炉出来的荒煤气相继经过冷凝鼓风、硫铵、粗苯回收和煤气脱硫等工段，回收得到焦油、硫铵、粗轻吡啶、粗苯、硫黄等产品。

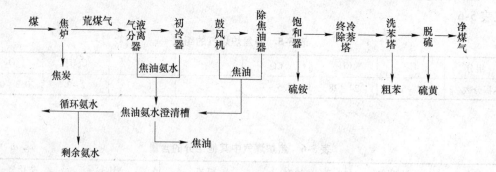

图5-6　生产硫铵系统的煤气流程

（2）氨水流程。图5-7所示为生产浓氨水系统的煤气流程，自焦炉出来的荒煤气与硫铵系统一样，依次经过冷凝鼓风工段、氨水工段、粗苯工段和脱硫工段，该系统回收焦油、浓氨水、粗苯以及硫黄等产品。由于氨的回收方式不同，出现了不同的工艺流程，并且对各个工序提出了不同的要求。

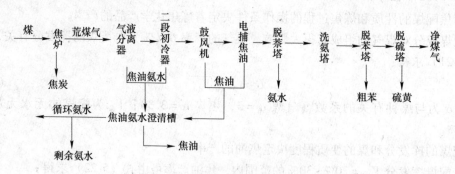

图5-7　生产浓氨水系统的煤气流程

5.6　动力配煤

5.6.1　动力配煤技术及其意义

我国是以煤炭为主要能源的国家，是目前世界上最大的煤炭生产国和消费国，每年用于直接燃烧的动力煤约占煤炭总消费量的80%，其中发电约占32%，工业锅炉、窑炉约占35%，民用及其他占10%以上。由于我国动力煤品种繁杂且质量不均，供煤质量与锅炉、窑炉用煤要求严重不符，致使我国燃煤效率低、污染严重，改变这一现状的现实、有效的技术途径之一是发展动力配煤技术。

动力配煤技术是将不同类别、不同品质的煤经过筛选、破碎和按比例配合等过程，改变动力煤的化学组成、物理特性和燃烧特性，使之实现煤质互补，优化产品结构，适应用户燃煤设备对煤质的要求，达到提高燃煤效率和减少污染物排放的目的。

我国目前约有 50 万台工业锅炉和窑炉，它们的热效率普遍较低，这不仅浪费了大量的煤炭，而且也造成了严重的环境污染。事实上，任何类型的锅炉和窑炉对煤质均有一定的要求，在现有条件下要提高锅炉热效率，就要保证锅炉正常高效运行，为此必须使燃煤特性与锅炉设计参数相匹配。煤质过高或过低都难以达到最佳效果。煤质过高，属"良材劣用"，既浪费了资源又增加了用户的生产成本；煤质过低，锅炉难以正常运行。采用动力配煤技术可以通过优化配方，取其所长，避其所短，做到物尽其用。在满足燃煤设备对煤质要求的前提下，采用动力配煤技术可最大限度地利用低质煤，或更充分地利用当地现有的煤炭资源。

不同品质煤的相互配合，还可以按不同地区对大气环境、水质的要求，调节燃煤的硫分、含氮量及氯、砷、氟等有害元素含量，减少 SO_2、NO_x 及有害元素的排放，最大限度地满足环境保护要求，达到合理利用煤炭资源的目的。

动力配煤技术可以做到：（1）保证燃煤特性与锅炉设计参数相匹配，提高锅炉热效率，节约煤炭资源；（2）通过"均质化"保证燃煤质量的稳定，使锅炉（窑炉）正常、高效运行；（3）充分利用低质煤或当地现有煤炭资源；（4）调节燃煤中硫及其他有害物质的含量，满足环保要求。

5.6.2　动力配煤质量标准

配煤质量控制指标的选取是标准制定中最重要的一环。质量控制指标的选取应遵循如下四个基本原则：（1）应能最大限度地反映出煤的燃烧特性；（2）测定应简单、易行，最好能实现快速检测或在线检测；（3）应与有关工业用煤质量国家标准相配套；（4）应与用户燃煤设备对煤质的要求相配套。

5.6.2.1　发热量

动力用煤就是要利用其发热量，一般以较高发热量的煤为宜。但煤发热量的高低只意味着它的理论燃烧热量的大小，并不意味着热能利用率的高低。煤的发热量过高或过低均会给锅炉的运行带来不利的影响。因此煤的发热量应与锅炉炉型相适应，以提高锅炉热效率，充分利用其热能。煤发热量的表征方式有多种，在实际应用中比较普遍采用的主要有收到基低位发热量（$Q_{net,ar}$）和浮煤干燥无灰基高位发热量（$Q_{gr,daf}$），前者主要反映了煤中可利用热能的大小，后者主要反映了煤中有机质发热量的高低。煤发热量的测定也相对比较简单，建议在标准中对煤的发热量作出规定并采用收到基低位发热量（$Q_{net,ar}$）。

5.6.2.2　挥发性

挥发分是煤中的可燃、易燃成分。一般来说，煤的挥发分越高，煤越易着火，固定碳也越易燃尽；在发热量相同的情况下，燃用挥发分高的煤，锅炉的热效率也会较高。挥发分是评价动力煤的重要指标，其测定方法比较简单可靠，建议在标准中对煤的挥发分作出规定并采用干燥无灰基挥发分（V_{daf}）。

5.6.2.3　灰分

灰分是煤中的不可燃成分，在煤燃烧时会分解吸热。燃用高灰煤时炉温会大大降低，使煤着火困难；灰分在煤燃烧时还会形成灰壳，使固定碳难以燃尽，降低锅炉的热效率。此外，灰分的大量排放对环境会造成很大的压力，煤中的很多有害成分均富集于灰中，所以对动力煤的灰分必须加以限制。灰分的测定简单、易行且能够实现在线检测，建议在标准中对动力煤的灰分作出规定并采用干燥基灰分。

5.6.2.4　全硫

硫是煤中的有害成分，是燃煤过程中最重要的污染源。在煤燃烧时，煤中硫转化为 SO_2 和 SO_3，SO_3 遇水又转化为硫酸，腐蚀锅炉尾部受热面，降低锅炉寿命。排放到大气中的 SO_2 和 SO_3 也会进一步转化为硫酸，形成酸雨。目前我国酸雨区的面积正在扩大，在部分地区酸雨的 pH 值已达 3.0。所以对动力煤的硫含量必须加以限制，建议在标准中采用干燥基全硫含量。

5.6.2.5　水分

水分的影响既有利，也有弊。适量的水分可将煤屑、煤粉与煤块黏附在一起，防止粉屑飞扬和下漏，提高煤的利用率；同时，水分蒸发后，煤层疏松，可均匀通风，有利于煤的燃烧。但水分过高，发热量必然降低，且蒸发还要吸热，降低炉温，使煤不易着火，同时还会加大排烟损失，降低锅炉热效率。在冬季，水分过高还会给寒冷地区煤的装卸带来一定的困难。建议采用全水分对动力煤的水分作出规定。

5.6.2.6　煤灰熔融性

煤灰熔融性是评价煤灰是否容易结渣的一个重要指标，一般用变形温度（DT）、软化温度（ST）、半球温度（HT）和流动温度（FT）来表征。在这四个指标中，较常用的是软化温度。煤灰软化温度实际上是煤灰开始熔融的温度，当炉膛温度达到或超过这一温度时，煤灰就会结成渣块，影响通风和排渣，使炉渣含碳量升高，有时还会粘在炉墙、管壁或炉排上，恶化传热，造成局部高温或破坏炉排均匀布风，严重影响锅炉的正常运行。因此，动力用煤应对煤灰熔融性作出规定。但煤灰熔融性的测试设备较为昂贵，方法也较为复杂，目前一些小煤矿和小型配煤厂不具备测试条件，建议在制定标准时将其作为参考指标。

5.6.3　动力配煤工艺

建设动力配煤生产线之前，要注意生产工艺流程设计的科学性、合理性，各工序之间的设备能力应相互匹配，设备选择要适用和经济，做好建设项目的技术经济可行性论证。根据实际情况（如当地的财力、物力）确定动力配煤生产线的机械电子化程度。

动力配煤生产线的工艺流程一般包括：原料煤收卸、按矿点堆放、分品种化验并计算配比、原料煤取料输送、筛分破碎、混合掺配、抽样检测、仓储或外运等。

根据配煤生产线的规模大小、机械化程度高低、资金投入多少，生产线的工艺流程不尽相同。如简单机械化配煤生产线的工艺流程为：用装载机将优、劣质煤装入不同的储煤斗，通过对圆盘给煤机或箱式给煤机出煤闸门的调节，控制优、劣质煤出煤量的大小，不同的煤经滚筒或振动筛等筛分混配，筛下构成为动力配煤，筛上物经粉碎后也掺入动力配煤中，然后储存并外运。其流程如图5-8所示。

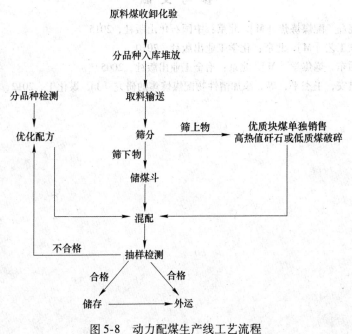

图5-8 动力配煤生产线工艺流程

思 考 题

5-1 简述焦炭的裂纹度与其测定方法。

5-2 焦炭有哪些化学成分？

5-3 焦炭的工业分析包括哪些内容？

5-4 焦炭的高温反应性是什么，影响焦炭反应速度的因素有哪些？

5-5 试简述煤成焦的过程。

5-6 什么是煤的黏结性和结焦性？

5-7 煤在炭化室内是如何变为焦炭的？

5-8 什么是配煤，配煤的原则是什么？

5-9 简要介绍配煤的原理。

5-10 配煤质量指标有哪些？

5-11 配煤细度对炼焦有何影响，如何控制配煤细度？

5-12 炼焦配煤工艺包括哪些？

5-13 焦炉装煤有何要求？

5-14 干法熄焦有何优点？

5-15 如何进行焦炭分级？

5-16 炼焦化学产品由哪些物质组成？

5-17 影响炼焦化学产品产率的因素有哪些？

5-18 为何要进行动力煤配煤？

5-19 动力配煤的质量指标有哪些？

5-20 简述动力配煤的工艺流程。

参 考 文 献

[1] 裴贤丰，王晓磊. 配煤炼焦 [M]. 北京：中国石化出版社，2015.

[2] 王晓琴. 炼焦工艺 [M]. 北京：化学工业出版社，2010.

[3] 姚照章，郑明东. 炼焦学 [M]. 北京：冶金工业出版社，2005.

[4] 闫立强，陈君安，王杰平，等. 添加惰性物配煤炼焦的研究 [J]. 煤化工，2012，10 (5)：84-87.

6 煤的洁净燃烧

长期以来，煤一直是人类社会的主要能源之一。但是人们在获得能量的同时，也给自己带来了一系列的困扰。煤在燃烧过程中产生的大量污染物，导致严重的大气污染。环境污染问题已成为当今社会日益关注的问题。我国是一个以煤炭为主要能源的发展中国家，目前消费的煤炭大约有95%是以燃烧的方式利用，每年直接用于燃烧的煤炭可达12亿吨以上，由此产生的环境问题已成为制约我国经济发展的重要因素。随着环保要求的日益严格，煤的洁净燃烧必然成为政府的首要发展目标。

美国于20世纪80年代首先提出了洁净煤技术（clean coal technology，CCT），是指在煤炭开发和加工利用全过程中旨在减少污染与提高利用效率的加工、燃烧、转换及污染控制等技术的总称，最大限度地利用煤炭，而将释放的污染物控制在最低水平，达到煤的高效清洁利用的技术。

基于我国能源结构以及环境状况，为实现环境、资源与发展的和谐统一，我国已把发展洁净煤技术作为重大的战略措施，列入《中国21世纪议程》中。并根据中国煤炭消费呈现多元格局的特点，本着环境与发展的协调统一、环境效益与经济效益并重以及发展洁净煤技术要覆盖煤炭开发利用的全过程等原则，提出了符合我国国情，具有中国特色的洁净煤技术框架体系。中国洁净煤计划框架涉及的四个领域就包括煤炭高效洁净燃烧部分。

2010年10月18日，在中国共产党第十七届中央委员会第五次会议上通过的《中共中央关于制定国民经济和社会发展第十二个五年规划的建议》中，提出要"推动能源生产和利用方式变革，构建安全、稳定、经济、清洁的现代能源产业体系。加快新能源开发，推进传统能源清洁高效利用"；要"积极应对全球气候变化，把大幅降低能源消耗强度和二氧化碳排放强度作为约束性指标，有效控制温室气体排放"等目标。这些目标的提出给发展洁净煤技术赋予了新的目标和要求。2012年3月27日，中华人民共和国科技部编制了《洁净煤技术科技发展"十二五"专项规划》，更加详细地阐述了洁净煤技术的需求和发展。

煤炭可以通过燃烧前净化来达到减少污染排放的目标，也可以通过对燃烧过程的控制来实现污染物排放量的减少。燃烧过程中控制污染物排放的措施包括改变燃料性质、改变燃烧方式、调整燃烧条件、适当加入添加剂等方法，这也是洁净煤技术的一个重要手段，称为煤的洁净燃烧技术。目前成熟的洁净燃烧技术包括低 NO_x 燃烧技术、循环流化床燃烧技术、水煤浆燃烧技术和煤的分离燃烧技术等。

我国50%的煤炭用于发电，煤电占发电总量的80%以上，燃煤发电技术的进步始终是先进能源技术的重点。目前和今后若干年，国内煤电装机增量仍将处于较高发展速度，技术发展趋势是"大型、高参数、洁净"，因此采用新型低 NO_x 燃烧技术对减少环境污染至关重要。同时，我国燃煤工业锅炉、窑炉也是用煤大户，利用的煤炭超过消费总量的

20%，"十一五"期间科技支撑计划支持了"高效燃煤工业锅炉系统技术"，专题项目支持了余能余热利用、低 NO_x 排放等技术，均取得了显著效果。

在"大型循环流化床"方面，"十一五"科技支撑计划项目"600MWe 超临界循环流化床"已完成设计、制造技术研究；另外针对燃用劣质燃料、大型超临界循环流化床锅炉系列、节能型循环流化床锅炉等也开展了大量新技术研发。

水煤浆燃烧是煤的间接利用洁净燃烧技术，目前水煤浆技术产业化的发展，也得到了各级政府和企业的关心和重视，国家出台了一系列能源调整及鼓励和促进技节能减排的政策，必将促进水煤浆产业的发展和应用。目前水煤浆生产已向着大型化、用户型浆厂发展，生产工艺向洁净化、高效率、低能耗发展，制浆原料有向低阶煤、配煤和生物质浆液发展的趋势。

6.1　低 NO_x 燃烧技术

在煤的燃烧过程中，氮氧化物的生成是燃烧反应的一部分，煤燃烧生成的氮氧化物主要有 NO 和 NO_2，统称为 NO_x。在各类 NO_x 中尤以 NO 最为重要，常规燃煤锅炉中 NO 生成量占 NO_x 总量的 90%以上，NO_2 只是在高温烟气在急速冷却时由部分 NO 转化生成的。大气中的 NO_x 溶于水后会生成硝酸雨，酸雨会对环境带来广泛的危害，造成巨大经济损失。

6.1.1　NO_x 的生成机理

根据 NO_x 中的 N 的来源及生成途径，燃煤过程中 NO_x 的生成机理可分为三类：燃料型、热力型和快速型，其中燃料型占主导作用。燃料中的 N 因氧化而生成的 NO_x 称为燃料型 NO_x，是煤燃烧过程中 NO_x 的主要来源，占总量的 60%~80%。试验表明，燃煤过程生成的 NO_x 中 NO 占总量的 90%以上，NO_2 只占 5%~10%。由于煤的热解稳定低于其燃烧温度，因此在 600 ~ 800℃时就会生成燃料型 NO_x，而且其生成量受温度影响不大。而各种类型 NO_x 的生成与炉膛的温度有关，在不同的炉膛温度下，存在某种优势类型的 NO_x，图 6-1 所示为不同类型 NO_x 的生成量与炉膛温度的关系图。

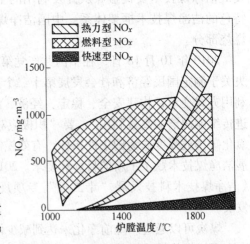

图 6-1　炉膛内不同类型 NO_x 生成量与炉膛温度的关系

煤的氮含量在 0.4%~2.9%之间，且随其产地的不同而有较大的差异。煤中氮以有机氮的形式存在为主，在燃烧过程中，一部分含氮有机物挥发并受热裂解为 N、CN、HCN 和 NH_3 等中间产物，随后再氧化生成 NO_x；另一部分焦炭中的剩余氮在焦炭燃烧过程中被氧化成 NO_x，因此燃料型 NO_x 可分为挥发分 NO_x 和焦炭 NO_x，焦炭氮向 NO_x 的转化率很低，大多数燃料型 NO_x 属于挥发分 NO_x。图 6-2 所示为燃料型 NO_x 的生成机理图。

试验表明，在通常的燃烧条件下，燃煤锅炉中大约只有20%~25%的燃料氮转化为NO$_x$，而且受燃烧过程中空气量的影响很大，常用过量空气系数（α）来表示燃烧过程空气量的多少。一般定义在化学当量比下的过量空气系数为1，过量空气系数大于1时表示空气过量，小于1时表示空气不足。当过量空气系数 $\alpha = 0.7$ 时，燃料型NO$_x$的生成量几乎为零，然后随着过量空气系数的增加而增加。

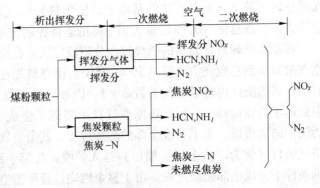

图6-2　燃料型NO$_x$的生成机理

热力型NO$_x$是参与燃烧的空气中的N在高温下氧化产生的，其生成过程是一个链式反应。热力型NO$_x$产生的反应速度要比燃烧时反应速度慢，而且温度对其生成起着决定性作用。在温度低于1300℃时，几乎无NO的生成反应，NO$_x$的生成量也很小；只有温度高于1300℃时NO的生成反应才逐渐明显，NO$_x$的生成量逐渐增大。因此，在一般的煤粉炉固态排渣燃烧方式下，热力型NO$_x$所占的比例极小。抑制热力型NO$_x$生成也能在一定程度上减少NO$_x$的排放量，抑制热力型NO$_x$的主要原则是降低过量空气系数和氧气系数，使煤粉在缺氧条件下燃烧；降低燃烧温度并控制燃烧区的温度分布，防止出现局部高温区；缩短烟气在高温区的停留时间等。

快速型NO$_x$为燃烧过程中空气中的氮和燃料中的碳氢离子团，如CH等反应生成的，温度对快速型NO$_x$的生成量影响很小，与燃料型NO$_x$和热力型NO$_x$相比，快速型NO$_x$的生成量很小，可以忽略不计。

低NO$_x$燃烧技术是根据NO$_x$的生成机理开发的，在煤的燃烧过程中通过改变燃烧条件，合理组织燃烧方式等方法抑制NO$_x$生成的燃烧技术。煤在燃烧过程中，燃料型NO$_x$生成量占的比例最大，因此低NO$_x$燃烧技术的出发点就是抑制燃料型NO$_x$的生成。煤燃烧的NO$_x$的形成与煤种、燃烧方式及燃烧过程的控制密切相关。一般来说无烟煤燃烧时NO$_x$排放量最大，褐煤最小。煤的挥发分越低，燃烧时为了燃烧的需要，组织燃烧温度就越高，同时风量一般也越大，产生原始的NO$_x$排放量也就越多。

6.1.2 降低NO$_x$排放的方法

在煤燃烧过程中，采取降低NO$_x$技术降低NO$_x$的形成会减少对环境的危害，为此通过组织良好的燃烧控制NO$_x$的形成，从而满足环保要求是比较经济的技术措施。主要方法有空气分级燃烧技术、燃料分级燃烧技术和烟气再循环技术等。

6.1.2.1 空气分级燃烧技术

空气分级燃烧技术是将部分二次风移到燃烧器最上端，并适当拉开距离，从而造成下部主燃烧区的过剩空气减少，使其处于缺氧燃烧状态。其后在上部二次风的加入下，使燃料进一步燃尽形成准双区燃烧，即主燃烧区和燃尽区。目前，绝大多数大型锅炉都采用这种方法，它通过调整燃烧器及其附近区域或是整个炉膛区域内空气和燃料的混合状态，在保证总体过量空气系数不变的基础上，使燃料经历"富燃料燃烧"和"富氧燃烧"两个阶段，以实现总体 NO_x 排放量大幅下降的燃烧控制技术。

其基本原理是将燃料的燃烧过程分阶段完成。在第一阶段，将从主燃烧器供入炉膛的空气量减少到总燃烧空气量的 70%~75%，使燃料先在缺氧的富燃料燃烧条件下燃烧。此时第一级燃烧区内过量空气系数 $\alpha < 1$，因而降低了燃烧区内的燃烧速度和温度。此举不但延迟了燃烧过程，而且在还原性气氛中降低了生成 NO_x 的反应率，抑制了 NO_x 在这一燃烧中的生成量。为了完成全部的燃烧过程，其余空气则通过布置在主燃烧器上方的专门空气喷口（称为"火上风"喷口）送入炉膛，与第一级燃烧区产生的烟气混合，在 $\alpha > 1$ 的条件下完成全部燃烧过程。由于整个燃烧过程所需空气是分两级供入炉内，故又称为分级送风燃烧法。

这一方法弥补了简单的低过量空气燃烧的缺点。在第一级燃烧区内的过量空气系数越小，抑制 NO_x 的生成效果越好，但不完全燃烧产物越多，导致燃烧效率降低、引起结渣和腐蚀的可能性越大。因此为保证既能减少 NO_x 的排放，又保证锅炉燃烧的经济性和可靠性，必须正确组织空气分级燃烧过程。目前大致可通过燃烧器设计实现空气分级、通过加装一次风稳燃体实现空气分级和通过炉膛布风实现空气分级三类。

6.1.2.2　燃料分级燃烧技术

将煤粉先经过完全燃烧生成 NO_x，然后利用燃料中的还原性物质将其还原，从而减少 NO_x 的排放。与空气分级燃烧技术类似，燃料分级燃烧技术可分为通过燃烧器实现燃料分级和炉膛内燃料再燃两类。

通过燃烧器实现燃料分级是在燃烧器内将燃料分级供入，使一次风和煤粉入口的着火区在富氧条件下燃烧，提高着火的稳定性，然后再与上方喷口进入的再燃燃料混合，进行再燃。

炉膛内燃料再燃法是将整个炉膛分成主燃区、再燃区和燃尽区三个部分。在主燃区，约 80% 的燃料在富氧条件下点燃并完全燃烧，此处的过量空气系数大于 1，生成一定量的 NO_x；其余的燃料在再燃区送入，与主燃区生成的烟气及未燃尽煤粒混合，形成还原性气氛，此处的总的过量空气系数小于 1，燃料中的 C、CO、烃类及部分还原性氮将 NO_x 还原成分子氮；最后在再燃区的上方通入过量的空气，使总的过量空气系数大于 1，使未燃烧的燃料完全燃烧，称为燃尽区。此时的温度已经降低，NO_x 的生成量不大。图 6-3 所示为炉膛内燃料再燃烧技术示意图。

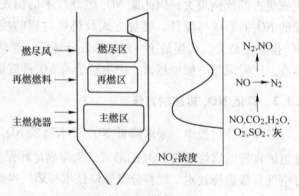

图 6-3　炉膛内燃料再燃烧技术

再燃烧技术对煤种的适应性好，其降低 NO_x 的效果显著，一般在 50%~70%，最高可达 80%。但影响燃料分级燃烧的主要因素也很多，二次燃料的品质对还原过程的质量影响很大，由于二次燃料是从炉子上部引入，一般停留的时间较短，所以应采用容易着火的燃料。另外，二次燃料中如含有氮会降低还原效率，故要求燃料的含氮量低，以减少 NO_x 的排放。二次燃料太少则达不到理想的降低 NO_x 排放效果，太多则对燃料燃尽不利，同时也不会进一步降低 NO_x 的排放量。因此，再燃燃料的份额一般占锅炉总输入热量的 10% ~ 20% 左右。还原区的温度越高，停留时间越长，则还原反应越充分，NO_x 降低效果也越显著。因此，主燃烧区燃料一结束就应立即喷入再燃燃料，否则，不仅会降低燃料燃尽率，而且会有较多的过剩氧进入还原区，使还原区内过量空气系数增加，对还原不利。

一次区内 NO_x 生成量越低越好，尽管当一次区 NO 下降时二次区 NO 还原为 N_2 的还原率也下降，但总的 NO_x 排放量下降。一次区煤粉燃尽度越高越好，这样可使进入二次燃烧区域内的残余氧量降低，从而抑制 NO_x 的生成。在一定条件下，各级燃烧区有一个最佳过量空气系数，此时 NO_x 的浓度值最低。为了保证再燃燃料在还原区内的停留时间，最大限度地降低 NO_x 排放量，就必须使再燃燃料能快速、充分地与从一级燃烧区上来的主烟气混合。为此，在再燃燃料的送入方式上要精心设计。为了保证再燃燃料在还原区内的停留时间，同时保证燃料的燃尽，燃尽风与主烟气的混合也必须快速、充分。

6.1.2.3 烟气再循环技术

该方法是将一部分燃烧后的烟气再返回到燃烧区循环使用的方法。由于这部分烟气的温度较低（140 ~ $180℃$）、含氧量也较低（8% 左右），因此，可以同时降低炉内燃烧区温度和氧气浓度，从而有效地抑制热力型 NO_x 的生成。循环的烟气可以直接喷入炉内，也可以用来输送二次燃料，或与空气混合后掺混送入炉内。从空气预热器前抽取温度较低的烟气，通过再循环风机将抽取的烟气送入空气烟气混合器，和空气混合后一起送入炉内，用于再循环烟气量与不采用烟气再循环时的烟气量之比，称为烟气再循环率。但是，再循环率的提高是有限度的，循环烟量的增加及入口处速度的增加，会使燃烧趋于不稳定，发生脱火现象，同时增加了未完全燃烧的热损失。通常再循环率控制在 15% ~ 20% 之间，此时 NO_x 排放可以降低 25% 左右。

烟气再循环技术的缺点是该方法需添加配套设备，从而使系统变得复杂，并增加了投资；由于热力型 NO_x 在燃烧锅炉中生成的比例较小，所有该方法对降低 NO_x 排放的效果也相对较小；采用烟气再循环技术虽然降低了燃烧稳固和氧气浓度，但也造成了飞灰中含碳量的增加。

6.1.3 低 NO_x 燃烧器

利用燃烧器降低 NO_x 生成的基本原理是通过改进燃烧器的结构以及通过改变燃烧器的风燃比例，来降低烟气中氧气浓度、适当降低着火区火焰的最高温度、缩短气体在高温区的滞留时间，以达到最大限度地抑制 NO_x 生成以及降低排气中 NO_x 浓度的目的。

新型低 NO_x 燃烧器是通过在燃烧器附近区域形成一个还原区，尽可能降低着火区氧的浓度，适当降低着火区的温度，达到最大限度地抑制挥发性氮形成 NO_x。还原区外为高氧区，燃烧过程在高氧区随着气流和煤焦在炉膛内的循环扩散继续进行直至完全燃尽。

然而，煤粉高效燃烧技术与低 NO_x 燃烧技术是两种互为矛盾的技术。降低 NO_x 生成与排放根本在于控制燃烧区域的温度不能太高，但低温燃烧会影响煤粉的燃烧率，协调好这两项技术的应用使之达到综合最佳效果就要对煤粉燃烧的全过程加以控制，使之既能够保证煤粉着火的稳定性，又有较低的燃烧温度，同时还有足够长的并在一定温度下的燃烧时间。目前世界上较先进的燃烧技术基本兼顾了这些因素，其中美国 ABB-CE 公司开发的直流燃烧器为利用一次风弯头的惯性分离作用，在弯头出口中间设置有孔隔板，将煤粉气流分成上浓下淡两段气流，形成上下浓淡煤粉燃烧器，并在喷口处装有轴向距离可调整的 V 形钝体，通过合理组织二次风，同时达到稳定、高效、低 NO_x 排放的燃烧效果。日本三菱重工开发了 PM 型燃烧器，利用弯头的离心作用，把一次风分成上下浓淡两股气流，同时采用烟气再循环和炉内整体分级燃烧技术，也达到了较好的效果。美国 FW 公司利用旋风子使进入主燃烧器的一次风浓度增加，并降低一次风速以保证煤粉气流着火稳定性，并控制 NO_x 的生成量，从而达到降低 NO_x 排放的目的。

我国也开发了很多类型的低 NO_x 燃烧技术，具有代表性的是浓淡煤粉燃烧器，包括水平浓淡、上下浓淡直流燃烧器，旋流燃烧器和可控浓淡旋流煤粉燃烧器等。但由于我国存在煤种多变的问题，致使这些技术在应用中遇到了一些问题，包括采用国外类似技术制造的燃煤机组也遇到了同样的问题，通过努力，目前针对褐煤锅炉已开发并已工业应用了具有一定煤种自适应性的低负荷稳燃低 NO_x 排放成套燃烧技术。

低 NO_x 燃烧器设备投资低，NO_x 降低效果好，是世界各国的大锅炉公司广泛使用的 NO_x 控制技术，世界上各国也分别开发出不同类型的低 NO_x 燃烧器，NO_x 降低率一般在 30%~60%。低 NO_x 燃烧器燃烧形式主要有四种。

（1）混合促进型燃烧器。烟气在高温区的停留时间是影响 NO_x 生成量的主要因素之一，改善燃烧与空气的混合，能够使火焰面的厚度减薄，在燃烧负荷不变的情况下，烟气在火焰面即高温区停留时间缩短，因而使 NO_x 的生成量降低。混合促进型燃烧器就是利用这一原理设计的。

（2）自循环型燃烧器。一种是利用助燃空气的压头把部分燃烧烟气吸回进入助燃器，与空气混合燃烧，在循环区域，当氧浓度降低时使燃料气化和扩散加剧，随着后部燃烧温度的下降而降低 NO_x 的排放；另一种是自身再循环燃烧器把部分烟气直接在燃烧器内进入再循环，并加入燃烧过程，此种方法有抑制氧化氮和节能的双重效果。

（3）分割火焰型燃烧器。把从燃烧嘴喷出的燃料分割成数个喷雾，以形成数个小的火焰放热，因放热性能提高而使火焰温度下降，使热反应的 NO 降低。此外，火焰小缩短了氧、氮等气体在火焰中的停留时间，对热力型 NO 和燃料型 NO 都有明显的抑制作用。

（4）低 NO_x 预燃室燃烧器。预燃室是近 10 年来我国开发研究的一种高效率、低 NO_x 分级燃烧技术，预燃室一般由一次风（或二次风）和燃料喷射系统等组成，燃料和一次风快速混合，在预燃室内一次燃烧区内形成富燃料混合物，由于缺氧，只是部分燃料进行燃烧，燃料在贫氧和火焰温度较低的一次火焰区内析出挥发分，可减少 NO_x 的生成。

针对目前低 NO_x 燃烧技术的发展和新型燃烧器的应用，实施单一的低 NO_x 技术已不能满足国家日益严格的低 NO_x 排放要求，因此有必要对现有的低 NO_x 燃烧器的设计原理、工作特性及运行调节等进行深入的研究。要把在 NO_x 减排方面效果显著的几种燃烧器优点综合起来，以某种炉型为研究对象，从化学反应动力学、空气动力学等角度出发，采用试验和数值模拟的方法，研究 NO_x 形成的机理，从而设计出适合我国国情的、切实可行的新型低 NO_x 燃烧器。

在设计新型燃烧器时，不仅要考虑 NO_x 减排效果，而且对煤粉燃烧的稳定性和燃尽程度等因素也应综合考虑。另外，在保证低 NO_x 燃烧器减排能力的基础上，燃烧器的设计开发应更应注重燃烧器自身的结构、自动调控能力、煤种的适应性及成本等。

为了进一步降低 NO_x 的排放，需要将低 NO_x 燃烧器与其他影响锅炉热力性能和低污染燃烧的设备作为整体进行考虑，并结合炉内燃料分级或空气分级、尾部烟气脱硝等措施，以求 NO_x 排放达到最低。在实际工程中，仅采用低 NO_x 燃烧器，排放量减少率在 50% 以内，如果仅采用烟气循环、分段燃烧等方式，其排放能力将大大降低。因此应将以上几种技术结合起来，形成一套低 NO_x 燃烧系统，以使 NO_x 排放量降到最低。

通过以上的基础研究和技术开发，从而设计出适合我国国情的、切实可行的新型低 NO_x 燃烧器，以解决目前日益紧迫的 NO_x 排放问题。

6.1.4 低 NO_x 燃烧技术的发展

为了控制燃烧装置排放的 NO_x 对生态环境的危害，国外从 20 世纪 50 年代起就开始了对燃烧过程中 NO_x 生成机理和控制方法的研究。到 20 世纪 70 年代末和 80 年代，低 NO_x 燃烧技术的研究和开发达到高潮，开发出了低 NO_x 燃烧器等实用技术。进入 20 世纪 90 年代，电站锅炉供货商又对其开发的低 NO_x 燃烧器做了大量的改进和优化工作，使该技术日益完善。

通过对低 NO_x 燃烧技术发展过程的分析，该技术大概可划分为三个阶段。

第一代 NO_x 燃烧技术对燃烧系统未做较大改动，只是调整和改进了燃烧装置的运行方式，因此简单易行，但 NO_x 的降低幅度有限。主要方法有使装置在低过剩空气系数运行、降低助燃空气预热温度、浓淡燃烧技术、使炉膛内烟气再循环、使部分燃烧器退出运行等措施。

第二代低 NO_x 燃烧技术是将助燃空气分级送入燃烧装置，从而降低初始燃烧区的氧浓度，并降低火焰的峰值温度。目前，电站锅炉的各种低 NO_x 空气分级燃烧器都属于这一代的低 NO_x 燃烧技术，如 ABB-CE 公司的整体炉膛空气分级直流燃烧器、B&W 公司的双调风旋流燃烧器等。

第三代低 NO_x 燃烧技术是使空气与燃料分级送入炉膛，燃料分级送入可在燃烧器的下游形成一个富集 NH_3、HCN、C_mH_n 的低氧还原区，燃烧产物通过此区时，已经生成的 NO_x 会部分地被还原成 N_2。属于这一代措施是空气/燃料分级低 NO_x 旋流燃烧器和用于切圆燃烧方式的三级燃烧。

西安热工研究院在总结前三代低 NO_x 燃烧技术的基础上又提出了第四代低 NO_x 燃烧技术，该技术的主要特征为：（1）引入煤粉环保经济细度的概念；（2）强调炉内气氛的精确控制；（3）强调燃烧技术的综合利用；（4）强调煤性与炉型及系统的耦合等。

6.2　循环流化床燃烧技术

在 20 世纪中叶，由于工业的迅速发展，大量燃煤锅炉的使用，造成了严重的污染，为了解决日益污染的环境问题，人们迫切需要发展煤的清洁燃烧技术。在 20 世纪 60 年代末，流化床燃烧技术应运而生。循环流化床燃烧技术是目前最成熟、最经济、应用最广泛的清洁燃烧方式之一，依托于循环流化床燃烧技术发展起来的循环流化床锅炉也在全世界范围内迅速发展。

　　流化态就是指固体颗粒（又称床料）在自下而上的气流作用下，在床内形成具有流体性质的流动状态。流化床燃烧是指小颗粒煤与空气在炉膛内处于沸腾状态下或高速气流与所携带的处于稠密悬浮颗粒充分接触进行的燃烧。当气流流过一个固体颗粒的床层时，若其流速达到使气流流阻压降等于固体颗粒层的重力（即达到临界流化速度），固体床本身会变得像流体一样，原来高低不平的界面会自动形成一个水平面，此时固体床料已被流态化。如果把气流流速进一步加大，气体会在已经流化的床料中形成气泡，从已流化的固体颗粒中上升，到达流化的固体颗粒的界面时，气泡会穿过界面而破裂，类似于水在沸腾时气泡穿过水面而破裂一样，因此这样的流化床又称为"沸腾床"、"鼓泡床"。继续加大气流流速，当超过终端速度时，颗粒就会被气流带走，但如对将被带走的颗粒通过分离器加以捕集并使之重新返回床中，就能连续不断地操作，成为循环流化床。

　　循环流化床燃烧技术作为一项高效低污染的新型燃烧技术，近年来发展迅速，这是对传统的层状燃烧（链条炉）和悬浮燃烧（煤粉炉）技术的一个重大革新。由于其在炉内燃烧过程中同时实现脱硫脱硝，排放直接达标，因此在世界范围内得到了迅速发展和广泛的重视。

6.2.1　循环流化床燃烧技术的优点

　　循环流化床燃烧技术在较短的时间内能得到迅速的发展和应用，是因为它具有一些常规燃煤技术所不具备的特点。表6-1为层燃、煤粉燃烧和流化床燃烧三种燃烧方式燃烧特性的比较，从中可以看出，流化床燃烧有别于其他两种燃烧方式的最突出的特点是：燃料适应性广、燃烧效率高、低温燃烧、长的停留时间，以及强烈的湍流混合等。

表 6-1　不同煤燃烧方式的燃烧特性比较

燃烧特性	层燃	煤粉燃烧	鼓泡床	循环流化床
燃烧温度/℃	1100~1300	1200~1500	800~900	800~900
燃料尺寸/mm	0~50	0~0.2	0~12	0~12
气流速度/m·s^{-1}	2.5~3	4.5~9	1~3	4.5~7
燃料停留时间/s	约1000	2~3	约5000	约5000
燃料升温速度/℃·s^{-1}	1	10~10^4	10~10^3	10~10^3
挥发分燃尽时间/s	100	<0.1	10~50	10~50
焦炭燃尽时间/s	1000	约1	100~500	100~500
湍流混合	差	差	强	强
过程控制因素	扩散控制	扩散控制为主	动力控制为主	动力-扩散控制

　　循环流化床以其独特的流体动力特性和结构设计，使其具有许多优点。

　　（1）低温燃烧特性。流化床燃烧和层燃及煤粉燃烧不同，在流化床炉内任何时候都需要有大量的惰性物料（灰、石灰石或沙子等）的储备，这些惰性物料占全部炉内固体物料的97%~98%，可燃物的份额不超过全部床料的2%~3%。因此，在800~900℃的燃烧温度下，如果有足够氧的补充，任何固体燃料都能被燃尽。由于燃料在炉内长时间的停留及床内强烈的湍流混合，故足以保证在800~900℃的条件下流化床锅炉能稳定和高效地燃烧任何燃料。

（2）燃料适应性广。由于流化床锅炉能在 800 ~ 900℃ 的低温下稳定和高效地燃烧任何燃料，因此具有极好的燃料适应性，并保证燃烧过程的稳定和很高的燃烧效率。在流化床锅炉已成功燃烧过任何类型的煤，其中有高灰分高水分的褐煤、低挥发分的无烟煤、各种煤矸石、洗煤泥浆、石煤、各种石油焦、油页岩、泥煤、城市垃圾、油污泥、农林业生物质废料等。

（3）低的污染物排放。流化床锅炉低温燃烧能有效地抑制热力型 NO_x 的生成，而通过分级燃烧又可以控制燃料型 NO_x 的排放，因而，流化床锅炉 NO_x 的生成量仅为煤粉炉的 1/3 ~ 1/4。此外，根据煤的含硫量，在燃烧过程中直接向炉内加入适量的石灰石或白云石，可以达到 90% 以上的脱硫效率。所以，流化床是一种最经济有效的低污染煤燃烧技术。

（4）燃烧强度大。由于流化床燃烧过程中强烈的湍流混合，大大地提高了其燃烧强度，从而提高了单位床面积的热负荷，减小了炉膛的截面积和体积。一般情况下，循环床的炉膛截面热负荷为 $3 ~ 8MW/m^2$。

（5）负荷调节性能好。由于炉内大量热床料的储备，使流化床锅炉具有良好的负荷调节性能，负荷调节幅度大，在低负荷时也能保持稳定燃烧。

（6）易于操作和维护。由于燃烧温度低，灰渣不会软化和黏结，因而不存在炉内结渣的问题，炉膛内不需布置吹灰器。较低的炉膛温度使炉内受热面热流率较低，减少了爆管的机会，燃烧的腐蚀作用也较层燃炉和煤粉炉的小。这些都使得流化床锅炉易于操作和维修。

（7）灰渣便于综合利用。低温燃烧所产生的灰渣具有较好的活性，而且其飞灰和底灰的含碳量低，通常低于 4% ~ 5%，可以用作制造水泥的掺和料或其他建筑材料的原料，有利于灰渣的综合利用。

与其他燃煤技术相比，循环流化床燃烧技术已经基本成熟，制造和运行的成本也比较低，在保证高效燃烧的基础上能显著降低污染物的排放。但是，循环流化床燃烧技术本身还存在以下的缺点：

（1）由于循环流化床锅炉炉膛内的传热系数与沿炉膛高度的气固浓度比密切相关，炉膛上部稀相段的传热系数小于炉膛下部浓相区的传热系数，再加上烟气流速高，床截面积小，因而必须增加炉膛高度，否则炉膛四周的炉墙面积不足以布置必要的受热面，因此增加了锅炉的初期投资。

（2）循环床的气固分离和床料循环系统比较复杂，如旋风分离器尺寸庞大，造价较高，布风板及系统的阻力增加，锅炉自身电耗量大，约为机组发电量的 7%，导致运行费用增加。

（3）由于床内流速相对较高，固体颗粒浓度大，为控制 NO_x 排放而采用分级燃烧时，炉膛内存在还原性气氛区域等这些因素，受热面与吊挂管处的磨损与腐蚀问题仍需重视。

6.2.2 循环流化床燃烧技术的原理及发展

流化床燃烧技术的核心是在炉膛内形成了一种特殊的气固两相流动状态，即流化态。固体燃料在此状态下与气体、受热面、固体颗粒之间发生强烈的传质或传热作用，并剧烈燃烧，从而具备了区别于其他常规燃烧技术的特点。

流态化现象指固体颗粒在气流的作用下，与气体接触混合并进行类似流体运动的过程。在实际工业应用中，一般使空气通过床层底部的布风板将固体颗粒吹起，从而实现流态化。当通过固体颗粒层的气流速度发生变化时，气固系统的混合状态也会发生变化，从一种流态转变为另一种流态，一般可分为固定床、流化床、气力输送等。对于流化床，对应流态化的不同阶段，又可细分为散式流化床、鼓泡流化床、腾涌、湍流流化床和快速流化床。

固定床阶段时，煤块组成的床层在布风板上静止不动，固体颗粒之间没有相对运动，随着气流的增加，床层高度并不改变，由于气体对颗粒具有曳力，因此气体通过床层时会有压力损失，且随着气流速度的增加而增加。

当通过固定床的气流速度进一步增加，气体对颗粒的曳力也增加，当等于颗粒的重力减去浮力时，颗粒便被吹起，床层开始膨胀，此时固定床转变为初始流化床状态。在流态化初期，床层平稳均匀膨胀，并有一定的界面，颗粒有均匀的小幅波动，床层呈现类似液体的特征。

当气体流量继续增加，多余的气体在床层内以气泡的形式上行，上行过程中发生合并增大。当气泡上升到床层表面时发生爆破而溢出，并将其夹带的部分颗粒抛入床层上部空间，这种现象称为鼓泡。在鼓泡流化床中，颗粒在一定床层高度的范围内上下翻滚，类似于液体在沸腾时的状态，所以又称为沸腾床。

对于给定的床层，当气流速度或床层增加时，气泡尺寸也不断增加。如果床截面较小，气泡尺寸可能会增大至与床直径或床宽相差不大，此时称为腾涌现象。腾涌形成的一个必要条件是最大稳定气泡尺寸大于床径的 0.6 倍，因此对于床径较大或高度较小的床层，或已经达到最大稳定气泡尺寸的系统，鼓泡流化床有可能不发生腾涌现象而直接过渡到下一阶段。

在鼓泡床和腾涌时，由于气泡的合并和分裂，床层压力存在较为明显的压力波动。当气流速度继续增加时，压力波动又开始减小，大的气泡消失。这个过程中的床层状态称为湍流流化床。与鼓泡床相比，湍流流化床的特点是其床层界面已经模糊，大量的颗粒被抛入并弥散在床层上方的悬浮空间。

如果进一步提高气体流速，气流中夹带的颗粒量将进一步增加，此时已经很难确定床层的表面。如果不及时补充床料，全部固体颗粒会被带出炉膛。在这个过程中，床层被称为快速流化床，快速流化床具有气固接触好、床截面颗粒浓度分布均匀的优点。如果在炉膛后将带出的颗粒通过分离和再循环方式送回炉内，以维持床内固体颗粒稳定均匀地分布状态，则可实现循环流化床的工作方式。

当气流速度已达到输送速度，且固体颗粒浓度相对较低时，固体颗粒会均匀地分散在气流中并独立地运动，煤粉燃烧即可理解为气力输送状态下的燃烧过程。

流化床是一种特殊的气固混合运动形式，当气固系统处于流态化状态时，气固混合形成的床层具有类似于流体的性质。密度小于床层平均密度的物体会浮在床面上，而密度大的则下沉；床内固体颗粒可以像液体一样，从底部或侧面的小孔中喷出。在流化床阶段，床层压降为常数，床层颗粒的质量完全由气体拖曳；在流化床由鼓泡流态化向快速流态化转变的过程中，床层孔隙率一直增大。

对比鼓泡流化床，循环流化床的固体床料密度要低，在鼓泡床工况下固体颗粒基本只漂浮在床层内，气固之间有很大的相对速度，床料密度只取决于流化速度。而在循环流化床工况下，床层几乎弥散整个炉膛空间，固体颗粒也具有同样向上的流动，气固之间的速度差为滑移速度，床料密度不单取决于流化速度，还与固体颗粒的质量流量有关。循环流化床的显著特点是其颗粒的聚集和团聚作用，以及因此而形成的固体颗粒的内循环。在循环床内细颗粒发生团聚形成大粒子团，这些粒子团具有较大的沉降终端速度，在炉膛近壁区逆着气流沿炉墙向下运动；同时在此过程中被上升气流重新打散为细颗粒，并随之向上运动。这样粒子团不断聚集、下沉、吹散、上升、再聚集，形成很有特点的内循环。内循环存在时的循环流化床比鼓泡流化床具有更为强烈的热量和质量交换。

循环流化床锅炉基于循环流化床原理对燃料的燃烧进行组织，以携带大量高温固体颗粒物料的循环燃烧为主要特征。其基本组成部分有供料设备、布风板、炉膛、分离器、回料机构以及各类受热面等。在循环流化床燃烧过程中，经过预热的一次风经过风室由炉膛底部穿过布风板进入炉膛，将布风板上方的固体床料流态化，因此一次风又称流化风。燃料夹杂在充满整个炉膛的惰性床料中燃烧，炉膛下部为颗粒浓度较大的密相区，上部为颗粒浓度较小的稀相区，较细小的颗粒被气流夹带飞出炉膛，并由气固分离装置分离收集，收集的飞灰颗粒经分离器下的回料管和飞灰回送器送回炉膛循环燃烧；烟气和未被分离捕捉的细颗粒物进入尾部烟道，与尾部受热面进行传热冷却，并进行相关烟气净化处理后排出锅炉系统。图6-4为循环流化床锅炉运行示意图。

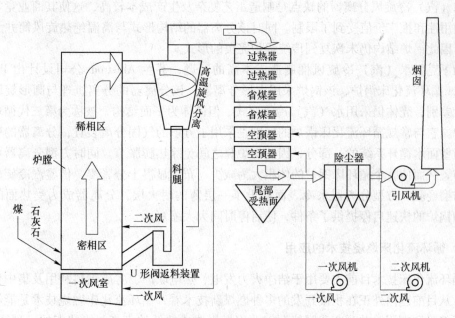

图 6-4 循环流化床锅炉运行示意图

主循环回路是循环流化床锅炉的关键，其作用是将大量的高温固体物料从气流中分离出来，送回燃烧室，以维持燃烧室稳定的流态化状态，保证燃料和脱硫剂多次循环、反复燃烧和反应，以提高燃烧效率和脱硫效率。主循环回路不仅直接影响整个循环流化床锅炉的总体设计、系统布置，而且与其运行性能有直接关系。分离器是主循环回路的关键部件，其作用是完成含尘气流的气固分离，并把收集下来的物料回送至炉膛，实现灰平衡及热平衡，保证炉内燃烧的稳定与高效。因此，循环流化床锅炉的性能取决于分离器的性能。人们通常把分离器的形式、工作状态作为循环流化床锅炉的标志。

绝热式旋风分离器循环流化床锅炉是德国 Lurgi 公司较早开发出来的，锅炉的桶身采用保温、耐火及防磨材料砌装而成。应用绝热旋风桶作为分离器的循环流化床锅炉被称为第一代循环流化床锅炉，这种分离器具有相当好的分离性能，使用这种分离器的循环流化床锅炉具有较高的性能。但这种分离器也存在一些问题，主要有旋风筒体积庞大，因而钢耗较高、锅炉造价高、占地较大、旋风筒内衬厚、耐火材料及砌筑要求高、用量大、费用高；启动时间长、运行中易出现故障；密封和膨胀系统复杂，尤其是在燃用挥发分较低或活性较差的强后燃性煤种时，旋风筒内的燃烧导致分离下的物料温度上升。

为保持绝热旋风筒循环流化床锅炉的优点，同时克服该炉型的缺陷，美国 Foster Wheeler 公司设计出了水（汽）冷旋风分离器。应用水（汽）冷分离器的循环流化床锅炉被称为第二代循环流化床锅炉。该分离器外壳由水冷或汽冷管弯制、焊装而成，取消了绝热旋风筒的高温绝热层，代之以受热面制成的曲面及其内侧布满销钉涂一层较薄厚度的高温耐磨浇注料，壳外侧覆以一定厚度的保温层。水（汽）冷旋风筒可吸收一部分热量，分离器内物料温度不会上升，甚至略有下降，同时较好地解决了旋风筒内侧防磨问题。该公司投运的该类型循环流化床锅炉从未发生回料系统结焦的问题，也未发生旋风筒内磨损问题，充分显示了其优越性。

水（汽）冷旋风分离器的缺点是制造工艺复杂及生产成本较高，这使其商业竞争力下降，通用性和推广价值受到了限制。同时该分离器的结构形式与高温绝热旋风筒并无本质差异，因此锅炉结构仍未恢复到传统锅炉完美的形式。

为了克服水（汽）冷旋风桶制造成本高的问题，芬兰 Ahlstrom 公司设计出 Pyroflow Compact 循环流化床锅炉，该锅炉采用方形分离器。该分离器的分离机理与圆形旋风筒本质上无差别，壳体仍采用水（汽）冷管壁式，但筒体为平面结构，被称为第三代循环流化床锅炉。它与常规循环流化床锅炉的区别是采用了方形的气固分离装置，分离器的壁面作为炉膛壁面水循环系统的一部分，因此与炉膛之间免除热膨胀节。同时方型分离器可紧贴炉膛布置从而使整个循环床锅炉的体积大为减少，布置显得十分紧凑。借鉴汽冷旋风筒成功的防磨经验，方型分离器水冷表面敷设了一层薄的耐火层，分离器成为受热面的一部分，为锅炉的快速启停提供了条件，使启停时间大大缩短。

6.2.3　循环流化床燃烧技术的应用

循环流化床技术目前主要用于洁净火力发电、热电联产、劣质燃料利用及集中供热等方面。从目前国内外正在积极开发的多种燃煤新技术看，循环流化床燃烧技术是能够被国内广泛接受和应用、并改变我国能源工业因燃煤造成的低效率高污染状态的一种新技术，能切实地体现其重大的经济、社会效益和环保效益。

我国早在 20 世纪 70 年代就开始研究和开发流化床燃烧技术，经过 30 余年的研究实践，已经成功开发研制了 20t/h、35t/h、65t/h、75t/h、130t/h、220t/h 等各容量级的循环流化床锅炉。我国在循环床燃煤技术发展方面进展较快，1996 年在四川内江高坝电厂引进的 410t/h 循环流化床电站锅炉标志着中国电力生产的主体接受并介入循环流化床技术。

河南新乡火电厂 440t/h 循环流化床锅炉由哈尔滨锅炉厂引进技术制造,是国内第一台超高压一次再热循环流化床锅炉,已在 2002 年底试运行。

目前,国际上已有千余台不同容量的循环流化床锅炉投运,运行状况令人满意,获得了可观的收益。我国更是有超过 1000 台循环流化床锅炉在运行,虽然绝大多数的容量是在 220t/h 及以下,但是数量十分可观。各循环流化床锅炉制造厂家和研究机构都十分重视循环流化床锅炉的大型化。目前 300MW 等级循环流化床锅炉已经有几个示范工程。大容量亚临界循环床自然循环锅炉技术已趋于成熟,蒸汽参数为 18.3MPa 的 300MW 循环床自然循环锅炉现已投入运行。

大型电厂普遍采用的煤粉燃烧锅炉是沿着低压—高压—再热—亚临界—超临界这条路线发展起来的。由于循环流化床锅炉的低温燃烧,炉膛中的热流比传统炉膛低很多,这就使超临界直流循环流化床锅炉可以在相对低的质量流速和相对高的工质温度条件下工作。在循环流化床锅炉中,炉膛是唯一的蒸发器,没有水平管簇,炉膛的固有特点决定了它在超临界运行中的显著优势。

超临界蒸汽循环可以提高热效率、减少排放、减少泵的电耗。循环流化床技术具有燃料的灵活性、低的排放、高的可靠性和成熟的设计特性等优点。超临界循环流化床锅炉结合了二者的优势,因此超临界循环流化床锅炉成为国际上的研究热点问题之一。

国际上多家循环流化床厂家均开展了超临界循环流化床的研究。循环流化床及超临界均是成熟技术,二者的结合相对技术风险不大,结合后的生产技术综合了循环流化床低成本污染控制及高供电效率两个优势,因此,其商业前途十分光明。超临界循环流化床在国外燃料价格、材料成本、制造水平上具有巨大的商业潜力,是一个异军突起的新方案。超临界循环流化床技术实现难度低于超临界煤粉炉,由于燃烧室内热负荷低,有可能以相对简单的本生炉垂直管方案构成燃烧室受热面,而且,低质量流率带来的低阻力降可能使其在低负荷亚临界区具有自然循环性质。

通过对国内外循环流化床燃烧技术应用的分析,循环流化床技术主要集中在以下几个领域应用和发展。

(1)在电站锅炉领域的应用与发展。循环流化床燃烧是介于鼓泡床燃烧和煤粉悬浮燃烧之间的一种燃烧方式,具有燃烧效率高、低污染的优点,克服了鼓泡床锅炉难大型化和煤粉炉燃烧脱硫、脱硝费用高等缺点。目前,世界上已有千余台循环流化床锅炉投入运行,并在向大型化方向发展。

(2)在工业锅炉、窑炉中的应用。常规流化床、循环流化床具有清洁、高效和燃料适应性好等优点,在工业锅炉、窑炉中得到广泛应用。如流化床锅炉能燃烧化肥厂造气炉的炉渣,在我国几乎每个小化肥厂都有一台常规流化床锅炉或循环流化床锅炉。窑炉工业往往使用劣质煤和工业锅炉炉渣,而流化床锅炉恰恰具有能够燃烧劣质燃料的优点,这就为流化床燃烧技术在窑炉中的应用创造了条件。

(3)在焚烧废物中的应用。各种固体、液体、气体废物的热值一般偏低,还由于燃烧产物会给大气带来污染,不宜用其他燃烧方式燃烧。流化床能烧低热值燃料,对燃烧产物中的有毒气体成分易于控制,近几年已逐渐得到应用。

(4)在水泥工业中的应用。我国的劣质煤和煤矸石资源十分丰富,这些燃料的灰成分与水泥物料的成分十分相近。我国已成功在流化床中利用劣质煤和矸石制造水泥。主要途径有两条：一是在劣质煤中加入一些钙质材料，然后将其磨成粉，再成球，经流化床煅烧后直接得到胶凝水泥；另一种方法是采用流化床燃烧后的炉渣加一些钙质原料经蒸汽养护和煅烧脱水之后生产高质量水泥。

除以上几个方面，流化床燃烧技术还应用于煤的气化液化、生物质的气化液化的等方面。综上所述，发展流化床燃烧技术具有提高燃烧效率，扩大对燃料的适应性，改善环境性能等优点，是一种洁净燃烧技术、绿色燃烧技术，相信在今后将会得到更加广泛的应用。

6.3　水煤浆燃烧技术

水煤浆是应对 20 世纪 70 年代世界石油危机而出现的一种煤基流体燃料。当时，以石油为主要能源的西方各国受到了很大冲击，人们纷纷研究以煤代油的策略，因而便把注意力转向物理加工的煤浆燃料技术，而水煤浆就是一种低成本、见效快、技术相对简单的替代产品，同时也是一种煤的间接洁净燃烧技术。

水煤浆是由 65%~70% 的煤粉和 29%~34% 的水及 1% 左右的化学添加剂制备而成的浆体，是新型洁净环保燃料。水煤浆加工简单，不存在自燃着火、粉尘飞扬等问题，可以实现 100% 代油，且与油一样雾化燃烧，因此，原有的锅炉只要简单地改造即可燃用水煤浆。水煤浆具有良好的流动性、稳定性，易运输，可减少运输途中的损失，节省储煤场地，特别是可以采用液体燃烧方式用泵和管道输送。在水煤浆加工过程中可以进行不同程度的脱灰脱硫处理，燃烧温度又比一般煤粉温度低 200℃ 左右，因此燃烧时排放的 SO_2、NO_x 可以大大减少。

水煤浆作为一种燃料，必须具备某些便于燃烧、使用的性质。水煤浆的含煤浓度高，通常在 65%~70%；为便于泵送和雾化，黏度要低，通常要求在 $100s^{-1}$ 剪切率及常温下表观黏度不高于 $1000 \sim 1200 mPa \cdot s$；为了防止在储、运过程中产生沉淀，应有良好的稳定性，一般要求能静置存放一个月不产生不可恢复的硬沉淀；为提高煤炭的燃烧效率，一般要求煤粒的粒度上限为 $300 \mu m$ 的含量不少于 75%。目前，根据中华人民共和国国家标准《水煤浆技术条件》（GB/T 18855—2002），将水煤浆划分为三级，其技术要求见表 6-2。

表 6-2　水煤浆划分的技术要求

项　目		技　术　要　求		
浓度 C/%		Ⅰ 级：>66.0	Ⅱ 级：64.1~66.0	Ⅲ 级：60.1~64.0
黏度 η（在浆体温度20℃，剪切率 $100s^{-1}$ 时）/mPa·s		<1200		
发热量 $Q_{net,cwm}$/MJ·kg^{-1}		Ⅰ 级：>19.50	Ⅱ 级：18.51~19.50	Ⅲ 级：17.00~18.50
灰分 A_{cwm}/%		Ⅰ 级：<6.00	Ⅱ 级：6.00~8.00	Ⅲ 级：8.01~10.00
硫分 $S_{t,cwm}$/%		Ⅰ 级：<0.35	Ⅱ 级：0.35~0.65	Ⅲ 级：0.66~0.80
煤灰熔融性软化温度 ST/℃（适合于固态排渣方式）		>1250		
粒度	P_{cwm}（+0.3mm）/%	Ⅰ 级：<0.03	Ⅱ 级：0.03~0.10	Ⅲ 级：0.11~0.50
	P_d（+0.075mm）/%	≥75.0		
挥发分 V_{daf}/%		Ⅰ 级：>30.00	Ⅱ 级：20.01~30.00	Ⅲ 级：≤20.00

6.3.1 水煤浆燃烧特性

雾化喷嘴是水煤浆燃烧的关键技术，雾化性能的好坏直接影响水煤浆能否顺利着火和燃烧，燃烧效率是否满足要求。国内雾化喷嘴主要有三种形式：旋流内混型、Y 型、冲击式多级雾化型。目前正在开发的新型雾化喷嘴具有防堵、不怕磨损的特点，并具有良好的雾化与燃烧性能。

水煤浆燃烧过程一般先通过雾化器将水煤浆雾化成细小的浆滴，一个浆滴通常包括若干细小的煤粉颗粒，进入炉膛后，浆滴受热蒸发，将煤粉颗粒暴露在炉膛内，然后发生与煤粉炉内煤粒类似的燃烧过程，直至燃尽。

在雾化器喷口处水煤浆呈雾矩形燃烧；进入炉膛后雾矩燃烧一般要经历以下过程，首先雾矩在高温烟气对流及辐射作用下迅速升温，并开始水分蒸发，煤粉颗粒发生结团；当温度升高到 300～400℃时，其中的挥发分开始析出并率先着火，形成火焰；此后进入强烈燃烧阶段，同时焦炭开始燃烧，直至彻底燃尽。图 6-5 所示为水煤浆的雾矩形燃烧示意图。

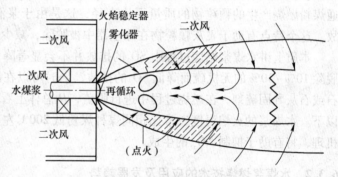

图 6-5　水煤浆的雾矩形燃烧

与传统的煤粉炉内煤粒的燃烧相比，水煤浆燃烧主要有以下特点。

（1）水煤浆中含有 29%~34% 的水分，水煤浆着火前需要多余的热量蒸发水分，同时由于水煤浆雾矩的入口速度相当高，一般为 200～300m/s，是普通煤粉炉一次风的近 10 倍，所以尽管水分蒸发得很快，但仍存在 0.5～1m 的脱火距离，这是水煤浆燃烧组织的关键。

（2）虽然水分蒸发会浪费部分热值（约占 3%~4%），但从其后的挥发分析出燃烧及焦炭燃烧来看，水煤浆的燃烧特性要优于普通煤粉燃烧。这是因为水分蒸发时，煤粒之间发生结团形成了多孔性结构，其表面积和微孔容积都要比煤粉颗粒大，从而有利于挥发分的析出，提高焦炭的燃烧速度。

（3）水煤浆的燃烧火焰稳定，但燃烧火焰温度低。水煤浆的雾化燃烧可以使其流动组织更加稳定，而能达到良好的稳定着火与燃烧。同时由于水分的存在，使得其火焰温度平均比煤粉火焰低 100～200℃。

（4）水煤浆具有与煤粉一样的燃尽水平和燃烧效率。水煤浆的燃烧效率除了受煤质自身因素影响外，还与雾化质量、水煤浆水分、受热条件等因素有关。由于水分蒸发的影响，即使在较低的火焰温度下，水煤浆的燃烧速度也要比煤粉高，其燃烧效率与煤粉燃烧相当，对于大型水煤浆锅炉可以稳定达到 99% 以上。

在影响水煤浆燃烧过程的各个因素中，影响最大的是其雾化特性和特殊的配风要求。水煤浆的雾化效果越好，浆滴粒径越小越容易着火，燃烧效率越高，从表 6-3 可以看出，雾化尺寸越小，水煤浆的碳转化率越高，可见雾化器（雾化喷嘴）是水煤浆燃烧中最为重要的设备。

表6-3 水煤浆的雾化效果与燃烧特性

煤粒尺寸/μm	雾化尺寸/μm	火焰温度/℃	飞灰尺寸/μm	碳转化率/%
15	105	1538	44	98.2
15	72	1566	27	98.9
15	61	1510	13	99.9

水煤浆燃烧会产生飞灰颗粒物、SO_2、NO_x 等大气污染物。但由于水煤浆中的煤粒在制备过程中经过了洗选，以及水煤浆燃烧温度低等原因，使得水煤浆燃烧所造成的污染情况要好于普通煤粉燃烧。

水煤浆燃烧形成飞灰颗粒物的污染总量与相同煤种煤粉燃烧相比并没有明显减少，而且在替代层燃炉时还有提高。但水煤浆燃烧生成的飞灰颗粒物的质量平均直径通常大于普通煤粉燃烧产生的颗粒物的质量平均直径，这是由于浆滴蒸发时煤粉颗粒发生结团的缘故。这个特点有助于飞灰颗粒物在除尘器中被脱除，减少其最终排放量。

本质上讲水煤浆燃烧过程中 SO_2 的排放并不会显著降低。水煤浆一般在燃烧前即可以脱除 10%~30% 的无机硫而降低 SO_2 的排放，同时可以在制浆过程中加入一定比例的石灰石或石灰乳固硫剂，在燃烧过程中进行脱硫，从总体上看，水煤浆燃烧的总脱硫率在30%以下。水煤浆的火焰温度通常比相同煤种煤粉低200℃左右，根据燃煤过程中 NO_x 的生成机理，将有助于抑制 NO_x 的生成。

6.3.2 水煤浆燃烧技术的应用及发展趋势

水煤浆的用途主要有两个方面：燃料和化工原料。水煤浆可以用于电站锅炉、工业锅炉、轧钢炉等替代油燃烧，而代油的形式可分为两种：一是将原来的锅炉改造成燃烧水煤浆的锅炉；一种是制造专用燃烧水煤浆的锅炉。多年来，水煤浆已先后成功地在电厂锅炉、工业窑炉和锅炉上进行燃烧取得了成功。如山东的白杨河电厂锅炉是燃煤改燃油后又改烧水煤浆的锅炉，已稳定燃烧多年，燃烧效率达到98%以上；北京燕山石化公司动力厂第三热电站一台高温高压锅炉改为燃烧水煤浆，燃烧效率大于99%。

水煤浆是由煤浆燃料派生演化而来的，世界上关注煤浆已有数十年的历史。由于我国煤炭资源丰富，水煤浆以加工方法简单、高浓度、高稳定性、高流动性、低黏度、低污染的特性已成为一种理想的液态煤炭产品，目前水煤浆技术已呈现多元方向发展。

（1）水煤浆的燃用向多用途方向发展。水煤浆不仅作为一种代油燃料在电站锅炉、工业锅炉上燃用，而且要开发研究多种燃烧技术，在特定的条件下代替煤炭、天然气燃烧。

（2）水煤浆的燃用向大型化、系统化方向发展。高浓度水煤浆管道输送技术的发展，加快了管道输送端大型用户燃油或燃煤锅炉的改造，加快了水煤浆专用锅炉及炉前配套装置的研制。目前在广东的东莞、佛山、汕头、茂名、湛江等地区及福建、江浙一带建设百万吨级及以上用户型（区域性）大型水煤浆厂的速度正在加快。

（3）水煤浆的燃用向高效率、低污染的方向发展，讲究系统化、追求综合经济效益。如国家水煤浆工程技术中心等单位在制浆工艺中引入的强破少磨、分级研磨和细浆返磨的工艺以及选择干磨和湿磨配合并举的流程，都可有效提高破磨能力，降低入磨细度，减少磨矿能耗。

（4）制浆原料向低阶煤、配煤和生物质浆液发展。根据我国的煤炭资源和煤炭生产情况，为确保制浆用煤的供应量，制浆用煤应选择动力煤，定位于低阶煤。配煤制浆可以一种煤之长补另一种煤之短，使煤种间个性互补。选择造纸黑液、工业废水（污水）及城市污泥等废弃物以一定比例与煤粉混合，通过特定的制浆工艺制备出可供炉窑燃用的煤浆，不仅可实现废弃物资源的利用，还可节省原料煤和制浆用水，降低生产成本，市场发展潜力巨大。

（5）新的制浆工艺增加了水煤浆品种。随着制浆技术不断进步，为了拓宽制浆煤种，针对不同原料煤的特点，采用扬长避短的技术处理措施，研发出了"多破少磨、分级研磨"、"强化超细磨，加强搅拌、剪切"及"多磨机并联、优化级配"等新制浆工艺，并创造了"一种利用低阶煤制备高浓度水煤浆的方法"、"生物质煤浆制备工艺技术"、"多元料浆二次湿磨制浆工艺"等多项国家专利；同时派生出了如神华环保型水煤浆、低挥发分煤浆、褐煤煤浆、生物质煤浆、气化用煤浆、多元气化料浆及速溶煤粉等。

运用日趋成熟的"优化级配制浆工艺技术"，将国际上认为不能用作制取高浓度煤浆的低阶煤种制备生产出高浓度水煤浆，充分显示了我国水煤浆制浆技术在近几年来所取得的进步与创新，对于进一步扩大制浆用煤选择范围，推动水煤浆产业化发展具有积极意义。

6.4 煤的分离燃烧技术

煤不仅是燃料而且还是重要的化工原料，煤中含有 200 多种化工成分，其中较为常见的有苯、酚、萘、蒽和轻油等。因此，在煤的燃烧过程中，不仅应脱除硫、氮等引起污染的成分，还要提取煤中有用的化工成分，实现能源的清洁利用。目前已有学者提出了锅炉洁净燃煤的新方案——分离燃烧技术。

6.4.1 分离燃烧的基本原理

煤分离燃烧即煤热解分离燃烧，特点是将煤先干馏后燃烧，因此它是一种间接燃烧方式。分离燃烧可应用于工业锅炉和电站锅炉等燃烧设备。应用于工业链条炉时，须将链条炉的炉排加长，并在锅炉前加一干馏室，在炉膛四周还须安装煤气燃烧器。

锅炉在运行时，原煤首先在锅炉的干馏室中加热裂解。原料煤由给煤装置均匀落在干馏室料层上面，吸收向上流动高温粗煤气的热量和干馏室底部着火焦炭层放出的辐射热，逐渐升温热解。煤的热解分为三个阶段：第一阶段，相当于室温 - 300℃，为干燥脱气阶段。在 105℃ 以前，主要析出吸附气体和水分；在 200 ~ 300℃ 时析出热解水和气态产物，如 CO 和 CO_2 等，同时有微量的焦油析出；在接近 300℃ 时开始发生热解反应，烟煤和无烟煤在这一阶段基本没发生变化。第二阶段相当于 300 ~ 600℃，以解聚和分解反应为主，煤黏结形成半焦，并发生一系列变化。在 300 ~ 550℃ 时，开始大量析出焦油成分，另有大量气体成分，其中主要为 CH_4 及其同系物，还有不饱和烃和 CO、CO_2 等初次挥发物；一般在 450℃ 前后析出的焦油含量最大，在 450 ~ 600℃ 时气体析出最多；当温度升高到 500℃ 左右，胶质体分解缩聚，固化为半焦。第三阶段相当于 600 ~ 1100℃，是半焦变成焦炭的阶段，以缩聚反应为主，焦油量极少，挥发分是煤气。700℃ 后煤气成分主要是 H_2，750 ~

1000℃时，半焦变成高温焦炭，焦炭向下进入着火层时，温度可骤升到 1000～1200℃，着火后的焦炭被炉排带入炉内燃烧。焦炭着火所需空气主要由炉排上供给，若需要还可由干馏室下部备用辅助送风管供给部分空气。

从干馏室顶部排气管排出的高温煤气含有灰尘、焦油、萘、苯、H_2S、NH_3 等物质，称为粗煤气。若直接燃烧粗煤气，不仅浪费能源，而且会污染环境。为合理、有效地利用粗煤气，需先将高温粗煤气通过粗煤气净化精制系统获得有用的化工产品，同时除掉大部分的硫、氮，获得净煤气，最后送回炉内燃烧。为满足干馏室内煤热解所需的温度条件，部分净煤气需通入干馏室的辅助煤气燃烧器内燃烧放热。

分离燃烧链条炉不仅污染少，而且可在供热的同时对外供应煤气、焦炭和许多化工产品，增加了锅炉的功能，提高了锅炉运行的经济效益，从节约能源的角度出发，实现了对煤的综合利用和洁净燃烧。

6.4.2　分离燃烧技术的性能分析

分离燃烧技术中，煤的热解、燃料燃烧和粗煤气精制都是可以直接利用的技术，这三种技术的衔接也容易实现，分离燃烧技术的关键是给煤速度、热解速度和燃烧速度的一致。

在热解的过程中，不断伴随着脱硫反应。一般认为，松散结合的有机硫分解温度为 300～400℃，紧密结合的硫的分解温度为 480～500℃。煤中的黄铁矿 FeS_2 的分解温度为 400～450℃。煤中硫的含量一般在 0.25%～3% 之间，煤经过高温热解，煤中的 40%～70% 的硫被脱除，析出的硫以 H_2S 的形式存在于粗煤气中，精制后的煤气中 H_2S 的浓度大大降低。

煤中的氮的含量一般在 0.5%～2.5% 之间，煤热解时，一部分氮以胺类和氰类的气态氮化合物与挥发分一起释放出来，其余的氮仍残留在半焦中。在 1000～1200℃时，煤中含氮量的 50% 转入到煤气中，主要以 NH_3 的形式存在，并能在粗煤气净化精制过程中被回收。残留在半焦中的氮较燃料煤中的含氮量少，因而可降低烟气中的 NO_x 的含量。

由于煤热解和粗煤气的精制，导致烟气中 SO_x 和 NO_x 的含量比直接燃烧锅炉烟气中含量低。焦炭与煤气在炉膛内燃烧，可增加炉膛火焰充满度，提高炉内温度，且焦炭燃烧产生的炭黑粒子少，因而烟气中飞灰及可燃物浓度大大降低，减少对环境的污染。

6.4.3　分离燃烧技术的应用前景

煤分离燃烧技术先将煤通过热解获得粗煤气，粗煤气经过煤气净化系统提取多种有用的化工产品后成为净煤气，净煤气和煤热解后产生的焦炭可在锅炉内实现洁净燃烧，不仅可实现对煤的综合利用，而且可大幅度降低燃烧过程中 SO_x、NO_x 和烟尘的排放，从而有效地降低煤炭利用中对环境造成的污染，实现能源利用、环境保护和资源开发并重并举。作为一项清洁高效的锅炉燃煤技术，分离燃烧技术推广及应用的前景较广。

思　考　题

6-1　我国提出煤的洁净燃烧的原因是什么？

6-2 简述低 NO_x 燃烧技术的机理。

6-3 简述降低 NO_x 排放的方法。

6-4 简述循环流化床燃烧技术的优点及原理。

6-5 水煤浆燃烧技术特征是什么？

6-6 分离燃烧技术基本原理是什么？

6-7 简述分离燃烧技术的性能分析。

参 考 文 献

[1] 王悦汉. 洁净煤技术中的应用前景研究及发展目标 [J]. 煤炭转化, 1994, 17 (3): 23-26.

[2] 孙孝仁. 洁净煤技术发展概述 [J]. 科技情报开发与经济, 1997 (3): 12-14.

[3] 成玉琪, 俞珠峰, 吴立新, 等. 中国洁净煤技术发展现状及发展思路 [J]. 东方锅炉, 2000 (3): 22-26.

[4] 赵嘉博, 刘小军. 洁净煤技术的研究现状及进展 [J]. 露天采矿技术, 2011 (1): 66-69.

[5] 明古春, 王鹏, 吴松, 等. 浅谈我国洁净煤技术 [J]. 山西焦煤技术, 2010 (3): 54-56.

[6] 杨冬, 路春美, 王永征, 等. 煤燃烧过程中氮氧化物的转化及控制 [J]. 山西能源与节能, 2003 (4): 14-16.

[7] 宋洪鹏, 周屈兰, 惠世恩, 等. 过量空气系数对燃气燃烧中 NO_x 生成的影响 [J]. 节能, 2004 (1): 12-13.

[8] 毕玉森. 低氮氧化物燃烧技术的发展状况 [J]. 热力发电, 2000 (2): 2-9.

[9] 何华庆, 朱跃, 潘志强, 等. 低 NO_x 燃烧技术 [J]. 锅炉制造, 2000 (4): 34-38.

[10] 朱彤, 饶文涛, 刘敏飞, 等. 低 NO_x 高温空气燃烧技术 [J]. 热能动力工程, 2001 (16): 328-330.

[11] 张起, 杜京武. 低 NO_x 燃烧技术 [J]. 黑龙江电力, 2004, 26 (1): 80-82.

[12] 赵果然, 石艳君. 低 NO_x 燃烧技术探讨 [J]. 锅炉制造, 2003 (3): 15-16.

[13] 沈永庆. 低 NO_x 燃烧技术的研究 [J]. 云南电力技术, 2006, 34 (3): 22-30.

[14] 姚明宇, 车得福, 聂剑平. 煤粉低 NO_x 燃烧技术的机理研究 [J]. 热力发电, 2011, 40 (11): 24-27.

[15] 辛国华, 张卫会, 陈柏军, 等. 低 NO_x 煤粉燃烧器的研究与应用 [J]. 华北电力技术, 1997 (1): 32-37.

[16] 于娟. 低 NO_x 煤粉燃烧器的应用特征研究 [D]. 上海: 同济大学, 2006.

[17] 蔡新春, 郝江平, 武卫红. 煤粉浓缩预热低 NO_x 燃烧器的应用 [J]. 山西电力, 2011 (3): 44-46.

[18] 唐家毅, 卢啸风, 刘汉周, 等. 国外低 NO_x 煤粉燃烧器的研究进展及发展趋势 [J]. 热力发电, 2008, 37 (2): 13-18.

[19] 钟北京, 徐旭常. 低 NO_x 煤粉燃烧器的设计原理 [J]. 动力工程, 1995, 15 (5): 18-23.

[20] 陆方. 切圆煤粉锅炉低 NO_x 燃烧技术的研究与应用 [D]. 上海: 上海交通大学, 2009.

[21] 吕泽华, 徐向东, 曹仁风, 等. 循环流化床燃烧控制系统设计 [J]. 清华大学学报 (自然科学版), 2000, 40 (10): 70-72.

[22] 李军, 卢啸风. 大型循环流化床燃烧技术的最新进展 [J]. 电站系统工程, 2004, 20 (5): 1-4.

[23] 申保明, 张晋轩. 循环流化床燃烧技术的应用 [J]. 煤, 1994, 4 (3): 38-41.

[24] 孙献斌, 黄中. 大型循环流化床锅炉技术与工程应用 [M]. 北京: 中国电力出版社, 2013.

[25] 刘静, 王勤辉, 骆仲泱, 等. 600MWe 超临界循环流化床锅炉的设计研究 [J]. 动力工程, 2003, 23 (1): 2179-2184.

[26] 高新宇, 李振宇. 600MWe 超临界循环流化床锅炉国产化可行性分析 [J]. 锅炉制造, 2007 (2): 28-30.

[27] 石岩. 循环流化床动态特征及控制规律研究 [D]. 南京：东南大学，2009.

[28] 伊晓路，张卫杰，郭冬彦. 稻壳循环流化床燃烧特征研究 [J]. 现代化工，2008，28（增刊2）：165-168.

[29] 魏政. 循环流化床锅炉燃烧效率 [J]. 现代节能，1994（3）：25-29.

[30] 谭力，李诗媛，李伟，等. 循环流化床高浓度富氧燃烧试验研究 [J]. 中国电机工程学报，2014，34（5）：763-769.

[31] 张悦，祁宁，陆诗诣，等. 关于循环流化床烟气脱硫机理的研究 [J]. 辽宁化工，2003，32（4）：172-174.

[32] 李树林，曾庭华，范浩杰. 循环流化床锅炉深度脱硫的经济性研究 [J]. 锅炉技术，2012，43（5）：35-39.

[33] 程郢. 新型洁净代油燃料——水煤浆 [J]. 云南煤炭，2002（2）：21-23.

[34] 贾传凯，王燕芳，王秀月，等. 水煤浆技术的应用与发展趋势 [J]. 煤炭加工与综合利用，2011（4）：55-57.

[35] 梁霏飞，吴国光，孟献梁，等. 煤泥水煤浆制备工艺研究 [J]. 选煤技术，2011（6）：7-10.

[36] 黄波，朱书全，章丽萍，等. 影响水煤浆燃烧固硫的主要因素 [J]. 选煤技术，2004（4）：60-62.

[37] 张荣曾，何为军. 高浓度水煤浆燃料的制备技术 [J]. 佛山陶瓷，2003（4）：11-15.

[38] 程军，彭倩，王爱英，等. 棉籽黑液制备水煤浆的燃料特征分析 [J]. 中国电机工程学报，2012，32（35）：53-58.

[39] 宋行强，陈少波，马振兴. 煤的洁净燃烧——分离燃烧 [J]. 工业炉，2003，25（1）：6-8.

[40] 宋行强，杨冬，马振兴. 锅炉洁净燃煤新方案——分离燃烧 [J]. 节能技术，2003，21：6-7.

[41] 傅维标. 对煤粉浓淡分离燃烧技术的利弊分析 [J]. 电站系统工程，1995，11（2）：22-27.

[42] 傅维标. 对煤粉浓淡分离燃烧技术的分析 [J]. 中国电力，1995（7）：33－36.

[43] 黄蔚雯，蔡培. 煤粉浓淡燃烧的特征分析 [J]. 现代电力，2001，18（2）：18-23.

[44] 张维侠. 水平浓淡分离技术在660MW 超超临界煤粉炉上的应用 [J]. 锅炉技术，2010，41（5）：48-51.

[45] 潘灏，李阳春. 煤粉浓淡分离燃烧技术在燃煤锅炉中的应用 [J]. 浙江电力，2002（2）：18-20.

[46] 吴少华，李争起，孙绍增，等. 低 NO_x 排放的"风包粉"浓淡煤燃烧技术 [J]. 机械工程学报，2002，38（1）：108-111.

7 煤系共伴生矿产资源利用概况

煤系共伴生矿产资源是指在特定的地质条件下，煤层中或煤层上覆、下伏的地层中所富集的矿产资源或者分散性金属元素。这些共伴生矿产的经济价值甚至可能超过煤炭的本身，其重要性日益受到重视。常见的煤炭共伴生资源包括菱铁矿、褐铁矿、黄铁矿、耐火黏土、铝土矿、油页岩、石膏、石灰石以及锗、镓、硒、钍、铀等共伴生元素。为了开发这些矿产资源，应按照"以煤为主、综合勘探、综合评价"的原则，在煤炭资源勘探的各阶段做好煤系共伴生资源的勘查和评价工作；对所发现的各种有益矿产，应在地质报告中予以专门研究，或单独提交地质材料。

7.1 煤系地层共伴生矿产资源

我国的煤系共伴生资源种类很多，分布广泛，多是以煤层夹矸、顶板、底板或单独成层的方式存在，储量十分丰富。

7.1.1 煤铝共生矿

铝土矿是氧化铝行业的主要原料，在我国含煤地层中分布很广，南起云南、贵州、四川，北至山西、河北、河南、山东、辽宁等省区都有煤系铝土矿分布，具有分布广泛、层位众多、资源丰富等特点。煤系铝土矿中的含铝矿物以一水硬铝石型为主。

随着浅部、中深部资源的大规模开发利用，优质易采铝土矿资源日益短缺。为突破资源瓶颈，开发煤系铝土矿资源是重要的替代方案之一。在豫西煤系铝土矿中，铝土矿主要赋存于石炭系本溪组煤层中，含矿岩系由下而上可分三段：下段为铁质页岩，深部为菱铁页岩、黄铁页岩，局部夹"山西式"铁矿；中段为铝土矿层，主要由铝土矿和黏土矿物组成；上部为黏土页岩、粉砂质页岩夹碳质页岩、薄煤层或煤线。山西的煤系铝土矿埋深一般小于300m，但矿层距离主采煤层一般仅有数米到数十米的距离，易受开采活动的影响。从分布面积上来看，煤系铝土矿分布十分广泛，其分布面积远大于常规铝土矿，资源量十分可观。对于煤铝共生矿，采用煤铝联合开采方式可以利用一个工业场地、一套生产系统和一套管理人员组织生产。降低建设投资，节约管理和运营费用，同时减少因分开布置场地而损失的压覆资源，提高资源回收率。

7.1.2 煤系高岭土

7.1.2.1 高岭石的结构

高岭石（图7-1）是煤系高岭土中的主要矿物，其化学组成为 $Al_4[Si_4O_{10}] \cdot (OH)_8$，或 $2Al_2O_3 \cdot 4SiO_2 \cdot 4H_2O$，属三斜晶系的层状结构硅酸盐矿物；多呈隐晶质、粉末状或疏松块状集合体；高岭石的颜色可从白或浅灰色逐渐加深至浅绿、浅黄、浅红等颜色，条痕呈白色，土状光泽；摩氏硬度 2～2.5，密度 2.6～2.63kg/m³；吸水性强，与水结合后具有可塑性，可用于制作陶瓷，还广泛应用于化工填料、耐火材料、建筑材料。

图 7-1　煤系高岭石和煅烧高岭石
a—煤系高岭石；b—煅烧高岭石

7.1.2.2　资源概况

　　煤系高岭土是我国独具特色的资源，多由沉积形成，几乎分布于我国各个聚煤时期的含煤地层，但 80% 以上赋存于华北晚古生代石炭二叠纪煤系中，以煤层夹矸、顶底板或独立矿层形式存在。我国煤系高岭土资源总量约 497.09 亿吨，其中探明储量约 28.9 亿吨，预测可靠储量约 151.20 亿吨，预测可能和推断资源量为 317.5 亿吨。不仅资源可靠，同时还具有较大的经济价值优势。矿床规模普遍较大，如内蒙古准格尔煤田高岭岩矿石储量高达 57 亿吨；安徽淮北的朔里煤矿的储量也在 3000 万吨以上。就品位而言，我国华北石炭二叠纪煤系中的高岭土一般大于 90%，山西大同、陕西蒲白等矿区甚至接近 100%。

7.1.2.3　应用概况

　　加工煤系高岭土的关键技术是超细粉碎和煅烧，目前国内生产煅烧高岭土原料的主要指标要求为：高岭石含量大于 97% 以上、Fe_2O_3 含量小于 0.5%。煤系高岭土分散性良好，耐火度、电绝缘性、化学稳定性及耐磨性好，白度高，广泛应用于各个工业部门。其可能的应用范围包括：（1）日用陶瓷。可用于烧制建筑和卫生陶瓷、电瓷、搪瓷、光学玻璃等。（2）用作建筑涂料、造纸、橡胶、油漆、肥皂及塑料工业的涂料和填料。（3）化肥、农药、杀虫剂等的载体。（4）医药、炼油、玻璃纤维、纺织品的填料，吸水剂，漂白剂。（5）用于化工、石油、冶炼等工业部门制造分子筛的原料，耐火材料与水泥的原料。（6）工业陶瓷及各类特种陶瓷（如切削刀具、钻头、耐腐蚀容器等）的原料。（7）国防工业中利用优质高岭土作原子反应堆、喷气式飞机和火箭燃烧室的陶瓷高温涂料等。在电子器件、香料、化工品制造等行业中也有广泛的潜在用途。其中，油漆和涂料是我国优质煅烧高岭土最主要的应用领域，分别占国内超细高白度优质高岭土消费量的 60% 和 30%。

7.1.2.4　生产现状

　　我国以煤系高岭岩为原料工业规模的煅烧高岭土生产起步于 20 世纪 90 年代，而高岭石含量、白度大于 90%，细度小于 2μm 的双 90 产品在 1998 年前后才开始规模化生产。经过十几年的努力，我国煅烧高岭土工业已经初具规模，生产企业遍布山西、内蒙古、陕西、河南、山东、安徽等省（区）。国内科研院所在煤系高岭土煅烧新技术、新工艺、新设备的研究开发方面进行了大量研究工作，如高浓度湿法超细粉碎设备、间接加热动态煅烧纯化设备，开发出了多种适应不同行业需求的系列化煅烧高岭土产品，推动了我国煅烧高岭土行业的发展。常见的煤系高岭土加工工艺流程如图7-2所示。

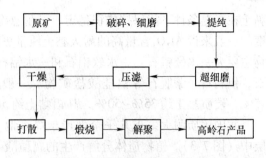

图7-2　煤系高岭土加工流程

（1）煤系高岭土制取白炭黑。白炭黑是一种白色透明、质轻、呈蓬松粉末状的非晶态二氧化硅原料，是重要的精细化工产品，广泛应用于医药、橡胶、塑料制品、日化品等多个生产领域。生产白炭黑的方法主要有以水玻璃为原料的沉淀法和以四氯化硅为原料的气相法。沉淀法，即硅酸钠酸化法，是先将煤矸石（煤系高岭土）细磨至粒度 -0.125mm，将原料矿石与纯碱按一定质量比混匀并在 $1400\sim1500$℃高温之下熔融，产物经水萃浸溶、过滤去杂质、浓缩滤液得到模数为 $2.4\sim3.6$ 的硅酸钠溶液，再加入硫酸，经酸浸、搅拌、pH 值调节、熟化、过滤洗涤、干燥、分选等工序得到白炭黑。

（2）煤系高岭土用于造纸。煤系高岭土煅烧后油墨吸收性好、遮盖率高，可部分替代钛白粉，是造纸工业的优质原料。煤系高岭土煅烧制备的煅烧高岭土适于与高速刮刀涂布机联合使用，随着高速刮刀涂布机的迅速推广，煅烧高岭土的用量呈逐步增加趋势。

（3）煤系高岭土用于涂料工业。作为涂料添加剂，煤系高岭土可降低涂料的黏稠度和沉降速度，还可以提高涂料的流平性、附着性、储存稳定性、涂刷性、抗浮色和发花等多种性能。尤其对于高固体粉涂料，添加高岭土尤其重要。高岭土添加剂的规格品种多样，可用于底漆、面漆，适用于各种光泽、涂层厚度和固体成分的涂料产品。目前我国涂料行业的高岭土用量超过 0.6 万吨/年，随着水性涂料、高固体粉涂料等各种新型涂料问世，高岭土的用量必将进一步提高。

（4）煤系高岭土用于合成分子筛。分子筛是一种具有立方晶格的硅铝酸盐矿物，具有均匀的微孔结构。这些微孔能把比其直径小的分子吸附到其孔隙的内部。分子筛具有选择性吸附极性和不饱和分子的能力，因而可被用于分离不同大小、极性、饱和度的分子，故被称为"分子筛"。由于分子筛具有极高的吸附能力和热稳定性，因此获得了广泛的应用。若以煅烧煤高岭土为原料，利用水热晶化法可以合成 A、X、Y 等不同类型的分子筛，明显简化工艺流程并降低生产成本，其理论与工艺成为近年来国内外学者的研究热点之一。

（5）煤系高岭土用于橡胶工业。在橡胶制品中提高各种配合剂在胶料中的分散程度是确保胶料质地均匀和制品性能优越的关键。改性后的煅烧高岭土与橡胶表面的极性相近，很容易在橡胶基质中分散并发生交联。添加后可改善橡胶产品的力学性能，在特定情况下甚至可以达到类似白炭黑的效果：补强橡胶、提高其硫化效率和加工性能，降低生产成本，故在轮胎、绝缘橡胶等多种类型产品中获得了广泛的应用。

7.1.3　煤系耐火黏土

耐火黏土是指耐火度高（一般大于 1600℃）、可用做耐火材料的黏土或铝土矿。耐火黏土在高温条件下能保持体积稳定，可耐急冷、急热，且具有较好的抗渣性及高温机械强度。一般来说 Al_2O_3 含量高的耐火黏土质量更好、高温强度更高。耐火黏土中的含 Al_2O_3 矿物主要为一水硬铝石、一水软铝石和三水铝石等含铝氢氧化物，也包括赋存于其中的高岭石、伊利石、蒙脱石等铝硅酸盐矿物。一般来说，软质和半软质黏土含 Al_2O_3 约 30%~45%，硬质黏土约 35%~50%，高铝黏土约 55%~70%。

我国优质耐火黏土几乎全部产于煤系地层中（图 7-3）。植物遗体分解产生的腐殖酸有利于含铝氧化物呈胶体状态搬运和迁移，当胶体进入碱性盆地时容易被中和而使其中的含铝组分沉淀富集成为耐火黏土矿或铝土矿，故耐火黏土常以煤层顶底板或夹石层的形式出现。煤系耐火黏土可由成分适合的高铝煤矸石煅烧制得，煤矸石中的 Al_2O_3 和 SiO_2 在 1300℃ 以上的高温下可形成莫来石，过量的 SiO_2 则在冷却后形成石英。随着洪

图 7-3　煤系煅烧耐火黏土

山、博山、山耐等地的常规资源日渐枯竭，煤系耐火黏土的重要性日益提高。

满足成分要求的煤矸石经煅烧后可用于生产普通耐火黏土砖、耐酸（碱）耐火制品及浇注料、火电厂用耐酸砖、陶瓷行业用窑具、烟道闸板、精铸型砂等材料，广泛用于冶金、陶瓷、铸造等诸多工业部门。

7.1.4　煤系膨润土

我国已探明膨润土总储量约 18.39 亿吨，其中煤系膨润土约 8.88 亿吨，占膨润土总储量的 48.29%，是我国膨润土资源的重要组成部分。我国膨润土的主要成矿期与聚煤期重合，很多膨润土都与煤共生。这一时期形成的膨润土质量好，矿层稳定、呈层状或似层状，矿床规模大。煤系膨润土大多以煤层顶底板或夹矸形式存在，便于与煤同时开采。如吉林刘房子煤矿，其晚侏罗世沙河组煤系中的膨润土与煤层紧密共生，厚度大（一般为 3~5m），品位高（蒙脱石含量通常大于 90%），储量 2077 万吨。

我国煤系膨润土的品位较高，经过简单分选即可去除矿石中的杂质石块，干燥后用颚式破碎机破碎至 −20mm，再送入雷蒙磨按不同行业的应用要求磨成各种粒度的矿粉（图 7-4）。

煤系膨润土主要应用于以下几大方面：（1）制备钻井用泥浆。以其配制的泥浆制浆率高、失水少、泥饼薄、含砂量少、密度低、黏结性强、稳定性和造壁能力强、对钻具阻力较小。（2）用作铁矿球团黏结剂。加入 0.5%~5% 钠基膨润土后造球可将铁精矿

图 7-4　煤系膨润土粉末

黏结成球团，用于高炉冶炼比单独使用烧结矿可节省 10%~15% 的熔剂和焦炭消耗。我国球团矿技术发展迅速，已在全国范围内广泛使用。（3）用作铸造型砂黏结剂。膨润土黏结剂的优点是具有较强的抗夹砂能力，可消除型砂易坍塌的不足，有助于提高铸造成品率。（4）用作农药载体和稀释剂。在农药中添加膨润土可提高毒物的分散性，提高农药使用效率。（5）用于油类脱色。由膨润土制成的活性白土脱色剂可用于石油化工、植物油精炼。其主要生产过程是用硫酸或盐酸处理膨润土，溶出其中的钙、镁离子，再经洗涤、干燥和粉碎后制得。（6）制备人造沸石。用酸处理膨润土使之转化为活性硅酸凝胶，再加入一定量铝酸钠和氢氧化钠调整化学组成；使之符合沸石的成分；再经成胶、晶化、过滤、干燥即可制成人造沸石。以煤系膨润土为原料合成的人造沸石在我国已投入规模化生产，产品可代替三聚磷酸钠用于洗涤剂。

7.1.5 煤系硅藻土

硅藻土是由硅藻化石化演变成的硅质沉积岩。硅藻土骨架中的氧化硅类似于蛋白石或含水氧化硅，此外还含有不定量的有机质、可溶性盐及同硅藻一起沉积的造岩矿物颗粒等。我国煤系地层尤其是褐煤地层中伴生有丰富的硅藻土资源，储量约 1.9 亿吨，占硅藻土总储量的 70% 以上。煤层中的硅藻土分布集中、埋藏浅、开采成本低，是一种理想的硅源。硅藻土为微孔结构，孔体积为 $0.4 \sim 0.87 \text{cm}^3/\text{g}$，具有密度低、比表面积大的优点。硅藻土的化学性质稳定，且其对液体的吸附能力很强，吸附量可达自身重量的 $1.4 \sim 4$ 倍。

煤系硅藻土（图 7-5）主要应用于以下几大方面：（1）用作过滤材料。硅藻土制备的过滤材料可广泛用于制糖、酿酒、医药、饮料和污水处理等行业。用作过滤材料的硅藻土必须具备良好的硅藻生物属种。不同属种的硅藻，其微孔数量、大小和排列方式都不同：圆筛藻的周壁上没有孔隙，但在两截面处却分布有大量放射状微孔；直链藻周壁上有规则排列的微孔；针杆藻几乎没有孔隙。故圆筛藻和直链藻是用作过滤材料的最好属

图 7-5 煤系硅藻土粉末

种。用硅藻土作过滤材料，需在 800℃ 左右煅烧去除有机质后破碎至 -1mm，按 1:1 比例与体积分数 20% 左右的硫酸或盐酸混合，并在 90℃ 左右的温度下搅拌浸出，使硅藻土中的黏土矿物与酸作用生成水溶性盐，经过滤、洗涤后在 100℃ 干燥，即得精硅藻土。（2）催化剂载体。在工业上大量使用硅藻土作为催化剂载体，如接触法制硫酸使用的钒触媒、烃基水合催化剂、加氢催化剂等。作此用的硅藻土以直链藻为好，且须先在 800℃ 煅烧，再用硫酸处理。（3）硅藻土的比表面积大，具有很强的吸附能力，可作为吸附剂用于矿物油、动植物油的脱色精炼，或用于污水处理。（4）可用作填料。磨细的硅藻土可作油漆、塑、橡胶、纸张、颜料、牙膏、肥皂等的填料。（5）其他用途。硅藻土还可用于制造绝缘体、研磨材料、水泥等。我国的硅藻土目前主要作为低端产品的原料，综合利用价值还有待进一步挖掘。

7.1.6　煤系石墨

　　我国煤系石墨（图 7-6）成矿条件好，矿床规模大，探明储量居世界首位，占世界总储量的 40%。我国煤系共伴生石墨已探明储量 5000 万吨以上，矿床规模大，成矿地质条件好、品位高，却一直未得到应有的重视。我国煤系石墨广泛分布于湖南、吉林、广东、福建、北京、黑龙江等省市。目前我国煤系石墨开发利用程度低，采煤时采出的石墨原矿被当作矸石遗弃，或者当成煤烧掉，不仅浪费资源而且污染环境，更丧失了开展综合利用的良好资源条件。石墨由于特殊的地质

图 7-6　煤系石墨粉末

成因和性质，一直是军工和现代工业及高新技术发展中不可或缺的重要战略资源，应高度重视石墨资源的合理开发与利用，发展石墨精加工及深加工产品，如彩电显像管石墨乳、制造工业用人造金刚石、电碳制品等，并尽快将资源优势转变为经济优势。

7.1.7　煤系油页岩

　　油页岩是一种含可燃有机质的沉积岩，是重要的煤系共伴生资源。油页岩与煤的差别是灰分高（大部分超过 40%），与普通碳质页岩的差别是含油率高（一般大于 3.5%）。油页岩是在漫长地质年代中由藻类等低等浮游生物、微小动物、高等水生或陆生植物的残体（如孢子、花粉、角质等植物组织碎片）经腐化和煤化作用而生成的。油页岩属于非常规油气资源，因储量大、分布广泛、综合利用价值高而被视作 21 世纪的重要接替能源。据统计，全世界油页岩的储量要比煤、石油或天然气都多。我国是世界上油页岩储量最丰富的国家之一，储量居世界第四位。主要分布于吉林、农安、桦甸，广东茂名和辽宁抚顺，其中仅广东茂名一地的探明储量就达 70 亿吨以上。

　　我国煤系油页岩（图 7-7）的含油率一般在 3.5%~30% 之间，主要用于热解提油，加工技术分为固体热载体法和气体热载体法。其中，固体热载体法大部分仍处于研究阶段，如大连理工大学研究的 DG 干馏技术、ATP 干馏技术等；而绝大多数企业都采用抚顺干馏炉工艺（属于气体热载体法）处理煤系油页岩。该技术比较成熟，能够处理含油率较低的油页岩，但收油率仅能达到 70% 左右。经过热解的油页岩，少量来自有机质

图 7-7　煤系油页岩

的固定碳残留于页岩热解的残渣之中，因此这些热解残渣可作为燃料使用。但因为热值低、着火点高，一般与油页岩或煤混合用作循环流化床燃烧发电原料。由于灰分较高，油页岩热解残渣发电后会产生大量灰渣，其综合利用也受到越来越多的关注。

　　油页岩经低温干馏可以得到类似于石油的页岩油，用于制备汽油、柴油等燃料油。炼

制过程中还可得到许多副产品：硫酸铵可作肥料；酚类和吡啶可用作生产合成纤维、塑料、染料、药物的化工原料；排出的气体，如同煤气一样，可作气体燃料；留下的页岩灰渣，可用来制造水泥熟料、陶瓷纤维、陶粒等建筑用材。综合来说，油页岩可提炼出各种燃料油类，也可炼制出各种合成燃料气体及化工原料，尾渣还可用于制砖、水泥等建筑材料。开发煤系页岩油对于资源枯竭矿山具有重要意义。如龙口矿区，经过 38 年开采其煤炭储量濒临枯竭，而探明的煤系油页岩储量却达 3 亿多吨；油页岩矿层平均厚度 3.7m，含油率大于 15%，相当于 5000 万吨的油田，开发价值巨大。抚顺矿业集团东露天煤矿，探明的煤炭储量 1 亿吨，而油页岩储量却高达 8 亿吨。

我国的煤系油页岩资源储量巨大、开发前景广阔，但目前综合开发利用的程度还很低。尤其是经过煤炭的采动破坏之后，许多油页岩已无法再进行开采，资源浪费严重，迫切需要加强煤系油页岩利用技术和产业化研究工作，提高资源利用率。

7.1.8 含钒石煤

石煤（图 7-8）是藻菌类以及浮游生物等低等生物遗体在还原性环境中经生物化学作用分解，残留下的腐泥质经过不断地积累以及成岩作用而形成的黑色可燃有机岩。石煤钒矿中钒含量很低，绝大多数小于 1%，属于低品位的金属矿、低燃烧值的劣质煤。石煤是一种重要的钒矿资源，它遍布我国湘、鄂、川、黔、桂、浙、皖、赣、陕、甘、晋、豫等 20 多个省、市、自治区。我国的石煤资源极为丰富，探明储量为 618.8 亿吨，其中

图 7-8　石煤

含 $V_2O_5 \geqslant 0.5\%$ 的石煤中 V_2O_5 储量 7707.5 万吨，是我国钒钛磁铁矿中 V_2O_5 储量的 6.7 倍，可作为钒矿资源开发利用。我国部分地区石煤钒矿以及 V_2O_5 储量的分布见表 7-1。石煤提钒是国内获取钒的主要途径之一，但根据目前的工艺技术水平，含钒品位达到 0.8% 的石煤钒矿才具有开采价值。

表 7-1　我国部分地区石煤钒矿储量

省　别	湖南	湖北	广西	江西	浙江	安徽	贵州	河南	陕西	合计
石煤钒矿储量/10^8 t	187.2	25.6	128.8	68.3	106.4	74.6	8.3	4.4	15.2	618.8
V_2O_5 储量/万吨	4045.8	605.3	—	2400.0	2277.6	1894.7	11.2	—	562.4	11797.0

石煤提钒工艺过程由 3 个环节组成：矿石分解、钒富集和精钒制备。矿石分解是石煤提钒工艺的前提，需要根据石煤矿的组成和结构选择矿石分解工艺。依据矿石分解所用试剂性质不同，石煤提钒工艺可分为盐工艺、酸工艺和碱工艺三类。代表性的工艺有石煤钠化焙烧—水浸提钒；石煤氧化焙烧—碱浸—离子交换提钒；石煤酸浸—溶剂萃取提钒。

石煤钠化焙烧提钒工艺始于 20 世纪 70 年代，工艺过程为：石煤预脱碳、破碎、加 NaCl 制备球团、焙烧、加水或稀盐酸浸泡、铵盐沉钒、偏钒酸铵煅烧，最终制得五氧化二钒产品。其优点为：工艺适应性强，生产成本低；其缺点是：焙烧烟气中含有大量

HCl、Cl_2 等有害气体，废水中盐分高，钒回收率一般只有 50% 左右（低钠焙烧时钒的回收率只有 30%~40%）。为减少 HCl、Cl_2 等有害气体及高盐分废水对环境的污染，近年来已开发出固氯钠化焙烧、高温烟气净化及纳滤分离富集钒等新技术。

石煤碱浸提钒工艺适合处理碱性脉石（铁、钙、镁等）含量较高的石煤矿，其工艺过程为：石煤制粒焙烧、常压或加压碱浸、净化、离子交换、铵盐沉钒、偏钒酸铵煅烧，最后制得五氧化二钒产品。常压碱浸过程氢氧化钠的耗量为原矿质量的 5%~6%。碱浸液中 SiO_2 的浓度高达 35~40g/L，是 V_2O_5 浓度的 2~3 倍。V 与 Si 在溶液中易形成杂多酸，采用离子交换或溶剂萃取都无法将二者分离，故碱浸液要先水解除硅，再经离子交换或溶剂萃取富集钒。目前水解脱硅产生的白炭黑难以达到商业标准，不能作为最终产品销售，导致石煤焙烧后常压碱浸提钒工艺生产成本偏高。加压碱浸过程中溶液中的硅易与铝形成铝硅酸钠沉淀析出，从而使得浸出液中钒硅质量比升至 0.65，浸出过程碱的消耗降至原矿质量的 3%~4%。尽管常压、加压碱浸都能将石煤中的钒元素浸出，但石煤氧化焙烧的温度区间窄（850℃±30℃），温度过低无法打开含钒云母晶格，温度过高则导致硅质矿物烧结，且只有预先将 V^{3+} 氧化成 V^{5+} 后 V 元素才会碱浸时进入溶液。因石煤是含碳矿物，焙烧过程温度和气氛均难以控制，很难控制 V 元素的氧化率，因此，实现石煤碱浸提钒工艺的工业化生产仍需加强。

石煤酸浸提钒工艺适合处理酸性脉石（硅、铝等）含量较高的石煤矿。根据矿石分解工艺不同可分为常压酸浸、氧压酸浸、常温常压堆浸、氧化焙烧—酸浸、钙化焙烧—酸浸、低温硫酸化焙烧—水浸等，分解剂一般采用硫酸。石煤中的钒多以类质同象的形式存在于云母中，而云母的晶格只有在高浓度的强酸作用下才能被打开，石煤酸浸过程只有硫酸一级电离产生的氢离子才能参与矿石分解，所以石煤常压酸浸硫酸的利用率一般只有 35%~40%。采用硫酸中加入含氟助溶剂或采用氧压酸浸工艺可以提高酸浸过程中的硫酸利用率。此外，在酸浸前增加石煤低温硫酸化焙烧工序也可有效提高硫酸的利用率。在相同的酸矿比条件下，石煤低温硫酸化焙烧后水浸与石煤直接酸浸或氧化焙烧后酸浸（加入含氟助溶剂）矿石分解工艺相比，钒的浸出率和硫酸利用率最高。这是因为石煤拌入硫酸后再焙烧可最大限度提高硫酸的浓度和反应温度。先将石煤低温硫酸化焙烧后再水浸，虽然增加了一道焙烧工序，但可增加钒浸出率并降低硫酸消耗。

7.2　煤中伴生元素

煤的微量元素组成中有一些珍贵的有益元素，有的已富集到共伴生矿的规模，重要性日益升高。例如，在哈萨克斯坦、吉尔吉斯斯坦和新疆伊犁等侏罗纪含煤盆地中都发现了煤层顶板砂岩层及部分煤层中共生的大型铀矿床，其中有的已形成生产能力。又如，在云南临沧、内蒙古乌兰图嘎矿区和俄罗斯滨海边区所发现的中、新生代大型褐煤-锗矿床，近年在煤中又陆续发现了高度富集的镓、铌、铼、钪等稀有金属元素以及稀土元素和银、金、铂族元素等贵金属元素。这些微量元素要么是潜在的战略矿产资源，要么是在经济上有回收利用价值的有益元素。加强勘查，深入研究其赋存状态、富集规律和回收工艺，有利于充分、合理利用煤炭资源及共伴生的矿产资源，发展循环经济。

7.2.1 铌（Nb）

铌是一种抗蚀性强的高熔点的稀有金属，其具有合金超耐热、超轻等许多优良特性。铌是重要的超导材料，还可用作导弹、火箭和航空航天发动机的重要材料。铌铁合金如图 7-9 所示。

英国煤田中的铌主要赋存于伊利石中，我国安太堡煤的情况与之类似，俄罗斯库兹涅茨煤田煤中铌主要富集在烧绿石和钽铁矿中，土耳其 Beypazary 新近纪含硫褐煤中的铌以有机态铌为主。由此可见，不同煤中铌的赋存状态各不相同，因地而异。

图 7-9 铌铁合金

地壳中铌的克拉克值为 $21\mu g/g$，全球煤中铌的平均含量为 $3.7\mu g/g$，当煤中铌含量不小于 $30\mu g/g$ 时可作为伴生有用矿产评价。世界上一些煤层中富含铌，如俄罗斯库兹涅茨煤田二叠纪煤中的铌含量为 $30\sim50\mu g/g$，而经过燃烧其煤灰中的铌含量可富集到 $180\sim360\mu g/g$；米努辛斯克石炭-二叠纪煤田伊塞克斯煤矿 30 号煤层中铌的含量为 $90\mu g/g$，经过燃烧煤灰中的铌可富集到 $580\mu g/g$。在国内，广西合山柳花岭矿 $4_{下}$ 煤层含铌 $126\mu g/g$，燃烧后煤灰中的铌可富集到 $689\mu g/g$。可见，从煤灰中提取铌可能比直接从煤炭中提取更有效率。

7.2.2 镓（Ga）

镓是典型分散元素，可用于制备光纤通信和显示材料。金属镓如图 7-10 所示。

镓在地壳中的克拉克值为 $16\mu g/g$。在自然界难以形成独立的镓矿床，目前主要从铝土矿和闪锌矿矿床中综合回收镓。全球煤中的镓含量仅为 $5.8\mu g/g$，但煤灰中则可富集至 $33\mu g/g$。根据全国矿产储量委员会 1987 年的规定，煤中镓的工业利用标准为 $30\mu g/g$，而铝土矿为 $20\mu g/g$。部分煤层的镓含量较高，西南地区上二叠统的煤灰中镓含量可达 $63.7\sim401.5\mu g/g$，

图 7-10 金属镓

主要以有机态形式存在，且在小于 $1.3g/cm^3$ 的低密度级煤中含量更高。贵州紫云轿顶山上二叠统煤中镓含量均值为 $375\mu g/g$。贵州织金龙潭组底部 34 号煤含镓 $100\mu g/g$。重庆松藻煤田 11 号煤层，浙江长兴上二叠统若干煤层，宁夏石炭井、石嘴山矿区晚古生代煤层中的镓含量也在 $30\mu g/g$ 以上。俄罗斯米努辛斯克煤田切尔诺戈尔煤矿部分煤层煤中含镓 $30\mu g/g$，但燃烧后煤灰中含镓 $375\mu g/g$；俄罗斯拉科夫斯克煤矿新世煤中含镓 $30\sim65\mu g/g$，而煤灰中含镓 $100\sim300\mu g/g$。

不仅在煤灰，镓元素还可在燃煤飞灰中富集。如美国肯塔基州东南部燃煤电厂的各级

产物中，原料煤煤灰含镓 61μg/g，灰渣中为 26μg/g，而电除尘器所获的飞灰中镓为 169μg/g，镓元素富集于飞灰当中。据报道，部分取自加拿大、以色列和中国的煤烟尘镓的含量也高达 100μg/g 以上。

综上所述，从燃煤副产品，尤其是煤灰和细粒飞灰中提取镓，已经成为被世界关注的镓元素综合回收途径。

7.2.3　铼（Re）

金属铼（图7-11）具有超高的耐热性，在航空航天发动机、高效催化剂和医疗器械等领域有重要应用，属于具有战略价值的矿产资源。

同时，铼也是极度分散的元素，地壳中铼的克拉克值仅为 0.6×10^{-3} μg/g，作为伴生金属利用时，要求矿产中铼的含量不低于 2×10^{-3} μg/g。哈萨克斯坦热兹卡兹干含铜砂岩型铜矿床中，铼局部达到工业品位。当煤中含铼超过 1μg/g 时，可作为有益的伴生铼矿产资源考虑回收。乌兹别

图7-11　金属铼

克斯坦安格连侏罗纪煤中含铼0.2~4μg/g，铼源自盆地周围母岩。塔吉克斯坦纳扎尔-阿依洛克侏罗纪煤产地无烟煤中，低灰煤含铼 2.1μg/g，而灰分较高的煤含铼 3.3μg/g，这表明该地煤中既有有机态铼又有矿物态铼。西班牙埃布罗盆地中的褐煤含铼9μg/g，这种褐煤富含沥青质，性质类似于油页岩。研究发现，淋滤型铀-煤矿床的煤中往往富集铼。哈萨克斯坦下伊犁铀-煤矿床还原带上部富铀矿带中的铼含量为 9.5μg/g，煤层的过渡带下部铼含量均值为 4.2μg/g，这表明煤能够使溶液中高铼酸盐还原并富集。在我国，目前已在河北开滦、山东济宁、山西晋城个别煤矿太原组煤中，贵州兴仁上二叠统个别煤层中以及江西安源上三叠统的个别煤样中，检测出 0.1~0.39μg/g 的铼含量，虽然这些值仍然低于作为煤系共伴生矿产综合利用的标准（1μg/g），但其含量已高出铼克拉克值的 100 倍以上，铼元素相对富集。此外，新疆早、中侏罗世的淋滤型铀-煤矿床煤中赋存的铼也应重点注意。

7.2.4　钪（Sc）

钪是一种超耐热制造轻质合金的稀有金属，价格昂贵，目前主要从提炼钨、钛、铀等金属的废渣（钪含量约 100μg/g）中提取，效率不高。金属钪如图 7-12 所示。

当煤灰中钪的含量大于 100μg/g 时可作为共伴生资源予以回收。据报道，全球煤中钪含量均值为 3.9μg/g，而煤灰中钪含量可达到 23μg/g。有些煤炭燃烧后的煤灰中其钪含量相当高。如俄罗斯库兹涅茨煤田的切尔尼戈夫煤

图7-12　金属钪

矿、卡尔坦煤矿和南吉尔盖依煤矿的个别煤层的煤灰中钪含量可达 100~20μg/g。库兹涅茨煤田切尔诺戈尔煤矿低密度的精煤中的钪含量更是达到 400μg/g，在选煤阶段即可提取富集钪精煤。俄罗斯米努辛斯克煤田一些煤燃烧后其煤灰中含钪 95~175μg/g，在低密度级的煤中钪含量达到 400μg/g。俄罗斯坎斯克-阿钦斯克侏罗纪煤田别廖佐夫煤矿 1 号煤层的上分层煤含钪 230μg/g，其灰中钪含量则达 870μg/g。美国肯塔基州西北部阿莫斯煤层底部分层中，煤灰中钪含量达 560μg/g。在国内，广西合山溯河矿 4 号煤层中部的煤，其煤灰的钪含量达 221μg/g。这些煤矿生产的煤炭其煤灰中的钪含量都达到了可以综合回收的水平。

7.2.5　锗（Ge）

　　煤中的锗主要富集在中、新生代褐煤的部分的中、低变质煤中，即可从烟尘或煤的加工产品中提取回收。金属锗（图 7-13）是一种重要的半导体材料，广泛应用于制造晶体管及各种电子装置，也用作聚合反应的催化剂，太阳能发电等。

图 7-13　金属锗

　　从 20 世纪 50 年代开始，我国和苏联、乌兹别克斯坦等国境内陆续发现了一些煤-锗共生矿床。在 20 世纪 60 年代，苏联、捷克斯洛伐克、英国和日本陆续开始了从煤中提炼锗的工业化进程。目前，煤-锗矿床已经成为锗工业的主要原料。现在，世界上已经开始工业化开发大型煤-锗矿床的地区包括我国的临沧、乌兰图嘎，俄罗斯的巴甫洛夫，这 3 个矿区的总储量约 4000t，其产量已经占世界工业锗总产量的 50% 以上。此外，我国伊敏煤田五牧场煤-锗矿床也是一个潜在的大型含锗矿床。世界煤中锗的含量平均值为 2.2μg/g，世界煤灰中锗的含量为 15μg/g。乌兰图嘎煤中锗的含量为 45~1170μg/g，云南临沧煤中锗的含量为 12~2523μg/g，大寨和中寨煤-锗矿床中锗的平均含量分别为 847μg/g 和 833μg/g，煤-锗共生矿床中的锗绝大部分赋存于有机质中（其中 75%~96% 存在于腐殖质），含锗矿物中的锗所占比例不大。煤中的含锗矿物主要以氧化物的形式存在，可能是煤中有机锗被氧化而形成的次生矿物。

　　富锗煤燃烧后锗元素主要在飞灰中富集。乌兰图嘎富锗煤燃烧后，飞灰中的锗含量高达 1.5%~3.9%。锗在煤的飞灰中主要以锗的氧化物形式存在（如 GeO_2）。

7.2.6　铀（U）

　　含煤岩系中的铀是重要的铀矿床工业类型之一。煤中的铀元素一般以铀黑和铀的有机化合物形式存在。第二次世界大战之后数年，煤中的铀成为工业和军事铀的主要来源之一。从 20 世纪至今，在中亚哈萨克斯坦、吉尔吉斯斯坦以及中国伊犁、吐哈等含煤盆地中都发现了侏罗纪煤系中砂岩层及煤层中共（伴）生铀矿体。

　　世界煤中铀含量的平均值为 2.4μg/g，煤灰中铀的含量的平均值为 16μg/g，当煤灰中

的铀含量达到 $1000\mu g/g$ 时，就应该考虑铀的综合回收问题。中亚是世界上富铀煤最为集中的地区。世界上两个最大的煤-铀共生矿床为 Koldzhatsk 铀矿床（铀的资源量为 37000t）和 Nizhneillisk 铀矿床（铀的资源量为 60000t）。我国新疆伊犁煤-铀矿床中检测到的一个样品中铀含量高达 $7200\mu g/g$，是迄今检测到的含铀最高的煤。其他一些中、小型的煤-铀矿床在俄罗斯远东地区、美国、法国、捷克和中国均有发现。煤-铀矿床中的铀主要以有机态存在，但有时也会发现铀矿物，如钛铀矿（UTi_2O_6）和沥青铀矿（UO_2）。我国贵州贵定、紫云，广西合山，云南砚山等地的煤层富含有机硫（4%~12%），这类煤中的铀较为富集，含量可达到 $40\sim288\mu g/g$，其中贵定煤中铀的均值为 $211\mu g/g$，砚山煤中铀的均值为 $153\mu g/g$。对于这些高铀煤种，若铀元素在加工或燃烧过程中出现富集，应考虑予以综合回收。

7.2.7 稀土

稀土是极其重要的战略资源，在石油、化工、冶金、纺织、陶瓷、玻璃、永磁材料等领域都得到了广泛的应用。

对煤中稀土元素的评价不仅要考虑稀土元素的含量总和，而且还要考虑单个稀土元素含量在总稀土元素中所占的比例。从地球化学角度，煤中稀土元素可以分为轻稀土元素（LREY：La、Ce、Pr、Nd 和 Sm）、中稀土元素（MREY：Eu、Gd、Tb、Dy 和 Y）和重稀土元素（HREY：Ho、Er、Tm、Yb 和 Lu），相应地，煤中稀土元素的富集有三种类型，即轻稀土元素富集型、中稀土元素富集型和重稀土元素富集型。煤型稀土矿床一般以某个富集类型为主，个别煤层也同时属于两种富集类型。从稀土元素经济价值角度，可将煤中稀土元素分为紧要的（Nd、Eu、Tb、Dy、Y 和 Er）、不紧要的（La、Pr、Sm 和 Gd）和过多的（包括 Ce、Ho、Tm、Yb 和 Lu）三组。除了稀土元素的总含量因素，对煤型稀土矿床的评价还需用"前景系数"，即总稀土元素中的紧要元素和总稀土元素中的过多元素的比值来表示；根据前景系数，可以将煤中稀土元素划分为三组：没有开发前景的、具有开发前景的和非常具有开发前景的。

当总稀土元素的氧化物在煤灰中含量大于 $800\sim900\mu g/g$ 或者钇的氧化物含量大于 $300\mu g/g$，并且根据前景系数的评价"具有开发前景"或"非常具有开发前景"时，就可以考虑煤中稀土元素的综合回收。煤中稀土元素的富集成矿主要在俄罗斯、美国和中国有发现，在保加利亚和加拿大也有富集稀土元素煤层的报道。煤-稀土共生矿床中稀土元素一般有如下几种赋存状态：（1）同生阶段来自沉积源区的碎屑矿物或来自火山碎屑矿物（如独居石或磷钇矿），或以类质同象形式存在于陆源碎屑矿物或火山碎屑矿物中（如锆石或磷灰石）；（2）成岩或后生阶段的自生矿物（如含稀土元素的磷酸盐或硫酸盐矿物；含水的磷酸盐矿物，如水磷镧石或含硅的水磷镧石；碳酸盐矿物或含氟的碳酸盐矿物，如氟碳钙铈矿）；（3）赋存在有机质中；（4）以离子态吸附赋存。一些有重稀土元素的煤-稀土矿床中没有含重稀土元素的矿物，这些重稀土可能以有机质或以离子吸附形式存在。

7.3 煤系共伴生资源开发原则

煤系共伴生资源开发原则包括：

（1）综合评价资源价值。在矿山开发之前需要对煤中共伴生矿产资源进行详细的勘查与评价，全面系统地评价其开发潜力。若不在勘探阶段开展评价，则很难通过后期工作弥补，势必会影响煤系共伴生资源综合利用水平。此外，煤中共伴生资源往往成分复杂，除有益元素外，往往又有潜在的有害元素。因此在开发前期必须进行全面的技术经济和环境评价，尽量消除有害元素对产品、环境和人体健康的不良影响，综合评价煤系共伴生矿产资源的开发价值。

（2）优选最适合的测试方法，确保测试成果的可靠性。

（3）制定最合理的综合开采方案。由于煤中共伴生矿产往往与煤赋存于不同的底层之中，共伴生元素往往富集在煤层的局部层位和特定的空间，因此要注意合理布置采样点，以掌握其富集成矿的规律，制订最合理的开采方案。

（4）深入研究共伴生元素在煤炭加工过程中的迁移规律和富集特点。煤中有益金属元素的利用最佳途径是从灰渣、粉煤灰中进行提取。因此，研究共伴生元素在煤炭燃烧及其他加工利用过程中的迁移特点、富集规律，有利于综合评价其回收价值和回收工艺的可行性。

思 考 题

7-1　什么是煤系共伴生资源？

7-2　简述煤系高岭土的应用范围。

7-3　查阅资料，简述煤系高岭土制备分子筛的主要过程。

7-4　从矿物结构角度简述煤系膨润土可用作农药载体和稀释剂的原因。

7-5　从矿物结构角度简述硅藻土可用作催化剂载体的原因。

7-6　思考煤系石墨可能的分离方法（煤-石墨分离）。

7-7　同常规油气资源相比，油页岩有何特点？

7-8　简述常见的含钒石煤提钒方法。

7-9　查阅资料并思考：提取煤系共伴生元素有哪些可能途径，请举三个例子并简述其优缺点。

参 考 文 献

[1] 尹善春. 要重视与煤共生伴生矿产的利用 [J]. 国土资源通讯, 2005 (12): 42.

[2] 杨言杰. 河南省西部煤下铝土矿勘查前景及找矿意义 [J]. 华北国土资源, 2010 (4): 22-26.

[3] 翟自峰. 山西省煤下铝土矿分布规律及找矿前景预测 [J]. 地球, 2012 (10): 23, 35.

[4] 董自祥. 煤铝共生井田煤铝联合开采的可行性分析 [J]. 中国煤炭, 2015 (3): 66-72.

[5] 张信龙, 任红星, 陈子彤, 等. 煤系常见共伴生矿物资源利用概况 [J]. 煤炭加工与综合利用, 2007 (5): 49-52.

[6] 杜振宝, 路迈西, 丁靖洋, 等. 煤系高岭土资源开发利用现状 [J]. 煤炭加工与综合利用, 2010 (2): 47-49.

[7] 田晓利, 薛群虎, 薛崇, 等. 耐火材料用煤矸石的性能研究 [C] //全国不定形耐火材料学术会议, 2011: 511-513.

[8] 丁波, 房志俊, 杜刚. 浅谈煤系耐火黏土开发及综合利用 [J]. 山东煤炭科技, 2005 (3): 13-14.

[9] 冯臻. 煤伴生膨润土的开发研究 [J]. 中国资源综合利用, 2005 (7): 15-17.

[10] 初茉, 李华民. 综合利用煤系共伴生矿物的重要途径——柔性石墨技术 [J]. 中国煤炭, 1999 (Z1): 39-41.

[11] 张东, 肖德炎, 田胜力. 采用挤出法制备多孔石墨 [J]. 炭素技术, 2005, 24 (2): 14-16.

[12] 熊耀, 马名杰, 黄山秀, 等. 国内油页岩干馏炼油技术发展现状 [J]. 现代化工, 2013, 33 (8): 40-44.

[13] 白书霞, 初茉, 李小聪, 等. 煤系共伴生油页岩热解残渣利用技术 [J]. 洁净煤技术, 2014, 20 (6): 112-114.

[14] 蒲心纯, 周浩达, 王熙林. 中国南方寒武纪岩相古地理与成矿作用 [M]. 北京: 地质出版社, 1993, 127-129.

[15] 胡凯龙, 刘旭恒. 含钒石煤焙烧工艺综述 [J]. 稀有金属与硬质合金, 2015, 43 (1): 1-6.

[16] 王学文, 王明玉. 石煤提钒工艺现状及发展趋势 [J]. 钢铁钒钛, 2012, 33 (1): 8-13.

[17] 漆明鉴. 从石煤中提钒现状及前景 [J]. 湿法冶金, 1999, 18 (4): 1-10.

[18] 谭爱华. 某石煤钒矿空白焙烧—碱浸提钒工艺研究 [J]. 湖南有色金属, 2008, 24 (1): 24-26.

[19] 刘万里, 王学文, 王明玉, 等. 石煤提钒低温硫酸化焙烧矿物分解工艺 [J]. 中国有色金属学报, 2009, 19 (5): 943-948.

[20] 代世峰, 任德贻, 周义平, 等. 煤型稀有金属矿床: 成因类型、赋存状态和利用评价 [J]. 煤炭学报, 2014, 39 (8): 1707-1714.

[21] 任德贻, 代世峰. 煤和含煤岩系中潜在的共伴生矿产资源——一个值得重视的问题 [J]. 中国煤炭地质, 2009, 21 (10): 1-4.

[22] Querol X, Fernandez-Turiel J L, Lopez-Soler A, et al. Trace elements in coal and their behavior during combustion in a large power station [J]. Fuel, 1995, 74 (3): 331-343.

[23] 代世峰, 周义平, 任德贻. 重庆松藻矿区晚二叠世煤的地球化学和矿物学特征及其成因 [J]. 中国科学 D 辑, 2007 (3): 37-42.

[24] Du G, Zhuang X G, Querol X, et al. Ge distribution in the Wulantuga high-germanium coal deposit in the Shengli coalfield, Inner Mongolia, northeastern China [J]. International Journal of Coal Geology, 2009, 78 (1): 16-26.

[25] 代世峰, 任德贻, 李生盛. 内蒙古准格尔超大型镓矿床的发现 [J]. 科学通报, 2006, 51 (2): 177-185.

[26] Hower J C, Ruppert L F, Eble C F, et al. Lanthanide, yttrium, and zirconium anomalies in the Fire Clay coal bed, Eastern Kentucky [J]. International Journal of Coal Geology, 1999, 39: 141-153.

[27] 代世峰, 任德贻, 李生盛, 等. 华北地台晚古生代煤中微量元素及 As 的分布 [J]. 中国矿业大学学报, 2003, 32 (2): 111-114.

[28] 刘焕杰, 张瑜瑾, 王宏伟, 等. 准格尔煤田含煤建造岩相古地理研究 [M]. 北京: 地质出版社, 1991: 22-49.

[29] 梁绍暹, 任大伟, 王水利, 等. 华北石炭—二叠纪煤系黏土岩夹矸中铝的氢氧化物矿物研究 [J]. 地质科学, 1997, 32 (4): 478-485.

[30] Bouska V, Pesek J, Sykorova I. Probable modes of occurrence of chemical elements in coal [J]. Acta Montana, 2000, 117: 53-90.

[31] Seredin V V, Dai Shifeng. Coal deposits as potential alternative sources for lanthanides and yttrium [J]. International Journal of Coal Geology, 2012, 94: 67-93.

[32] Seredin V V. REE-bearing coals from Russian far east deposits [J]. International Journal of Coal Geology, 1996, 30: 101-129.

8 ◆ 型 煤

以粉煤为主要原料，以适当的工艺和设备，将具有一定粒度组成的粉煤加工成一定形状、尺寸、强度及理化性能的人工"块煤"统称为型煤。

8.1 型煤技术的产生及发展

型煤的产生最早开始于民用，在 1975 年荣阳出土的西汉炼铁遗址中就发现了直径约 16cm、高 8cm 的圆形型煤，距今已有 2200 多年的历史。早在 18 世纪人们便开始用黄土和煤混合起来，手工制作煤球、煤饼等，用以燃烧。在 19 世纪 40 年代，法国和英格兰的人们开始用细颗粒的硬煤进行团矿造粒；在德国，更是诞生了一种用适当的高挥发分泥炭和褐煤生成块状燃料的方法。

19 世纪后半叶，粉煤成型技术发展到了实用阶段，各国都建立起了型煤厂。在德国，最早的型煤厂于 1858 年投产，采用的是活塞式冲压机生产煤砖。到了 19 世纪末期，英国、法国、荷兰等将粉煤成型发展到机械生成的工业化阶段，并研制出对辊成型机，成为型煤生产的专门设备。

1870 年，由比利时 Loiseau 公司制造的第一台能够成功运转的辊压成型机安装在美国的奇蒙德的一家型煤厂，开始了型煤的生产。到了 19 世纪末，比利时、法国和德国的粉煤成型技术已经达到非常高的应用水平，德国哈汀根/鲁尔的魁珀恩（Koppern）辊压机制造公司是当时制造辊压成型机的代表。

1908 年，日本发明了带孔的、能单个燃烧的蜂窝煤，并于 1912 年开始手工生成和销售。1955 年，日本又研制出了上燃式蜂窝煤，为了改善其上火速度，又经历了相当漫长的发展时期，直到 1976 年才发展出快速点火的上燃式蜂窝煤。

1950 年，灵堡的一名专家发明了 Ancit 型煤生成工艺。这是一种热压成型的方法，以低挥发分煤为主要原料生产家用无烟燃料，并由一煤矿联合会首先作为专利，于 1971 年开始承担此工艺的全部设计。

韩国于 20 世纪 60 年代开始普及使用型煤，并根据韩国当时的经济发展水平由政府制订了 30 年型煤发展计划，从政策、技术、税收等方面大力支持型煤的发展。到 80 年代高峰时期，韩国的型煤产量达 2400 万吨，仅汉城市就高达 600 万吨，型煤普及率达 100%。

工业型煤起步较晚，在 20 世纪初以德国生产褐煤砖用作锅炉燃料开始，于 30 年代研究出独特的褐煤出型两段炼焦工艺。1969 年，世界高炉会议肯定了型焦生产工艺是高炉冶炼技术的重要发展方向之一，由此，在世界范围内形成了型焦研究和开发的高潮，先后出现了 20 多种利用弱黏结煤或不黏结煤生产型煤和型焦的工艺。1933 年，日本借鉴德国技术，开始用工业型煤供蒸汽机车燃用，并取得了良好的效果；到 1971 年，日本的蒸汽机车已有 79% 使用型煤作为燃料。与此同时，配型煤炼焦用于生产，苏联在炼焦配煤中掺入部分型煤以增加配合煤料的堆密度，因效果不佳而搁置，日本学习了该技术，于 1960 年在生产上获得了成功。

我国型煤技术发展缓慢，起步较晚。新中国成立前，只有德国人在上海留下一个小煤球厂和日本人在东北留下一些破烂的煤球机。新中国成立后，型煤技术起初也没有得到重视。直到 1954 年，北京、上海等地才利用国产设备建立起第一批民用煤球厂。1956 年，北京开始手工生产蜂窝煤。到了 1958 年，我国才制造出类似于日本式的蜂窝煤机。20 世纪 60 年代到 70 年代，国内开展了大规模的民用型煤的研究。1978 年，研制出了以无烟煤为原料的上点火蜂窝煤，1980 年研制出了以烟煤为原料的上点火蜂窝煤及易燃民用煤球、火锅炭及烧烤炭等，从而使型煤向易燃、高效、洁净的方向发展。

我国的工业型煤起步更晚。20 世纪 60 年代，为了解决化肥厂造气用焦炭和无烟块煤供应不足的问题，开发了多种型煤工艺，生产的型煤提供了全国化肥行业 60% 左右的气化燃料。1964 年，在唐山建成了一条锅炉型煤生产线，其后又在北京市煤炭总公司百子湾煤球厂、门头沟综合厂建立了两条型煤生产线。这些型煤主要用于锅炉燃烧。1964 年，唐山煤研所研制的型煤在古冶机务段进行了第一次机车烧型煤试验，其后又在齐齐哈尔、首钢等地进行了试烧。1983 年，在鹤岗机务段建成了型煤中试厂，随后又建成了日产 80t 的苏家屯机车型煤试验厂和锦州机务段小型型煤厂。1987 年，棋盘机务段机车型煤示范厂建成并投产。我国自 20 世纪 50 年代开始进行高炉冶炼用型焦的研究工作，1972 年，厦门新焦厂建立了生产能力 2.5t/h 的热压型焦生产装置；1984 年，鞍山热能研究院在宁夏石嘴山焦化厂建立 4 万吨/年型焦生产装置。

我国的型煤技术发展经历了三代，第一代为粉煤加黏结剂成型，替代块煤燃烧；第二代是在成型过程中单项改变煤质，提高煤的使用性能；第三代是对原料煤进行多项改质，实现清洁、高效燃烧。

目前我国的型煤技术除能固硫、清洁、高效、快速点燃、型煤代焦等外，已达到可以控制型煤的燃烧性能，以及改善型煤的结渣性、结焦性、反应活性、热稳定性等特性。

8.2 型煤成型的基础理论

煤炭可成型性以及所获得的型煤质量与煤的硬度、脆性、弹性、可塑性、结构、煤化度、灰分及沥青质含量等有关，同时还与粒度、水分、烘干温度和压力等成型工艺有关。

8.2.1 粉煤无黏结剂成型机理

粉煤无黏结剂成型是指在不加黏结剂的情况下，依靠煤炭自身的性质和黏结性组分，在外力作用下压制成型煤的过程，最适于无黏结剂成型的煤种为年轻褐煤。

关于褐煤无黏结剂成型机理众说不一，有各种假说，如沥青质学说、腐殖酸学说、毛细管学说、胶体学说、分子黏合等假说，但都认为"自身黏结剂"的存在是褐煤无黏结剂成型的重要基础。

（1）沥青质学说是早期的假说，认为煤中沥青质是煤粒间黏结成型的主要物质。沥青的软化点为 70~80℃，在加压成型过程中，由于煤粒间相对位移，彼此相互推挤、摩擦产生的热量使沥青质软化成为具有黏结性的塑性物质，将煤粒黏结在一起成为型煤。

（2）腐殖酸学说认为褐煤中含有游离腐殖酸，游离腐殖酸是一种胶体，具有强极性。在成型过程中，外力作用使煤粒间紧密接触，具有强极性的腐殖酸分子使煤粒间相结合的分子间力得以加强而成型。

（3）毛细管学说认为褐煤中有大量含水的毛细孔，成型时毛细孔被压溃，其中的水被挤出，覆盖于煤粒表面形成水膜，进而充填煤粒间的空隙，呈现出相互作用的分子间力，加强了煤粒的接触而成型。

（4）胶体学说认为褐煤由固相和液相两部分物质组成，固相物质是由许多极小的胶质腐殖酸颗粒构成，其粒度为 $1 \sim 10nm$，在成型过程中使胶粒密集而产生聚集力，形成具有一定强度的型煤。

（5）分子黏合学说认为粒子间的结合是在压力作用下，由于粒子间接触紧密而出现分子黏合的结果。分子黏合力与颗粒的自然性质以及接触面的尺寸有关。

总之，这些学说的共同点都认为褐煤本身存在大量"自身黏结剂"的物质，所不同的是对这些黏结剂的说法不同而已。

很多学者也对无烟煤成型试验也进行了研究，分析了工业型煤无黏结剂成型，提出了湿态黏结机理与干态黏结机理。

（1）型煤的湿态黏结机理。碎散性煤料在湿态下被压制成型的主要原因是煤粒间存在着一定的黏结性。煤在破碎加工过程中，其中一些桥键或晶格断裂形成一些不饱和键，使煤粒表面产生微弱的负电荷，极性的水分子被煤粒吸附形成水化膜，煤粒通过黏结性的水化膜连接而成型。

（2）型煤的干态黏结机理。在型煤干燥过程中，随着型煤的水化膜逐渐变薄，液膜水的表面张力增大，煤粒受力彼此靠得更近，煤分子间的范德华力增大，直至液膜的水蒸干，煤分子间的范德华力达到最大；同时，干煤粒间摩擦阻力大，煤粒彼此镶嵌产生较大的机械啮合力。因此，干态型煤主要靠煤分子间的范德华力和煤粒间的机械啮合力使煤粒紧密黏结而成型。

一些学者通过研究弱黏结煤、肥煤、焦煤、无烟煤等不同煤种的无黏结剂成型，发现焦煤成型性能最好，其型煤表面致密、光洁，抗压强度高，防水性能好；而无烟煤成型性能最差，其型煤质量低、抗压强度小。这是由于焦煤的显微硬度小，无烟煤显微硬度大。软质煤在成型过程中易被压碎，产生更细的煤粉填充到煤粒间隙中，达到最紧密堆积，使型煤致密光洁，抗压强度高。

8.2.2 粉煤有黏结剂成型机理

粉煤有黏结剂成型，是指粉煤与外加黏结剂充分混合均匀后，在一定的压力下压制成型煤的过程。有黏结剂成型的煤种为年老褐煤、烟煤、无烟煤等，黏结剂多为煤焦油、焦油沥青、石油沥青或水溶性黏结剂。型煤有黏结剂的成型机理较复杂，涉及固体表面化学、表面与胶体化学、岩石力学、颗粒学等理论知识。可将成型机理概括分为机械结合力与物理化学结合力、润湿、桥接三个方面。

煤粒和黏结剂之间的作用过程十分复杂，包括润湿、传质、结合等过程。黏结剂与被黏结物之间的结合力是机械结合力与物理化学结合力的综合结果。煤是一种非极性多孔物料，机械结合力起决定性作用。型煤强度是黏结剂渗入煤粒间隙中，脱水、固化产生机械键合的结果。黏结剂脱水、硬化、固结过程中，型煤随水分蒸发而收缩，颗粒间距离减小，碎散阻力增大，型煤强度增加。

煤粒与黏结剂之间的浸湿和黏合直接影响型煤质量。以煤和焦油沥青成型为例，除煤的含水量要影响煤粒与焦油沥青的浸湿与黏合外，沥青的黏度和组成也会影响成型过程。沥青的黏度决定型煤的冷态抗压强度，沥青中含成焦组分的多少决定型煤的热稳定性。当沥青与低挥发分煤成型时，成焦组分在型煤结构中形成沥青焦骨架，使型煤具有好的热稳定性。为了使沥青类黏结剂获得最合适的黏度，需要在温度高于其软化点 20~25℃ 的条件下，才能与煤粒混合均匀并充分浸湿。因此在成型过程中沥青黏结剂只能部分地将煤粒浸（润）湿，进入成型机的物料内，大部分煤粒通过"黏结剂桥"连接而成型。

低温固结是黏结剂与煤粒间黏附力和内聚力共同作用的结果，黏附力是指黏结剂与煤粒之间的作用力，内聚力是指黏结剂或煤粒本身分子间的吸引力。当有黏结剂存在时，黏结剂对颗粒表面的润湿作用使物料颗粒由固-固接触变为固-液接触，因此，低温固结实质是固-液界面现象。黏附力的大小受物料颗粒的表面形状、粗糙度、润湿性、粒度等因素影响，固结团块强度既与分子间作用力、颗粒表面凹凸不平而产生的机械联结力有关，也与静电引力、化学键力有关。

8.2.3 粉煤的成型过程

粉煤成型的过程一般包括装料、加压、成型、压溃和反弹等步骤。

（1）装料。将粉煤经过筛分、破碎、增湿、加黏结剂、搅拌等工序后，送入成型设备的压模中，此时煤粒呈自然分布状态，作用在物料上只有重力和粒子间的摩擦力，这些力均较小，且粒子间的接触面积也较小，因而此时的系统是不稳定状态，在外力作用下易发生变形。

（2）加压。在外力作用下，不稳定系统的粒子开始移动，物料所占的体积减小，此时所消耗的功用于克服粒子的移动、粒子间的摩擦以及粒子与压模内壁的摩擦力。这一阶段的特点是压力增加较慢，物料体积收缩较快，粒子之间最大限度地密集。但此时粒子并未发生变形，粉煤能形成具有一定形状的型块，但强度很差，一碰即碎。

（3）成型。此时压力快速增加，直至增加到足以使粒子开始变形，而物料体积减小很慢。这一阶段物料体积的减小主要归因于粒子的塑性或弹性变形，但粒子之间仍有相对移动，因此在高压下粒子间的摩擦力对成型过程有很大影响，此时所消耗的功用于克服粒子变形、物料与压模内壁摩擦以及排出系统内的空气。随着粒子相互之间进一步密集，粒子间的接触面大大增加，系统的稳定性接近于天然块状物。

（4）压溃。继续增加外力将导致不坚固粒子的破坏，且外力增加愈大，粒子的破坏程度愈重，此时物料体积只是略有减小，同时系统的稳定性也随之减小，型块的机械强度会下降。这一阶段消耗的功用于克服粒子的破坏和排出系统内的空气。实际生产型煤时，应在此阶段之前结束加压。

（5）反弹。解除外力后，由于反弹作用，压缩到最大限度的物料型块体积会略有增大，同时粒子之间的接触面积有所减小，系统的稳定性也有所降低。

型煤生产时，成型压力不宜过大，成型过程不宜发展到第四阶段，因为在第三阶段时，反弹力小于型块的机械强度，外力解除后型块仍能保持较好的稳定性。而如果成型压力过大，粒子被压碎过多，型块的内聚力反而大为减小，当反弹力增大到型块的机械强度时，型块脱模后会出现裂纹，甚至会膨胀碎裂。

8.2.4 影响粉煤成型的因素

通过对粉煤成型过程的分析，影响粉煤的成型因素主要有煤料的成型特征、成型压力、物料水分、物料粒度以及黏结剂等因素。

（1）煤料的成型特征。是影响粉煤成型过程的最为关键的内在因素，尤其是煤料的弹性与塑性的影响更为突出。煤料的塑性越高，其粉煤的成型特性就越好。

泥炭、褐煤等年轻煤种富含塑性高的沥青质和腐殖酸物质，因而其成型性好，成型效果理想，甚至可以采用无黏结剂成型。随着煤化度的提高，煤的塑性下降，其成型特性也逐渐变差。对煤化度较高的煤，一般需要添加黏结剂以增加煤料的塑性方可成型。

（2）成型压力。当成型压力小于压溃力时，型煤的机械强度随成型压力的增大而提高。煤种不同，其压溃力也有所不同。最佳成型压力与煤料种类、物料水分和粒度组成以及黏结剂种类和数量等因素有密切的关系。

（3）物料水分。物料中的水分在成型过程中的作用主要有：1）适量的水分可以起润滑剂作用，降低成型系统的内摩擦力，提高型煤的机械强度。若水分过多，粒子表面水层变厚，则会影响粒子相互之间的充分密集，反而会降低型煤的机械强度；同时，水分过多还会使型煤在干燥时易产生裂纹，因而使型煤容易发生碎裂。2）如果采用亲水性黏结剂成型，适量水分会预先润湿粒子表面，从而有利于粒子间相互黏结；如果水分过多，反而会使黏结剂的效果变差。比较适宜的成型水分一般为 10%～15%。3）如果采用疏水性黏结剂成型，则水分会降低黏结剂的效果，故此时一般控制物料的水分在 4% 以下。

（4）物料粒度及粒度组成。确定物料粒度及粒度组成时，应遵循下列原则：1）保证物料粒子在型块内的最紧密排列，以提高型煤的机械强度。较小的物料粒度有利于粒子的紧密排列。2）采用黏结剂成型工艺时，应使物料的总比表面最小和粒子间的总空隙也最小，以减少黏结剂用量，从而降低型煤的生产成本。

（5）黏结剂用量。由于大部分煤种的成型性能较差，因而采用黏结剂的成型工艺应用较为普遍。此时，黏结剂用量不仅是型煤强度的关键影响因素，而且对型煤的生产成本有非常重要的影响。从黏结剂固结后的情况看，增加黏结剂用量有利于提高型煤强度；而从成型过程看，增加黏结剂用量不利于提高成型压力和提高型煤强度；从成型脱模的稳定性看，增加黏结剂用量也不利于提高型煤强度。因此，最佳黏结剂用量需通过试验来确定。

8.3 型煤的分类及结构

8.3.1 型煤的分类

型煤具有粒度均匀、孔隙率大、反应活性高、改质优化等特点。按照其用途可分为民用型煤和工业型煤两大类，工业型煤又可细分为气化型煤、燃料型煤及炼焦型煤等。按照型煤的形状又可分为球形、圆形、方形、枕形等；按照成型方式又可分为冲压成型、挤压成型、辊压成型等；按照黏结剂又可分为有机类和无机类等类型。型煤的分类情况如图8-1 和表 8-1 所示。

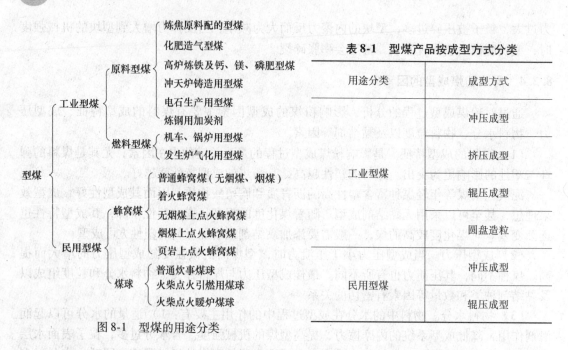

图 8-1 型煤的用途分类

表 8-1 型煤产品按成型方式分类

用途分类		成型方式
工业型煤		冲压成型
		挤压成型
		辊压成型
		圆盘造粒
民用型煤		冲压成型
		辊压成型

型煤的结构可分为物理结构和化学结构，由于型煤的生产经历许多过程，因此也导致了型煤的物理结构和化学结构区别于原煤。

8.3.2 型煤的结构

8.3.2.1 型煤的物理结构

型煤是一种多孔的固体燃料，燃烧可在煤/焦的内外表面进行，因而孔隙结构及内表面对型煤的燃烧过程具有十分重要的作用。表征多孔固体孔隙结构特征的物理参数主要有比表面积、孔隙率和孔径分布。煤粉的比表面积可达 $200 \sim 300 \mathrm{m}^2/\mathrm{g}$，型煤的比表面积为 $13.4 \sim 51.2 \mathrm{m}^2/\mathrm{g}$，而密度为 $1000 \mathrm{kg}/\mathrm{m}^3$、粒度为 $0.3 \sim 30 \mathrm{mm}$ 的球形煤粒比表面积仅为 $5 \sim 0.05 \mathrm{m}^2/\mathrm{g}$。型煤的孔隙率可达 $12.5\% \sim 17.2\%$，是原煤的 $3 \sim 5$ 倍，型焦的孔隙率可达 $20\% \sim 50\%$。煤燃烧或气化过程中孔径及比表面积还不断发生变化。

根据孔径大小，可将煤中的孔隙分为大孔、中孔、过渡孔和微孔。气体在大孔中可以产生层流和紊流，在过渡孔中可以产生毛细管凝结、物理吸附和扩散现象。在大孔和中孔内，气体呈容积扩散，在过渡孔和微孔中呈分子扩散。由于煤孔结构的复杂性和对燃烧反应的重要性，一些学者提出了煤孔结构模型，如平行孔模型、网状孔模型、孔隙树模型等。煤表面结构是决定煤燃烧过程的关键，但由于煤焦孔隙结构的复杂性，不同测定方法测得的比表面积和孔径分布结果相差较大，使煤表面结构及其对燃烧过程影响的研究受到限制。

尽管型煤的主要组成是煤，物理结构在很大程度上受原料煤的影响，但与相同粒度的原煤相比，型煤的比表面积、孔隙率要大若干倍。

8.3.2.2 型煤的化学结构

型煤是由原煤、黏结剂、固硫剂、助燃剂等物料在加压的条件下形成的人造块煤。因此，型煤的化学结构和黏结机理与原料煤、黏结剂、固硫剂等自身结构特性及其相互间的作用有关。

由于成煤物质和成煤条件的复杂性，所有煤的结构也存在复杂性和多样性。关于煤的分子模型已有很多科学家进行了模拟，并建立了结构模型。总体认为煤是由基本结构单元的核、核外围的官能团和烷基侧链以及基本结构单元之间的联结桥键三部分组成。基本结构单元主要是缩合芳香核，外围官能团主要为含氧（还有少量含硫、含氮）官能团，桥键是连接基本结构单元的化学键，主要为次甲基键、醚键、次甲基醚键、芳香碳-碳键等。

型煤黏结剂及加工工艺对型煤化学结构有一定影响。如无烟煤工业型煤中，无机黏结剂晶体和凝胶体形成网状结构，把煤粒黏结在一起。由此可见，型煤的化学结构主体与原煤相同，但由于成型工艺和黏结剂的作用，又出现了一些原煤没有的附加化学结构，如黏结剂形成的网状结构。

8.4 型煤的质量要求及影响因素

工业上以块煤、焦炭为燃料的炉窑多为固定床炉型，型煤能不能代替块煤和焦炭用于固定床炉型，以及效果的好坏，关键在于型煤的质量。因此必须对型煤做出质量要求，以满足使用。

8.4.1 型煤的质量要求

型煤的质量要求包括：

（1）要有足够的冷热机械强度。这是工业型煤的最基本要求，也是型煤能否替代块煤和焦炭用于固定床炉型的首要条件。

型煤在入炉前要经过一系列的输送才能入炉，特别是大中型工厂的运输路线更长，在运输的过程中，型煤之间要经过相互摩擦，如果没有足够的强度，难免会发生破碎，将破碎的粉屑加入炉内，会使炉况恶化，因此要求型煤必须具备足够的机械强度。

一般工业用固定床炉具有料层高、风量大、温度高以及料层逐渐下移的特点，因而需要型煤必须在高温下经受得起料层压力的作用，在高速气流的冲刷、料层下移时产生的摩擦及排灰时外力的作用下不至于溃散成粉末，以保证炉子正常运行，即要求型煤必须具有较高的热强度。只有这样才能强化操作，提高生产能力，因此型煤的热强度也是关键质量指标。

一般评价型煤冷热机械强度的方法有抗压强度、跌落强度和耐磨强度三种。

（2）要有足够的热稳定性。型煤的热稳定性是指在高温下燃烧或气化过程中对热的稳定程度，也是型煤在高温作用下保持原来粒度的性质。热稳定性好的型煤，在燃烧和气化过程中能以原来的粒度反应完全；热稳定性差的型煤在使用过程中会使带出物增多，同时增加炉内阻力，甚至造成结渣，影响燃烧和气化效率。

一般来说，原料煤的热稳定差，加工成型煤的热稳定性不一定差，粉煤加工成型煤可以改善煤的热稳定性。型煤的热稳定性很大程度上取决于加入的黏结剂的性质，如果黏结剂不耐高温，型煤的热稳定性就差。

（3）性质和大小与用途的适应性。一般炼铁或钙镁磷肥高炉的容积大、料层高，矿石的密度大，需要型煤的规格也大，需要提高单个型煤的抗压强度；而合成氨造气炉等固定床炉型容积小、料层低，需要的型煤要小些。型煤的形状应综合以下因素：边角少，否则造成相互磨损；不因形状而影响料层的透气性；有利于成型，并具有一定的强度。

（4）具有一定的耐潮、抗水性能。型煤在空气中长久存放，不因受潮、淋雨而显著降低其强度。

（5）型煤的水分应低。型煤的水分过高，因蒸发消耗热量，会降低使用效率；水分过高，会降低型煤的强度，从使用的角度出发，型煤的水分含量应小于3%。

除上述对型煤的质量要求外，根据型煤用途的不同会有其他特殊的要求。如合成氨固定床水煤气炉使用的型煤要求有较高的灰熔融性、不易结渣以及较高的化学活性等。

8.4.2 影响型煤质量的因素

影响型煤质量指标的因素很多，如不同的成型方法、原料煤的性质、配煤情况、黏结剂种类和用量、煤料的粒度及组成、成型条件、型煤的形状与大小以及外部条件等。

8.4.2.1 不同的成型方法

型煤的机械强度在很大程度上取决于不同的成型方法。通常，热压工艺所得的型煤的冷热强度最好，石灰炭化煤球、黏土煤球及黏土-纸浆废液煤球次之，清水湿煤棒最差。同一原料煤采用不同成型方法生产的型煤的机械强度比较见表8-2。

表8-2 各种煤球的冷强度与落球实验结果比较

煤球种类	冷强度/N·球$^{-1}$	落下强度（大于25mm，%）
热压煤球	>981	80~90
沥青煤球	>981	80~90
焦油渣煤球	588~686	70~80
黏土-纸浆废液煤球	>588	55~70
石灰炭化煤球	490~638	60~75
黏土煤球	490~588	50~65
清水湿煤棒	98~196	—

8.4.2.2 原料煤的性质

成型方法确定后，原煤的性质是影响型煤强度的重要因素。

（1）煤化度。当采用无黏结剂高压成型时，以选用煤化度低、结构松散、容易粉化、水分较高的年轻褐煤，或是经过风化且含有部分黏结性较强的黏土的无烟煤最好。

（2）煤的黏结性。热压型煤是利用烟煤在快速加热过程中产生的具有一定黏结性的胶体而使粉煤成型的。然而并不是所有的烟煤都可以经过热压成型，如果原料煤的黏结性较强，则容易在热压成型过程中因黏结堵塞而使型煤生产无法继续生产；如果原料煤的黏结性较弱，则在加热过程中产生的胶质体太少，使粉煤无法压制成型。因此，原料煤具有适当的黏结性是决定粉煤能否热压成型的关键。一般情况下，黏结性适中的原煤可以单独热压成型，而黏结性过强、太弱或无黏结性的煤，则可以通过配煤的方式来实现热压成型。

（3）煤中水分。原料煤中的水分应控制一定的水平，为此提出了成型水分的概念，成型水分是指原料煤中的水分和黏结剂中的水分之和。适量的成型水分会起到润湿和润滑煤料、减少内摩擦以及使黏结剂能够均匀地分布于煤粒表面的作用。压制各种煤球的适宜成型水分见表8-3。

表8-3　压制各种煤球的适宜成型水分范围

煤球种类	适宜的成型水分/%
沥青煤球	2～4
纸浆废液煤球或腐殖酸煤球	10～12
无黏结剂年轻褐煤高压成型	12～18
风化无烟煤清水湿煤棒	15～18
石灰炭化煤球或泥炭煤球	18～20

8.4.2.3　配煤情况

通过配煤可以对原料煤进行改质优化，并赋予一些新的性能，从而使型煤强度明显提高。

8.4.2.4　黏结剂种类和用量

不同的黏结剂对同一种原料煤具有不同的黏结效果，同一种黏结剂对不同的原料煤同样也具有不同的黏结效果，因此，在选定合适的黏结剂以后，确定适宜的黏结剂用量至关重要。各种黏结剂的用量比例见表8-4。

表8-4　各种黏结剂的适宜添加比例

煤球种类	石灰炭化煤球	沥青煤球	黏土煤球		纸浆煤球		黏土-纸浆煤球			黏土-腐殖酸煤球	
黏结剂名称	石灰	原煤沥青 / 石油沥青	白黏土	黄黏土	酸性纸浆	碱性纸浆	黏土	纸浆废液 酸性	纸浆废液 碱性	黏土	腐殖酸
添加比例/%	大于20	小于10	2	8	8～14	16～20	7～10	4～7	8～10	8～10	10～12

8.4.2.5　煤粒的粒度及组成

在粉煤成型过程中，较小的煤料粒度一般有助于煤粒间的紧密接触，从而提高型煤的强度。但煤料的粒度过细，会增加煤料破碎的动力消耗和成型时的黏结剂用量，经济上不合理。一般认为，将煤料粒度控制小于3mm，且小于1mm的部分占70%～90%最为适宜。煤料粒度及组成与项目强度的关系见表8-5。

表8-5　煤料粒度及组成与型煤强度的关系

煤料的粒度组成/%		煤球强度	
小于3mm	小于1mm	冷强度/N·球$^{-1}$	落下强度（大于25mm，%）
98.93	86.84	961	74.44
92.15	83.18	684	69.78

合理的煤料粒度组成能够提高物料的填充密度，从而使煤粒之间相互接触更加紧密。研究表明，煤料的粒度组成一般以粗粒（大于 427μm）、细粒（125～427μm）及微粒（小于 125μm）三者的比例为 3:1:1 为宜。

8.4.2.6　成型条件

在型煤生产过程中，各种成型条件如成型压力与温度、成型模具以及生球处理等都对型煤的机械强度产生不同程度的影响。

（1）成型压力。在采用黏结剂成型时，一般成型压力不大，因为在有黏结剂的条件下，煤料颗粒容易黏结，也容易压得紧密。随着成型压力的增加，型煤强度会有所提高，但当成型压力提高到一定程度后，型煤强度的提高就不再明显。

（2）成型温度。控制适宜的成型温度有利于提高型煤的机械强度。以纸浆废液和腐殖酸为黏结剂时，成型温度一般控制在 60～80℃；以沥青或焦油渣为黏结剂时，温度控制在 90℃左右；以黏土为黏结剂时，若将黏土破碎并煮沸熬至浆状，再与煤料在 60～80℃温度条件下混合成型，可使成型强度比采用干黏土成型有明显的提高。

当热压成型时，成型温度是决定型煤强度的关键。若成型温度偏低，型煤内的煤料颗粒相互熔融黏结效果不好，结构不致密，强度低，甚至不成型。在煤料快速加热塑性区间内，适当提高成型温度，型煤强度会随成型温度的提高而提高，见表 8-6。但成型温度不宜太高，否则会因煤料的黏结性过强而造成在成型设备内结块、堵塞，影响型煤生产。另外，若成型温度过高，会使型煤趋向半焦化而变脆，强度反而降低。

表 8-6　热压成型时型煤强度随成型温度的变化

成型温度/℃	440	450	460	480	500
冷强度/N·球$^{-1}$	706	851	862	1131	1188

（3）成型模具。在对辊成球机的压辊上排列一系列一定形状的球碗，能否压制出质量较好的煤球，与上下两个压辊的上球碗是否重合较好有关。如果上下对辊上的球碗闭合后不产生错模，则球碗内充满煤料，受力均匀，煤球压制致密，强度较高；反之，则煤球强度降低，见表 8-7。

表 8-7　热压成型时型煤强度随成型温度的变化

球碗接触情况	冷强度/N·球$^{-1}$	备　注
正常咬合	982	
轻度错模	800	错模约 2～4mm
严重错模	642	错模约 6～8mm

（4）生球处理。经过对辊成球机压制的煤球为生球，此时的煤球强度低，为了使生球的强度提高，还须对生球进行处理，如干燥、炭化、氧化、热焖、养护等。

当生产石灰炭化煤球时，需要用 CO_2 对生球进行炭化处理，以使煤球中的 $Ca(OH)_2$ 发生化学反应生成 $CaCO_3$，并形成比较坚固的网络骨架，使煤球的强度提高。生产纸浆废液煤球、黏土-纸浆废液煤球及黏土-腐殖酸煤球时，生球强度较低，容易破碎。但生球经过干燥后，强度会明显提高，一般要求将煤球中的水分降低到 2% 以下。干燥后煤球中水分与煤球冷、热强度之间的关系见表 8-8。

表 8-8 干煤球中水分与其冷热强度之间的关系

干球中水分/%	4.46	3.67	2.77	2.24	1.80	1.59
冷态强度/N·cm⁻²	245	275	745	837	853	1043
热态强度/N·cm⁻²	388	390	428	434	431	550
热态耐磨性/%	76.9	83.1	89.95	88.97	86.22	95.6

另外，生球在不同温度下进行干燥时，煤球强度不仅与干燥温度有关，而且还与干燥时间有关。生球在100℃下干燥6h，煤球的强度提高并不显著，如果在150℃下干燥3h，煤球强度便可达到最高，如果将干燥温度提高至200℃，仅需70~80min煤球强度就可达到最高值。

采取热压工业生产煤球时，从对辊成球机上压出来的生球温度一般在400℃左右，如果不能尽快将煤球冷却下来，则在堆放过程中极易自燃。而采取不同的冷却方式对煤球的强度影响很大，一般自然冷却效果最好，水雾冷却次之，淋水急冷效果最差（表8-9）。

表 8-9 煤球强度与生球冷却方式之间的关系

冷却方式	自然冷却	水雾冷却	潜水极冷
冷强度/N·球⁻¹	1826	1020	946

如果对热压煤球不采取冷却而是采取热焖，则煤球强度会明显提高。热焖就是将刚压出的灼热煤球迅速装入热焖罐内，在隔绝空气的条件下进行缓慢降温，灼热的煤球在热焖罐内会继续发生缩合与聚合反应，导致煤球内部的煤粒相互熔融黏结得更为紧密。经过热焖处理后的煤球，其内部呈灰白色，而且热焖时间越长灰白色越突出。一般情况下，热焖以2h为宜。经过热焖处理的煤球，其内部已经看不见明显的煤料颗粒，基本熔融为一体；未经过热焖的煤球，其内部呈黑灰色，相互黏结的煤粒清晰可见。因此，生球经过热焖处理，煤球强度能明显提高，尤其是煤球的冷强度提高更大，表8-10为生球经过热焖处理后的强度。

表 8-10 生球热焖处理对煤球强度的影响

冷却方式	(85%老鹰山煤+15%无烟煤)煤球		(65%鲤鱼江煤+35%大同煤)煤球	
	冷强度/N·球⁻¹	落下强度(大于25mm,%)	冷强度/N·球⁻¹	落下强度(大于25mm,%)
自然冷却	1434	85.4	835	69.2
热焖	1797	93.7	1584	75.5
提高差值	363	8.3	728	6.3

当压制沥青煤球或焦油渣煤球时，还须对生球进行加热氧化处理，否则煤球会因遇热软化而失去强度。加热氧化就是在一定的温度、时间及氧化介质条件下，使沥青或焦油渣中比较复杂的高分子发生氧化、缩合反应，从而使煤球的表层氧化变硬，进而提高其冷热强度。

8.4.2.7 型煤的形状及大小

煤球的外形要求曲线光滑，棱角尽量少，以提高其耐磨性。另外，还要求煤球内部应力均匀，能够承受较大的外部压力。较大的煤球在成型时不易压实，在使用时较难达到较高的碳转化率；太小的煤球在倒运过程中飞扬损失较大，破碎后粒度更小。煤球的大小和形状一般根据实际应用来确定。

8.4.2.8 其他外界条件

纸浆废液煤球、黏土-纸浆废液煤球及黏土-腐殖酸煤球，均具有一定的吸潮性。当堆放环境的空气湿度较大时，煤球强度会明显降低。因此，在储存和运输这类煤球时要注意防潮和防水，而且要注意储存的时间不宜过长。表 8-11 为纸浆废液煤球在 30℃条件下储存煤球的强度变化情况。由表可见，储存 4d 以后，煤球强度下降了 40%左右。

表 8-11　纸浆废液煤球在 30℃下储存时强度变化表

储存天数/d	相对湿度/%	纸浆废液配比（8.7%）		纸浆废液配比（13.6%）	
		水分/%	冷态强度/N·cm^{-2}	水分/%	冷态强度/N·cm^{-2}
1	75	2.27	814	2.33	981
2	85	3.45	569	2.95	736
3	75	4.21	539	3.78	687
4	80	4.46	500	4.04	598

8.4.2.9 型煤的防水性能

型煤的防水性能对于型煤的储存、运输影响重大，尤其是在南方及多雨季节。型煤的防水性除与所用的黏结剂种类、用量有关外，还与煤种、煤质有关。

一般来说，原料及辅料的性质是影响型煤质量的内在因素，成型工艺是影响型煤质量的外部条件，而型煤的燃烧（气化）性能是型煤质量指标的具体表现，他们之间相互联系，不可分割。

8.5　型煤黏结剂和添加剂

型煤黏结剂是煤粉冷压、中低压成型工艺的关键技术之一，它占据了型煤加工成本的主要份额，同时黏结剂的质量又是型煤质量的重要保证。因此，黏结剂的研究和选择特别重要。型煤的添加剂主要为固硫剂、助燃剂和防水剂等，在型煤的制作过程中，将黏结剂和添加剂一并加入煤料中。

8.5.1　黏结剂的种类

型煤黏结剂的种类很大，从广义上讲可分为三类：有机类、无机类、复合类。

8.5.1.1　有机黏结剂

有机黏结剂的黏结性能好，可使型煤具有较高的机械强度，但热态机械强度和热稳定性差，因为该类黏结剂在高温下容易分解和燃烧，该类黏结剂的防水性也较差，这些缺点可以通过对其改性和对型煤后期处理来改善。

沥青和焦油具有一定的热值，用它们制成的型煤强度和热稳定性好，也易于储存和运输，煤焦油沥青在结构和性质上与煤相近，和煤具有很强的亲和力，能够很好地润湿煤粒，固化后能与煤粒紧紧黏结在一起。

生物质黏结剂来源广泛，如农业上的玉米棒干、甜菜碎片、木质素等，还有淀粉、土豆、高粱面粉、薯类等。它们不仅具有较好的发热量，同时还不增加型煤的灰分，在经过化学处理后具有较好的黏结性，生产出来的型煤燃点低，燃烧不结渣。

工农业废料黏结剂可实现废物的回收利用，降低环境污染。它们绝大多数以有机化合物或以有机化合物为主体，性能较好，近年来广泛应用，是型煤黏结剂发展的新趋势。单一的工农业废弃物作为黏结剂存在一些缺陷，但这类黏结剂若与合适的热稳定性剂、防水剂复合使用，将可制成高强防水及物化性质优良的型煤。目前用于制造型煤的工农业废料种类很多，如薯类废渣、纸浆废液、皮革及化工厂废料、废弃淀粉、脂肪酸残渣、糠醛渣、生物淤泥、电石渣、制糖废液、废蜜糖、甘油残泥、纤维厂的亚硫酸废渣等。

腐殖酸类也是很好的黏结剂选择，腐殖酸是由碳、氢、氧、氮等元素组成，是高分子的混合物，难溶于水，呈酸性，与强碱作用生成腐殖酸盐。腐殖酸黏结剂能很好地润湿煤的表面，并且对煤亲和作用较强。腐殖酸本身具有胶体性质，因此以此为黏结剂制成的型煤强度较高，燃烧后灰分也相对较低。

合成高分子黏结剂的黏结能力强，防水性好，具有一定的热值，但成焦组分少，稳定性较差且成本高，基本上作为辅助黏结剂用来提高型煤的机械强度或改善型煤的防水性能。这类黏结剂主要有聚乙烯醇、聚苯乙烯、酚醛树脂、合成树脂、聚氨酯、树脂乳胶等。

8.5.1.2 无机黏结剂

最常用的无机黏结剂有水玻璃、黏土、石灰、高岭土、膨润土、水泥、陶土、石膏以及氯化钠等。这类黏结剂的价格低廉，具有一定黏结强度，并且含有的一些成分还能和煤中硫起反应，起到固硫作用。该类黏结剂的缺点是使型煤的灰分增加，发热量降低，防潮、防水性能变差。黏土和石灰是最早被使用的型煤无机黏结剂，而石灰是用得最广、功能最多的黏结剂，用其制成的型煤活性好，且具有固硫作用。

我国用型煤的小化肥厂基本采用石灰炭化煤球，用 $Ca(OH)_2$ 制成的型煤遇到 CO_2 气体生成 $CaCO_3$，可使型煤冷热强度满足要求，而国外使用石灰主要用作固硫剂或硬化剂。使用水泥作为黏结剂可获得一定强度的型煤，在免烘干工艺中是常用的黏结剂，但是在高温下固结的水泥会因脱水而失去网络结构，导致型煤热强度和热稳定性显著降低，因此要控制好水泥用量、水分和养护方式。

8.5.1.3 复合类黏结剂

复合黏结剂由上述两类或两类以上的黏结剂组成，不同的黏结剂可以取长补短，互相补充，从而提高型煤的质量；同时，复合黏结剂也可把助燃和固硫的作用考虑在内。如焦油、焦油沥青和其他无机黏结剂的混合物，石油沥青和膨润土的混合物，玉米淀粉与氨中和后的氨基磺酸和硫酸的混合物，熟石灰、腐植酸盐的混合物等。还有，树脂和金属屑或废矿物油和石油沥青、废滑润脂膏也可以作为型煤黏结剂。在冶金工业中用由硬煤或白云石、焦炭粉、无烟煤和煤焦油与石油沥青组成的黏结剂，制成的煤球作为焦炭代替物既具有很好的热效率又经济。

如以小麦秸秆、CaO 为原料制备的复合型生物质型煤黏结剂，当 Ca/S 的质量比为

2.29，型煤黏结剂添加量为 10% 时，型煤固硫率可高达 86.83%。采用改性生物质和 MgO、MgCl$_2$ 组成的复合黏结剂能使型煤的抗压强度和跌落强度都得到提高，且燃烧特性优良。以含 2.5% 硝酸铵（固化剂）的糖浆为黏结剂制备的型煤耐水性较强，但防水性和抗张强度不足，添加焦油沥青可克服以上的不足，达到冶金炼焦煤的要求。在一定条件下制备的焦油沥青（空气吹制）与酚醛树脂复合型黏结剂的抗张强度可达到 71.85MN/m^2，能满足冶金炼焦煤的要求。

8.5.2　对型煤黏结剂的要求

因为黏结剂在型煤的制作中占有较大份额，各国都对黏结剂的选取和利用十分重视。型煤黏结剂的总体要求是：型煤黏结剂的来源要充足；制备黏结剂的原料质量要相对稳定；黏结剂的价格要相对稳定，并且越低越好；黏结剂的制备工艺要简单。

对型煤黏结剂的质量要求为：用黏结剂制成的型煤要有一定的机械强度，包括初始强度和最终强度，气化型煤还必须要有一定的热稳定性和热强度；黏结剂要有一定的防潮、防水性能；黏结剂的性能不影响型煤使用效果，如燃用型煤不影响燃烧性能，气化型煤不影响气化效果、煤气质量及炉况的可操作性等；黏结剂的灰分不宜过大；有黏结剂成型的型煤要考虑后处理工艺，即黏结剂的性能须考虑型煤后处理工艺要简单易行；型煤黏结剂不应产生二次污染。

型煤黏结剂的选取原则是：因地制宜，就地取材或就近取材；针对型煤品种、煤种及煤质选用黏结剂；不同性质的黏结剂要有不同的生产工艺；价格合理。

8.5.3　型煤黏结剂的理论基础

根据一些学者的研究及型煤生产项目的课题攻关，对型煤黏结剂研究的理论基础主要有以下五种。

（1）表面化学理论和热力学原理。型煤黏结剂要对煤粒产生黏合力作用，首先必须能把煤粒进行很好的湿润，达到黏质分子和煤的真正接触，并为它们之间产生机械结合和物理化学结合创造条件。热力学和表面化学原理认为：表面张力小的物质能很好地湿润表面张力大的物质。根据该原理，可以在型煤黏结剂中加入适量表面活性剂以降低型煤黏结剂的表面张力，提高其对煤粒的湿润能力，为更好地形成机械结合和物理化学结合创造条件，对于那些疏水性黏结剂（表面张力较大），可把煤粒干燥，使煤粒的表面张力增大，这样两者也可以很好地接触。

（2）传质理论。煤粒为黏结剂所湿润仅为产生黏合力创造了必要条件，要使煤粒与黏结剂之间产生机械和化学物理结合，必须使它们之间的距离要小到一定程度。根据传质理论，温度及外界压力能促使黏结剂分子的移动、扩散和渗透，因此，针对某一型煤黏结剂时可以适当地考虑温度、压力等外部条件，对辊成型就是这一原理的具体运用。

（3）黏结剂与被黏物的黏合理论。黏结剂与被黏合物之间的结合力是机械结合和物理化学结合的综合结果，它们对总黏结强度的贡献与被黏材料表面状态有关。对煤粒这种非极性多孔材料来说，机械结合力常起决定性作用。煤与黏结剂的机械结合力是黏结剂渗入煤粒孔隙内部固化后在孔隙中产生机械键合的结果。因此，在研究型煤黏结剂时，要更多地注意煤与黏结剂的机械结合力，而黏结剂的固化往往是产生机械结合力的必要条件，因此对型煤的固化工艺必须有足够的重视。

（4）型煤的结渣性，即煤化学理论。型煤的结渣性直接影响型煤气化过程的正常进行以及锅炉的正常燃烧和清渣。型煤中矿物质含量及组成，型煤的煤灰熔融温度及黏度是型煤结渣性的主要影响因素，而黏结剂的加入会改变以上因素，从而影响型煤的结渣性。

（5）反应活性理论。型煤的反应活性是指在一定的高温条件下，型煤与 CO_2、水蒸气或 O_2 相互作用的反应能力，是一项很重要的燃烧和气化特征指标。型煤的反应活性直接关系到型煤在炉内的燃烧反应情况、耗煤量、耗氧量等。型煤的反应活性强，表示型煤在燃烧或气化过程中反应速度快、效率高。

型煤的反应活性与原煤的变质程度、岩相组成，型煤的物理结构、矿物质含量及化学特性有关，而黏结剂会影响型煤的矿物质含量、物理结构及化学特性，从而影响型煤的反应活性。因此，在型煤黏结剂的研究中应重视黏结剂对型煤反应活性的影响。

8.5.4 型煤黏结剂的配制

配制黏结剂的具体方法步骤如图 8-2 所示。首先，根据型煤厂家提供的煤种和型煤用户对型煤的技术指标要求，并取煤样到实验室进行科学配制，经多次反复配方和测试，得出初步的黏结剂配方；其次，将初步配制的黏结剂配方拿到型煤厂家与经过加工的原煤科学匹配，混合搅拌，上对辊成型机加压成型，再用实验室有关仪器仪表加以测试，使型煤的冷热强度、热稳定性、防潮防水性等指标基本达到要求；最后，把型煤产品拿到用户单位进行试烧，满足用户要求后，才算成功。此时型煤厂才可正式投入生产。

图 8-2 型煤黏结剂的配制过程

型煤用户认可的型煤产品所用的黏结剂就定为该厂生产型煤的黏结剂。型煤黏结剂是影响型煤质量很关键的因素，它对型煤的强度、防水防潮性、燃烧性能、气化效果、煤气质量、结渣性、反应活性等都有直接影响。

型煤黏结剂同样对生产工艺也有一定的要求，黏结剂的制备也有一定的工艺条件。同时黏结剂的热性能对型煤的发热量、灰熔融性、热态强度等都会产生重要影响。

8.6 型煤的生产工艺

目前，普遍使用的粉煤成型方法主要有无黏结剂冷压成型、有黏结剂冷压成型及热压成型三种。

8.6.1 粉煤无黏结剂冷压成型

无黏结剂冷压成型主要用于泥炭、年轻褐煤等低煤化度的煤。无黏结剂冷压成型不需要任何黏结剂，可节省原材料，工艺简单，而且还相应保持了型煤或型焦的碳含量。但此工艺需要成型机提供很高的压力，因而成型机构造复杂、动力消耗大、材质要求高，成型部件磨损快，使推广受到很大限制。

为了使年轻褐煤无黏结剂成型取得满意的效果，需要很好的制备原料和成型机械。要对褐煤进行破碎、筛分、干燥等处理，并严格控制它的粒度、水分和温度等指标，以保证型煤具有一定的强度。年轻褐煤制取型煤的简要工艺流程如图 8-3 所示。

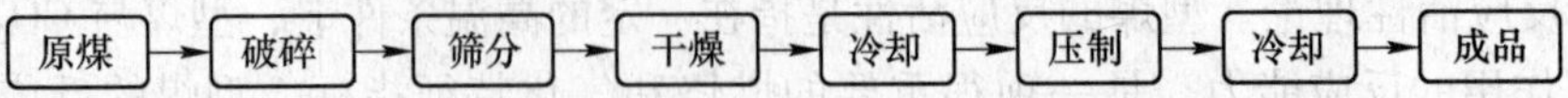

$$\boxed{原煤} \rightarrow \boxed{破碎} \rightarrow \boxed{筛分} \rightarrow \boxed{干燥} \rightarrow \boxed{冷却} \rightarrow \boxed{压制} \rightarrow \boxed{冷却} \rightarrow \boxed{成品}$$

图 8-3　褐煤无黏结剂冷压成型工艺流程

（1）破碎。作用是减小煤的粒度，同时可使煤料粒度较为均匀，成型时可使煤粒紧密接触，成型后强度高。

（2）干燥。对年轻褐煤在成型前，通过干燥方式去除过多的水分，使不同粒度煤中剩余水分分布均匀，使型煤具有一定的强度。

（3）冷却。作用是降低粉煤温度，使剩余的水分在粉煤中均匀分布。

（4）压制。冷却到适宜的成型温度后，在成型机上进行压制。在压制过程中，温度还会升高，为了防止型煤自燃，制得的型煤还需冷却，然后才能堆放或储存。

长期以来，烟煤和无烟煤的无黏结剂成型被认为具有一定困难。从泥炭、褐煤到烟煤、无烟煤，随着煤化度的增高，煤的硬度、弹性逐渐增高，塑性逐渐降低，因此成型性越来越差。所以，烟煤和无烟煤的无黏结剂成型要比泥炭、褐煤困难，需要较高的成型压力。

各种粉煤能否无黏结剂成型，取决于粉煤粒子能否紧密结合在一起，即粒子之间能否建立起一种紧密结合力。通常情况下，烟煤、无烟煤并不像泥炭、年轻褐煤那样存在自身黏结剂，但这些粉煤在外力作用下也可能出现各种各样的内聚力。因此，在成型时，只要提供一些条件，使这些内聚力建立，那么烟煤、无烟煤粉煤的无黏结剂成型就会实现。

烟煤、无烟煤无黏结剂成型困难，其根本原因是这些煤种的硬度大、弹性高，因此，克服这些困难便是这些煤种无黏结剂成型的关键。解决的途径主要有两种，即：采取高压方法和改进成型方式。

使用强制高压的方法实质是破坏煤粒的弹性，消除它对成型的影响。主要是采用高压成型机，以及在高压成型后煤球脱模时，解决残余弹性变形所积蓄的能量均匀放出和尽可能消除空气干扰的问题。但是，高压成型机往往构造复杂，动力消耗大，生产能力低，使该方法发展受到限制。

在成型方法上进行改进，在一定程度上可以克服煤粒弹性的影响，增加塑性变形，达到成型的目的。

8.6.2　粉煤有黏结剂冷压成型

粉煤有黏结剂冷压成型是指将粉煤和黏结剂的混合料在常温或黏结剂热熔温度下，在较低压力，借助黏结剂在煤粒表面之间的"桥梁"作用而使煤粒黏结成型。靠黏结剂的作用使煤粒彼此黏结起来，并且具有一定的机械强度，可避免成型时所需的高压。

使用黏结剂会出现以下问题：降低型煤的含碳量，尤其是使用石灰、水泥、黏土类的无机物时更明显；增加型煤成本；黏结剂本身需要处理，使成型工序增加，工艺复杂化。

尽管有黏结剂冷压成型工艺使用的黏结剂品种很多，型煤制造工艺流程各有所异，但这种类型的型煤生产过程都必须包括原料制备、成型和生球固结等三个工序。其生产流程如图8-4所示。

图8-4 粉煤有黏结剂冷压成型生产流程

8.6.2.1 成型原料制备

成型原料制备由原料煤的准备和黏结剂的准备两部分组成。原料煤准备的目的，一是使黏结剂有良好的分布，以便使黏结剂充分发挥它的效力；二是为型煤压制创造有利的基础，以便获得较大的成型压力。成型原料煤的准备一般包括干燥、破碎、配料和混合四个主要环节。

（1）原料煤干燥。干燥的作用是控制原料煤的适宜湿度，使黏结剂能更好地润湿、覆盖在粉煤粒子表面，达到很好的黏结目的。

用疏水性有机黏结剂成型时，原料煤的水分含量需控制在4%以下；使用亲水性黏结剂或水溶性无机黏结剂时，原料煤的水分一般控制在6%以下。对于使用不溶性无机黏结剂的情况，如水泥、黏土、石灰等，原料煤不一定需要干燥，因为这类黏结剂多以干粉状加入，如果原料煤中水分不足，还需补充一些水分；如果原料煤中水分过高，可以通过晒干、风干等方式来减少一部分水分，或稍多加一些黏结剂，以调节适宜的水分。

（2）原料煤的破碎。其目的是减少煤粒间的空隙，使煤粒在压球时能达到紧密的排列，也使煤的粒度大小较为均匀，从而促使黏结剂最后形成的骨架较为均匀地分布于型煤中，有利于提高型煤的强度。但不是煤料的粒度越小越好，如果粒度过小，会增加筛分和破碎的工作量，增加设备和动力消耗；同时需要覆盖和黏结的煤粒表面增大，将增加黏结剂的用量。所以原料煤的破碎程度在适宜的范围即可，一般采用的粒度为0~3mm。

（3）配料。即按照预先经过试验获得的方案，控制原料粉煤和黏结剂的用量进行配比，根据具体情况，黏结剂可以分几次加入，以达到较好的混合。

（4）物料混合。目的是使黏结剂有良好的分布，使煤粒表面为黏结剂所润湿、覆盖，有利于黏结。在实际生产中，除在破碎的同时进行初步混合外，还需用专门的搅拌设备混匀。

8.6.2.2 成型

成型原料制备完毕后，要用对辊成型机进行成型。在实际操作中要注意压辊之间的间隙调整，并保持下料均匀，保证球模充满及物料水分等。

8.6.2.3 生球固结

刚从成型机上压制出来的型煤里面的煤粒暂时被黏结在一起，水分含量较高，型煤的强度低，不能直接利用。为了保证黏结剂能成为坚强的骨架，使煤粒间牢固地黏结，需对生球进行固结。

以石灰为黏结剂的型煤，生球固结采用炭化方式，即生球中的 $Ca(OH)_2$ 与炭化气体中的 CO_2 反应生成 $CaCO_3$，型煤依靠生成的 $CaCO_3$ 作为骨架固结，以提高强度。以水泥为黏结剂的型煤，生球固结采取养护方式。使生球中的水泥浆凝聚固化变成水泥石作为煤球中的骨架，以提高型煤的强度。以亲水性有机物、水溶性无机物及不溶性无机物为黏结剂的型煤，固结一般采取干燥的方式，排出型煤中的水分，提高黏结力，让其固化成骨架，以提高强度。

8.6.3　粉煤热压成型

热压成型的基本原理及过程主要有快速加热、保温分解、挤压成型、热处理等几种。

（1）快速加热。煤中有机质是高分子聚合物，加热到一定温度后会发生热解。加热温度升高到 340~500℃ 时，即有气体和液体产生，同时形成胶质体，煤粒逐渐软化熔融。随着加热温度的升高，热解进一步加剧，软化的煤逐渐固化。煤是否具有黏结性取决于加热过程中形成的胶质体的数量和质量，而加热过程中形成的胶质体的数量和质量取决于煤种及加热速度。实践证明，提高煤的加热速度，可以增加胶质体的数量，改善胶质体的质量，从而提高煤的黏结性。

在快速加热条件下，由于受热时间短，形成的胶质体还未进一步分解就再次结合，形成了分子较大的胶质体，这样，就相对减少了气体的数量，增加了胶质体的数量，使煤的软化温度降低，固化温度提高，塑性温度区间也相应扩大，胶质体的流动性提高。所以，快速加热可以改善煤的黏结性。

粉煤热压成型正是利用快速加热的原理来提高煤的黏结性，在煤的塑性温度区间内，借助成型机械的压力使软化了的煤粒相互黏结熔融在一起。

（2）保温分解。加热到塑性温度的煤粒进一步热分解和热缩聚，使煤粒"软化"，并由于气体产物的生成，使煤粒膨胀。为使热解的挥发产物进一步析出，以防止热压后型块膨胀或炭化处理时开裂，应在塑性温度下隔热保温 2~4min 左右。

型煤或型焦的结构与煤粒在成型时的软化程度、型煤的进一步膨胀有关，软化煤粒在成型时要继续析出气体，胶质体因透气性差而阻碍气体析出，故会产生膨胀压力。若该压力小于成型压力，型煤致密、强度好；否则型煤的密度会因膨胀而降低。因此，型煤的密度不仅取决于所施的外部压力，而且也取决于气体的析出速度和胶质体的透气性。对于胶质体多、热稳定性好及透气性不高的煤，其塑性温度应高些，需要保温时间应长些；对于黏结性较差的煤，应防止因过度热解使胶质体中的液态产物过多而降低其黏结性，塑性温度应低些，保温时间应短些。总之，塑性温度与保温时间的选择，既要使煤料有很好的黏结，又要使型煤不发生膨胀。

（3）挤压成型。经过保温分解后，处于胶质体状态的煤料中除可熔物质外，还存在不熔物质或惰性粒子。为了使其均匀地分布在熔融物质中，煤料可以在挤压机中进一步粉碎、挤压和搅拌，以提高型煤结构的均匀性和强度。

挤压后的煤料再进一步压制成型，使粒子间隙减少，可降低其透气性，利于活性化学键的相互作用，使型煤的密度增加。对于黏结性好、胶质体透气性差的煤料在进行热压成型时，成型压力应小些；黏结性非常高的煤应配入适量无烟煤煤粉、焦粉或矿粉等惰性组分，提高胶质体的透气性，减少热压后型块的膨胀性。

（4）热处理。热压成型所得的型煤，应在热压温度下，隔热和隔绝空气进行一定时间的热焖处理。其目的有以下几点：

1）压型时有助于活性化学键的接触和反应，但若压型作用的时间短，作用不完全，且焦油等挥发物不能完全分解，这些挥发物分解时产生的活性键不能充分发挥作用，如果将型煤立即冷却，则这些活性化学键会因温度降低而失去相互作用的能力。

2）在热压型煤中，因热分解和热缩聚的时间不足，尚有部分胶质体未转化为固相，热焖可延长液-固相转化的时间；同时，因完全处于固态的型煤在炭化处理时不易产生过大的收缩压力，可以减少其裂纹，提高其抗碎强度。

3）在热压型煤中，不同组分具有不同的热膨胀性，若此时急速冷却，会使结构致密的型煤表面温度梯度加大，型煤的尺寸越大，表里温差就越大，从而产生不同的收缩力，并降低型煤的强度。

热压成型工艺就是将具有一定黏结性的烟煤快速加热到塑性温度区间，并趁热施加压力使之成型。关于快速加热，目前工艺上多采用气体热载体做加热介质和利用高温固体热载体两种方法。先将这些粉料加热到较高的温度，再与预热过的烟煤粉直接混匀，使烟煤达到快速加热的目的。

气体热载体快速加热热压成型工艺主要由煤的干燥预热、快速加热后保温和热压成型三道工序组成。这种工艺主要适合用于单一煤种（如气煤、弱黏结性煤等）的热压成型及以无烟煤为主体的配煤热压成型；缺点是：（1）快速加热的热废气温度不能太高，当温度超过600℃时，烟煤粉与筒壁接触产生过热或过早软化而粘于壁上，造成堵塞；（2）循环废气量大，由于受废气温度不能太高的限制，烟泵的负荷加大，风料比也相应增大；（3）在加热过程中，烟煤的部分热解产物会混入废气中，给加热系统的温控和防止焦油堵塞管道、烟泵带来困难；（4）对加热的最终温度有限制，如果温度过高，容易将系统设备堵塞。图8-5所示为气体热载体快速加热热压成型工艺流程图。

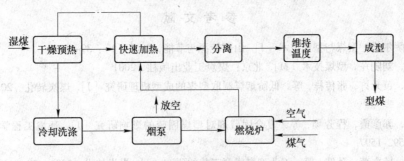

图 8-5　气体热载体快速加热热压成型工艺流程

气体热载体粉煤热压成型需要消耗一定的热量。在实际生产中，需要考虑热风炉的燃烧效率、气固相间的换热效率、风煤比以及设备与管道的散热等因素。另外，在热压成型过程中，煤中会有一部分可燃挥发气体逸出，这部分可燃气体热值较高，应回收利用。

固体热载体快速加热热压成型工艺由三道工序组成：固体热载体加热；烟煤的预热、混合及保温；热压成型。该工艺的优点是由于采用两种煤料通过在混合机内混合达到快速加热的目的，因而在烟煤加热过程中，其热分解产品可以单独回收利用；采用沸腾炉、直立管等加热设备，热效率高；调节加热温度较方便，通过调节配合比的方法，能迅速在1min内达到调温的目的。该工艺的缺点是不能用于单一煤种的热压成型。图8-6所示为固体热载体快速加热热压成型工艺流程图。

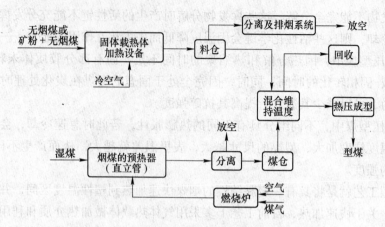

图 8-6 固体热载体快速加热热压成型工艺流程

8-1 简述型煤成型机理。

8-2 影响粉煤成型的因素有哪些？

8-3 影响型煤强度的主要因素有哪些？

8-4 型煤黏结剂的理论基础是什么？

8-5 型煤的成型工艺有哪些，目前主要的成型工艺是什么？

8-6 简述型煤的应用前景。

参 考 文 献

[1] 戈·帕萨尔格. 型煤与型焦技术 [J]. 山西能源与节能，2002 (1)：39-43.

[2] 徐振刚，刘随芹. 型煤技术 [M]. 北京：煤炭工业出版社，2001.

[3] 黄山秀，黄光许，张传祥，等. 低阶烟煤制取型煤的成型机理研究 [J]. 煤炭转化，2010，33 (4)：52-55.

[4] 李莹英，郭彦霞，程芳琴，等. 复合固硫剂对型煤固硫的影响研究 [J]. 环境工程学报，2011，5 (7)：1592-1597.

[5] 吕玉庭，杨立茹，孙健，等. 工业型煤成型工艺的研究 [J]. 煤炭技术，2001，20 (4)：57-58.

[6] 李师仑，韩锦德，徐桂芹，等. 工业型煤的发展现状及研究动向 [J]. 煤炭加工与综合利用，2000 (2)：6-10.

[7] 巩志坚，马潇，靳英. 关于型煤发展若干问题的探讨 [J]. 洁净煤技术，2001，7 (4)：21-24.

[8] 关多娇，杨玉鹏，叶鹏，等. 混煤配制对型煤特征的影响 [J]. 煤炭加工与综合利用，2008 (2)：41-44.

[9] 祝平. 积极开发和推广型煤 [J]. 山西能源与节能，2000 (1)：22-25.

[10] 崔秀玉，雷晓平，苑卫军，等. 开发中国工业型煤之浅见 [J]. 洁净煤技术，2003，9 (1)：19-22.

[11] 蒋秋静，郝泽，王慧. 论型煤在山西省的发展前景 [J]. 科技情报开发与经济，1998 (5)：21-22.

[12] 赵鸣. 煤泥型煤的生产和产业化建议 [J]. 煤炭加工与综合利用，2003 (5)：44-46.

[13] 朱红龙，张传祥，马名杰，等. 煤泥型煤燃烧特征的实验研究 [J]. 煤炭转化，2014，37 (4)：55-57.

[14] 左嘉铭. 浅谈气化型煤的配煤及制作工艺 [J]. 中氮肥, 2014 (5)：25-26.

[15] 刘向东, 谢超, 邢蕾, 等. 生物质煤泥型煤成型特性分析 [J]. 佳木斯大学学报 (自然科学版), 2015, 33 (1)：103-105.

[16] 浮爱青, 黄光许, 谌伦建, 等. 生物质型煤的燃烧特性和影响因素 [J]. 煤炭转化, 2007, 30 (3)：45-48.

[17] 黄光许, 谌伦建, 王建军, 等. 生物质型煤的制备及成型原理研究 [J]. 煤炭转化, 2008, 31 (1)：75-78.

[18] 刘滋武, 黄滔, 巩馨骏, 等. 生物质型煤的发展综述 [J]. 洁净煤技术, 2014, 20 (3)：98-102.

[19] 席礼, 席新志. 生物质型煤概述 [J]. 科技情报开发与经济, 2011, 21 (28)：156-157.

[20] 张万里, 王述洋, 王晓东, 等. 生物质型煤技术及成型机 [J]. 林业机械与木工设备, 2007, 35 (4)：48-50.

[21] 毛玉如, 骆仲泱, 蒋林, 等. 生物质型煤技术研究 [J]. 煤炭转化, 2001, 24 (1)：21-26.

[22] 马爱玲, 谌伦建. 生物质型煤技术综述 [J]. 煤质技术, 2008 (4)：47-50.

[23] 苏俊林, 陈华艳, 矫振伟. 生物质型煤研究现状及发展 [J]. 节能技术, 2008, 26 (1)：83-86.

[24] 张玉君, 从金华, 刘随芹. 我国工业型煤发展展望 [J]. 中国煤炭, 1998, 24 (7)：9-11.

[25] 姬脉祯. 我国煤矿型煤的现状及发展前景 [J]. 煤炭加工与综合利用, 1995 (3)：44-46.

[26] 李海华, 徐志强. 我国型煤技术现状分析 [J]. 煤炭加工与综合利用, 2008 (3)：30-32.

[27] 黄山秀, 马名杰, 沈玉霞, 等. 我国型煤技术现状及发展方向 [J]. 中国煤炭, 2010, 36 (1)：84-87.

[28] 白杰, 鲁欣, 吴志毅, 等. 型煤产业发展与提高 [J]. 北方环境, 2011, 23 (1-2)：59-60.

[29] 杨凤玲, 高玉杰, 张园园, 等. 型煤成型影响因素的实验研究 [J]. 煤化工, 2009 (4)：37-40.

[30] 李永恒. 型煤的研制与应用 [J]. 化肥设计, 2003, 41 (2)：33-39.

[31] 陈治金, 钱锦荣, 王润勋, 等. 型煤发展相关问题的研究 [J]. 山西能源与节能, 2002 (1)：6-8.

[32] 谌伦建, 李安铭, 赵跃民, 等. 型煤固硫机理的研究 [J]. 煤炭学报, 2003, 28 (2)：183-187.

[33] 孙孝仁. 型煤及其加工概述 [J]. 科技情报开发与经济, 1997 (3)：38-40.

[34] 安文兰. 型煤技术发展概况 [J]. 选煤技术, 2000 (3)：4-6.

[35] 孙永奎. 型煤加工及利用 [J]. 江苏煤炭, 2003 (2)：31-32.

[36] 于洪观, 刘泽常, 王力, 等. 型煤燃烧过程中硫析出特性的研究 [J]. 煤炭转化, 1999, 22 (1)：53-57.

[37] 马大江, 韦海云, 左嘉铭, 朱芳勇. 型煤生产问题及处理措施 [J]. 中氮肥, 2014 (2)：32-34.

[38] 王俊杰, 刘华. 型煤粘结剂发展综述 [J]. 广州化工, 2013, 41 (2)：22-25.

[39] 孙孝仁. 型煤粘结剂及其发展趋向 [J]. 科技情报开发与经济, 1999 (1)：11-13.

[40] 张林生. 型煤粘结剂研究现状 [J]. 广州化工, 2012, 40 (11)：62-64.

[41] 张同翔, 钱剑青, 于连海, 等. 型煤着火特性的试验研究 [J]. 洁净煤技术, 2003, 9 (3)：18-20.

[42] 黄怡珉, 于洪彬, 孙树森, 等. 型煤自身特性对其燃烧的影响 [J]. 煤炭转化, 2002, 25 (3)：75-78.

[43] 路春美, 邵延玲, 程世庆. 烟煤型煤洁净燃烧技术的研究 [J]. 燃烧科学与技术, 1996, 2 (3)：222-227.

[44] 田海宏. 中国型煤技术特点及发展动向 [J]. 应用能源技术, 2004 (3)：1-3.

[45] 阎杏瞳, 田晓艳. 中国型煤技术特点及发展动向 [J]. 煤炭科学技术, 1995, 23 (9)：41-44.

9 煤基炭素材料

9.1 煤基炭素材料的分类和特征

在自然界中，以游离状态存在的碳有三种同素异构体，即金刚石、石墨和无定形碳（煤、焦炭、木炭等）。

炭素制品通常指的是炭制品和石墨制品，是由各种以碳元素为主的原料（如无烟煤、焦炭等）经过一系列加工（主要是煅烧、焙烧和石墨化等炭化过程）所形成的。这些基础原料在高温炭化过程中发生缩聚、脱氧等反应，使其结构中的非碳杂原子脱除，以碳为主的结构逐渐稠环化，从而转变为分子结构排列较整齐的炭制品及分子结构排列整齐的人造石墨。炭制品中除碳元素外还含有微量的氢、氧、氮等其他元素，而石墨制品几乎只有碳元素。炭素制品广泛地用于冶金业、化学工业、机械工业、建筑材料和国防工业等各个部门。

炭素材料按形状可分为：（1）定型状，包括炭砖、石墨坩埚、石墨电极等；（2）纤维状，包括碳纤维、纤维状活性炭等；（3）薄膜，如石墨烯等；（4）球状体，如足球烯、球状活性炭等；（5）中空体，如碳纳米管等；（6）粉体，如粉状活性炭等。

炭素材料按用途可分为：（1）导电材料，包括各种石墨化电极、阳极以及电工用炭素制品（如电极用电刷）、碳纳米管复合材料等；（2）结构材料，包括耐腐蚀的不透性石墨，用做化工、轻工等各种工业中的机械密封材料以及高温冶金用的结构材料等；（3）耐火材料，冶金炉内衬、石墨坩埚等；（4）耐磨和润滑材料，如用于铸模和压模的石墨，可使铸件尺寸精确，表面光洁；（5）特殊用途的石墨材料，如用于原子能工业的核石墨以及军工和宇宙航空用的特殊处理的石墨等；（6）定向石墨；（7）炭；（8）纤维材料；（9）高致密石墨；（10）活性炭。

用煤及其制品生产的炭素材料主要有炭素电极（炭电极、石墨电极）、电极糊、炭砖、碳纤维、塑料、炭黑、填料和吸附剂等。其特征主要包括：耐久性好，耐腐蚀性强，性质极其稳定；热膨胀系数低、耐热性强；导电、导热性能良好；密度小、有自润滑性；无毒性和无腐蚀性；抗放射性强。

9.2 煤基活性炭

9.2.1 特点

活性炭是经过一定工艺处理、内部孔隙发达、具有吸收分子级物质能力的含碳材料。其特征主要包括吸附能力强，化学稳定性强，机械强度高，无毒、可再生、使用方便。

活性炭巨大的吸附能力主要归功于其发达的内部孔隙提供了吸附质被吸附的场所（图9-1）。因此，比表面积是活性炭的一项重要指标。这其中微孔（小于 2nm）提供的比表面积占 95% 以上，中孔（2~50nm）比表面积一般小于 5%，大孔（大于 50nm）提供的比表面很小，可以忽略。

图 9-1　煤基柱状活性炭吸附剂

9.2.2　分类和结构

9.2.2.1　分类

按外形可分为颗粒状（GAC）、粉末状（PAC）、纤维状（FAC）、微球状等；按应用领域分为气相炭、液相炭等；按用途可分为溶剂回收炭、气体净化炭、脱色炭、药用炭、催化剂炭、变压吸附炭、黄金炭、脱硫炭、血液灌流炭、水处理炭等；按制造方法可分为物理法炭、化学法炭（氯化锌炭、磷酸炭等）；按孔径可分为微孔炭、中孔炭等。

9.2.2.2　结构

活性炭、木炭、焦炭及炭黑等统称为"无定形碳"。活性炭中含有类石墨微晶结构，这种微晶类似于石墨的二向结构，但总体上是一种混乱层状结构，显示出各向同性特点。这种混乱的层状结构是形成活性炭孔隙的基础。

9.2.2.3　化学组成

活性炭的吸附性能不仅取决于它的孔隙，而且受到活性炭化学组成，尤其是表面化学组成的影响。活性炭的化学组成分为有机组成和无机组成两部分，它与制备活性炭的原料组成、性质以及制备的工艺过程有很大的关系。在活性炭表面上起决定作用的是范德华力中的色散力；但由于活性炭微晶结构中往往含有部分结晶不完整的石墨层，这些石墨层会明显改变碳骨架中电子云的排布，出现不饱和键和不成对电子，进而影响活性炭的吸附性能，特别是影响对极性和非极性物质的吸附。此外，活性炭中炭结构上结合的氧、氢、硫、氯等元素以及无机杂质也对吸附性能有很大的影响。

某吸附剂活性炭化学组成见表 9-1。活性炭的有机组成部分中，O 含量在 3%~5%、H 含量在 1%~2% 左右。活性炭有机质的分子结构除了碳骨架之外，还有由碳、氧等元素形成的原子基团，称为官能团。这些官能团的存在对于活性炭的吸附过程有重要的影响。活性炭的有机官能团主要是含氧官能团。活性炭制备方法和工艺对产物含氧官能团的种类和含量有很大的影响。水蒸气法制备的活性炭中，氧主要以羟基和羧基的形式存在；氯化锌法生产的活性炭，羰基氧和醚基氧占的比例较大。活性炭中常见的官能团有羧基、羟酚基、醌型羟基，以及醚、过氧化物、酯、荧光素内酯、二羧酸酐和环状过氧化物。

表 9-1　某吸附剂活性炭化学组成　　　　　　　　　　　　　　　　　　（%）

元素	C	H	O	N	SiO_2	Al_2O_3	MgO	CaO	Fe_2O_3	K_2O	Na_2O
含量	93.81	1.23	3.39	0.01	0.41	0.31	0.28	0.26	0.11	0.11	0.08

活性炭的主要无机组分是 C，还含有 H、O、N、S 等元素。活性炭是一种疏水性的非

极性吸附剂，能选择性地吸附非极性物质。但是，当活性炭表面上有表面氧化物和矿物质存在时，对极性物质的吸附能力就会增强。因为兼有物理吸附和化学吸附的作用，所以活性炭能吸附多种物质。活性炭中的矿物质组成十分复杂，主要是硅、铁、钙、镁、铝、钠、钾的氧化物和盐。活性炭燃烧所得灰分中的碱金属化合物一般溶于水；碱土金属如铁的化合物溶于醋酸；最难处理的是酸性化合物，它们只能用氢氟酸除去。产品活性炭的灰分受原料、活化工艺、产品炭后处理方法等的影响很大。

9.2.3 制备工艺

活性炭的准备方法有化学活化法和气体活化法。化学活化法主要依靠渗入到原料内部的药剂与小分子有机物相作用而促使其分解。有些药剂还能在炭化时能起骨架作用，使新生碳沉积于其上。当用酸或水清洗之后，药剂和无机物被脱除，孔隙率提高，碳便暴露于孔隙表面形成活性炭。化学物理活化法工艺成本较高，一般用于生产高指标的木质活性炭。有时也将化学活化法与气体活化法联用，以控制活性炭孔隙结构。与植物相比，煤的结构更加致密，氢、氧含量更低。因此，煤不适合作为化学活化法生产活性炭的原料，煤基活性炭主要由气体活化法制备。气体活化法制活性炭的主要步骤如下：

（1）原料准备。可能的原料准备包括烘干、去杂、破碎、筛选、氧化（化学药剂湿法氧化或空气、氧气热氧化）、磨粉、风选分级等工序中的一种或几种。通常要求将原料煤全部磨细到 −0.15mm 以下，其中 −0.074mm 含量占 90% 以上。目的是使原料煤均化，在水分、黏结剂存在的条件下，容易发生界面化学性凝聚，有助于提高定形碳强度。

（2）成型。目的是使煤粉和水分、黏结剂混合均匀，将原料压实以得到致密、强度高的定形碳。常见的成型方法包括：挤条、滚球、重液成球、压片（块、球）、蜂窝成型、纺丝、中空成型等。在成型过程中添加的黏结剂应具有良好的浸润性、渗透性和黏结力，与炭混合后应具有良好的可塑性。黏结剂的用量要适宜。常用的黏结剂包括煤焦油、木焦油，其中，焦油中的沥青含量在 55%~65% 之间较好。

（3）氧化。多采用热空气强制氧化法，其目的是消熔胀、破黏、增加活化工序反应性、改性或表面修饰作用等。

（4）炭化。可采用一步炭化法或多程（如双程，炭化温度不同）炭化工艺。根据原料和产品性能需要，炭化温度一般选在 350 ~ 1200℃ 之间。原料中的焦油和挥发分在此阶段析出，并形成初始孔隙，为下面的活化步骤创造条件。但在特殊情况下，如需要制取沥青微球炭或分子筛活性炭时，则必须采取程序升温炭化工艺。炭化后得到的物料称为炭化料。

（5）炭化后处理。对于特殊产品可能会考虑配加添加剂或采用提纯、强制氧化、强制脱氢等方法中的一种或几种来进一步处理炭化料，以期获得某些特殊性能。

（6）活化。炭化料在 700 ~ 1500℃ 范围内与活化气体（水蒸气、二氧化碳、氧气等）进行气化反应。活化过程中部分非晶碳被烧蚀进入气相，从而形成孔隙结构。影响活化的因素包括原料煤性质，活化气体种类及流速，活化温度，活化时间，炭化物粒径，炭化物中矿物质的种类和含量，原料预处理、炭化工艺条件。炭化过程中形成的封闭孔隙及孔隙表面的无序碳与活化气体反应（如水煤气反应）而被清除，原来封闭的孔隙被打开，并在孔壁上产生一些新孔，孔隙尺寸也会变大；而在活化反应的后期，吸附于炭表面上的有机分子被活化气体清除，新的表面化学官能团形成，产生对吸附质分子具吸附能力的表面"活性中心"；活化过程非常复杂，许多"杂质"也对活化反应有比较大的影响，如以水蒸气为活化气体时煤中的金属矿物，如钾、钠、钙、铁会对水煤气反应产生催化；而一些非金属矿物则会抑制活化反应。目前已从煤炭中检出的元素超过 80 种，这些杂质元素对活化反应及对最终活性炭应用性能的影响尚不完全明确。

（7）后处理。活性炭在活化炉完成活化过程之后一般要进行筛分，若用户需要超低灰活性炭，往往还需要进行酸洗、干燥等后处理过程，以满足用户对产品质量的要求。常见的产品后处理方法包括破碎、筛分、细磨、二次提纯、二次成型、烘干等。

实际使用的气体活化法活性炭制造工艺一般仅会用到上述工序中的几个，不会全部涉及。如原煤直接破碎炭产品就仅用到了原料准备、炭化、活化、后处理工序。

9.2.4 应用

（1）食品。活性炭可被用于食品行业的饮料、酒类、味精母液及食品的精制、脱色。尤其是在脱色应用领域，煤质活性炭应用潜力巨大。食品行业对活性炭中的重金属含量有较高的要求，煤质活性炭一般都需要经过酸洗精制方可达到规定值。

（2）印刷。我国印刷行业在生产中大量使用彩色油墨和有机稀料，油墨用的稀料（溶剂）主要是甲苯、乙酸乙酯、丙酮及少量丁酮。这些挥发性有机物占油墨总质量的50%~80%，可通过呼吸进入人体内，对人体的肝脏和神经系统造成损害；若被排放到大气中，则可能会诱发光化学反应而破坏生态环境。这些溶剂在产品生产过程中变为 VOCs 废气大量排出。因此，对包装印刷厂生产车间排出的 VOCs 废气必须采取有效的收集方法和净化工艺进行处理。在我国的工作场所有害因素职业接触限值和排放标准中，对 VOCs 废气的排放作了严格的规定。如在印刷车间安装合理的废气收集系统和溶剂回收装置，可以达到降低 VOCs 挥发量和减少污染的目的；同时可以回收溶剂资源，这点已被实践证明。

（3）化工。可用作催化剂及载体、气体净化、溶剂回收及油脂等的脱色、精制。

（4）石油。主要用于石油化工业脱色提纯、石油化工水处理工程，并能除去石油中的有害物质。

（5）轻工。主要用于纤维生产中的亚硫酸染色过程，及皮革的脱脂过程等。这些工序会产生一定量的硫化氢及气相有机硫物质，若被释放到操作环境中，不仅会引起环境污染，还会对操作人员的健康和生命安全造成极大隐患。医学研究证实，当人长期处于含硫化氢的气氛中，即使是微量亦会引起中毒，大量吸入时可引起意识突然丧失、昏迷、窒息，直至猝死。煤基活性炭被广泛用于有毒有害气体吸附。

（6）冶金。目前黄金生产工艺多采用炭浆提金法。将含金矿砂粉碎到约 0.05mm，搅拌制成均匀的悬浮矿浆，将氰化钾或氰化钠溶液加入矿浆，生成可溶于水的氰金络离子 $[Au(CN)_2]^-$，含氰金络离子的矿浆在串联的吸附槽内与粒状活性炭在充分搅拌下接触一定时间，且矿浆的 pH 值控制为 10~11，$[Au(CN)_2]^-$ 被吸附到活性炭的孔隙中。吸附饱和的载金活性炭可采用两种方法回收黄金：一种方法是将载金炭送往冶炼厂焙烧，经高温熔炼得到黄金，这是一种最古老、最不经济的方法；另一种方法是用 0.1%~1% 浓度的热氰化钠和苛性钠的混合液使氰金络离子脱附，电解得到纯金，同时载金炭得以再生。后一

198

种方法目前应用最广。

（7）医药。由于医药工业对活性炭的纯度要求非常严格，而煤"灰分"杂质元素多达40余种，采用通常的精制加工很难将其处理至规定的纯度，故煤质活性炭很难在医药工业打开局面。

（8）水处理。煤质活性炭广泛用于污水处理、废气及有害气体的治理、气体净化。国内用于水处理的活性炭基本上都是煤质活性炭，包括粉末状（PAC）和颗粒状（GAC）两种。PAC回收困难且容易流失，目前以一次性使用为主，一般用于处理高浓度废水或作为应急措施处理化学污染事故。GAC的作用与PAC一致，但容易回收和再生，适合用于污染物浓度低且连续运行的水处理流程。在饮用水方面，PAC主要用于偶发或季节性短期高峰负荷的污染水源的净化，也适合于含低浓度有机物和氨的污染水源的除臭、除味，对去除三卤甲烷等消毒副产物等也有较好的效果。GAC则主要与氧化技术、膜技术、离子交换等技术联合使用，用于饮用水深度处理。以美国为例，目前超过90%的以地面水为水源的水厂采用GAC吸附工艺。饮用水对活性炭吸附性能的要求较高，一旦失去吸附能力就必须立即更换和再生。

9.3　煤基电极材料

9.3.1　特点

煤炭来源丰富、成本低。近年来煤基电极材料发展迅速，在锂离子电池负极等领域显示出了较好的应用前景，有望代替目前高成本材料。

9.3.2　分类和结构

煤基电极材料包括：（1）炭素电极。一种焙烧炭制品，以无烟煤、冶金焦及煤沥青为原料，在焙烧后经机械加工得导电材料，无需石墨化处理。特点：生产成本低，仅为石墨电极的一半；导电性差，热导率和抗氧化能力均不如石墨电极。

（2）石墨电极（图9-2）。一种以石油焦、无烟煤、冶金焦、沥青焦、炭黑和针状沥青焦为原料，煤沥青作结合剂，经煅烧、配料、混捏、压型、焙烧、石墨化、机加工而制成的导电材料。特点：导电性强和导热率高。按照允许使用的最大电流密度可分为：石墨电极（小于17A/cm^2）、高功率石墨电极（17～25A/cm^2）、超功率石墨电极（大于25A/cm^2）；

（3）炭素糊。炭素糊是一种糊状导电材料，是电解槽、电石炉内衬的组成部分，用于连接炭砖使之形成整体。炭素糊一般由骨料和黏结

图9-2　煤基石墨电极材料

剂组成。常见骨料包括煅烧无烟煤、石墨或二者混合物。常见黏结剂包括煤沥青、煤焦油和有机溶剂。黏结剂的性质对炭素糊性能有重要影响，添加有机溶剂可以降低其黏度，提

高其施工性能。

按照施工温度可将炭素糊分为高温糊、温热糊和冷捣糊三类。高温糊（热糊）需要在高于140℃下施工，施工温度高，可完全由煤沥青作为黏结剂；而温热糊和冷捣糊的施工温度分别为30～50℃和10～30℃，除使用煤沥青和煤焦油作为黏结剂主要成分之外，还需外加部分有机溶剂降低炭素糊黏度，以方便施工。

按黏结剂种类分类，除以沥青为主要黏结剂组分的沥青糊之外，还包括树脂糊。如以热固性树脂为主要黏结剂组分的热固树脂糊。一般说来，黏结剂配方决定温热糊和冷捣糊的施工性能，属于生产厂家的保密技术。由于黏结剂的成分不同，黏结剂的结焦性和炭素糊的使用性能也有很大差别。

按其骨料颗粒粒度和填充缝隙的大小可分为细缝糊和粗缝糊。细缝糊用以黏结小于2mm的炭缝，其骨料主要为小于100目的焦粉；粗缝糊用于填充大于2mm的缝隙。

按照应用场合可将炭素糊分为炭间糊、周边糊、阴极钢棒糊三种。三者在配料的成分和粒度上有所不同：炭间糊、边缝糊的成分基本相同，仅在骨料粒度上视施工要求略有不同；而阴极钢棒糊中则需加入石墨质以降低钢-炭接触压降和糊的电阻。

9.3.3 制备工艺

9.3.3.1 原料

常用原料包括骨架材料（简称骨料或骨材）的固体原料和用做黏结剂的液体原料。

（1）固体原料。作为骨架材料的固体原料有石油焦、无烟煤、冶金焦、沥青焦、炭黑和针状沥青焦等。无烟煤：煤来源广泛、成本低，是生产炭块、炭素电极、电极糊等多灰产品的基础性原料，精选后的优质低灰无烟煤还能用于产生石墨化电极。但与沥青焦、冶金焦相比，无烟煤机械强度较低、在高温下煅烧易碎裂，故生产中一般不单独使用无烟煤作为骨料，而常与冶金焦和沥青焦配合使用，以改善产品的力学性能。用于生产电极的无烟煤必须是具有低灰、低硫、高强度性质的块状无烟煤；不同种类的电极糊对原料无烟煤的灰分、硫分、水分、粒度和抗磨强度也有具体要求。沥青焦：是煤沥青的焦化产物，具有灰分低、含硫分低、含碳量高（可达99%以上）和机械强度高的特点，是生产石墨化电极、阳极糊等少灰制品的优质原料。沥青焦易在煅烧过程中石墨化，在石墨化制品生产中，一般都需要按一定比例加入沥青焦，以改善产品的导电性能。冶金焦：可用于生产炭块、炭素电极和电极糊等多灰炭素制品。常见冶金焦的灰分一般都在10%以上，且不易石墨化，导电性能也较差。但冶金焦成焦温度高于1000℃，烘干水分后可不经煅烧直接用于炭素制品生产，加工成本较低；加之其来源广泛、价格低廉，成为制备煤基炭素制品的常用原料。炭黑：通常是用甲烷制取，但也有用煤焦油及其重质馏分在空气不足的条件下燃烧热解制得，是生产硬质电化石墨电刷和弧光炭棒等的主要原料之一。由于炭黑具有纯度高（含灰量小于0.3%）、粒度极细（颗粒直径小于0.1μm）和碳原子排列不规则的特点，以炭黑为主要原料生产出来的炭素制品具有各向同性、电阻系数大、机械强度高和纯度高等众多优良特性。在原料中加入少量炭黑，可使之填充于焦炭颗粒间的微小空隙，制造出高密度炭素制品。但炭黑难于转化为石墨，即使在2800℃高温下也只能部分石墨化，因此炭黑的配入量不宜过高，应依据使用需求合理添加。

（2）液体原料。作为黏结剂的液体原料一般为煤焦油、蒽油和煤沥青。煤沥青：是生产各种炭制品和石墨制品的常用黏结剂。煤沥青和固体粉料在加热状态下搅拌混合，制备的混合料具有塑性，在一定压力下能够成型为具有一定形状的制品。这些制品一经冷却便能硬化，硬化后的制品在一定条件下焙烧时，煤沥青就逐渐分解、聚合和炭化，可将周围的固体颗粒牢固粘接在一起，形成一个具有一定结构强度的炭整体。按照软化温度可将煤沥青分为低温沥青（软化温度 52 ~ 56℃）、中温沥青（软化温度 65 ~ 80℃）和高温沥青（软化温度 120 ~ 150℃）。随软化温度升高，沥青中固定碳含量增加，生产的产品质量好。大多数炭素制品厂使用中温沥青作黏结剂，部分企业因产品性质需求使用高温沥青，仅少数企业使用低温沥青。煤焦油和蒽油：在炭制品生产中，常将煤焦油、蒽油与煤沥青混合以调节黏结剂的软化点。如某种炭素制品的生产工艺要求黏结剂的软化点低于55℃，而中温沥青的软化点为65 ~ 80℃，这时可在在该中温沥青中加入15%~20%煤焦油，使黏结剂的软化点下降到55℃以下，以满足工艺要求。对于某些需要浸渍的制品，为了降低浸渍剂黏度也可以在沥青中加入一定量的煤焦油或蒽油以提高其流动性，使浸渍剂能够浸入到制品的孔隙中从而提高浸渍效果。

9.3.3.2 工艺过程

以煤炭为主要原料制备炭素制品，一般步骤如下：

（1）煅烧。将粗碎过的原料（50 ~ 70mm）在隔绝空气或空气很少的条件下进行高温处理，目的是将原料中的水分和挥发分降至0.3%以下，以提高原料的密度、机械强度和导电性能。煅烧后的固体原料用于充当炭产品和石墨制品骨架，以保证最终产品的质量。煅烧温度对煅烧制品的性能有很大影响，一般控制在1200 ~ 1400℃范围内，不应低于1100℃。国内外常用的煅烧炉包括缸式煅烧炉、回转窑和电热煅烧炉等。

（2）配料。配料前需要将煅烧后的大块原料破碎并筛分成几个粒级，以便各粒级能按照比例配料。配料的目的是提高成品的质量和成品率。

（3）原料选择和配入比例。选择原料的依据是产品的使用要求与质量需求。制造纯度较高的制品要选用灰分较低的原料。对于高纯制品，如核石墨、真空高温电炉发热原件、耐热元件、高纯金属铸模、探空火箭喷嘴等，除灰分要求外还需要较高的热稳定性和高温机械强度。制备此类制品应选择低灰分、高温机械强度高和易石墨化的原料，如石油焦、沥青焦。如果制品对机械强度的需求极高，或者同时有密度需求，则需要再掺加炭黑。总之，各种原料的价格和理化特性有较大差异，为了使制品性能达到设计要求，必须依据原料性质合理配料，以尽可能低的成本制备出高质量的炭素制品。

在依据制品性质要求定性圈定原料种类范围之后，一般需要通过试验确定各种原料的配入比例。为了获得最大容量的混合物，使制品具有尽可能高的密度、较小的孔隙度和足够机械强度，必须把不同大小的颗粒按比例混合，使较小的中颗粒填充于大颗粒之间的孔隙，而中颗粒之间的孔隙可由细颗粒填充，而且细颗粒之间的孔隙可以由微细粉粒填充。粒度上限和各粒级必须根据制品尺寸、工艺条件和产品需求通过试验确定。选择黏结剂：生产炭素制品加入黏结剂的目的是使作为骨料的各颗粒表面都附着一层沥青薄膜而黏结在一起，混捏后的热糊料有良好的可塑性、便于成型。而成型后的毛坯在焙烧过程中，其中的黏结剂可发生焦化反应而生成沥青焦，把骨料颗粒牢固地黏结成整体。各种炭素制品的质量和物理机械特性，在很大程度上取决于黏结剂的性质。因此，黏结剂的选择视成型方式、成型设备和制品的用途而定。黏结剂选择要合理，所选黏结剂应具有较高的含碳量和残碳率，同时价格低廉、来源广泛。黏结剂用量也要适当，太多或太少对物料的塑性、成型和焙烧均有较大的影响。若用量过少，物料塑性差、压块易开裂；若用量过多，物料流动性太大、压块易变形，在焙烧时还容易黏附在制品表面。

（4）混捏。混捏的目的是使多组分骨料、粉料和黏结剂强化混匀，形成宏观上的均一结构；同时压实混合料，提高其密度和塑性，便于成型。混捏过程进行得越完善，制品的结构就越均匀，性能就越稳定。将一定配比的炭素材料与黏结剂在一定的温度下混捏成可塑性糊状料。目前炭素材料生产中常用的混捏设备包括：搅刀混捏机，适用于带黏结性的热混捏；螺旋连续混捏机，多用于制备阳极糊；鼓形混合机，用于不带黏结剂的冷混合。混捏设备按其进出料方式分为间断混捏机和连续混捏机。间断混捏机是下料—混捏—排料间断进行的混捏机。混捏机锅体可采用夹层结构，通过热媒对锅内物料加热；还可将锅体制成外部包裹电阻丝的单层结构，采用电能加热。连续式混捏机结构如图9-3所示。

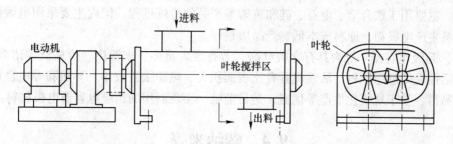

图9-3 连续式混捏机结构

（5）成型。将已混捏好的糊料压制成所需要的形状、尺寸且具有较高密度的半成品毛坯，作为下一步焙烧工序的入料。对于商品糊料，只将混捏好的糊料在常压下简单铸块或装入容器冷却，即得成品，不需要进一步热加工。生产上采用的成型方法有模压、挤压、振动成型和静压成型等。

（6）焙烧。炭素制品的焙烧就是使毛坯中的黏结剂炭化为黏结焦的热处理过程。方法：将毛坯装在耐火砖方槽或耐火坩埚内，毛坯周围覆盖满足一定要求的填充料（如河沙、焦屑或石英砂等），然后将砖槽或坩埚装入被炽热的气流包围加热的窑室内。毛坯中黏结剂在隔绝空气的情况下，进行热分解和聚合反应，直至焦化。通过焙烧，在骨料颗粒间生成黏结焦膜，将所有的骨料颗粒牢固地连接成具有一定机械强度和理化性能的整体。焙烧使毛坯的机械强度提高，耐热、耐腐蚀性以及导电、导热性均变得良好。常用的焙烧窑包括多室轮窑、隧道窑和间歇式窑等。为保证焙烧制品的质量，必须选择合理的焙烧制度，如焙烧升温速度等。合理的焙烧制度要根据产品的种类、规格通过试验确定。毛坯中的黏结剂通过焙烧，一部分分解成气体逸出，使焙烧后的制品产生一定的孔隙。通常，制品的孔隙增加，其密度和机械强度下降，同时容易氧化，耐腐蚀性变差，易于被气体和液体渗透，这对某些石墨制品（如石墨电极接头、用于化工设备的不透性石墨以及作耐磨材料的石墨制品等）的理化性能是不利的，因此，对这类制品在石墨化之前还必须进行浸焙处理。

（7）浸焙。将焙烧后的制品置于高压釜中，在一定的温度和压力下，使某些呈液体状态的物质（即浸渍剂，如中温沥青、人造树脂、润滑剂、铅锡合金和巴氏合金等）渗透到制品的孔隙中去，然后做相应的处理——使浸渍剂炭化、固化或驱除多余浸渍剂，从而减少制品的孔隙度，以改善制品的质量。浸焙不应削弱炭素制品的主要性能。选择浸渍剂和浸渍量时须通过试验来确定。

（8）石墨化。石墨化就是将焙烧后的炭素制品和电阻料按一定方法装入石墨化电炉，通电升温至2500℃左右，使制品中以芳香烃缩合环为基本结构单元的高分子化合物在不断放出杂质元素后，逐渐形成六角环片状体大分子，再使大分子之间互相平行并重叠，相邻层间距离不断缩小，直到形成石墨晶格的工艺过程。目的是提高材料的热、电传导性；提高材料的热稳定性和化学稳定性；提高材料的润滑、抗磨性；排除杂质，提高纯度；降低硬度，便于进行精密的机械加工。

9.3.4　应用

（1）电极糊。电极糊是矿热电炉自焙电极的原料，也是目前国内消耗量最大的功能炭素材料，主要用于铁合金、电石、硅和黄磷等产品的冶炼过程。国内主要采用电煅烧无烟煤为原料生产电极糊，原料成本低、产品质量好。

（2）超级电容器。煤炭具有含碳量高、芳香烃含量多、来源广、价格低等诸多特点，是制备活性炭的理想原料。活性炭具有比表面积大、热膨胀系数小、导热和导电性能优良且价廉易得、易于规模化生产等优点，是目前唯一实现商用的超级电容器电极材料。

9.4　碳纳米管

9.4.1　特点

纳米碳材料可分为纳米尺度碳和纳米结构碳两类。纳米尺度碳是指外部尺寸在纳米尺度的碳材料，以碳纳米管为代表，也包括巴基球、碳纳米纤维、纳米金刚石、炭黑等；纳米结构碳是指内部孔隙或织构在纳米级的碳材料，以活性炭为代表，还包括活性炭纤维等。随着结构材料向高强度、轻质化的方向发展，碳纳米材料获得了越来越重要和广泛的应用。碳纳米材料可由化工产品、木质材料、煤等多种原材料采用多种工艺方法制得。其中，以煤为原材料制备碳纳米材料是其中最重要的途径之一。我国煤炭资源丰富，但森林资源较少，木材等原材料相对不足，因此研究开发煤基碳纳米材料有重要的现实意义。

碳纳米管是一种由单层石墨烯卷曲而成的空心管，其理论抗拉强度为钢的100倍而密度仅仅为钢的1/6，可作为坚韧的纳米增强相。由于具有独特的结构和优异的物理、化学性能，碳纳米管在储能材料、场发射显示装置、一维量子导线、半导体、催化剂和复合材料增强等技术领域获得了广阔的应用，成为近年来碳材料领域的研究热点之一。

9.4.2　分类和结构

碳纳米管按照片层数可分为单壁碳纳米管和多壁碳纳米管（图9-4）。多壁碳纳米管由日本的Iijima于1991年在高分辨透射电子显微镜下检验石墨电弧设备中产生的球状碳分子时意外发现，又名巴基管。Iijima发现的碳纳米管最小层数为2，含有一层以上石墨片层的则称为多壁碳纳米管。多壁管在开始形成时，层与层之间很容易成为陷阱中心而捕获各种缺陷，因而多壁管的管壁上通常布满小洞样的缺陷。多壁碳纳米管的层间距约为

0.34nm，外径在几个纳米到几百纳米之间，长度一般在微米量级，最长者可达数毫米。单壁碳纳米管最初由 S. Iijima 和 D. S. Bethune 在 1993 年采用电弧法制得，其由单层圆柱形石墨层构成，其直径大小的分布范围小、缺陷少，具有较高的均匀一致性。单壁碳纳米管的直径一般在 1~6nm，目前观察到的最小直径约为 0.33nm，并已能合成直径 0.6nm 的单壁碳纳米管阵列。但一般认为单壁碳纳

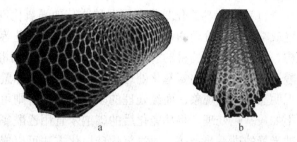

图 9-4　单壁碳纳米管（a）和多壁碳纳米管（b）

米管的直径大于 6nm 以后特别不稳定，容易发生塌陷。而单壁碳纳米管的长度则可达几百纳米到几十微米。单壁碳纳米管的单层结构显示出螺旋特征，根据构成碳纳米管的石墨层片螺旋性，可以将单壁碳纳米管分为非手性（对称）和手性（不对称）。

9.4.3　制备工艺

制备煤基碳纳米管的方法主要有三种，即电弧法、激光溅射法和碳氢化合物分解法。激光溅射法制备的单壁碳纳米管纯度高，但设备复杂昂贵；有机物分解法的优点是反应温度低、原料来源广，但制得的纳米管的形状多变且石墨化程度较低；电弧法的设备简单、制得的碳纳米管的质量较高，但其成本取决于所用的原料和催化剂：若用高纯石墨电极和 Y、La 等贵重金属作催化剂时所得碳纳米管的成本就较高。总之，几种方法各有其特点，但总体上电弧等离子体法是目前批量制备优质单壁碳纳米管的适宜方法，其中寻求廉价的碳源和催化剂用于碳纳米管的制备是人们关注的热点之一。利用廉价的煤在电弧射流中热解是制取碳纳米管的一种新颖的合成方法，具有操作简便、稳定及运行时间长等特点，具备了实现碳纳米管的连续批量生产的条件。电弧法碳纳米管制备装置如图 9-5 所示。深入研究电弧放电法对批量制备碳纳米管具有非常重要的意义。在适当的条件下，用烟煤、无烟煤为碳源，以 Ni-Y 合金或更廉价的铁粉、镍粉为催化剂可以制备纯度高、石墨化程度好的单壁碳纳米管。煤中的碳含量越高，灰分和挥发分含量越低越有利于纳米炭材料的生成，纳米炭材

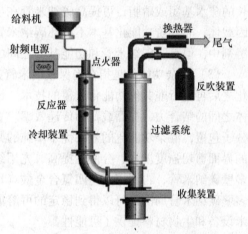

图 9-5　电弧法碳纳米管制备装置

料的收率就越高。以煤为原料，采用直流电弧放电法可以制备不同管径的碳纳米管。有报道称，以镍粉和硫化亚铁混合物为催化剂，Ar 气氛下可得到直径约为 500nm 的竹节状碳纳米管，其缺陷密度比相同条件下 N_2 和 He 气氛下所得碳纳米管的缺陷密度更小。

虽然碳纳米管具有独特的结构和优异的性能，但其表面活性差、极易团聚，几乎不溶于任何有机溶剂，因而无法在溶液或复合材料中均匀分散，限制了其应用。因此，必须对碳纳米管进行功能化修饰，以改善其在复合材料中的应用性能。功能化修饰按照反应机理可分为共价功能化、非共价功能化和综合二者的优势的混杂功能化三种方式。

（1）共价功能化是指利用混酸或其他强氧化剂对碳纳米管进行处理，在碳纳米管的侧壁或端口以共价键的形式接上羧基、羟基、氨基等活性基团，从而改变碳纳米管的表面结构，达到功能化的目的。对多壁碳纳米管分别用混酸（$V(H_2SO_4):V(HNO_3)=3:1$）和亚硝酸钠进行羧基化和氨基化处理，经超声振荡后静置，可以发现未经处理的多壁碳纳米管出现明显的团聚现象，而经处理的多壁碳纳米管则可以分散，且氨基化处理获得的分散效果不如羧基化处理。将功能化后的碳纳米管用乙酰氯和乙二胺进一步处理，还有可能实现碳纳米管的进一步枝接。通过氢化硅烷化方法可以成功地在多壁碳纳米管表面枝接超支化硅氧烷，提高了多壁碳纳米管在有机溶剂中的分散性。把经羧基化处理的碳纳米管添加到在壳聚糖/二氧化硅（CS/Si）膜中，使该膜的拉伸强度、弹性模量和生物活性均得到了极大的提高。总之，经共价功能化修饰后的碳纳米管其分散性明显改善，与基体间的黏附力增强。但共价作用会在碳纳米管表面形成孔洞，削弱碳纳米管的力学性能。另外，强酸氧化会使碳纳米管变短，影响碳纳米管的使用性能。

（2）非共价功能化是指利用表面活性剂、生物高分子化合物等通过非共价作用对碳纳米管进行物理吸附和包覆的技术。非共价的相互作用包括 π—π 键、氢键和静电力、范德华力、极性力等相互作用。有报道称，经表面活性剂修饰后的碳纳米管与天然胶乳复合后，其流变性能提高。经过阴离子表面活性剂包覆修饰的多壁碳纳米管与天然胶乳间的接触角更小、分散效果更为理想。将活性金颗粒吸附在多壁碳纳米管表面时可形成一种三维复合结构，而该结构有利于提高糖类的电催化和解析性能。共轭聚合物聚间苯乙炔与碳纳米管复合时存在特殊的 π—π 键作用，前者可在碳纳米管表面的缺陷处成核结晶并以螺旋形式包裹碳纳米管，从而改善碳纳米管的表面性能。在碳纳米管上枝接 10~18 个碳原子长的疏水基团或磷脂，可提高碳纳米管在生物媒介中的稳定性和分散性，有望成为生物基因载体。非共价功能化基本不破坏碳纳米管的结构，且能使碳纳米管完全分散于水或有机溶剂中。但是，碳纳米管和功能基团之间的相互作用较弱，限制了其应用范围。

（3）混杂功能化是指在确保碳纳米管力学性能的前提下，先对碳管进行轻度共价功能化之后再进行非共价功能化包覆的技术。该法既能改善碳管的分散性，又能增强碳管与基体之间的结合力，提高载荷的传递效率。在碳纳米管上枝接环氧树脂 828 分子并用 PmPV 分子包覆，混杂功能化的效果优于单纯的共价功能化或非共价功能化：碳纳米管与基体间的界面剪切强度增强、分散性提高。先用线性水溶性聚合物聚乙烯吡咯烷酮（PVP）包覆多壁碳纳米管，再利用其与四氯合金酸（$HAuCl_4$）的原位反应将 Au 颗粒均匀修饰在单根多壁碳纳米管周围，可以得到稳定的可溶混杂体系，为进一步研究碳纳米管催化载体、纳米设备和生物材料提供了可能性。

9.4.4　应用

（1）在复合材料中的应用。

1）与有机物复合。有机聚合物具有密度低、柔韧性好、易加工的优点，通过机械黏结、润湿吸附、化学键合作用与碳纳米管复合后可实现优势互补，得到综合性能优异且具有某种特殊性能的聚合物基纳米复合材料，故碳纳米管/聚合物复合材料成为近年来的研究重点。

2）与金属复合。碳纳米管可以有效地增强金属基复合材料的力学性能和热性能，同时金属离子也可反作用于碳纳米管，二者相辅相成，通过化学结合、物理结合、扩散结合等方式赋予复合材料更优异的性能。

3）与陶瓷复合。碳纳米管主要通过断裂桥联和拔出作用对陶瓷基体进行增韧。其中碳纳米管在陶瓷材料基体上的均匀分散、碳纳米管在组织中的存活、碳纳米管与陶瓷基体的界面结合状态，是影响碳纳米管增强陶瓷基复合材料性能提高的关键。

（2）半导体。半导体型单壁碳纳米管具有高达 $10^5 cm^2/(V \cdot s)$ 的载流子迁移率和超过 $1\mu m$ 的电子平均自由程。单根半导体单壁碳纳米管作为沟道材料的场效应晶体管其性能指标已经在多方面超过传统硅基器件。碳纳米管还具有良好的化学稳定性和机械延展性，具有很好的构建柔性电子器件、全碳电路的潜力。在光电特性方面，碳纳米管与传统光电材料如化合物半导体、有机物半导体相比也具有优异的光吸收和光响应性能。碳纳米管是一种多子带、直接带隙的半导体，其带隙可调，并与直径大致成反比关系，因此碳纳米管薄膜具有从紫外到红外的宽谱光吸收特性。碳纳米管的吸收系数很高，已报道碳管薄膜样品在近红外到中红外区间的光吸收系数在 $10^4 \sim 10^5 cm^{-1}$ 之间，较传统红外材料高出约一个量级。作为一种小尺度的纳米材料，碳纳米管具有很好的光电集成潜力，在保持较高探测性能的同时，单一像素器件能够达到亚微米尺度。

基于单根半导体碳纳米管二极管器件的电学和光电性能的研究显示出很好的应用潜力。但由于单根碳纳米管尺度的限制，难以满足大规模制备和均匀分布的要求。碳纳米管薄膜材料在发挥单根碳管优异性能的同时，也可以在二维尺度上拓展碳管各方面的应用，如电子器件的沟道材料和太阳能电池。

（3）催化剂。碳纳米管的独特性质，特别是其一维有序的管腔结构所形成的限域环境内部的反应活性和选择性都比较高。碳纳米管可作为催化剂载体和催化剂添加剂，还可直接用作催化剂。与其他传统材料相比，碳纳米管负载和促进的催化剂之反应活性或选择性均有提高。原因是纳米金属颗粒进入碳纳米管的孔道后可构成纳米反应器。这样的结构使限域环境中的纳米金属颗粒不易在反应过程中长大，且碳纳米管的一维孔道对特定的反应物或产物分子具有吸附和富集的能力；更重要的是，碳纳米管的纳米级管腔不仅为纳米催化剂和催化反应提供了特定的限域环境，而且其独特的电子结构也有利于管腔内外催化剂电子的转移，这些使碳纳米管负载的催化剂具备了独特的催化能力。

（4）场发射显示装置。随着成像技术的迅猛发展，显示器向高清、超薄超轻、色彩艳丽的方向发展。场发射显示器具有图像质量高、超薄和显示屏面积大的优点，在亮度、分辨率、响应速度、视角、功耗、工作电压以及工作温度范围等方面都有优良的性能，在平板显示领域具有广阔的市场和很好的应用前景。碳纳米管阴极为这一显示技术提供了新的发展空间。单根碳纳米管具有开启电场低、发射电流密度高的优良场发射性能，这与其独特的结构特性直接相关。对于场发射平板显示器用碳纳米管阴极，由于需由无数 CNTs 集合而成，其发射特性将受诸多的因素影响而变得复杂，如 CNTs 的结构（单壁或多壁）、定向性、几何特征、阵列密度、系统真空度以及 CNTs 与基底材料之间键合的牢固程度等。研究这些因素与 CNTs 的场发射特性之间的关系，对于设计与制备性能优异的 CNTs 场发射阴极阵列将非常重要。

（5）储能材料。多壁碳纳米管电容量一般为 102F/g；单壁碳纳米管电容量一般为

180F/g，功率密度可达 20kW/kg，能量密度可达 7W·h/kg，
比多壁碳纳米管更高。此外，碳纳米管具有纳米级的一维管
状结构，碳原子之间以 sp2 杂化方式键合，使得碳纳米管具
有很高的杨氏模量，容易加工形成柔性薄膜，是一种先进的
柔性储能材料。碳纳米管在多孔碳骨架内均匀分布，且复合
材料有较高的比表面积和导电性。以碳纳米管为原料制备的
薄膜电极如图 9-6 所示。

1cm

图 9-6 以碳纳米管为原料
制备的薄膜电极

9.5 石 墨 烯

石墨烯是继富勒烯和碳纳米管之后，于 2004 年被发现的一种具有理想二维结构和奇
特电子性质的碳元素同素异形体。

9.5.1 特点

自然界不存在自由状态下的石墨烯片，它会在自由状态下卷曲成富勒烯、碳纳米管或
堆叠成石墨。自石墨的层状结构被发现之后，近 20 年来富勒烯、碳纳米管（尤其是单壁
碳纳米管）的相继被发现。从结构上说，二维的石墨烯片层是石墨、富勒烯、碳纳米管的
基本结构单元。一般地说，随着物质厚度的减小，汽化温度也急剧减小，当厚度只有几十
个分子层时，会变得不稳定。根据 Mermin-Wanger 的理论，长的波长起伏会令长程有序的
二维晶体受到破坏而不能存在。因此，是否能发现石墨烯成为学界关注的焦点。1988 年，
日本东北大学京谷隆教授等在用蒙脱土做模板制备高度定向石墨的过程中，以丙烯腈为碳
源，在蒙脱土二维层间得到了石墨烯片层。不过这种片层在脱除模板后不能单独存在，很
快会形成高度取向的体相石墨。2004 年，Novoselov 等第一次用机械剥离法（mechanical
cleavage）获得单层和 2~3 层石墨烯片层，而且可在外界环境中稳定地存在。Meyer 等人
报道单层石墨烯片层可以在真空中或空气中自由地附着在微型金支架上，这些片层只有
0.35nm（单层碳原子），但是它们却表现出长程的晶序。但此后的研究表明，这些悬浮的
石墨烯片层并不完全平整，它们表现出物质微观状态下固有的粗糙性：出现几度的起伏。
可能正是这些三维褶皱巧妙地促使二维晶体结构稳定存在。换言之，将二维膜放入三维空
间会有一种产生褶皱的趋势，二维结构可以存在但是会产生一定的起伏。Fasolino 等通过
模拟发现，由于热起伏，褶皱会自发产生且能达到最大厚度 0.8nm，这与实验发现一致。
这种不同寻常的现象可能是由于碳键的多样性导致的。石墨烯片层上存在大量的悬键使得
它处于动力学不稳定的状态，可能正是这样一种褶皱的存在，在石墨烯边缘的悬键可与其
他的碳原子相结合，使其总体能量得以降低。

石墨烯的发现震惊了科学界，推翻了历来被公认的"完美二维晶体结构无法在非绝对
零度下稳定存在"的这一论述。在相同条件下，其他任何已知材料都会氧化或分解，甚至
在相当于其单层厚度 10 倍时就变得不稳定。自由态的石墨烯是目前世界上人工制得的最
薄物质，也是第一个真正的二维富勒烯。不过，对于褶皱的形成也有不同的观点。Ishiga-
mi 等发现石墨烯的存在形态受二氧化硅衬底形态制约，即石墨烯并未自发地产生褶皱，
而是受二氧化硅衬底作用而产生。因此，科学家们正在考虑利用控制衬底材料形态的方法

来控制石墨烯褶皱，并研究其对电子传导的影响。

9.5.2 分类和结构

石墨烯分为单层和多层两类，目前制备出的产品一般为二者的混合物，可控、高效的单层石墨烯制备工艺是研究热点。石墨烯具有比较理想的二维晶体结构，呈六边形，类似一层被剥离的石墨片层，每个碳原子通过 σ 键与其他 3 个碳原子相连接，使石墨烯片层具有优异的结构刚性。碳原子有四个价电子，这样每个碳原子都贡献一个未成键的 π 电子，这些电子在与平面成垂直的方向可形成封闭的 π 轨道，电子可在其中自由移动，故石墨烯具备优良的导电性，具有很多奇特的电学性质。如在单层石墨烯中，每个碳原子都贡献出一个未成键的电子，这些电子可以在晶体中自由移动，赋予石墨烯非常好的导电性。石墨烯中电子的典型传导速率为 $8 \times 10^5 \, \text{m/s}$，这比一般半导体中的电子传导速度大很多。石墨烯晶体中的空穴和电子相互分离，使霍尔效应的温度范围扩大了 10 倍，具备了独特的载流子特性和优异的电学性质。而双层石墨烯是唯一已知的电子能带结构随着电场效应显著改变的物质，而且可以连续地从 0eV 改变到 0.3eV。双层石墨烯中的 k 电子和 −k 空穴都起源于同一个子晶格且杂乱连接，这使得石墨烯的电动力学特征具有了"手性"。

如图 9-7 所示，石墨烯的碳基二维晶体是形成 sp2 杂化碳质材料的基元。如果石墨烯的晶格中存在五元环就会使得石墨烯片层发生翘曲，当有 12 个以上五元环晶格存在时就会形成富勒烯。同样，碳纳米管也可以看作是卷成圆筒状的石墨烯；而当石墨烯片层呈多层排列形成三维晶体时即成为石墨。

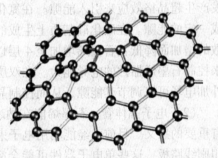

图 9-7 石墨烯片层结构示意图

9.5.3 制备工艺

近年来很多学者都在致力于探索单层石墨烯的制备方法，但截至目前，石墨烯的制备依然没有获得根本性的突破。现有的石墨烯制备方法主要包括机械剥离法、加热 SiC 法和模板法。

（1）机械剥离法。这种方法是通过机械力从新鲜石墨晶体的表面剥离石墨烯片层。典型的制备方法是：用另外一种材料与膨化或者引入缺陷的热解石墨进行摩擦，体相石墨的表面会产生絮片状的晶体，在这些絮片状的晶体中往往含有单层的石墨烯。Novoselov 运用这一简单而有效的方法首次确认石墨烯可独立存在。运用这种方法目前获得的石墨烯尺度可以达到 100μm 左右。将天然石墨絮片在二氯苯溶液中超声处理 5min；然后取一滴溶液滴在表面附着厚度为 200nm 的氧化膜的硅晶片上；最后，用异丙醇洗涤硅晶片，并在氮气中晾干，这样分散得到的石墨片层的厚度范围在 1 ~ 100nm 之间，可以看到由单层石墨烯片层形成的几纳米厚的碳膜。另外，从高定向热解石墨中萃取的石墨样品在用 AFM 测试时通过微调法向力和悬臂的扫描速度，可以将基底上的石墨样品的厚度切割到 10 ~ 100 nm 之间，以至得到单层的石墨烯。

（2）加热 SiC 法。该法是通过加热单晶 6H-SiC 脱除 Si，在晶面上分解出石墨烯片层。具体程序为：将经氧气或氢气刻蚀处理得到的样品在高真空下通过电子轰击加热，以除掉

氧化物。用俄歇电子能谱确定表面的氧化物完全被移除后，将样品加热使温度升高至
1250～1450℃后恒温 l～20min，从而形成极薄的石墨层，层厚主要由加热温度决定。可控
地制备单层或多层石墨烯已经实现，这可能成为未来制备石墨烯的主要方法之一。

（3）模板法。1988 年 Kyotani 等利用模板法在蒙脱土的层间制出了石墨烯片层，但模
板一经脱除，这些片层就自发形成体相石墨。

机械剥离法、加热 SiC 法、模板法制备的石墨烯片层大多是单层和多层石墨烯的混合
物，大量制备、分离单层石墨烯片层的方法仍是石墨烯技术发展的制高点。其中，SiC 热
处理和石墨烯氧化物的可控制备技术被认为是大量石墨烯制备的可能途径。

9.5.4　应用

（1）高频晶体管。石墨烯具有很好的导电性，电子传输过程中消耗的能量更低但速度
却更快，是构建高频晶体管的优良材料。但由于石墨烯的电子能谱没有能隙，因而不能像
传统的晶体管那样利用电压变化来控制其通断。若要克服这一限制则必须在石墨烯中引入
能隙。潜在途径包括：1）利用石墨烯与基体之间的相互作用破坏晶格结构的对称性，诱
发产生超晶格效应来引入能隙。在氮化硼、碳化硅等晶体上外延生长的石墨烯可以自动生
成一定的能隙。在碳化硅基质上生成的石墨烯具有约 2.9eV 能隙，但增加数值随石墨烯层
数的增加而降低：石墨烯增加至 4 层以上后能隙消失。2）在构造晶体管时利用外加电场
来控制石墨烯器件的电导能力。在双层石墨烯器件上以双通装置加载垂直于石墨烯片层的
外加电场可以调节其能隙，从而控制晶体管器件的通断和电流强度。

（2）电子晶体管。石墨烯能在纳米尺度上保持结构稳定，这对开发分子级电子器件具
有重要的意义。目前已经能利用电子束印刷刻蚀技术制备出基于石墨烯的单电子晶体管和
印刷线路板，这些单电子器件可能会突破传统电子技术极限，在互补金属氧化物半导体、
内存和传感器等技术领域有广阔的应用空间，甚至可能带来超高速计算机芯片革命：将芯
片技术从"硅时代"推进到"碳时代"。

（3）石墨烯纳米聚合物。用化学方法对石墨烯进行改性，在溶液中还原经过氧化处理
的石墨烯，可以制备出具有金属特性的石墨烯纳米聚合物。通过定向组装氧化石墨烯片的
方式可以制备出石墨烯薄膜材料。该材料的力学性能比传统材料更有优势：可以用来制作
可控透气膜、超级电容、分子存储材料等多种高性能新材料。

（4）石墨烯蓄电池。目前主要采用石墨作为蓄电池电极，由于石墨烯的比表面积和导
电率都比石墨更高，将其单独或者以复合材料形式制作电极材料很可能会大幅度提高蓄电
池的使用性能。

（5）显微滤网。由于石墨烯只有六角网状平面的一层碳原子，所以石墨烯薄膜还可用
于制造分解气体的显微滤网，用来支撑分子以供观察和分析。石墨烯产生的噪声信号很
低，在检测吸附在石墨烯上的气体分子时可精确地探测单个气体分子特征，表明石墨烯在
化学传感器和分子探针领域也有潜在的应用空间。

（6）超导材料。纯净 C_{60} 的超导温度为 52K，掺杂后其超导温度可达 102K。单根碳纳
米管的超导温度约为 15K。用石墨烯连接 2 个超导电极，利用栅电极控制电流密度来研究
约瑟夫森效应时能观察到超电现象，且在电荷密度为零时仍有超导电流出现，这表明石墨
烯也具有超导性，并且超导温度可能比 C_{60} 和碳纳米管更高。

思 考 题

9-1 煤制活性炭的特征是什么？

9-2 请结合自身体会论述煤制炭素材料的优势和不足。

9-3 气体活化法制活性炭的主要步骤是什么？

9-4 炭素电极和石墨电极的优缺点。

9-5 简述制作电极过程中固体原料和液体原料的作用。

9-6 列举出两种制作电极材料时常用的液体原料，并说出其性能特点。

9-7 请简述煤制碳纳米管和石墨烯的主要方法和工艺过程。

9-8 碳纳米管、石墨烯的结构和性质特点各是什么？

9-9 请说明碳纳米管和石墨烯的潜在应用领域。

参 考 文 献

[1] 郭彦文，秦英月，吕永康，等. 煤在新型炭材料制备中的应用 [J]. 煤炭转化，2005，28 (3)：93-95.

[2] 马亚芬，谌伦建，张传祥，等. 煤基活性炭电极材料的改性方法研究现状 [J]. 材料导报 A，2011，25 (9)：42-45.

[3] 梁逵，李兵红，刘国标，等. 煤基碳纳米材料的研究进展 [J]. 电子元件与材料，2005，24 (3)：63-65.

[4] 田亚峻，谢克昌，樊友三. 用煤合成碳纳米管新方法 [J]. 高等学校化学学报，2001，22 (9)：1456-1458.

[5] Williams K A, Tachibana M, Allen J L, et al. Single-wall carbon nanotubes from coal [J]. Chemical Physics Letters, 1999, 310：31-37.

[6] 邱介山，李永峰，王同华，等. 煤基单壁纳米炭管的制备 [J]. 化工学报，2004，55 (8)：1348-1352.

[7] 吴霞，王鲁香，刘浪，等. 新疆煤基碳纳米管的调控制备 [J]. 无机化学学报，2013，29 (9)：1842-1848.

[8] 杨蕊，程博闻，康卫民，等. 碳纳米管的功能化及其在复合材料中的应用 [J]. 材料导报 A，2015，29 (4)：47-51.

[9] Zhao Z Y, Yang Z H, Hu Y W, et al. Multiple functionalization of multi-walled carbon nanotubes with carboxyl and amino groups [J]. Applied Surface Science, 2013, 276：476-481.

[10] Yan H X, Jia Y, Ma L, et al. Functionalized multiwalled carbon nanotubes by grafting hyperbranched poysiloxane [J]. Nano, 2014, 9 (3)：1450040.

[11] Seo S J, Kima J J, Kimb J H, et al. Enhanced mechanical properties and bone bioactivity of chitosan/silica membrane by functionalized-carbon nanotube incorporation [J]. Composites Science and Technology, 2014, 96：31-37.

[12] Ponnamma D, Sung S H, Hong J S, et al. Influence of noncovalent functionalization of carbon nanotubes on the rheological behavior of natural rubber latex nanocomposites [J]. European Polymer Journal, 2014, 53：147-159.

[13] Casella I G, Contursi M, Toniolo R. A non-enzymatic carbohydrate sensor based on multiwalled carbon

nanotubes modified with adsorbed active gold particles [J]. Electroanalysis, 2014, 26 (5): 988-995.

[14] Steuerman D W, Star A, Narizzano R, et al. Interactions between conjugated polymers and single-walled carbon nanotubes [J]. The Journal of Physical Chemistry B, 2002, 106 (12): 3124-3130.

[15] Behnam B, Shier W T, Nia A H, et al. Non-covalent functionalization of single-walled carbon nanotubes with modified polyethyleneimines for efficient gene delivery [J]. International Journal of Pharmaceutics, 2013, 454 (1): 204-215.

[16] 刘举庆. 混杂功能化碳纳米管/聚合物复合材料的研究 [D]. 汕头：汕头大学, 2007: 1-2.

[17] Hua J, Wang Z G, Zhao J, et al. A facile approach to synthesize poly (4-vinylpyridine) /multi-walled carbon nanotubes nanocomposites: Highly water-dispersible carbon nanotubes decorated with gold nanoparticles [J]. Colloid and Polymer Science, 2011, 289 (7): 783-789.

[18] Peigney A, Garcia F L, Estournes C, et al. Toughening and hardening in double-walled carbon nanotube/nanostructured magnesia composites [J]. Carbon, 2010, 48 (7): 1952-1960.

[19] 赵青靓, 刘旸, 魏楠, 等. 自组装半导体碳纳米管薄膜的光电特性 [J]. 物理化学学报, 2014, 30 (7), 1377-1383.

[20] Itkis M E, Borondics F, Yu A, et al. Bolometric infrared photoresponse of suspended single-walled carbon nanotube films [J]. Science, 2006, 312: 413-416.

[21] 郭淑静. 碳纳米管管腔在催化反应中的应用 [J]. 工业催化, 2015, 23 (6): 429-432.

[22] Zhang J, Liu X, Blume R, et al. Surface-modified carbon nanotubes catalyze oxidative dehydrogenation of n-butane [J]. Science, 2008, 322 (5898): 73-77.

[23] 王敏炜, 李凤仪, 彭年才. 碳纳米管——新型的催化剂载体 [J]. 新型碳材料, 2002, 17 (3): 75-79.

[24] Pan X L, Fan Z L, Chen W, et al. Enhanced ethanol production inside carbon-nanotube reactors containing catalytic particles [J]. Nature Materials, 2007, 6 (7): 507-511.

[25] 秦玉香, 胡明, 李海燕, 等. 碳纳米管的场致发射及在平板显示领域中的应用 [J]. 无机材料学报, 2006, 21 (2): 277-283.

[26] 刘芯言, 彭翅杰, 黄佳琦, 等. 碳纳米管在柔性储能器件中的应用进展 [J]. 储能科学与技术, 2013, 2 (5): 434-449.

[27] 周理, 孙艳, 苏伟. 纳米碳管储能的化学原理与储存容量研究 [J]. 化学进展, 2005, 17 (4): 660-665.

[28] Novoselov K S, Geim A K, Morozov S V, et al. Two-dimensional gas of massless dirac fermions in graphene [J]. Nature, 2005, 438: 197-200.

[29] Meyer J C, Geim A K, Katsnelson M I, et al. The structure of suspended graphene sheets [J]. Nature, 2007, 446: 60-63.

[30] Fasolino A, Los J H, Katsnelson M I. Intrinsic ripples in graphene [J]. Nature Materials, 2007, 6: 858-861.

[31] 杨全红, 吕伟, 杨永岗, 等. 自由态二维碳原子晶体——单层石墨烯 [J]. 新型炭材料, 2008, 23 (2): 97-103.

[32] Bunch J S, Yaish Y, Brink M, et al. Coulomb oscillations and hall effect in quasi-2D graphite quantum dots [J]. Nano Letters, 2005, 5: 287-290.

[33] Berger C, Song Z, Li T, et al. Ultrathin epitaxial graphite: 2D electron gas properties and a route toward graphene-based nanoelectronics [J]. Journal Physical Chemistry B, 2004, 108: 19912-19916.

[34] Kyotani T, Sonobe N, Tomita A. Formation of highly orientated graphite from polyacrylonitrile by using a two-dimensional space between montmorillonite lamellae [J]. Nature, 1988, 331: 331-333.

[35] Zhou S Y. Gweon G H. Fedorov A V. Substrate-induced bandgap opening in epitaxial graphene [J]. Nature Materials, 2007, (6): 770-775.

[36] Oostinga J B, Heersche H B, Liu X L, et al. Gate-induced insulating state in bilayer graphene devices [J]. Nature Materials, 2007 (7): 151-157.

[37] McCann E, Kechedzhi K, Fal'ko V I, et al. Weak localization magnetoresistance and valley symmetry in graphene [J]. Physical Review Letters, 2006, 97 (14): 146805.

[38] Dikin D A, Stankovich S, Zimney E J, et al. Preparation and characterization of graphene oxide paper [J]. Nature, 2007, 448: 457-460.

[39] Schedin F, Geim A K, Morozov S V, et al. Detection of individual gas molecules adsorbed ongraphene [J]. Nature Materials, 2007 (6): 652-655.

[40] Hubert B H, Pablo J H, Jeroen B O, et al. Bipolar supercurrent in graphene [J] . Nature, 2006, 446: 56-59.

[35] Zhou S, Luo wood C P, Lockwood A V. Substrate-induced bonding opening in graphene epluphene. Nature Materials, 2007, 6 ( ): 770-775.

[36] Stormer J. D, Herocher A B. Timor-limit-induced band-dap in graphene bitagere graphene. New Science Materials.

[37] Mac Gun E, Schenkich, F, Cheif, V A, gruph E. Van localization of graphene monolayer and valley symmetry in epupsing Z J Physical Review Letters, 2009, 9 (+): 146805.

[38] Totin D A, Stackovich S, Zimong E J, et al. Preparation and characterization of graphene oxide paper E J. Nature, 2007, 448: 457.

[39] Schedin F, Gein A K, Morowov S V, et al. Detection of individual gas molecules adsorbed on graphene nanotubes EJ. 032-652.

10 煤 炭 气 化

10.1 煤炭气化概况

煤炭气化是指以适当处理后的煤或煤焦为原料，以氧气（空气、富氧或纯氧）、水蒸气或氢气等作气化剂，在一定温度和压力条件下通过化学反应将煤或煤焦中的可燃部分转化为气体的热化学过程。煤气的有效成分包括 CO、H_2 及 CH_4 等，气化煤气经处理后可用作城市煤气、工业燃气和化工原料气等。

10.1.1 煤炭气化基本原理

煤炭气化过程中涉及煤炭的热解。热解是物质受热发生分解的反应过程。大部分无机物质和有机物质被加热到一定程度时都会发生分解反应。催化剂和其他能量所引起的反应不属于热解过程。

从物理化学过程来看，煤的气化主要包括煤炭干燥脱水、热解脱挥发分、挥发分和残余碳（或半焦）的气化反应等阶段。煤的气化过程，如图 10-1 所示。

图 10-1　煤的气化过程

煤的气化反应是指热解生成的挥发分、残余焦炭颗粒与气化剂发生的复杂反应。当煤粒温度升高到 $350 \sim 450℃$ 时，煤的热解反应开始发生，挥发物（焦油、煤气）等析出。与燃烧过程中保持一定的过氧量相反，气化反应是在缺氧状态下进行的，因此煤的气化反应主要产物是可燃性气体 CO、H_2 和 CH_4。另外，产物中还可能存在小部分 CO_2 和少量的水蒸气，主要化学反应如下。

碳完全燃烧：
$$C + O_2 \longrightarrow CO_2 + 393.8 \, kJ/mol \tag{10-1}$$

碳不完全燃烧：
$$2C + O_2 \longrightarrow 2CO + 115.7 \, kJ/mol \tag{10-2}$$

CO_2 在半焦上的还原：
$$C + CO_2 \longrightarrow 2CO - 164.2 \, kJ/mol \tag{10-3}$$

水煤气变换反应：
$$C + H_2O \longrightarrow CO + H_2 - 131.5 \, kJ/mol \tag{10-4}$$
$$CO + H_2O \longrightarrow CO_2 + H_2 + 41.0 \, kJ/mol \tag{10-5}$$

甲烷化反应：

$$CO + 3H_2 \longrightarrow CH_4 + H_2O + 250.3kJ/mol \qquad (10\text{-}6)$$

$$C + 2H_2 \longrightarrow CH_4 + 71.9kJ/mol \qquad (10\text{-}7)$$

除了以上反应外，煤中存在的少量的杂质元素（如硫、氮等），也会与气化剂或气化产物发生反应，在还原性气氛下生成 H_2S、COS、N_2、NH_3 以及 HCN 等物质，具体反应如下：

$$S + O_2 \longrightarrow SO_2 \qquad (10\text{-}8)$$

$$SO_2 + 3H_2 \longrightarrow H_2S + 2H_2O \qquad (10\text{-}9)$$

$$SO_2 + 2CO \longrightarrow S + 2CO_2 \qquad (10\text{-}10)$$

$$2H_2S + SO_2 \longrightarrow 3S + 2H_2O \qquad (10\text{-}11)$$

$$2S + C \longrightarrow CS_2 \qquad (10\text{-}12)$$

$$S + CO \longrightarrow COS \qquad (10\text{-}13)$$

$$N_2 + 3H_2 \longrightarrow 2NH_3 \qquad (10\text{-}14)$$

$$N_2 + H_2O + 2CO \longrightarrow 2HCN + 1.5O_2 \qquad (10\text{-}15)$$

$$N_2 + xO_2 \longrightarrow 2NO_x \qquad (10\text{-}16)$$

煤炭气化时必须具备三个条件，即气化炉、气化剂和供给热量，三者缺一不可。煤气发生炉外壳常用钢板制成，内衬耐火砖。

气化过程发生的反应包括煤的热解、气化和燃烧反应。煤的热解是指煤从固相变为气、固、液三相产物的过程。煤的气化和燃烧反应包括两种反应类型，即非均相气-固反应和均相的气相反应。

10.1.2 影响煤气化的主要因素

煤气化效果受原料煤、气化剂、气化方法和操作条件的影响。通常衡量煤气化效果的指标有气化强度、碳的转化率、冷煤气效率和热煤气效率等。

气化强度是指气化炉单位面积每小时所能气化的原料煤质量，单位是 $t/(m^2 \cdot h)$，它反映气化过程的生产能力；碳的转化率则反映原料煤中碳的转化程度，一般转化率越高，灰渣中未转化碳的量越少；另外冷煤气效率和热煤气效率的区别如下：

冷煤气效率(%) = 粗煤气热值(标准温度下)/原料煤热值

热煤气效率(%) = (粗煤气热值 + 粗煤气显热)/原料煤热值

这两个值与煤气的余热回收和后续应用相关。

煤的气化性质主要包括反应活性、黏结性、结渣性、热稳定性、机械强度、粒度及水分、灰分和硫分含量等。

影响气化的操作条件主要是指气化温度和压力。

（1）对于固态排渣的气化方法，为了防止结渣，应将气化温度控制在煤灰软化温度以下，但为提高煤的反应活性和碳的转化率需增高温度，不同的操作温度还会影响产物的生成，如低温条件有利于 CH_4 的生成。

（2）为强化煤的气化常采用加压气化的方法，但加压气化会影响煤气组成和煤的部分气化性。相比气化温度，压力对气化的影响更为重要。它不仅能直接影响化学反应的进行，还会对煤的性质产生影响，从而间接影响气化效果。一般来讲，在加压的情况下，气体密度增大，化学反应速度加快，有利于单炉生产能力的提高；从气化反应平衡来讲，加压有利于甲烷的形成，不利于二氧化碳的还原和水蒸气的分解，导致水耗量增大，煤气中二氧化碳浓度有所增加。

10.1.3　煤气种类

一般将煤气化生成的气体产物称为煤气，其中气化炉出口处的未经净化的煤气又常称为粗煤气。不同的气化方法生产出的煤气组成和热值等性质不同。根据其性质，煤气可以广泛地应用在各个工业和民用领域，如作为气体燃料用于城市煤气、工业用发生炉煤气、水煤气和替代合成气，也可作为液体燃料和化工产品合成的合成气等。

煤气按照其在标准状态下的热值可以分为三类：

低热值煤气　　　小于 2000kcal/m³（即小于 8.3MJ/m³）；

中热值煤气　　　4000～8000kcal/m³（即 16.7～33.5MJ/m³）；

高热值煤气　　　大于 8000kcal/m³（即大于 33.5MJ/m³）。

结合煤气化的气化剂组成以及产物气体成分和用途，按其热值高低（由低至高）可细分为发生炉煤气、水煤气、合成气、城市煤气以及替代天然气等。表 10-1 为各类煤气的典型组成和热值。

表 10-1　典型几类煤气的组成和热值

煤气名称	气化剂	煤气组成/%						低位发热量 /kJ·m⁻³
		H_2	CO	CO_2	N_2	CH_4	O_2	
空气煤气	空气	2.6	10	14.7	72	0.5	0.2	3762～4598
混合煤气	空气、蒸汽	13.5	27.5	5.5	52.8	0.5	0.2	5016～5225
水煤气	蒸汽、氧气	48.4	38.5	6	6.4	0.5	0.2	10032～11286
半水煤气	蒸汽、空气	40	30.7	8	14.6	0.5	0.2	8778～9614
合成天然气	氧、蒸汽、氢	1～1.5	0.02	1	1	96～97	0.2	33440～37620

10.2　煤炭气化工艺

煤炭气化工艺可按气化炉内的压力、气化剂、气化过程、供热方式等分类。常用的分类方法是按气化炉内煤料与气化剂的接触方式划分为固定床气化、流化床气化、气流床气化和熔融床气化四类。

10.2.1　固定床气化

固定床气化过程中，从气化炉顶部加入的粒度为 3～30mm 的块煤与从气化炉底部加入的气化剂逆流接触，相对于气体的上升速度而言，煤料下降速度很慢，甚至可视为固定不动，因此称之为固定床气化。实际上，煤料在气化过程中是以很慢的速度向下移动的，称其为移动床气化。移动床气化法出现于 19 世纪 50 年代，是最早的煤炭气化方法。我国绝大多数正在运行的气化炉仍在沿用水煤气或半水煤气固定床技术，上万台常压气化炉还在运行，而发达国家已经很少应用常压移动床。

图 10-2 所示为固定床气化法分层原理。气化剂由气化炉的布风装置均匀送入炉内，首先进入灰渣层，由于灰渣层温度较低，且残碳含量较少，因此灰渣层基本不发生化学反应。气化剂与灰渣进行热交换被预热，灰渣冷却后离开气化炉。

预热后的气化剂在氧化层与炽热的焦炭发生剧烈的氧化反应，主要生成 CO_2 和 CO，并放出大量的热。因此氧化层是炉内温度最高的区域，并为其他气化反应提供热量，是维持气化炉正常运行的动力带，如图 10-3 所示。其发生的主要反应如下：

$$C + O_2 \longrightarrow CO_2 + 394.55\,\text{MJ/kmol} \tag{10-17}$$

$$C + 0.5O_2 \longrightarrow CO + 115.7\,\text{MJ/kmol} \tag{10-18}$$

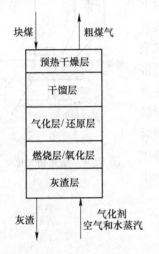

图 10-2　固定床气化法分层原理

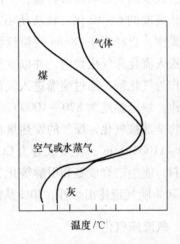

图 10-3　固定床沿床层高度温度分布

未反应的高温气化剂以及生成的气体产物则继续上升，遇到上方区域的焦炭。此区域内二氧化碳和水蒸气分别与焦炭发生还原反应，故称为还原层。还原层是煤气中可燃气体（CO 和 H_2）的主要生成区域。还原层温度比氧化层低是由于还原层发生的反应均为吸热反应：

$$C + CO_2 \longrightarrow 2CO - 173.1\,\text{MJ/kmol} \tag{10-19}$$

$$C + H_2O \longrightarrow CO + H_2 - 131.0\,\text{MJ/kmol} \tag{10-20}$$

通过还原层后的上升气流其主要成分是 CO 和 H_2 等可燃性气体，以及未反应尽的气体，包括 CO_2、H_2O、N_2 等。在上部区域可燃气体和未反应尽的气体与刚进入炉内的原料煤相遇，进行热交换。原料煤在温度超过 350℃ 时发生热解并析出挥发分（可燃气体或焦油），且生成焦炭。由于此时上升气流中已几乎不含氧气，所以煤实际处于无氧热解的干馏状态，故称为干馏层。

典型的常压移动床气化炉有 3M-13 型煤气发生炉、W-G 型煤气发生炉、UGI 型水煤气炉和 FW-stoic 式两段炉。

加压移动床气化法就是指以移动床的形式，在高于大气压力的条件下进行气化。通常压力在 1.2~2.0MPa 或更高。鲁奇（Lurgi）炉是加压移动床气化炉应用最广、最成熟的炉型。

10.2.2　流化床气化

流化床气化是以粒度 0 ~ 10mm 的小颗粒煤为原料，使煤粒在气化炉内悬浮分散在垂直上升的气流中，于沸腾状态下进行气化反应的气化技术。流化床气化时煤料层内温度均一，不但易于控制，且气化效率较高。

温克勒法是以流化床在常压下进行的大规模工业气化方法，是最早将流化床技术用于工业生产的。如图 10-4 所示，温克勒炉是一个由下部圆锥体流化床与上部圆筒状气流床组成的高大的圆筒形容器，上部气流床高度约为下部流化床高度的 6 ~ 10 倍。该法使用空气或者氧气连续自动进行操作，直径为 0 ~ 8mm 的粉粒状煤经干燥后用螺旋输料器送入流化床气化炉内，并以空气或氧气及蒸汽的混合气体作为气化剂，通过喷嘴进入气化炉。温克勒炉在常压下操作，炉床温度为 820 ~ 1000℃时，炉中焦油和重碳氢化合物全部被气化，煤气的发热量在以氧气作催化剂时达 9000 ~ 11000kJ/m³，主要成分为 CO 及 H_2。利用这种煤气为原料，能生产合成氨和甲醇等化工产品。气化中产生的飞灰 70% 随气流排出炉外，30% 从炉底排出。

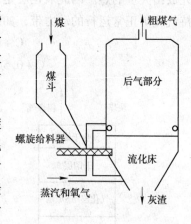

图 10-4　温克勒气化炉示意图

10.2.3　气流床气化

气流床气化是一种并流气化，用气化剂将粒度为 100μm 以下的煤粉带入气化炉内，也可将煤粉先制成水煤浆，然后用泵打入气化炉内。煤料在高于其灰熔点的温度下与气化剂发生燃烧反应和气化反应，灰渣以液态形式排出气化炉。

10.2.3.1　K-T 气化工艺

K-T 法即柯柏斯-托切克气化法，这是气流床气化工艺中最成熟的一种。自 1952 年实现工业化以来，已有几十年的生产经验，国外的煤制合成氨厂大部分选用 K-T 炉制气。K-T 炉示意图如图 10-5 所示。

K-T 炉炉身（气化室）为衬有耐火砖的圆筒体，各端安装着圆锥形的气化炉头，一般为 2 个炉头，每个炉头安装有 2 个相邻的喷嘴。在常压下粉煤（粒度小于 0.1mm）与氧气和蒸汽的混合物由气化室相对两侧的炉头送入，

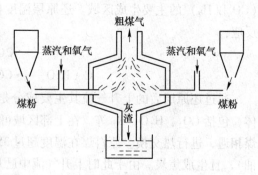

图 10-5　K-T 炉示意图

在高温下（1500℃左右）经很短的停留时间发生反应。炉头内火焰反应温度高达 2000℃，在气化炉中部的火焰末端区粉煤几乎完全被气化。由于两股相对气流的作用，使气化区内反应物的气流形成高度湍流。此外，炉头内双喷嘴也可造成火焰区的扰动，因此大大增加了气、固两相间的扩散速度，有利于反应的快速进行。出炉煤气温度很高，约为 1400 ~

1500℃。煤气中绝大部分都是CO，还有少量烃类（CH₄）。

尽管K-T气化方法有很多优点，诸如煤种适应性广、蒸汽用量低、生产灵活性大及煤炭转化率高等，但由于该法要求配备大型制粉设备，耗电、耗氧量大，粉碎设备能力的不足、耐火材料要求高以及飞灰和废热的回收等都限制了该方法在我国的发展。

10.2.3.2　Shell/Prenflo煤炭气化技术

该技术是在K-T煤炭气化技术结合Shell公司高压油经验的基础上发展起来的，它是一种干粉进料的气化加压气流床煤炭气化技术（液态排渣）。该工艺的特性为：气化压力为2.45～3.43MPa，干粉进料，炉内反应区火焰中心温度为2000℃，炉出煤气区温度为1350～1600℃。煤气产品中H_2占30%，CO占60%，其余为CO_2和少量N_2，碳转化率达99%，燃料气的环境特性较好。这是一种生产联合循环发电用燃料气的气化技术，是一种很有前途的第二代煤炭气化技术。

10.2.3.3　德士古气化工艺

与Shell/Prenflo煤炭气化技术一样，德士古气化工艺也是循环发电用燃料气的首选技术。它采用先进的水煤浆燃烧技术，同时还可以与燃料电池发电技术相结合。德士古水煤浆气化是第二代气化方法中最有发展前途的气化方法，已实现大规模工业应用。德士古先进的气化工艺使煤气化技术进入了一个新的阶段，为现代煤气化工业的发展奠定了基础。

我国最早引进德士古技术的鲁南化肥厂于1993年投产，目前已有十多家单位采用这项技术。其中比较有代表性的有渭河（气化压力6.0MPa）、淮南（气化压力4.0MPa）和鲁南（气化压力2.0MPa）等化肥厂。德士古煤气化流程如图10-6所示。

由于国内已经完全掌握了德士古气化工艺，积累了大量的经验，因此设备制造、安装和工程实施周期短，开车运行经验丰富，达标达产时间也相对较短。但此工艺对使用煤质有一

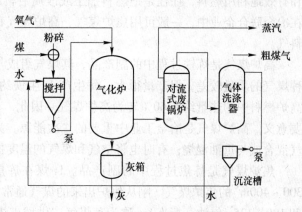

图10-6　德士古煤气化流程

定的选择性，同时存在气化效率相对较低、氧耗相对较高及耐火砖寿命短等问题，随着在国内投运时间的延长，部分问题已得到有效解决。

10.2.4　熔融床气化

熔融床气化将粉煤和气化剂以切线方向高速喷入一个温度较高且高度稳定的熔池内，把一部分动能传给熔渣，使池内熔融物做螺旋状的旋转运动并气化。目前此气化工艺已不再发展。

10.3　煤炭气化气的应用

煤炭气化获得的气体根据其组分和热值有着不同的用途。低热值煤气可用作工业炉窑

的燃料、各种设备的加热、物料的干燥以及联合循环发电等；中热值煤气可作为民用燃料；高热值煤气可用于民用燃料或远距离输送。根据煤种不同，干馏煤气的热值也不同，通常掺混一定量的低热值煤气用作民用燃料。对于化工原料主要是考虑煤气的成分，而热值是次要的。

10.3.1 工业燃料

所谓工业炉、窑中的窑和炉本无多大的区别，同样都是对工业原料进行加热的设备。但一般认为，用于对金属热加工和加热水的设备称为炉；用于硅酸盐工业的热加工设备称为窑。用煤气加热的工业炉、窑，称为煤气工业炉、窑。煤气作为工业燃料，可以用于焦炉、加热炉工业窑等。

10.3.1.1 焦炉

高温干馏生产系统中利用煤气发生炉生产低热值煤气，用于干馏炉的加热。此外，焦炉也可以用焦炉煤气或水煤气加热。

10.3.1.2 加热炉

加热炉对金属加热，其燃料主要是化石燃料，如煤、石油和天然气，但是为了更合理和有效地利用燃料，往往是把燃料加工或改质后再利用，如将煤制成发生炉煤气再利用。在冶金联合企业中，一般可用焦炉煤气、高炉煤气和转炉煤气等副产煤气作为加热炉的燃料气。

高炉煤气是炼铁过程中的副产品，其煤气组成与高炉燃料和所炼生铁的品种有关。这种煤气的质量较差，但产量很大，每生产 1t 生铁约可得到 $3500 \sim 4000 m^3$ 的高炉煤气，即高炉燃料中的热量约有 60% 转为高炉煤气。因此，充分有效利用高炉煤气对节约能源有重要意义。高炉煤气是冶金工业中重要的二次能源。为了提高其燃烧温度，通常与高热值煤气混合或与重油混烧；有时也将空气和煤气的温度提高，以达到预期的燃烧温度。

焦炉煤气是炼焦过程中的副产品。1t 煤在炼焦过程中可以得到 $730 \sim 780kg$ 焦炭和 $300 \sim 400 m^3$ 的焦炉煤气。刚从焦炉出来的煤气通常每立方米中含有 $300 \sim 500g$ 水（标态）和 $100 \sim 125g$ 焦油（标态），称为荒煤气。供城市煤气时焦炉煤气应进行适当的净化。冶金行业副产煤气的组分见表 10-2。

表 10-2　冶金行业副产煤气组分　　　　　　　　　（%）

种类	CO	H_2	CH_2	C_mH_n	CO_2	N_2	热值(标态)/MJ·m⁻³
高炉煤气	25 ~ 31	12 ~ 15	0.5 ~ 3.0	—	3 ~ 4	52 ~ 54	3.2 ~ 4.0
焦炉煤气	6 ~ 8	55 ~ 60	24 ~ 26	2 ~ 4	2 ~ 4	4 ~ 7	16.0
转炉煤气	60 ~ 90	—	—	—	—	—	6.4 ~ 80

10.3.1.3 工业窑

工业窑包括立窑、隧道窑、回转窑及玻璃熔窑等。这些工业窑多用于建筑材料、有色冶金和硅酸盐行业，燃料既可采取固体燃料（如煤炭）、液体燃料（如重油），也可采取气体燃料（如煤气、天然气和液化石油气），采用液体和气体燃料时的热效率高于采用固体燃料。采用气体燃料时煤气的成本最低，20 世纪 90 年代采用液化石油气为燃料的一些陶瓷厂，目前已纷纷转向采用煤气。以煤气为燃料虽然设备投资较高，但运行成本较其他气体燃料低。

另外，采用气体燃料可以制造出更高品质的产品。20世纪80年代中期，陶瓷行业逐步认识到了这一点，为烧制出高质量的陶瓷纷纷采用气体燃料。采用气体燃料，在隧道窑内可以去掉窑炉中的火焰隔墙或匣钵，采用明焰燃烧（即火焰直接接触陶瓷工件），从而提高了窑炉的热效率，如图10-7所示。所谓火焰隔墙是在窑内纵向设一道隔墙使烟气与工件隔开；匣钵是套在工件外的一个耐火材料盒，以免火焰与工件接触污染工件。以上两种措施均不利于热量传递，降低了隧道窑的热效率。

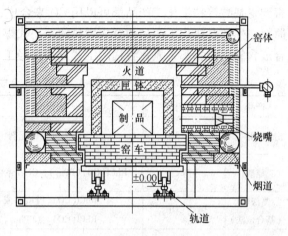

图10-7 隧道窑的横断面及匣体

10.3.2 民用煤气

民用煤气也称为城市煤气（除液化石油气和天然气外），它是目前人们所喜用的一种生活燃料，可用于烹饪、烧水、采暖等。城市煤气给人们生活带来很多方便，但是使用不当可能会带来较大的危害。煤气是有毒和易燃易爆的气体，因此不得有丝毫泄漏。

10.3.3 化工原料

由煤炭制取的气体可分为燃料气和合成气两大类，见表10-3。

表10-3 煤气作为燃料和原料使用分类

分　类		气化剂	气体性质	用　途	气体处理
燃料气	高热值	氧气、水蒸气	$32 \sim 36 MJ/m^3$（标态）	城市煤气，宜远距离输送	气体中的CO、H_2合成CH_4
	中热值	水蒸气	$12 \sim 28 MJ/m^3$（标态）	工业与民用气，宜近距离输送	去除杂质和CO_2
	低热值	空气、水蒸气	$<8 MJ/m^3$（标态）	就地作为燃料	热粗煤气或净化用冷煤气
合成气	化学合成气	氧气、水蒸气	CO、H_2为主	合成甲醇和氨	以CO变换，提高H_2含量
	还原气	氧气、水蒸气	富CO合成气	金属精炼或其他还原气	气化时减少水蒸气量
	氢气	氧气、水蒸气	富H_2合成气	用于化学、燃料工业氢气	气化时增加水蒸气量

通常化工原料基本依赖于石油炼制产品的石脑油，并由此形成了庞大的石油化工行

业。但是自1973年以来石油价格不断上涨，人们一直努力寻找除石油以外的原料作为化工原料。一般来说，用合成气作为化工原料是适合而且是方便的，从乙烯等基本化学产品直到氨基酸等精细化工产品都可以用CO来合成，于是形成了以煤制合成气和甲醇为主要原料，生产有机化工产品和合成燃料的新一代煤化工——"碳-化学"合成技术。利用CO合成含氧化合物和含氮化合物的工艺方法已经工业化，产品见表10-4。

表10-4   利用CO合成工业化的产品

产品	原料	催化剂	反应条件	代表性生产企业
甲醇	CO、H_2	CuO-ZnO 系催化剂	220～260℃ 5～15MPa	英国帝国化学工业公司
醋酸	甲醇 CO	RhCl(CO)(PPh₃)₂-CH₂l 系催化剂	175℃ 1.5～3.5MPa	日本孟都山公司
高级醇 (基合成法)	烯烃 COH_2	RhCl(CO)(PPh₃)₃或 RhCl(CO)₂(PPh₃)₃	100℃ 0.7～2.5MPa	美国联合碳化物公司、日本三菱化成工业公司
草酸	丁醇、CO、H_2	Pd/Cu 系催化剂	80℃ 8MPa	日本宇部兴产
甲苯二基氰酸酯（TDI）	二硝基甲苯、CO、乙醇	SeO_2 系催化剂	190℃ 23.5MPa	日本三井东压石油化工公司

10.3.4   联合循环

在热力循环中，一种工作介质能达到较高的吸热温度，但不一定能达到较低的放热温度，反之亦如此。联合循环就是把在中低温区工作的蒸汽轮机的朗肯（Rankine）循环和在高温区工作的燃气轮机的布雷登（Brayton）循环联合起来，组成一个循环系统，由于燃气的初温可以达到1200～1500℃，蒸汽做功后的终温可以达到40～50℃，实现了热能的充分利用，使总的循环效率得以提高。

目前，燃气轮机单纯循环的热效率可达38%～39.5%，单机功率已超过300MW。燃气轮机和蒸汽轮机联合循环发电，其效率可达到约60%，总功率可达到400MW以上。联合循环系统原理如图10-8所示。

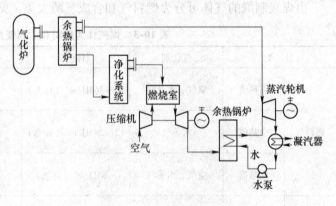

图10-8   联合循环系统原理

10.4   煤炭地下气化

煤炭地下气化是将气化剂通入地下煤层，使其与地下的煤炭发生化学反应，直接将煤炭转化为煤气的过程。此气化技术特别适宜于甲烷含量较高、灰分较高、煤层较薄等不适合开采的矿区。煤炭地下气化过程集中了矿井建设、煤炭开采和地上气化过程，不仅成为一种独特的气化工艺，也是一种新的煤炭有效利用的方法，使不宜于开采的煤炭得到充分利用，增加了能源资源。煤炭地下气化减少了开采过程，也就减少了开采和运输过程产生的污染，而且还将煤炭中的杂质留在了地下，有利于环境保护。目前国内外地下气化的研究均处于试验阶段，尚未实现大规模工业化。

10.4.1 地下气化原理

煤炭地下气化的基本原理与地面煤炭气化相同。如图 10-9 所示，煤炭地下气化首先要从地表沿煤层掘进两条倾斜或垂直巷道，一条巷道用于进气，另一条作为排气巷。接着在倾斜巷道底部开掘一条水平煤层巷道，把两条倾斜巷道连接起来，被巷道包围起来的整个煤体，就是即将要气化的区域，称为气化盘区，也称为地下发生炉。

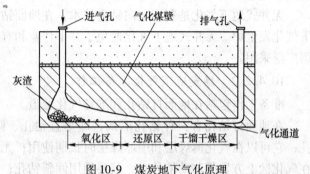

图 10-9　煤炭地下气化原理

巷道开掘后，在水平巷道中引燃煤，即在该水平巷道形成燃烧工作面。在水平巷道一端的进气巷鼓入空气、水蒸气等气化剂，煤层便开始燃烧。随着煤层燃烧，燃烧工作面逐渐沿着煤层向上移动。燃烧工作面的烧空区被烧剩的灰渣和顶板垮落的矸石充填。煤层变成灰渣体积大幅度缩小，冒落矸石一段不会堵死通道，仍能保留一个空间供气流通过，只要鼓风机有一定风压，风流就可以顺利流过通道。这种有气流通过的气化工作面被称为气化通道。

整个气化通道反应温度不同，反应及作用不同，一般分为 3 个区，即氧化区、还原区和干馏干燥区。

氧化区在气化通道的起始段，煤中的碳与空气中的氧发生反应，生成二氧化碳：

$$C + O_2 \longrightarrow CO_2 + 394.55 \, MJ/kmol \qquad (10-21)$$

$$2C + O_2 \longrightarrow 2CO + 231.4 \, MJ/kmol \qquad (10-22)$$

这两个化学反应是放热反应，产生大量热量，温度高达 $1200 \sim 1400 \, ℃$，使附近煤体炽热。气流沿气化通道继续往排气巷道流动至一定距离后，气流中的氧就基本消耗殆尽，而温度仍在 $800 \sim 1000 \, ℃$。以 CO_2 为主的高温气体在煤层裂隙中向前渗透，进入还原区，并为该区的还原反应提供热量。在还原区，CO_2、H_2O 与碳发生反应生成 CO 和 H_2：

$$C + CO_2 \longrightarrow 2CO - 173.1 \, MJ/kmol \qquad (10-23)$$

$$C + H_2O(g) \longrightarrow CO + H_2 - 131.5 \, MJ/kmol \qquad (10-24)$$

还原区内发生的吸热反应使气流温度逐渐下降到 $400 \sim 700 \, ℃$，以致还原作用停止。这时煤不再氧化，只进行干馏，放出许多挥发性的混合气体，如氢气、瓦斯和其他碳氢化合物，并向周围传递热量。混合气体干馏后，温度仍很高，可气化其中的水分而脱水干燥，最终得到 CO_2、O_2、CO、H_2、CH_4、H_2S 和 N_2 组成的混合气体。混合气体中，CO、H_2、CH_4 等是可燃气体，它们组成的混合物就是煤气。

随着煤层的燃烧与气化，气化通道持续向前、向上推移，这就形成了煤炭地下气化。

10.4.2　地下气化方法及生产技术

10.4.2.1　煤炭地下气化分类

煤炭地下气化方法一般分为有井式和无井式两类。有井式地下气化需要预先开掘出井筒与平巷，准备工作量大，成本高；巷道不易密闭，漏风量大，气化过程难以控制；在构建地下气化炉期间，人员仍然不能完全避免在地下工作。

无井式地下气化是利用定向钻进技术，在地面钻出进气、排气孔和气化通道，构成地下气化发生炉。无井式地下气化避免了井下作业和有井式地下气化的其他问题，被世界各国广泛采用。

10.4.2.2　煤炭地下气化准备工作

准备工作包括在地面打钻孔和准备气化通道。

在地面打钻孔有三种钻孔形式，即垂直钻孔、倾斜钻孔和曲线钻孔。一般用垂直钻孔，它可以在气化薄煤层和中厚煤层时长期使用；无法采用垂直钻孔，或必须把钻孔布置在气化区上方岩层移动带外时，就要使用倾斜钻孔；曲线钻孔，又称弯曲钻孔，在特殊情况下应用，如钻进气化通道。

煤炭地下气化要有进气孔和排气孔。孔的形成可以是开掘巷道，也可以用钻机钻孔。但无论是巷道还是钻孔，在它们到达煤层后都要被贯通，以形成气化通道。贯通的方法有以下几种：

(1) 电力贯通。电力贯通法是早期使用的方法，它是通过高压电流的热作用将煤层的结构破坏，引起煤层物理性质发生变化，从而形成多孔的透气性很强的焦化通道。高压电流由钻孔或巷道中插入煤层的电极产生。在气化以前再用压缩空气扩大焦化通道。由于煤层电阻大，耗电太多，效果不好，所以电力贯通早已被淘汰。

(2) 空气渗透火力贯通。空气渗透火力贯通是用烧红的焦炭或其他引燃物把一个开掘好的进气孔或巷道煤层点燃。从另一钻孔或巷道（进气孔）压入 101.325 ~ 607.95kPa 的压缩空气。煤层中的自然裂隙为压缩空气提供通道使其渗透到点火孔或巷，火焰逐渐迎着风流蔓延，最后把两孔烧通，实现贯通。若煤层燃烧方向与风流方向相反，称为反向燃烧贯通法；如果点火孔压入压缩空气，气流由另一孔排出，燃烧方向与风流方向一致，则称为顺向燃烧贯通法。此法空气消耗量较多，贯通速度较慢，已很少应用。

空气渗透火力贯通法要求煤层有较多的天然裂隙，在气化褐煤时经常使用。如果煤层透气性较差，不能使用一般鼓风机的风压实现贯通时，则可采用高风压贯通，即采用高于贯通地点岩石压力的鼓风机风压，以便冲破煤层，形成大量人工裂隙，实现火力燃烧贯通，此法称为高压火力渗透贯通法。

(3) 爆炸破碎贯通。20 世纪 70 年代美国曾试验爆炸破碎法，此法未能使煤层产生足够的渗透性，而且难以控制。

(4) 定向钻孔贯通。定向钻孔是石油工业开发的一种钻井新技术。它是用带有导向传感装置的钻头从地面打垂直钻孔，钻到一定深度后，使钻孔拐弯，变成水平方向钻进，形成水平孔，与另一垂直钻孔连接贯通。定向钻孔有两种方法：一是逐渐拐弯，一般每 30m 拐 3° ~ 6°，不需特制的钻具，曲率半径约 500m；另一种是小半径拐弯钻进，需采用挠性钻具和孔内导向装置，曲率半径可小到 15m。英国采用天然伽马射线传感器导向，在厚度和倾角变化的煤层中进行定向钻孔试验，水平孔长达 500m。比德地下气化研究所在比利时大深度煤层地下气化试验中，采用了垂直钻孔、逐渐拐弯钻孔和小半径拐弯钻孔相结合的设计方案。定向钻孔贯通形成的通道规整，贯通速度较快，电耗少，成本低，因而世界各国都很重视。

（5）水力压裂贯通。水力压裂是从钻孔向煤层注入带支撑剂（砂子等）的高压水，使煤层压裂，排水后砂子留在煤层裂隙中，从而提高煤层渗透性。美国、法国、比利时、德国等都曾进行水力压裂试验，均以失败告终。1980 年，法国进行水力压裂试验，煤层深 1170m，压力达 75MPa，结果水砂倒流，发生堵塞。莫斯科近郊煤田气化站用水力压裂法贯通，贯通速度每天 0.5~1.0m。

试验和应用表明，上面的几种贯通方法中，反向燃烧贯通法和定向钻孔贯通法目前是可行的。

10.4.2.3 地下气化主要生产工艺

对于近水平煤层或缓倾斜煤层，在其气化盘区内先打好数排钻孔，钻孔布置成正方形或矩形，钻孔间距 20~30m，或根据条件加大，以减少准备工程量、加快准备速度。钻孔成排沿煤层倾斜布置，每排钻孔的数目取决于气化站需要的生产能力。其生产工艺可分为顺流火力作业方式与逆流火力作业方式。

（1）逆流火力作业方式如图 10-10 所示。具体过程：在规划的气化盘区内先打好几排孔。钻孔采用正方形或者矩形排列方式，孔间距为 20~30m，如图 10-10a 所示。先贯通第Ⅰ排钻孔，形成点燃线，如图 10-10b 所示。然后将第Ⅱ钻孔与此点燃线贯通，如图 10-10c 中的虚线所示。贯通后就可以进行气化。气化时向第二排钻孔鼓风，从第一排钻孔排出煤气。在气化第Ⅰ、Ⅱ排钻孔间煤层的同时要进行第Ⅱ、Ⅲ排钻孔之间的贯通工作，如图 10-10d 所示。这个贯通工作应该在Ⅰ、Ⅱ排间煤层全部气化之前完成，以便及时接续，即按时向第Ⅲ排钻孔鼓风，由第Ⅱ排钻孔排出煤气，如图 10-10e 所示。此后的火力作业依此类推。逆流火力作业方式的两个钻孔依次轮流起贯通、鼓风、排出煤气三种作用。这一方式的特点是煤层的气化方向与鼓风和煤气的运动方向相反，故称为逆流火力作业方式。

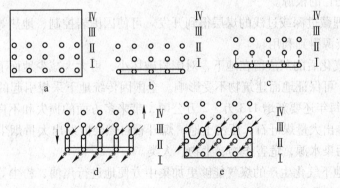

图 10-10 逆流火力作业方式

（2）顺流火力作业方式如图 10-11 所示，钻孔布置和逆流火力作业方式相同。气化开始之前首先贯通第Ⅰ排钻孔，如图 10-11b 所示，然后把第Ⅱ排钻孔与第Ⅰ排钻孔的点燃线贯通，贯通后即可气化，如图 10-11c 所示。气化时先由第Ⅰ排钻孔鼓风，第Ⅱ排钻孔排出煤气，如图 10-11d 所示。在第Ⅰ、Ⅱ排钻孔间煤层气化的同时，贯通第Ⅱ、Ⅲ排钻孔。当第Ⅰ、Ⅱ排钻孔间煤层气化排出的煤气的热值降低到最低标准时，第Ⅲ排钻孔投入生产。此时向第Ⅱ排钻孔鼓风，由第Ⅲ排钻孔排出煤气，如图 10-11e 所示。余下依此类推。顺流火力作业方式的特点是煤层气化方向与鼓风和煤气运动方向相同。因而此方式能够利用煤气余热，预热煤层，改善气化过程，提高煤层气化程度，降低煤气生产成本。

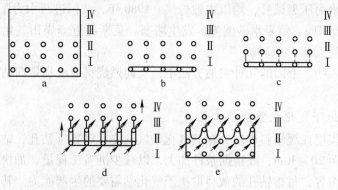

图 10-11　顺流火力作业方式

　　倾斜煤层与急倾斜煤层气化一般采用垂直钻孔与倾斜钻孔相结合的布置方式。垂直钻孔间距 10m（或更大），用于贯通，贯通后即封闭，正式气化工作由间距 20m 的倾斜钻孔来进行。有时垂直钻孔完成贯通工作以后不封闭，而被用来在气化中鼓风或排出煤气。此种情况有两种不同的火力作业方式。其一是向倾斜钻孔鼓风而由垂直钻孔排出煤气；其二是向垂直钻孔鼓风而倾斜钻孔排出煤气。

10.4.3　地下气化的优点及适用条件

　　煤炭地下气化的优点有以下几方面：

　　（1）将人员在地下生产转变为人员在地面管理生产，免除了艰苦繁重的井下作业，消除了人员井下伤亡的根源。

　　（2）可使埋藏过深或过浅的煤层得到开发。可使因围岩控制、地热等因素造成的不可开采深埋煤层资源得到利用。

　　（3）煤炭气化后的灰渣留在地下，对围岩破坏小，可大大减少地面下沉量，必要时辅之以充填措施，可保证地面建筑物不受影响。全国因传统地下采煤引起的地表塌陷面积约有 30 万公顷，每年还要新增 1.3 万～2 万公顷，带来多方面的损失和不良影响。传统地下采煤要向地面排出大量煤矸石，压占土地；煤矸石自燃会散发出大量烟尘及有害气体；煤矸石淋溶水会污染水源，危害作物、生物、人类。

　　（4）由于地下气化生产的煤气能够更加集中方便地进行焦油、粉尘等有害物质的净化处理，因此地下气化为难以开采的高硫、高灰劣质煤寻找到广阔的市场，扩大了能源资源的利用，对我国有重要意义。

　　（5）煤炭地下气化大大提高煤炭资源的回收率，使受传统开采技术、安全问题、环保政策制约的难以开采的边角煤、"三下"（铁路下、水体下、建筑物下）压煤、矿井遗留的保护性煤柱得到开采。

（6）煤炭地下气化经济效益好，其投资一般仅为地面气化站的 1/3～1/2。煤炭地下气化可节省开采投资 87%，节约生产成本 62%，提高工效 3 倍以上。采用我国地下气化新工艺的造气成本为 0.19 元/m^3，比常规造气成本的 1.05 元/m^3 大幅度降低，经济效益可观。

地下气化的适用条件：一般来说，多孔且松软的褐煤和烟煤比较易于气化，而薄煤层、含水分多的煤层与无烟煤比较难气化；稳定且连续的煤层、顶底板的透气性小于煤层透气性和煤层倾角超过 35° 的中厚煤层对气化更有利。受传统开采技术、安全问题、环保政策制约的难以开采的边角煤、深部煤、"三下"压煤、高硫劣质煤、矿井遗留的保护性煤柱都可以用地下气化工艺开采。

10.5　煤气的净化与加工

从煤气化炉引出的煤气中，含有一定量的灰分、硫化物、碱金属盐和卤化物等有害物质，各种物质含量的多少与原煤的性质和气化炉的形式有关。这种含有大量灰尘和有害物质的煤气称为粗煤气。如果将粗煤气供应到燃气-蒸汽联合循环系统中，不仅会导致输送设备和燃气轮机的腐蚀、磨损、结垢及堵塞，影响其使用寿命和工作可靠性，而且会造成与直接燃煤相类似的污染问题，达不到洁净燃煤的目的；同时，作为化工原料气时，不同的用途对气化煤气组分的要求是不同的。因此，在实际煤气生产中，还要通过一系列的后期加工来调整煤气组分，以满足不同的使用需要。常见的工艺有 CO 变换和甲烷化工艺。粗煤气净化后的煤气称为精煤气。

10.5.1　酸性气体的脱除

粗煤气中的酸性气体主要是指硫化物和 CO_2，其中硫化物又以 H_2S 和羰基硫 COS 为主。如果以粗煤气生产中、高热值燃烧气或合成气，CO_2 的存在会降低煤气热值，因此必须脱除 CO_2；对于制取低热值燃烧气，一般不需要脱除 CO_2。硫化物的存在不仅会引起很多催化剂中毒，而且其燃烧会生成 SO_2，污染大气，因此在多数情况下脱硫都是必需的；常见的脱硫方法通常都能在一定程度脱除 CO_2，所不同的是对于 H_2S、COS 和 CO_2 的脱除程度。

一般来说，脱除酸性气体可分为干法和湿法两类。干法工艺采用固体吸收剂或吸附剂，主要有氧化铁法、氧化锌法和活性炭法。其特点是脱除效率高、工艺简单，但设备笨重、投资大，需间断式再生或更换；而且干法工艺一般用于脱硫，对 CO_2 脱除的效果不是很明显。

湿法工艺种类繁多，其基本原理可以概括如下：用对酸性气体有吸收能力（溶解或反应）的溶液，在适宜的条件下洗涤粗煤气，从而使其中的酸性气体与其他气体分离，吸收溶液，再经过提高温度、降低压力或其他措施，使被吸收的酸性气体重新释放出来并回收，从而使吸收剂得到再生。因此，湿法工艺一般可分为吸收和再生两大阶段。依据使其吸收和再生的原理，湿法工艺又可细分为化学吸收法、物理吸收法和物理化学法，见表10-5。

表 10-5　煤气湿式脱硫工艺简表

脱硫方法		吸 收 液	特 点
物理吸附法	低温甲醇洗涤法	甲醇	高温高压下操作,效率高、能耗低
	聚乙二醇二甲醚法	$N=3\sim9$ 的聚乙二醇二甲醚混合物	稳定、不腐蚀,可选择性脱除 H_2S
化学吸附法　中和法	碱性盐溶液法	稀碱液	在 0.1~1.7MPa 操作,溶剂活性强,对有机硫的脱除能力强
	醇胺法　MEA、DEA 等	乙酸胺溶液-MEA 或二乙醇胺溶液-DEA	
化学吸附法　氧化法	改良 ADA 法	稀碳酸钠溶液 2,6-蒽醌二磺酸和 1,7-蒽醌二磺酸的混合物	
物理化学法	常温甲醇法	甲醇和乙醇胺的混合液	脱除效率高,但存在甲醇挥发问题
	环丁砜法	环丁砜和烷基醇胺的混合液	—

　　总的来说,湿法工艺脱除效率相对较低,但处理量大,可连续操作,投资和运行费用较低,因此应用较为广泛。常用的湿法脱硫工艺有烷基醇胺法和低温甲醇洗涤法。

10.5.1.1　烷基醇胺法

　　烷基醇胺法脱硫脱碳气体净化是广泛应用的方法,特别在天然气脱硫中占有重要的地位。将醇胺溶液用于焦炉煤气脱硫脱氰的萨尔费班法已在国外得到工业应用。目前国内煤气脱硫大多数也采用烷基醇胺法。

　　烷基醇胺是一类弱碱性有机化合物,其水溶液具有吸收 H_2S 和 CO_2 的能力。被用于气体脱硫过程中的烷基醇胺包括一乙醇胺、二乙醇胺、三乙醇胺、二异丙醇胺及甲基二乙醇胺等。其中一乙醇胺是上述烷基醇胺类中碱性最强的,它与 H_2S 等酸性气体的反应速度最快,且其相对分子质量也是这些有机胺中最小的。用于脱除酸性气体时,一乙醇胺具有最大的吸收能力,因而应用最为广泛。

　　其基本反应如下:

$$2RNH_2 + H_2S \longrightarrow (RNH_3)_2S \tag{10-25}$$

$$(RNH_3)_2S + H_2S \longrightarrow 2RNH_3HS \tag{10-26}$$

$$2RNH_2 + CO_2 \longrightarrow RNHCOONH_3R \tag{10-27}$$

以上反应在溶液加热时极易发生逆反应,因此在再生器中可以通过蒸汽气提将 H_2S 和 CO_2 解吸出来。

　　典型的醇胺法流程如图 10-12 所示,含酸性气体的原料气通过分离器 1 和分液器 2 进入吸收塔 3 的底部,与从塔顶喷淋下来的一乙醇胺溶液逆流接触而被净化,净化气自塔顶出来经过分离器 4 回收所夹带的一乙醇胺雾沫。从吸收塔底部流出的富液经液位调节阀减压后进入中间闪蒸罐 5,从闪蒸罐放出的气体可用做燃料,而从中流出的溶液经过一组热交换器 11 后,进入再生塔 7 顶部的塔板处,酸性气体进入冷凝器 10 经回流槽8 放出。再生塔 7 底部出来的再生后的贫液到热交换器 11 中进行换热,并在冷却器12 中进一步冷却,随后送入一乙醇胺储槽 6,再由循环泵 13 将溶液打入吸收塔顶部喷淋。

　　一般来说,醇胺法对酸性气体的吸附能力在低压下超过物理吸收剂,但当酸性气体在粗煤气中的分压增加时,其经济性便会下降。

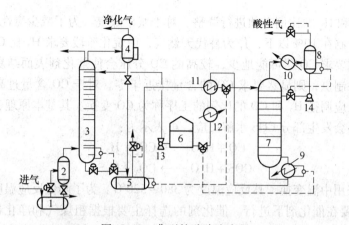

图 10-12 典型的醇胺法流程

1，4—分离器；2—分液器；3—吸收塔；5—中间闪蒸罐；6——乙醇胺储槽；

7—再生塔；8—回流槽；9—煮沸器；10—冷凝器；11—热交换器；

12—冷却器；13—循环泵；14—回流泵

10.5.1.2 低温甲醇洗涤法

低温甲醇洗涤法是由德国鲁奇公司开发的，利用 CO_2、H_2S、有机硫化物和不饱和烃在高压低温的条件下能高度溶解于甲醇的特征，进行酸性气体脱除的工艺。当压力降低且温度升高时，被吸收的酸性气体便从溶剂中析出，使吸收剂再生。

与一般的湿式工艺不太相同，低温甲醇洗涤法在吸收塔内上下两段分别实现 H_2S 和 CO_2 的脱除，并进行两次再生，因此也称两段脱硫脱碳法。图 10-13 所示为低温甲醇洗涤法的工艺流程图。

首先，未净化的气体与净化后离开吸收塔的气体在换热器中进行换热，然后进入吸收塔 2 的下段，气体在其中被低温甲醇溶液逆流洗涤，气体中部分硫化氢和二氧化碳被吸收。然后气体进入吸收塔 2 上段继续净化，由第二甲醇再生塔来的已充分解析的甲醇进一步逆流洗涤，如此，气体中的绝大部分二氧化碳、几乎全部的硫化氢、有机硫化物和氰化物都被脱除，净化后的气体从吸收塔顶 2 溢出。在整个过程中，低温甲醇的操作温度为 $-10 \sim 40 ℃$。

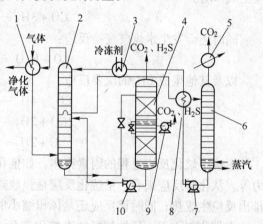

图 10-13 低温甲醇洗涤法工艺流程

1，8—换热器；2—吸收塔；3，5—冷却器；

4—第一甲醇再生塔；6—第二甲醇再生塔；

7，10—溶液再循环泵；9—真空泵

低温甲醇洗涤法的优点是：在高压条件下其能耗较低，脱除效率高，而且对 H_2S 的选择性好。但由于工艺是在低温高压下进行的，因此对设备材质要求高，另外甲醇吸收溶液的损失较大。

10.5.2 CO 变换

如果煤气化的最终产品要求是城市煤气、替代天然气、合成气或是制氢气的话，那么粗煤气中的 CO 和 H_2 的比例必须进行调整。对于城市煤气，为了减少毒性，一般认为 CO 的体积含量应控制在 10% 以下；作为替代天然气，甲烷化阶段要求 H_2 比 CO 含量多 3 倍；作为合成气，则要求 CO 尽可能地少，较高的 CO 分压会使催化剂表面结炭，从而导致催化剂失活；如果制氢，则显然要求 CO 的含量接近于零。对于 CO 含量过高的粗煤气，通过水煤气变换反应调整 H_2 和 CO 的比例的工序称为 CO 变换。其基本原理就是水煤气变换反应，同时，还会发生部分 COS 水解反应。可表示为：

$$CO + H_2O \longrightarrow CO_2 + H_2 \tag{10-28}$$

$$COS + H_2O \longrightarrow CO_2 + H_2S \tag{10-29}$$

工业上常采用中温变换，其反应温度为 380~520℃。为了降低反应温度和提高反应速度，CO 变换需要在催化剂下进行。催化剂的选择主要根据粗煤气和净化器中 CO 的含量以及粗煤气中硫的含量。一般情况下，CO 变换之前需要进行酸性气体的脱除，这样就可以采用铁铬系催化剂、铜锌催化剂等不抗硫的催化剂。

10.5.3 煤气甲烷化

一般粗煤气中含有大量的 CO 和 H_2 以及一定量的 CH_4，为了进一步提高煤气热值，减少 CO 含量，采用甲烷化工艺是加工煤气的重要手段。尤其是在合成天然气的生产中，必须对粗煤气进行甲烷化。甲烷化过程主要是使煤气中的 H_2 和 CO 在催化剂作用下发生反应生成 CH_4。

$$CO + 3H_2 \longrightarrow CH_4 + H_2O \tag{10-30}$$

同时还会发生水煤气变换反应：

$$CO + H_2O \longrightarrow CO_2 + H_2 \tag{10-31}$$

以及其他生成 CH_4 的次要反应：

$$CO_2 + 4H_2 \longrightarrow CH_4 + 2H_2O \tag{10-32}$$

$$2CO + 2H_2 \longrightarrow CH_4 + CO_2 \tag{10-33}$$

$$C + 2H_2 \longrightarrow CH_4 \tag{10-34}$$

影响甲烷化反应过程的因素很多，如催化剂的活性、原料气的组成以及反应温度和压力等。从化学反应来看，甲烷化反应是强放热反应，为防止催化剂超温失活，必须有效地排出反应生成热；同时该反应还是体积缩小的反应，因此加压有利于甲烷的生成。

在催化剂方面，活性较好的甲烷化催化剂一般都含有高浓度的非常活泼的 Ni、Al 以及其他的助催化剂，并以硅藻土或氧化铝为载体。这些催化剂一般都不抗硫，因为活性镍会因吸硫而丧失活性，同时氯化物也会使这类催化剂受到损害，因此甲烷化的原料气必须进行彻底净化。除此之外，在进行甲烷化反应过程中，还需要着重考虑如何避免 CO 和 CH_4 分解导致的碳沉积反应发生，并使催化剂失活的现象。研究表明，对于镍基催化剂而言，当原料气中的 H_2/CO 的比值为 2.6 或更大一些时，在高压和低于 820℃ 的条件下，不会发生碳沉积现象。

就煤气的甲烷化反应器及其工艺流程种类来看，大致可以分为三类：固定床工艺、流化床工艺和特殊接触装置工艺。其实质区别就在于以何种方式排出甲烷化反应放出来的大量热量，防止催化剂床层超温，以及采用何种方法回收这些热量，以提高系统的热效率。常见的方法有固定床激冷循环工艺、固定床帕森工艺、气相流化床工艺、液相流化床工艺和填料床热气体循环工艺等。

图 10-14 所示为帕森公司 Ralph 开发的固定床工艺流程示意图。在原料气中加入少量水蒸气，分成两股或三股进入串联在一起的反应器中，进行一氧化碳变换和甲烷化反应。根据粗煤气的组成，可酌情串联 4~6 个反应器，反应器进口温度按顺序逐个降低，到最后一个反应器进气温度控制在 316℃。经最后一段甲烷化反应之后，再脱除 CO_2 和水蒸气，送入精加工处理。

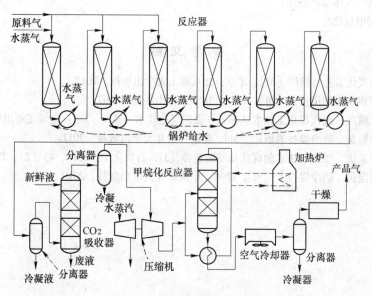

图 10-14　帕森固定床工艺流程

帕森固定床工艺是一种固定床甲烷化法，可用于 CO 含量高的原料器中，能使 CO 变换和甲烷化两个工序结合起来，这样就可以直接以除尘脱硫后的煤气为原料，而无需调整 H_2/CO 的比值，只要在粗煤气中加入适量水蒸气，以控制催化剂床层的温度和气体成分来防止碳沉积，即可进入反应器。

煤气化技术的重要性在于它彻底打破了煤炭复杂的分子结构，将其转变成为结构和组分都十分简单的化学品，从而让人们对煤炭资源的价值进行了再认识。以往，煤炭仅仅被视为一种不清洁的、性质复杂的普通燃料，通过简单的燃烧方式来获取其中的热量。采用煤炭气化技术，既可以获取清洁的城市煤气和替代天然气，也可以用于高效的联合循环发电或燃料电池发电，还可以利用不同的工艺，"随心所欲"地合成出生活所需的化学原料或动力燃料。

思 考 题

10-1　什么是煤炭气化，煤气包含哪些有效成分？

10-2　简述煤炭气化的原理。

10-3　影响煤炭气化的主要因素有哪些？

10-4　煤气有哪些种类？

10-5　简述煤炭气化的基本工艺。

10-6　煤气有哪些用途?

10-7　简述煤炭地下气化的原理和发展。

10-8　煤炭地下气化过程中气化通道如何贯通?

10-9　简述煤炭地下气化主要工艺。

10-10　煤炭地下气化的优点是什么?

10-11　煤炭地下气化的适用条件是什么?

10-12　煤气中酸性气体如何脱除?

10-13　煤气如何甲烷化?

参 考 文 献

[1] 乌云. 煤炭气化工艺与操作 [M]. 北京：北京理工大学出版社，2012.

[2] 吴占松. 煤炭清洁利用技术 [M]. 北京：化学工业出版社，2007.

[3] 于遵宏，王辅臣. 现代煤化工技术丛书——煤炭气化技术 [M]. 北京：化学工业出版社，2010.

[4] 赵利安，许振良. 洁净煤技术概论 [M]. 沈阳：东北大学出版社，2011.

[5] 赵锦波，王玉庆. 煤气化技术的现状及发展趋势 [J]. 石油化工，2014，43 (2)：125-131.

[6] 周安宁，黄定国. 洁净煤技术 [M]. 徐州：中国矿业大学出版社，2010.

11 ◆ 煤炭液化

所谓煤炭液化就是以煤为原料制取液体烃类为主要产品的技术，液化工艺大致可分为两个部分，一是在高温高压条件下把粉煤催化加氢生产液化粗油的液化工艺；二是把液化粗油加氢裂解提质加工的精制工艺。在煤炭液化过程中，煤中硫、氮等有害元素以及灰分被脱除，而液体产品则成为优质洁净的燃料和化学品。煤炭液化技术可分为直接液化技术和间接液化技术。

11.1 煤炭液化发展概况及基本原理

11.1.1 发展概况

对煤直接液化技术的研究最早开始于 19 世纪。1869 年，法国科学家 M. 贝特洛用碘化氢在 270℃ 下与煤作用，得到烃类油和沥青状物质；1913 年，德国化学家 Friedrich Bergius 首创了在高温高压下将煤加氢液化生产液体燃料的技术，打开了煤液化技术大门；1914 年德国化学家 F. 柏吉斯研究氢压下煤的直接液化，同年与 J. 比尔维勒共同取得此项试验的专利权；1926 年，德国法本公司研究出高效加氢催化剂，在柏吉斯法建成一座由褐煤高压加氢液化制取液体燃料的工厂；1923 年由德国化学家 F. 费歇尔和 H. 托罗普施试验成功间接液化技术，并于第二次世界大战期间投入大规模生产；1934 年，德国普尔化学公司开始兴建第一个以煤为燃料的合成油工厂，设计年产 4000 万升，至二战结束，德国共兴建了九处合成油厂，总产量达 57 万吨。同期，法国、日本等国也先后兴建了五处合成油工厂，年总生产能力 34 万吨。

1935 年，英国内门化学工业公司在英国比灵赫姆也建起一座由煤及煤焦油生产液体燃料的加氢厂，年产 15 万吨。此外，加拿大、美国也建过一些实验厂。富煤的国家南非，在 20 世纪中期长期受到国际社会的政治和经济制裁，由于没有石油和天然气资源，被迫发展煤制油技术。南非萨索尔公司在 1955 年建成 SASOL-I 小型费托合成油工厂，1977 年开发成功大型流化床 Synthol 反应器，并于 1980 年和 1982 年相继建成两座年产 16Mt 的费托合成油工厂。

目前，世界上规模最大的人造石油工业在南非。南非 SASOL 公司采用 F-T 煤间接液化合成技术先后建成的三座生产厂，年处理煤炭总达 4590 万吨，主要产品为汽油、柴油、蜡、氨、乙烯、丙烯、聚合物、醇、醛、酮等，共 113 种，总产量达 760 万吨，其中油品占 60% 左右，保证了全南非 28% 的汽油、柴油供给量。但在世界其他地区，成本问题却成为煤液化大规模商业化发展的主要障碍。

日本南满铁道株式会社于 1925 年开始进行基于 Bergins 法的煤液化基础研究，10 年后进行了工艺开发单元规模的试验。在中国抚顺煤矿建立了年产 20000t 的液化油工厂，该工厂一直运行至 1943 年。第二次世界大战后，因被认为与军事研究有关，日本的煤液化研究被驻日美军强令禁止。1955 年，日本的一些国立研究所和大学重新开始研究煤液化，但其目的不是为了生产液化油，而是通过高压加氢裂解获取化学品。

第一次石油危机后的 1974 年，为了确保稳定的能源供应，日本开始实施阳光计划，致力于开发拥有独立知识产权的煤液化技术。其中在烟煤液化方面，日本分别开发了溶解反应、溶剂萃取和直接加氢三种方法。溶解反应法和溶剂萃取法都发展到日处理 1t 原煤的规模，用直接加氢法进行了日处理 2.4t 原煤的试验。这三种方法的试验完成后，日本为了将试验扩大至示范规模，于 1983 年将三种方法合为一体，构成日本独特的煤液化工艺，称为 NEDOL 法。

NEDOL 法主要吸纳了溶解反应法的重质溶剂利用技术、溶剂萃取法的溶剂加氢技术和直接加氢法的高性能催化剂技术。该方法具有如下特征：适应该方法的煤种范围较广，从次烟煤到煤化程度较低的烟煤均可用 NEDOL 法液化；由于使用了微粉铁系催化剂和供氢重质溶剂，在温和条件下可以高收率地得到液化油和轻质油馏分；工艺的稳定性和可靠性较高。

作为解决能源问题的阳光计划的核心项目之一，日本的煤液化工艺开发分两组实施，即褐煤液化项目组和烟煤液化项目组。前者在日本国内 0.1t/d 褐煤液化实验的基础上，在澳大利亚建立了 50t/d 褐煤液化示范装置，并于 1990 年成功地完成了运转研究；后者基于在君津的 1t/d 烟煤液化实验的结果，1996 年在鹿岛建成 150t/d 烟煤液化示范装置。

我国在 20 世纪 50～60 年代初曾在锦州运行过规模为 4.7 万吨/年的间接液化工厂，随后以油页岩为原料经低温干馏得到页岩油，再经加工得到各种轻质燃料油。1978 年，我国制定了《1978—1985 年全国科学技术发展规划纲要》，根据有关能源科学方面的规划要求，中国科学院山西煤炭化学研究所和煤炭工业部煤炭科学研究总院等研究机构开始调整方向，将煤液化技术研发作为长远的研究课题。

中国科学院山西煤炭化学研究所主攻煤间接液化技术，在 20 世纪 80 年代开发了将传统的费托合成与分子筛改质相结合的固定床两段合成法工艺（MFT）和浆态床-固定床两段合成工艺（SMFT），先后于 1989 年和 1994 年完成了 MFT 工艺的中试（100t/a）和工业试验（2000t/a）。在开发工艺过程的同时还对四种铁系催化剂进行了从实验室小试到中试不同规模的试验研究，1986 年对熔铁催化剂进行了单管试验，之后对 Fe-Cu-K 共沉淀催化剂、Fe-Mn 共沉淀催化剂以及超细 Fe-Mn 催化剂进行了单管中试。1997 年之前主要研究工作集中在铁基固定床工艺，由于所得结果并不理想，于 1997 年之后便转向开发以铁催化剂和浆态床反应器为核心的费托合成技术。

煤炭科学研究总院主要从事煤直接液化技术的研发。煤直接液化技术对原料煤质量有较高要求，煤炭科学研究总院北京煤化学研究所于 20 世纪 80 年代通过对我国 120 种煤的高压釜试验和 29 种煤的连续试验选出了 15 种适合于直接液化的煤种，接着对德国实验装置的工艺做了改进，完成了我国四种煤（兖州、天祝、神木、先锋）的直接液化工艺条件最佳化研究。随后开发出了立足于我国资源的煤炭直接液化专用催化剂，并对煤液化油提质加工工艺进行了研究，利用国产催化剂，获得了合格的汽油、柴油及航空煤油，确定了液化油加工工艺路线。经过一段时期的研究积累，为煤直接液化技术的工艺放大和工业化打下了基础，但考虑到建设煤直接液化中试厂需要巨大资金且需要数年时间，煤炭科学研究总院于 1997~2000 年与德国、日本、美国合作，选择云南先锋煤、黑龙江依兰煤和内蒙古神华煤分别在上述国家已有中试装置上完成了工艺放大试验，取得了工艺设计数据，并在此基础上，完成了三个煤液化厂的预可行性研究。

"十五"期间，国家科技政策在煤液化技术研发方面给予了重大支持，煤制油工程被列入我国重点组织实施的 12 大高新技术工程。"863 计划"设立了"洁净煤技术主题"，煤炭科学研究总院与神华集团、中科院山西煤化所、兖矿集团申请了相关项目，分别开展了"煤炭直接液化关键技术"与"煤直接液化高效催化剂"、"煤基液体燃料合成浆态床工业化技术"、"煤间接液化催化剂及工艺关键技术"等课题研究，2005 年相继通过科技部验收。其中神华集团自主开发的"神华煤直接液化工艺"在 2004 年通过中国煤炭工业协会和石油化工协会组织的技术鉴定，2005 年 11 月中试成功。中科院山西煤化所分别于 2001 年和 2007 年完成 ICC-ⅠA 低温催化剂和 ICC-Ⅱ高温催化剂的合成技术的中试验证，开发了 ICC-Ⅰ低温（230~270℃）和 ICC-Ⅱ高温（250~290℃）两大系列铁基催化剂技术和相应的浆态床反应器技术。兖矿集团开发的低温铁系催化剂浆态床费托合成技术和高温铁系催化剂固定流化床费托合成技术分别于 2004 年和 2007 年完成中试。此外，中石化（与中科院大连化物所合作）和陕西金巢国际集团也建成了各自的费托合成中试装置，分别于 2007 年和 2008 年投入运行，生产出了合格液体燃料。

2002 年，兖矿集团在上海张江组建了上海兖矿能源科技研发有限公司，建立煤液化实验室，进行煤炭间接液化技术实验研究工作。2003 年，在实验室的基础上编制了 F-T 合成中试装置工艺设计软件包，并通过专家评审，同年完成了年产 5000t 粗油装置的建设及运行，煤炭间接液化低温 F-T 合成工艺中试装置的施工设计。2003 年年底完成中试装置建设，2004 年 4 月中试装置打通工艺流程，获得中试产品。该中试装置连续稳定运行4706h，取得了为工业化应用提供依据的完整的中试研究数据，与石油化工研究院合作开发的煤间接液化产品提制加工技术的研究工作已全部完成。

2004 年，我国第一个"煤变油"项目——神华集团煤液化项目在内蒙古鄂尔多斯市开工，是中国产煤区能源转换的重点示范工程，该技术为神华集团与煤炭科学研究总院共同开发的"神华煤直接液化工艺"和"煤直接液化高效催化剂"。2008 年年底，神华 100万吨/年煤直接液化装置成功试运行，2011 年，直接液化关键技术及示范项目通过了鉴定。2011~2013 年，神华集团的煤直接示范装置持续稳定运行，连续三年盈利。

位于内蒙古鄂尔多斯市的伊泰集团煤制油示范项目是国家"863"计划和科技部、中科院知识创新工程的产业化项目，项目设计生产规模为 48 万吨/年，一期工程规模为 16万吨/年，其核心技术于 2004 年 10 月通过了中国科学院的技术鉴定，2005 年 9 月通过了国家科技部验收。2009 年 3 月顺利实现了一次投料开车成功，产出我国煤间接液化工业化第一桶合格成品油。2010 年 6 月 30 日装置正式实现满负荷生产，标志着具有我国完全自主知识产权的煤间接液化制油成套技术从中试到工业化放大完全获得成功。2010 年 7 月，中国国际工程咨询公司组织专家委员会，对该项目进行了 72 小时性能考核，获得的主要技术指标均具有先进性和可靠性。2012 年装置生产各类油品 17.2 万吨，成为我国"十一五"煤化工示范项目中首个达产的项目。2013 年 12 月 31 日生产各类油品 18.1 万吨。

2006 年，在山西潞安集团屯留煤油循环经济园区的 16 万吨煤基合成油示范项目正式开工建设，这是目前我国煤间接液化自主技术产业化第一个项目，也是通过国家级项目招标确定的国内第一个间接液化煤基合成油示范工厂。2008 年年底各项生产装置基本建成，工程全面转入设备调试阶段，于 2009 年具备首次投料的基本条件，之后进行二期工程建设，最终达到 520 万吨油当量的生产规模。中科院山西煤炭化学研究所对神华集团、伊泰集团、潞安矿业集团等示范项目提供技术支持，首批示范项目成功后，将推动我国百万吨级以上的煤制油自主技术产业化。

此外，新疆、山东、陕西、贵州、宁夏等 10 多个省、自治区的其他企业竞相谋划建设煤制油项目，单条生产线一般在 10 万 ~ 100 万吨不等。预计至 2020 年我国的煤制油产能将达到 3000 万 ~ 5000 万吨。

11.1.2　基本原理

煤炭液化是通过一系列的复杂化学反应将煤由固态转化为液态的过程。煤与原油、汽油等液态燃料相比，H/C 比例小，氧含量大，分子大，且结构复杂。因此将煤炭液化的过程实质就是提高煤炭的 H/C 比，破碎大分子和提高纯净度的过程。煤炭的液化技术可分为直接液化和间接液化。

煤的直接液化也称加氢液化，是在高压氢气和催化剂的作用下，加热至 400 ~ 500℃ 使煤粉在溶剂中发生热解、加氢和加氢裂解反应，继而通过气相催化加氢裂解等过程，使煤中有机大分子转化为液体小分子。在这些反应过程中，连接煤中有机大分子结构单元的较弱桥键首先断裂，生成游离基，生成的游离基从溶剂和被催化剂活化的分子氢中获得氢使自身稳定。在催化剂作用下，含芳环部分发生加氢反应，生成脂环或氢化芳环；同时，存在于桥键和芳香环侧链上的部分 S 和 O 原子以 H_2S 和 H_2O 的形式脱除，而脱除芳环内的 S、O 和 N 原子则需通过深度加氢裂解反应。

煤在催化剂和加压氢气的作用下，在可循环的溶剂中发生反应，生成外观类似石油的液体，这些液体经过常压和减压蒸馏可以得到轻质油、中质油和重质油，这些馏分经过气相催化加氢裂解，可分别精制成汽油、煤油和柴油等。

11.2　煤直接液化技术

直接液化是指将煤粉碎到一定粒度后，在高温（430 ~ 470℃）高压（10 ~ 30MPa）下直接作用供氢溶剂及催化剂等反应，使煤加氢裂解转化为液体烃类及少量气体烃，脱除煤中氮、氧和硫等杂原子的转化过程。一般 1t 无水无灰煤可转化成 0.5t 以上用来生产洁净优质汽油、柴油和航空燃料的液化油。

煤直接液化技术主要包括：煤浆配制、输送和预热过程的煤浆制备单元；煤在高温高压条件下进行加氢反应，生成液体产物的反应单元；将反应生成的残渣、液化油、气态产物分离的分离单元；稳定加氢提质单元。

11.2.1　基本原理

煤在高温高压下，首先发生热分解反应生成自由基"碎片"，自由基再与反应体系中的活性氢化合，从而得到稳定结构，生成相对分子质量较小的液体和气体产物。如无氢存在，则自由基"碎片"将进一步发生缩聚反应，形成相对分子质量高的不溶物或残渣，并降低煤液化油产率。在煤初级液化阶段，热解和供给足够的氢是至关重要的反应过程。煤炭加氢液化后，所剩余的无机矿物质和少量未反应的煤还是固体状态，可采用减压蒸馏、加压过滤离心沉降和溶剂萃取等方法从液态油中分离出去。

煤的液化反应主要由以下几个反应过程组成：

（1）煤炭加热后，大分子结构间的共价键首先发生热裂解形成自由基"碎片"。

（2）自由基"碎片"与催化剂所吸附的活性氢或供氢溶剂提供的氢原子相结合，形成稳定的小分子液体或气体产物。

（3）煤热解产生的芳烃"碎片"被加氢和加氢热解生成液化油。

为保证煤热解产生的自由基"碎片"能有效得到活性氢而稳定，要求催化剂、供氢溶剂和煤炭颗粒间能够相互充分作用，以便自由基"碎片"与溶剂提供的活性氢和催化剂吸附的活性氢有效结合。

11.2.2 工艺过程

煤在高温高压和氢气作用下生成的液化产物可分为液化油、沥青烯、前沥青烯及液化残渣，其中沥青烯和前沥青烯的相对分子质量较大，平均相对分子质量分别为 500 和 1000。液化油的平均相对分子质量为 300 以下，并可用于制备优质汽油、柴油和航空燃料油，特别是航空燃料要求单位体积燃料的发热量较高，即要求油中要有较多的环烷烃，而煤的液化油中就富含较多的环烷烃，因此对液化油进一步加工可得到高级航空燃料油。

煤直接液化过程通常是将煤粉与一种溶剂或液化工艺过程产生的循环溶剂混合后制成煤浆或煤糊，然后用泵输送到液化反应器中。此处溶剂的主要作用是为了分散煤粉，便于输送和提高液化体系的传热和传质效率，同时溶剂也参与煤液化反应，特别是具有供氢性能的溶剂可提供煤液化需要的部分氢源。

煤的直接液化工艺一般可分为两大类：单段液化（SSL）和两段液化（TSL）工艺。典型的单段液化工艺是通过单一操作条件的加氢液化反应器来完成煤的液化反应。两段液化是指原料煤浆在两种不同反应条件的反应器内进行加氢反应。典型的SSL 和 TSL 工艺流程如图 11-1 和图 11-2 所示。

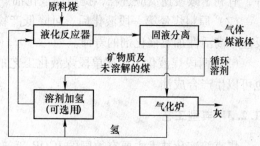

图 11-1　典型的单段煤炭液化（SSL）工艺流程

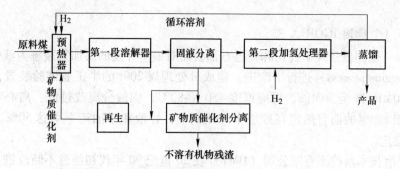

图 11-2　典型的两段煤炭液化（TSL）工艺流程

在单段煤液化工艺中，原料在液化反应器内加氢液化，液化产物经高温分离和固液分离等装置处理后，可得到煤液化油、燃料气和液化残渣。由于直接液化反应过程相当复杂，其间存在着各种竞争反应，特别是液化反应过程中提供的氢气又难以满足单段液化过程的最佳需要，因而不可避免地引起煤液化过程中含氧等基团形成的自由基"碎片"间发生交联和缩聚等逆反应过程，从而影响煤的液化转化率和油收率。一般在反应初期油收率增加很快，随后趋于平缓；而氢耗在煤液化反应初期增长率很快，之后因煤的热解和自由基的大量生成，使氢耗呈缓慢上升趋势，到反应末期又因反应体系内的液化产物发生热解产生大量的气体，使氢耗逐渐增大。

两段煤液化工艺是将煤炭液化过程分成两步，使煤炭液化可在两个不同条件的反应器内进行加氢反应。两段煤液化工艺比单段煤液化工艺具有很多优越性，它不仅可以显著降低煤炭液化反应过程中因逆反应形成产物的数量，而且对液化用煤的适应性、液化产品的选择性和液化油质量的提高等多方面都具有明显的优点。

在两段煤液化工艺中，第一段是在操作过程相对温和的反应条件下进行，可加入或不加催化剂，或采用低成本的可弃性催化剂。该阶段对液化的主要作用是将煤在供氢溶剂存在下加氢溶解，以便得到较高产率的重质油馏分。第二段液化反应可采用高活性的工业加氢催化剂，如 Ni-Mo/Al$_2$O$_3$、Co-Mo/Al$_2$O$_3$ 等，该阶段的主要作用是将第一段反应中产生的重质产物进一步加氢热解生成更多的轻质油馏分和少量的气态烃。两段煤液化工艺可有效提高氢气的利用率。

与单段煤炭液化相比，两段液化工艺过程具有下列优点：

（1）液化过程可在较佳的条件下操作。由于液化反应是在两个不同条件的反应器内分别进行，使操作条件可以分别控制，因而有利于两个反应阶段都达到较佳的工艺操作条件，有利于减缓逆反应进程，提高煤液化油产率，降低氢耗，降低煤液化成本。

（2）原料煤经第一段液化后，可降低产物中的沥青烯含量，有利于延长第二段煤液化反应中高活性加氢催化剂的寿命。

（3）两段煤液化工艺比单段煤液化工艺的操作灵活性强，既可以生产低硫固体产品，也可以生产合成油。

11.2.3　典型工艺

煤直接液化技术主要有德国的 IGOR 工艺、美国的氢-煤工艺、美国的 CTSL 工艺、日本的 NEDOL 工艺等，这些煤炭液化工艺的特点是反应条件趋于缓和、煤转化率高和设备性能稳定。

11.2.3.1　德国 IGOR 工艺

1981 年，德国鲁尔煤矿公司和费巴石油公司对最早开发的煤加氢裂解为液体燃料的柏吉斯法（Bergius process）进行了改进，建成日处理煤 200t 的半工业试验装置，操作压力由原来的 70MPa 降至 30MPa，反应温度 450 ~ 480℃，固液分离改过滤、离心为真空闪蒸方法，将难以加氢的沥青烯留在残渣中气化制氢，轻油和中油产率可达 50%，称为德国 IG 煤液化工艺。

德国矿冶技术及检测有限公司（DMT）在 20 世纪 90 年代初经过不断改进和完善，开发出了更为先进的 IGOR 工艺。此工艺主要特点是：把循环溶剂加氢和液化油提质加工与煤的直接液化串联在一套高压系统中，避免了分离流程物料先降温降压后升温升压带来的能量损失，并且在固定床催化剂上还能把 CO_2 和 CO 甲烷化，使碳的损失量降到最低限度。经过这样的改进，液化厂的总投资可节约 20% 左右，能量效率也有很大提高。图 11-3 所示为德国 IGOR 煤炭液化工艺流程图。

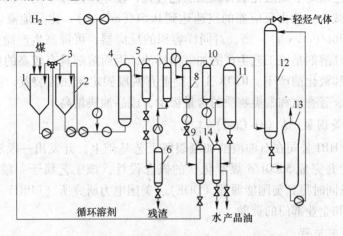

图 11-3　德国 IGOR 煤炭液化法工艺流程

1—煤炭浆混合罐；2—煤浆储槽；3—煤浆泵；4—液化反应器；5—高温分离器；6—真空闪塔；
7—第一固定床加氢反应器；8—中温分离器；9—储油罐Ⅰ；10—第二固定床加氢反应器；
11—汽液分离器；12—洗气塔；13—储油罐Ⅱ；14—油水分离器

A　IGOR 工艺流程

　　IGOR 工艺主要包括煤浆制备、液化反应、两段催化加氢、液化产物分离和常减压蒸馏工艺过程。原料煤经粉碎并干燥处理后，与循环溶剂和赤泥催化剂一起送入煤浆混合罐中，保持煤浆中固体物质量浓度大于 50%；用泵将其送入煤浆预热器并与反应系统返回的循环氢和补充的新鲜氢气一起泵入液化反应器中；反应器操作液化温度为 470℃，反应压力为 30MPa，反应器空速为 0.5t/(m³·h)；煤经高温液化后，反应器顶部排出的液化产物进入高温分离器中，在此将轻质油气、难挥发有机液体及未转化的煤等产物分离，其中重质产物经高温分离器下部减压阀排出被送入真空闪蒸塔，在此分出塔底残渣和闪蒸油，残渣直接送往气化制氢工艺生产氢气；真空闪蒸塔顶流出的闪蒸油与从高温分离器分出的气相产物一并送入第一固定床加氢反应器。

　　加氢反应器操作温度为 350~420℃。加氢后的产物被送入中温分离器，在分离器底部排出重质油，经储油罐收集后，返回到煤浆混合罐中循环使用；从中温分离器顶部出来的馏分油气送入第二固定床反应器再进行一次加氢处理，由此得到的加氢产物送往汽液分离器，从中分离出的轻质油气被送入气体洗涤塔，从中可回收轻质油，并储存在储油罐中；洗涤塔顶排出的富氢气体产物经循环压缩机压缩后返回到工艺系统中循环使用。为保持循环气体中氢气的浓度达到工艺要求，还需补充一定量的新鲜氢气。由汽液分离器底部排出的馏分油送入油水分离器，分离出水后的产品油可以进一步精制。

　　在此，液化油经两步催化加氢已完成提质加工过程，油中的 N 和 S 含量降到 10^{-5} 数量级。此产品可直接蒸馏得到直馏汽油和柴油，汽油只要再经重整就可获得高辛烷值产品。柴油只需加入少量添加剂即可得到合格产品。

B　IGOR 工艺特点

德国 IGOR 煤液化工艺具有以下特点：IGOR 工艺具有最大的煤炭处理能力。煤液化反应和液化油的提质加工被设计在同一高压反应系统内，因而可得到杂原子含量极低的精制燃料油。该工艺缩短了煤液化制合成油工艺过程，使生产过程中循环油量、气态烃生成量及废水处理量减少。液化反应器的空速达到 $0.5t/(m^3 \cdot h)$，比其他液化工艺的反应器空速（$0.24 \sim 0.36t/(m^3 \cdot h)$）高。对同样容积的反应器，可提高生产能力 50%~100%。制备煤浆用的循环溶剂是该工艺生产的加氢循环油，因而溶剂具有较高的供氢性能，有利于提高煤液化率和液化油产率。IGOR 工艺设置有两段固定床加氢装置，使制备的成品液化油中稠环芳烃、芳香氨和酚类物质的含量极少，成品油质量高。

11.2.3.2　美国氢-煤（H-Coal）工艺

1964 年美国 HRI 公司在石油渣油加氢裂解工艺基础上，开发出一段沸腾床煤加氢液化的氢-煤工艺，并完成 5000t/d 煤液化厂的概念设计，该工艺属于一段催化液化工艺。氢-煤工艺的开发同时得到美国能源部（DOE）、美国电力研究所（EPRI）和 Ashland 合成燃料公司等政府和企业部门的资助。

A　氢-煤工艺流程

氢-煤工艺主要由煤浆制备、煤液化反应、液化产物分离和液化油的精馏工艺部分组成。图 11-4 所示为氢-煤工艺流程图。

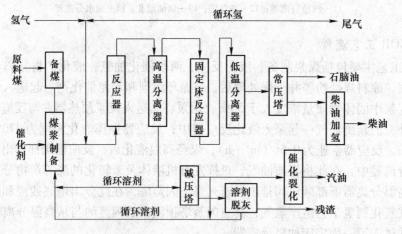

图 11-4　氢-煤工艺流程

在煤浆制备和液化反应过程中，煤炭料粉碎至小于 60 目，经干燥处理后送往煤浆混合槽与循环溶剂混合。煤浆中煤炭的含量为 30%（质量分数）。将煤浆加压到 20.4MPa 后泵入煤浆预热器中，用直接火加热并与过程送入的循环氢气和新鲜氢气一起预热到 400℃。预热后的煤浆送入反应器内，反应器操作温度 427~455℃，反应压力 18.6MPa。浆料在反应器内停留 30~60min。由于煤加氢液化反应是强放热过程，因此反应器出口的物料温度比进口温度约高 66~149℃。当原料煤浆（包括含残渣的循环溶剂）经过 Co-Mo/Al₂O₃ 催化剂床层时，煤浆在催化剂的作用下发生加氢反应。原料煤和循环残渣经加氢热解后转化成液化油、气体和残渣。

在液化产物分离过程中，反应器顶部排出的含烃气体直接进入冷凝器，冷却后的气体通过气体净化装置可分出气态烃，并用做煤浆预热器的燃料或用于生产高温水蒸气。从中分出的富氢气体作循环氢气并返回煤浆预热器前继续使用。从反应器内排出的液体产物，包括未反应的煤和矿物质被直接送入真空闪蒸塔中，分出气体、液体和固体产物。气体产物经冷却后送入常压蒸馏塔，制取轻质油馏分。在闪蒸塔底排出的液体产物中含有较多的残留油、矿物质和少量的轻质液体组分，将其送入水力旋流分离器，从中分离出高固体含量和低固体含量两种料流。从水力旋流器下部排出的高固体含量料流被送往闪蒸塔进行闪蒸处理，从中可得到重质馏分油和塔底残渣，重质油被送往煤浆混合槽作循环溶剂使用。从水力旋流分离器上部流出的低固体含量物料被直接送入煤浆混合槽用作循环溶剂。因此，该工艺过程提高了重质馏分油产率。

B　氢-煤工艺液化反应器结构及催化性能

氢-煤工艺使用的核心设备是沸腾床液化反应器，床内装入 Ni-Mo/Al_2O_3 催化剂。反应器下部设有液体分布板，以控制进入反应器内煤浆向上流动的均匀性，同时也可以提高沸腾床反应器内煤浆在高液化温度的均匀性，因此有利于煤液化时放出反应热的均匀分布。

煤炭液化反应器中使用的催化剂是 Ni-Mo/Al_2O_3 催化剂。其颗粒的平均长度为4.69mm，直径为1.65mm。经孔径分布测定表明，催化剂具有双峰分布，小孔平均直径5.8nm，较大孔容积占总孔体积的28%。因其相对密度高于煤料，故在煤浆处于流化状态时可保证催化剂颗粒留在反应器内，未反应的煤炭粒子可随液体浆料从反应器上部排出。试验表明，每吨煤炭的催化剂耗量为0.45kg。催化剂可以定期从反应器下部取出小部分，同时从上部补充相应量的新鲜催化剂。这样可以保持液化反应器内催化剂的活性。

C　氢-煤工艺的操作要点

在进行氢-煤液化时，粉煤要进行干燥，需要使煤粒水分含量降到2%以下。同时要预热煤浆的黏度，煤浆的黏度高时，将影响反应器内催化剂床层的流化高度。反应器内催化剂床层高度可以通过调节进入反应器内煤浆的循环量来实现。通过煤浆循环达到需要的催化剂床层流化高度，既能保证反应器的生产能力、反应器内温度的均匀性和稳定性，也能保证液化效果。

D　氢-煤工艺的特点

氢-煤工艺技术生产操作的灵活性较大。主要体现在对原料煤种的适应性和对液化产物品种的可调性上。该工艺可适用于褐煤、次烟煤和烟煤的液化反应。由于氢-煤工艺是用外加催化剂进行加氢液化，不依赖于原料煤中矿物质的催化作用，因此通过控制外加催化剂的活性就可以达到调节煤液化反应过程的目的。煤液化时反应器内的催化剂呈流化状态，使催化剂、煤浆和供氢溶剂间可以密切接触，从而提高反应器的传热和传质效果，既有利于供氢溶剂与煤炭热解产生自由基"碎片"间的氢传递作用，也有利于缩短浆料在反应器内的停留时间和增加煤炭的液化率。氢-煤工艺将煤催化液化反应、循环溶剂加氢反应和液化产物的精制过程综合在一个反应器内进行，因此缩短了工艺流程，提高了煤转化效率。在同样液化反应温度下，氢-煤工艺的流化床反应器空速较高，有利于提高流化催化剂床层温度的均匀性。在流化床反应器内使用的催化剂可以连续加入和抽出，因此可以保持煤液化催化剂的高活性。氢-煤工艺过程的热效率高，氢-煤工艺生产液体燃料油的热效率可达到74%，生产合成油的热效率可达到69%。

11.2.3.3　美国HRI催化两段液化技术（CTSL）工艺

催化两段液化（CTSL）工艺是1982年由美国碳氢研究公司HRI开发的煤炭液化工艺。该工艺的煤液化油收率高达77.9%，成本比一段煤炭液化工艺降低17%，使煤炭液化工艺的技术性和经济性都有明显的提高和改善。

CTSL工艺的第一段和第二段都装有高活性的加氢和加氢裂解催化剂，两段反应器既分开又紧密相连，可以单独控制各自的反应条件，使煤炭液化处于最佳的操作状态。CTSL工艺使用的催化剂主要有Ni-Mo/Al$_2$O$_3$或Co-Mo/Al$_2$O$_3$等工业加氢及加氢裂解催化剂。都采用沸腾床反应器，让催化加氢和催化加氢裂解在各自的最佳条件下进行。

A　工艺流程

CTSL液化工艺流程主要包括煤浆制备、一段和二段煤液化反应、液化产物分离和液化油蒸馏等工艺。图11-5所示为HRI催化两段液化工艺（CTSL）流程图。

原料煤粉与循环溶剂在煤浆混合罐中进行混合制成原料煤浆。煤浆经预热后再与氢气混合并泵入一段流化床液化反应器中。反应器操作温度为399℃，该液化温度低于氢-煤工艺的液化反应温度（443～452℃）。由于第一段液化反应器的操作温度相对较

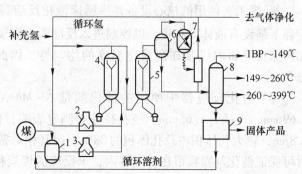

图11-5　HRI催化两段液化工艺（CTSL）流程
1—煤炭浆混合罐；2—氢气预热器；3—煤炭浆预热器；
4—第一段液化反应器；5—第二段液化反应器；6—高温分离器；
7—气体净化装置；8—常压蒸馏塔；9—残渣分离装置

低，使煤在较温和的条件下发生热溶解反应，这一过程有利于反应器内循环溶剂的进一步加氢。第一段液化后得到的产物被直接送到温度为435～441℃的第二段流化床液化反应器中。由于一段液化产生的沥青烯和前沥青烯等重质产物在二段液化时将继续发生加氢反应，使重质产物向低相对分子质量的液化油转化，故该过程还可以部分脱出产物中的杂原子，使液化油的质量得到提高。从第二段液化反应器排出的产物首先用氢淬冷，以抑制液化产物在分离过程中发生结焦现象，淬冷过程将产物分离成气相和液相产物。气相产物经进一步冷凝并回收氢气及净化后又返回到氢气预热器和液化反应器中。液相产物经常压蒸馏工艺过程可制备出高质量的馏分油。在常压塔底排出的液化残渣可直接送入残渣分离装置，从中回收高沸点的重质油作为循环溶剂，并返回炭浆混合罐中继续使用。残渣分离装置排出的固体残渣即为未转化的炭和灰分。

在CTSL工艺中，一段和二段液化的结合促进了一段液化产物的进一步加氢和残渣的裂解反应，从而可提高液化油收率。控制好CTSL工艺中第二段反应器操作条件，对最终液化产物的选择性和质量的调节都具有重要作用。

B　影响因素

在CTSL液化工艺中，煤炭一段和两段液化反应器内分别装填有高活性加氢和加氢裂解催化剂，主要是Ni-Mo或Co-Mo催化剂。催化剂的活性、失活速率及其理学性质对煤液

化油收率和液化产品质量都有重要的影响。对一段和二段液化反应使用的催化剂最好一致，以有利于工业化生产。将分散性的铁和钼金属化合物一起缓和进行煤液化，煤转化率比单独使用任何一种催化剂时的转化率都高。

在 CTSL 液化工艺中，适当降低原料煤的灰分可提高煤的转化率。原料煤经脱灰后再用于液化反应，不仅可以减少液化后的残渣量，还可以降低分离固体残渣的生产操作成本。

反应器温度的确定对炭液化转化率和液化产物分布有着重要影响。一般来说，第一段反应器温度低于第二段反应器温度。提高第一段液化温度，有利于增加一段产物中沥青烯的含量和液化产品芳香度。美国 HTI 公司对此进行的试验表明，当第一段反应器温度低于 371℃时，煤转化率较低；当温度增加到 413℃时，转化率得到提高，但液化产品产率较低，氢利用率也降低。当第二段反应器温度低于 441℃时，煤炭转化率随温度提高而增加，但氢利用率变化很小；当第二段反应器温度高于 441℃时，气体产率增加，氢利用率减小。

溶煤比的数值大小对煤炭浆的输送、煤炭的热溶解反应和活性氢的传递等方面都具有重要影响。溶煤比参数的选择也是确定单元反应设备尺寸大小的重要参考依据。低溶煤比操作，可以提高反应器有效容积利用率，并可通过液化过程中形成的液化产物而改善液化反应动力学效果。

反应器的流化状态可以通过反应器底部的外循环泵来调节。增加反应器内煤炭浆液体流速，可以强化反应器内液相流体的循环状态，达到提高反应器内气、液、固三相物质间的传热和传质作用，也有利于提高反应器内温度的均匀性。反应器内煤炭浆在流速较高时液体内的颗粒不会沉降，从而可避免反应器底部出现结焦等问题。

C　特点

美国 CTSL 煤液化工艺与氢-煤工艺和直接耦合两段液化工艺相比有较大的不同。与氢-煤工艺相比，CTSL 工艺的第一段煤液化温度为 399℃，远低于氢-煤工艺的液化温度（427～455℃）。第一段液化温度设置较低的目的是促进煤在循环溶剂中慢速溶解，并有利于溶解产物在第二段反应器内的加氢裂解反应。此外，第一段低温液化有利于保持煤转化速率、溶剂加氢速率及液化产品的质量稳定性间的相互适应，对降低液化反应氢耗，减少气态烃生成都具有促进作用。

11.2.3.4　日本 NEDOL 煤液化工艺

20 世纪 80 年代初，日本新能源产业技术综合开发机构（NEDO）负责实施日本阳光计划，开发出 NEDOL 烟煤液化新工艺，并于 1996 年在鹿岛建成 150t/d 的 NEDOL 煤炭液化中间试验厂，探索了不同煤种和不同液化条件下煤的液化反应性能。

A　NEDOL 煤液化工艺流程

日本的 NEDOL 煤液化工艺是一段煤液化反应过程。它吸收了美国埃克森供氢溶剂（EDS）工艺与德国新工艺的技术经验。该工艺的特点是将制备煤浆用的循环溶剂进行预加氢处理，以提高溶剂的供氢能力，同时可使煤液化反应在较缓和的条件下进行，所产液化油的质量高于美国 EDS 工艺，操作压力低于德国煤炭液化新工艺。但 NEDOL 煤液化工艺流程较为复杂。生产的主要产品有轻油（沸点低于 220℃）、中质油（沸程 220～350℃）、重质油（沸程 350～538℃）和液化残渣。其中重油馏分加氢后可作为循环供氢溶剂使用。

NEDOL 煤液化工艺过程主要包括煤浆制备、液化反应、液化产物分离和循环溶剂加氢工艺过程。图 11-6 所示为日本 NEDOL 煤液化工艺流程图。

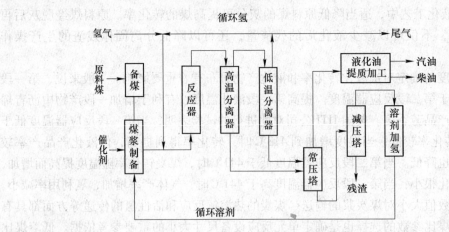

图 11-6　日本 NEDOL 煤液化工艺流程

原料煤从受煤槽经提升机输送到煤斗后，送到粉碎机中粉碎至平均粒径约 50μm；然后将粉煤输送到煤浆混合器中，在此与溶剂加氢工艺过程送来的循环溶剂及高活性铁基催化剂一起混合并送入煤浆储槽。煤浆质量浓度为 45%~50%，加入 3% 铁基催化剂。

从煤浆制备工艺过程送来的含铁催化剂煤浆，经高压原料泵加压后，与氢气压缩机送来的富氢循环气体一起进入煤浆直接火焰预热器内加热到 387~417℃，并连续送入三个串联的高温液化反应器内。煤浆在反应器内温度为 450~460℃，反应压力为 16.8~18.8MPa 的条件下进行液化反应。煤浆在反应器内的停留时间为 1h。

反应后的液化产物送往高温分离器中进行气、液分离，高温分离器出来的含烃气体经过冷却器冷却后再进入低温分离器，将得到的分离液进行油、气分离。低温分离液和高温分离器排放阀降压后排出的高温分离液一起送往常压蒸馏塔，从中生产出轻油（沸点低于 220℃）和常压塔底残油。

从常压塔底得到的塔底残油经加热后，送入真空闪蒸塔处理。在此被分成重质油（沸程 350~538℃）和中质油（沸程 220~350℃）及液化残渣（沸点高于 538℃）。重质油和部分中质油被送入加氢工段以制备加氢循环溶剂油。残渣主要是含未反应的煤、矿物质和催化剂。残渣可送往制氢工艺气化制氢。

为提高煤溶剂的供氢性能和液化反应效率，NEDOL 工艺用液化反应过程得到的重质油和用于调节循环溶剂量的部分中质油作为加氢循环溶剂。加氢反应器的操作温度为 290~330℃，反应压力为 10.0MPa。从加氢反应器出来的富氢循环溶剂经分离器和汽提塔处理后进入原料煤浆制备过程，在此与煤料和加入的催化剂一起输送到煤浆混合器中。

B　NEDOL 工艺的特点

液化反应条件比较温和，操作压力较低，为 17~19MPa，反应温度为 455~465℃。液体产品收率较高，特别是轻质和中质油的比例较高。煤液化反应器等主要操作装置的稳定性高，性能可靠。NEDOL 工艺可适合从次烟煤到烟煤间的多个煤种的液化反应要求，可使用价格低廉的天然黄铁矿等铁基催化剂用于煤液化反应过程，降低煤液化成本；液化反应后的固-液混合物用真空闪蒸方法进行分离，可简化工艺过程，易于放大生产规模；煤液化工艺使用的循环溶剂进行单独加氢处理，可提高循环溶剂的供氢能力。

11.2.4 影响煤炭直接液化的因素

影响煤炭直接液化的因素较多，现从原料煤、供氢剂和操作条件等几方面进行简述。

11.2.4.1 原料煤的性质

A 煤的变质程度和煤岩显微组分

煤炭液化转化率和液化油产率与煤炭化度和煤炭岩组分关系较大。由于煤的组成和结构的不均一性，不同煤类及不同煤岩组分表现出不同的液化反应性能。

煤中碳含量是表征煤化程度的主要指标。同一煤化度的煤种，不同煤岩组分的液化性能也不相同，因此煤中碳含量和煤岩组成是选择适宜液化煤种时常需考虑的两个因素。煤的碳含量与液化转化率的关系如图 11-7 所示。由图可见，煤中碳含量在 82%～84% 之间时，煤液化的转化率最高。当煤中碳含量过高或过低时，煤液化率都较低。煤中的 H/C 原子比与煤炭转化率之间也有着密切关系。图 11-8 示出了煤中 H/C 原子比与煤炭液化率的关系。当煤中 H/C 原子比为 0.71～0.75 时，加氢液化具有较高的煤炭液化率。

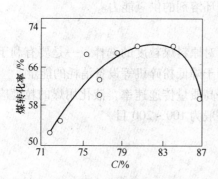

图 11-7 煤中碳含量与煤转化率的关系

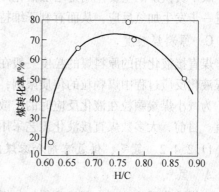

图 11-8 H/C 原子比与煤转化率的关系

用煤岩显微组分和镜质组最大反射率来预测煤的液化效果有很重要的意义。煤中的镜质组、壳质组和惰质组在煤炭液化时具有不同的液化反应性。高挥发分煤的镜质组和壳质组为煤的活性组分，在加氢液化时具有较高的液化率。其中壳质组的液化率高于镜质组，惰质组的液化性能最低，但是煤在低变质程度阶段，惰质组仍然具有一定的液化反应性能。一般认为，镜质组反射率在 0.5%～1.0% 之间的煤适宜用作液化。煤炭液化率与镜质组含量的关系如图 11-9 所示。由图 11-9 可见，高挥发分烟煤的液化率最高，煤变质程度过高或过低都不能得到较高的液化率。特别是煤的变质程度过高时，即使煤中有活性显微组分也难于得

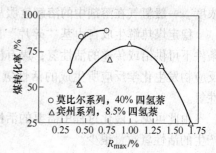

图 11-9 煤炭镜质组反射率与煤转化率之间的关系

到较高的液化率。

对液化煤种的选择，除应考虑煤化度、煤岩组分等指标来预测煤的液化性能外，最终还应通过液化试验来确定煤的液化反应性能。

煤炭科学研究总院在处理能力为 0.1t/d 的连续液化实验装置上，对我国十几个省和自治区的气煤、长焰煤和褐煤等进行了液化性能研究。结果表明，碳含量小于 85%，H/C 原子比大于 0.8，挥发分大于 40%，活性组分含量接近 90% 的煤，都具有较好的液化性能。

B　煤中矿物质

煤中除含有有机显微组分外，还有各种矿物质。主要有硅酸盐、硅铝酸盐、硫酸盐、硫化物、碳酸盐和氧化物等。一般来说，灰分越高，即矿物质含量越高越不利于煤的液化。但是煤中黄铁矿存在对煤液化具有正向催化作用，在煤液化过程中如有硫存在，其可以使含铁化合物转化成具有催化活性的磁黄铁矿。

Cranoff 研究了灰分为 3.7%~17.2% 的煤的液化反应性能，发现高灰煤在有机硫脱除后，对煤炭转化成液体产物表现出较好的性能。煤中黄铁矿（FeS_2）的脱硫活性较低，而 FeS 表现出较高的脱硫活性。如果煤加氢液化的目的是制备合成油，则用煤中矿物质作催化剂是有利的。如果煤加氢液化脱硫是主要目的，则在液化反应前脱出煤中矿物质是有利的。煤中黄铁矿的主要作用是增加液化产物中的苯可溶物产率，并使煤液化产物的氢化芳烃进一步发生加氢反应，从而有利于维持煤液化循环溶剂的供氢能力。

C　原料煤粒度

煤直接液化用的原料煤的粒度一般在微米级。对原料煤粒度的选择，一是要有利于消除煤液化反应过程中煤颗粒的传质限制；二是有利于降低粉碎机等设备消耗的能量。

为减小煤炭颗粒在液化反应时的扩散限制，提高质量传递速率，液化用煤的粒度应该适宜。目前，大多数煤直接液化工艺采用的粒度一般为 100~200 目。

11.2.4.2　氢气、供氢溶剂和溶煤比

A　氢气

由煤液化反应的自由基机理得知，煤热解或裂解过程中产生的自由基"碎片"可以通过液化体系中存在的活性氢原子稳定。因此提高氢压有利于提高反应体系中活性氢的浓度，同时氢气的存在也有利于抑制反应过程中发生的自由基缩聚和结焦等逆反应过程，促进煤的液化反应。氢压主要影响反应体系中氢气在溶剂中的溶解度，也直接影响活性氢的浓度。一般氢气在溶剂中的溶解度服从亨利定律，即氢气压力增高，氢气的溶解度增大。

稳定煤热解生成自由基"碎片"的活性氢源主要分为以下阶段：供氢溶剂在液化反应条件下可供给或传递的活性氢；煤有机大分子热解后自身生成的活性氢；煤液化过程中因反应物发生化学反应所生成的活性氢；溶解于溶剂中的氢气在催化剂作用下转化成的活性氢。

由此可见，液化过程中需要的活性氢主要是由外界向反应体系提供的，而煤自身热解产生的活性氢数量很少。

B　供氢溶剂

溶剂在煤液化过程中，可以溶解溶胀、稀释分散煤粒，使气、液、固三相反应系统处于一个相对均匀的体系。煤与溶剂按一定比例混合可以制成浆态物料，以便工艺过程的输送。煤浆的形成可以保证煤炭料在溶剂中得到均匀分散，不产生沉淀，并有利于煤液化反应。特别是采用具有供氢性能的溶剂，可以提供反应需要的活性氢原子。使用供氢溶剂还可以改善煤炭液化产物的分布，并对煤液化起到以下作用：溶剂可以有效地分散原料煤粒子、高分散催化剂和液化反应形成的热溶解产物，以及改善多项催化液化反应体系中的动力学扩散效应；通过供氢溶剂的脱氢反应过程，可以提供煤液化需要的活性氢原子，以稳定煤液化产生的自由基"碎片"；在煤液化条件下，依靠溶剂的溶解能力可使煤料热膨胀，并使煤中有机质结构中的弱键及强键相继断裂，形成低相对分子质量的化合物；溶剂可以溶解部分氢气，成为液化反应体系中活性氢的传递介质。

因此，煤液化所用的供氢溶剂应具备以下条件：供氢溶剂应有较高比率的供氢体，最好含有供氢能力较强的氢化芳烃；溶剂中极性化合物的含量应尽量低，如多元酚类化合物的存在极易使煤热解产生的自由基"碎片"发生聚合反应，降低煤液化油产率；在液化条件下，供氢溶剂应具有较好的流动性，且不溶物杂质和矿物质的含量要低；循环溶剂必须有足够高沸点和黏度，以防输送过程中浆料变稠而堵塞反应器和液体控制阀等设备。

可见，供氢溶剂应是一些氢化芳环溶剂，在芳环分子的结构中至少有一个以上的环或部分环被饱和。如在实验室中煤液化时使用的四氢萘、十氢萘、二氢蒽、二氢菲等溶剂都是良好的供氢溶剂。在煤炭加工厂生产的副产物焦油组分，其中含有大量的多环芳烃，对其进一步加氢处理可成为富含氢化芳烃组分的供氢溶剂，并可作为廉价供氢溶剂使用。因此，选择适宜的供氢溶剂，对煤液化过程的化学和物理化学作用十分重要。

一般在煤液化工艺中常使用的溶剂是过程产生的循环溶剂，即煤液化过程生成的重质油或中质油馏分，沸点范围一般在 $200 \sim 460^{\circ}C$。如 EDS 工艺过程所用的循环溶剂有 80% 的馏分是沸点为 $200 \sim 370^{\circ}C$ 之间的馏分油。该循环溶剂组分中含有与原料煤有机质相近的分子结构，如将其进一步加氢处理，在循环溶剂中将得到较多的氢化芳烃化合物。另外，在液化反应时，含有重质组分的循环溶剂还可以得到再加氢作用，并同时增加煤液化油产率。所以，采用煤炭液化工艺自身产生的液体产物作为循环溶剂，具有许多优越性。大量的煤炭液化研究工作表明，用液化工艺过程本身产生的循环溶剂，不仅可以降低煤炭液化工艺成本，而且可以有效地提高煤液化油产率。

C　溶煤比

在煤液化过程中，煤炭、溶剂和氢气所组成的浆料混合物在预热器和反应器内流动过程中，溶剂是体系中气、液、固三相物料热量和质量传递的主要介质。溶剂不仅对煤炭热溶解起到分散和胶溶作用，而且可以促进原料煤的加氢反应，特别是将循环溶剂再加氢处理后，可提高溶剂的供氢能力。因此溶剂和煤炭的配比，即溶煤比对煤的液化具有十分重要的作用。

一般在煤液化反应初期，大分子结构受到大量的热冲击而断裂成许多小分子，此间对氢的需求量较大，随着液化反应的进行，生成自由基数量减少，氢气和供氢溶剂的消耗量也相应减少。提高溶煤比，可提高油气产率、沥青烯产率和液化总转化率，但溶煤比增加到一定值后，煤转化率不再随着溶煤比的增加而增加。当提高液化反应温度时，则需相应增加溶煤比，这样才能有效地稳定煤炭热解产生的游离基"碎片"，才能得到较高的煤炭液化率。

如果在煤液化反应时加入无供氢性能的溶剂，则液化过程中将产生副反应，特别是酚类化合物的缩合、溶剂的二聚化等都会增加液化产物中重质馏分或液化残渣的生成量。

11.2.4.3　反应温度、反应压力和停留时间

煤炭液化反应温度、反应压力和停留时间三个工艺操作条件，对煤炭液化转化率具有重要影响。

（1）反应温度。煤液化反应是在一定温度条件下进行的。液化过程中，其大分子结构间的共价键、交联键等发生断裂而产生自由基"碎片"，为保证自由基能有效得到活性氢而稳定形成低相对分子质量的液体产物，反应温度是液化过程十分重要的影响因素，液化温度也影响着煤液化产物的分布。因此，不同煤种其适宜的液化温度也不相同。

提高反应温度有利于煤大分子结构的热溶解，但温度过高，又会加速已生成的煤液化油产物分解，有可能使一部分液化产物发生缩聚和结焦等现象，不利于提高煤液化油产率。适宜的液化温度应有利于液化油的生成。控制液化反应温度可以控制煤热溶解的反应速率，减少液化过程中发生自由基的缩聚反应。一般适宜的煤液化温度为440~460℃。煤转化率、液化油和气体产率都随液化温度增加而提高。当液化温度大于450℃时，煤液化率和油产率增加较少，气体产率增加较多，因此会增加氢气耗量。同时，在煤液化温度超过400℃时，提高液化反应温度可使一部分沥青烯转化为液化油和气体产品。因此，选择适宜的液化反应温度，对提高煤液化油产率，减少气体和残渣的生成量，具有重要作用。

（2）反应压力。为使煤的大分子结构转化成低相对分子质量的液体产物，增加煤炭液体的H/C原子比，必须在较高的氢压下才能完成。德国在20世纪40年代期间采用高温高压液化条件进行煤液化操作，其反应温度可达到480℃、反应压力达到30MPa。但这种操作条件不仅增加了煤炭液化成本，而且也使液化反应设备的结构和制造相对复杂化。目前，适宜的煤液化反应压力一般为17~25MPa。在有高活性催化剂存在时，对同一煤炭液化率而言，反应温度可以相应降低。

（3）停留时间。停留时间是指浆料进入反应器内至液化产物从反应器排出的时间间隔。煤加氢液化反应是十分复杂的连串-平行反应过程。在液化过程中煤重质产物的生成速率较快，而轻质产物的生成速率较慢，延长煤浆在反应器中的停留时间，可提高原料煤和溶剂的加氢深度，但反应时间过长会降低煤液化油产率，增加气体产率。一般煤液化温度高时，停留时间可相应减少。因此为控制好煤热解反应过程，提高煤液化油收率，应确定适宜的停留时间。

11.2.4.4　催化剂的作用

一般认为，Fe、Co、Ni、Mo、Ti和W等过渡金属对加氢反应具有活性。这是由于催化剂通过某种反应物的化学吸附而形成化学键，使吸附物的电子或分子几何形状发生变化从而提高反应物的化学活性。过渡金属的催化活性在于其金属的原子或未结合的d电子有空余的杂化轨道，当反应物分子接近催化剂表面时，就被吸附在其表面并形成化学吸附键，当液化反应体系中的氢分子也被吸附在催化剂表面时，即被转化成活性氢原子，因此反应物分子与活性氢结合而形成低相对分子质量的液化产物。如活性氢与溶剂分子结合，则溶剂发生氢化反应形成氢化溶剂。在煤液化过程中，氢化溶剂可使煤大分子结构发生芳环氢化、开环、桥键断裂、脱烷基和脱杂原子等反应过程，并形成低相对分子质量的液体产物。因此，催化剂

的应用对液化产物的分布和液化油产品的质量都具有十分重要的作用。

目前,人们已开发出许多催化剂用于煤的液化研究,概括起来主要有以下几类催化剂:一是铁系催化剂;二是钼系催化剂;三是金属卤化物催化剂。其中铁系催化剂因其来源广泛、价格低廉和环境好等优点,受到普遍关注。

A　铁系催化剂

用于煤直接液化反应的铁系催化剂主要有三类:一是铁的氧化物催化剂,主要有 Fe_2O_3、Fe_3O_4、$FeOOH$ 等;二是铁的硫化物催化剂,主要有 FeS、FeS_2、Fe_2S_3 等;三是铁的金属有机化合物催化剂,如乙酰丙酮亚铁、环烷酸铁等。

这些铁系催化剂除铁的硫化物在煤液化过程中直接转化成具有催化作用的活性物外,其他不含硫原子的催化剂都需要预硫化或在煤液化过程中加入适量的单质硫或有机硫化物,才能使加入煤液化体系中的催化剂前驱体有效地转化成具有催化作用的活性相组分 $Fe_{1-x}S$,并发挥催化剂的催化作用。

近年来,许多研究者探索了纳米铁基催化剂对煤液化性能的影响。主要是因为纳米催化剂的原子结构中具有较低的配位数,晶体结构中存在着大量的金属空穴,从而表现出对煤炭的液化反应具有显著的催化效果,可大幅度提高煤液化率。同时,纳米催化剂具有添加量少、活性高、催化剂不易失活等独特的优点。在实际使用时,由于煤中灰分带入的钙盐对纳米催化剂的催化性能影响较小,故可减轻液化反应中催化剂的积炭现象,延长催化剂的使用寿命。目前煤液化工艺使用的纳米催化剂主要是纳米铁氧化物、铁硫化物催化剂。这类催化剂的合成方法主要有共沉淀法、原位担载法、反向胶束法、溶胶团聚法及铁硫化物的低温歧化法等。

B　Mo 系催化剂

对煤液化具有较强催化作用的是钼基硫化物催化剂,其催化活性优于铁基硫化物催化剂。特别是对煤大分子结构中芳香碳与烷基碳原子间、芳香碳与氧原子间化学键的断裂具有较强的选择性。

常用的 Mo 系催化剂有氨溶性的钼酸铵 $(NH_4)_6Mo_7O_{24}$、水溶性的四硫代钼酸铵 $(NH_4)_2MoS_4$ 及二硫代钼酸铵 $(NH_4)_2MoO_2S_2$、油溶性的有机金属钼化合物等。在将其应用到煤炭加氢液化反应时,一般采用初浸法将其分散在煤炭的表面或将油溶性的有机金属钼催化剂直接加入到液化过程中,以提高其催化效果。

当采用钼酸铵催化剂时,当温度高于170℃时,钼酸铵可分解生成 MoO_3 微粒。如果温度进一步提高,MoO_3 还可与硫化物反应生成具有催化作用的活性相组分 MoS_2 和 MoS_3。当采用四硫代钼酸铵 $(NH_4)_2MoS_4$ 催化剂时,只有将催化剂加热到高于350℃时才能转化成活性相的组分 MoS_2。

11.3　煤的间接液化技术

目前,国外典型的工业化煤间接液化技术有南非 SASOL 的费托合成技术、荷兰 Shell 公司的 SMDS 技术和美国 Mobil 公司的 MTG 合成技术等。此外还有一些先进的合成技术,如丹麦 Topsoe 公司的 TIGAS 技术、美国 Mobil 公司的 STG 技术、Exxon 公司的 AGC-21 技术、Syntroleum 公司的 Syntroleum 技术等。

11.3.1　基本原理

由于费托（F-T）合成反应产物的复杂性，适当控制反应条件和 H_2/CO 比，在高选择性催化剂的作用下，其基本化学反应要求主要生成烷烃和烯烃。

F-T 合成主反应：

生成烷烃：
$$nCO + (2n+1)H_2 = C_nH_{2n+2} + nH_2O \tag{11-1}$$

生成烯烃：
$$nCO + 2nH_2 = C_nH_{2n} + nH_2O \tag{11-2}$$

另外还有一些副反应，如：

生成甲烷：
$$CO + 3H_2 = CH_4 + H_2O \tag{11-3}$$

生成甲醇：
$$CO + 2H_2 = CH_3OH \tag{11-4}$$

生成乙醇：
$$2CO + 4H_2 = C_2H_5OH + H_2O \tag{11-5}$$

结炭反应：
$$2CO = C + CO_2 \tag{11-6}$$

除上述六个反应外，还有生成更高碳数的醇以及醛、酮、酸、酯等含氧化物的副反应。

合成催化剂主要由 Co、Fe、Ni、Ru 等金属制成，为了提高催化剂的活性、稳定性和选择性，除主成分外还要加入一些辅助成分，如金属氧化物或盐类。大部分催化剂都需要载体，如氧化铝、二氧化硅、高岭土或硅藻土等。合成催化剂制备后只有经 $CO + H_2$ 或 H_2 还原活化后才具有活性。目前，世界上使用较成熟的间接液化催化剂主要有铁系和钴系两大类，但它们都对 H_2S、COS 等硫化物敏感，易中毒，一般合成气净化要求总硫低于 $1 \mu g/g$。在 SASOL 固定床和浆态床反应器中使用的是沉淀铁催化剂，在流化床反应器中使用的是熔铁催化剂。钴和镍催化剂的合适使用温度为 $170 \sim 190 ℃$，铁催化剂的适宜使用温度为 $200 \sim 350 ℃$。镍剂在常温下操作效率最高，钴剂在 $0.1 \sim 0.2 MPa$ 时活性最好，铁剂在 $1 \sim 3 MPa$ 时活性最佳，而钼剂则在 $10 MPa$ 时活性最高。

11.3.2　工艺流程

F-T 合成总的工艺流程主要包括煤气化、气体净化、变换和重整、合成和产品精制改质等。合成气中的 H_2 与 CO 的摩尔比要求在 $2 \sim 2.5$。反应器采用固定床或流化床两种形式。如以生产柴油为主，宜采用固定床反应器；如以生产汽油为主，则用流化床反应器较好。此外，近年来正在开发的浆态反应器，则适宜于直接利用德士古煤气化炉或鲁奇熔渣气化炉生产合成气。图 11-10 所示为煤间接液化流程。

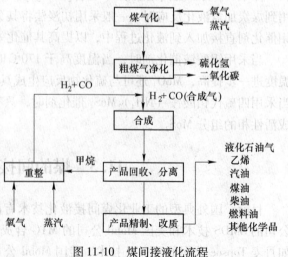

图 11-10　煤间接液化流程

11.3.3　合成反应器

间接液化技术的核心设备是 F-T 合成反应器，南非 SASOL 公司合成油厂早期使用固定床（Arge）和循环流化床（Synthil）反应器。到了 20 世纪 90 年代又开发了浆态床反应器和固定流化床反应器。SASOL 通过 50 余年的研究和开发，在煤间接液化 F-T 合成工艺开发上走出了一条具有 SASOL 特色的道路。迄今已拥有世界上最为完整的固定床、循环流化床、固定流化床和浆态床商业化反应器系列技术。

11.3.3.1　固定床反应器（Arge 反应器）

固定床反应器首先由鲁尔化学（Ruhrchemir）和鲁奇（Lurge）两家公司合作开发而成，简称 Arge 反应器。1955 年第一个商业化 Arge 反应器在南非建成投产。反应器类似于列管式换热器的管壳式结构，内由 2052 根 50.8mm 的管子组成，反应器整体直径为 3m，高为 12.8m，体积 $40m^3$；管外为沸腾水，通过水的蒸发移走管内的反应热，产生蒸汽。管内装填了挤出式铁催化剂。反应器的操作条件是温度为 225℃，压力为 2.6MPa。基于 SASOL 的中试试验结果，一个操作压力为 4.5MPa 的 Arge 反应器在 1987 年投入使用。

通常多管固定床反应器的径向温差为大约 2~4℃，轴向温度差为 15~20℃。为防止催化剂失活和积碳，绝不可以超过最高反应温度，因为积碳可导致催化剂破碎和反应管堵塞，甚至需要更换催化剂。固定床中铁催化剂的使用温度不能超过 260℃，过高的温度会造成积碳并堵塞反应器。为生产蜡，一般操作温度在 230℃ 左右。最大的反应器的设计能力是 1500 桶/天。

固定床反应器的优点是易于操作。由于液体产品顺催化剂床层流下，催化剂和液体产品分离容易，适于费托蜡的生产。由于合成气净化厂工作不稳定而剩余的少量的 H_2S 可由催化剂床层的上部吸附，床层的其他部分不受影响。

固定床反应器存在的缺点：反应器制造昂贵，高速气流通过催化剂床层所导致的高压降和所要求的尾气循环，提高了气体压缩成本。F-T 合成受扩散控制要求使用小催化剂颗粒，导致了较高的床层压降。由于管程的压降最高可达 0.7MPa，反应器管束所承受的应力相当大。大直径的反应器所需要的管材厚度大，从而造成反应器昂贵。另外，装填了催化剂的管子不能承受太大的操作温度变化。根据所需要的产品组成，需要定期更换铁基催化剂，所以需要特殊的可拆卸的网格，从而使反应器设计十分复杂。重新装填催化剂也需要许多的维护工作，导致停车时间较长。

11.3.3.2　循环流化床反应器

1955 年前后，萨索尔公司在其第一个工厂（SASOL-Ⅰ）对美国 Kellogg 公司开发的循环流化床反应器（CFB）进行了第一阶段的 500 倍的放大。放大后的反应器内径为 2.3m，高 46m，生产能力 1500 桶/天。此后克服了许多困难，多次修改设计和催化剂配方，这种后来命名为 Synthol 的反应器成功地运行了 30 年。后来 SASOL 通过增加压力和尺寸，使反应器的处理能力提高了 3 倍。1980 年在 SASOL-Ⅱ、1982 年在 SASOL-Ⅲ 分别建设了 8 台生产能力达到 6500 桶/天的 Synthol 反应器。该反应器使用高密度的铁基催化剂。

循环流化床的压降低于固定床，因此其气体压缩成本较低。由于高速气体造成的快速循环和返混，使循环流化床的反应段近乎处于等温状态，催化剂床层的温差一般小于 2℃。

循环流化床中，循环回路中温度的波动范围为 30℃左右。循环流化床的一个重要的特点是可以加入新催化剂，也可以移走旧的催化剂。

　　循环流化床也有一些缺点：操作复杂；新鲜和循环物料在 200℃ 和 2.5MPa 条件下进入反应器底部并夹带起部分从竖管和滑阀流下来的 350℃ 的催化剂。在催化剂沉积区域，催化剂和气体实现分离。气体出旋风分离器而催化剂由于线速度降低从气体中分离出来并回到分离器中。从尾气中分离细小的催化剂颗粒比较困难，一般使用旋风分离器实现该分离，效率一般高于 99.9%。但由于通过分离器的高质量流率，即使 0.1% 的催化剂也是很大的量。所以这些反应器一般在分离器下游配备了油洗涤器来脱除这些细小的颗粒，这就增加了设备成本并降低了系统的热效率。另外，在线速度非常高的部位，由碳化铁颗粒所引起的磨损要求使用陶瓷衬里来保护反应器壁，这也增加了反应器成本和停车时间。

11.3.3.3　固定流化床反应器

　　鉴于循环流化床反应器的局限和缺陷，SASOL 成功开发了固定流化床反应器，并命名为 SASOL Advanced Synthol（简称为 SAS）反应器。

　　固定流化床反应器由以下部分组成：含气体分布器的容器、催化剂流化床、床层内的冷却管，以及从气体产物中分离夹带催化剂的旋风分离器。

　　固定流化床操作比较简单，气体从反应器底部通过分布器进入并通过流化床，床层内催化剂颗粒处于湍流状态但整体保持静止不动。和商业循环流化床相比，它们具有类似的选择性和更高的转化率。因此，固定流化床在 SASOL 得到了进一步的发展，一个内径 1m 的演示装置在 1983 年试车。一个内径 5m 的商业化装置于 1989 年投用并满足了所有的设计要求。1995 年 6 月，直径 8m 的 SAS 反应器商业示范装置开车成功。1996 年 SASOL 决定用 8 台 SAS 反应器代替 SASOL-Ⅱ和 SASOL-Ⅲ厂的 16 台 Synthol 循环流化床反应器，其中 4 台直径 8m 的 SAS 反应器每个的生产能力是 11000 桶/天；另外 4 个直径 10.7m 的反应器每个生产能力是 20000 桶/天。这项工作于 1999 年完成，2000 年 SASOL 又增设了第九台 SAS 反应器。固定流化床反应器的操作条件一般为 2.0~4.0MPa，大约为 340℃，使用的一般是和循环流化床类似的铁催化剂。

　　在同等的生产规模下，固定流化床比循环流化床制造成本更低，这是因为它体积小而且不需要昂贵的支承结构。由于 SAS 反应器可以安放在裙座上，它的支撑结构的成本仅为循环流化床的 5%。因为气体线速度较低，基本上消除了磨蚀，从而也不需要定期的检查和维护。SAS 反应器中的压降较低，压缩成本也低，也不存在积炭问题。由于反应热随反应压力的增加而增加，大大地增加了反应器的生产能力。

11.3.3.4　浆态床反应器

　　德国人在 20 世纪 40~50 年代曾经研究过三相鼓泡床反应器，但是没有商业化。SASOL 公司的研发部门在 20 世纪 70 年代中期开始了对浆态床反应器的研究。1990 年研发有了突破性进展，100 桶/天的中试装置正式开车。SASOL 公司于 1993 年 5 月实现了产能为 2500 桶/天的浆态床反应器的开工。

　　SASOL 的三相浆态床反应器（slurry phase reactor）可以使用铁催化剂生产蜡、燃料和溶剂。压力为 2.0MPa，温度高于 200℃。反应器内装有正在鼓泡的液态反应产物和悬浮在其中的催化剂颗粒。

SASOL 浆态床技术的核心和创新是其拥有专利的蜡产物和催化剂实现分离的工艺，避免了传统反应器中昂贵的停车更换催化剂步骤。浆态床反应器可连续运转两年，中间仅需维护性停车一次。SASOL 浆态床技术的另一专利技术是把反应器出口气体中所夹带的"浆"有效地分离出来。

典型的浆态床反应器为了将合成蜡与催化剂分离，一般内置 2～3 层的过滤器，每一层过滤器由若干过滤单元组成，每一组过滤单元又由 3～4 根过滤棒组成。正常操作下，合成蜡穿过过滤棒排出，而催化剂被过滤棒挡住留在反应器内。当过滤棒被细小的催化剂颗粒堵塞时可以采用反冲洗的方法进行清洗。在正常工况下一部分过滤单元在排蜡，另一部分在反冲洗，第三部分在备用。为了将反应热移走，反应器内还设置 2～3 层的换热盘管，进入管内的是锅炉给水，通过水的蒸发移走管内的反应热，产生蒸汽。通过调节汽包的压力来控制反应温度。

此外在反应器的下部设有合成气分配器，上部设有除尘除沫器。其操作过程如下：合成气经过气体分配器在反应器截面上均匀分布，在向上流动穿过由催化剂和合成蜡组成的浆料床层时，在催化剂作用下发生 F-T 合成反应。生成的轻烃、水、CO_2 和未反应的气体一起由反应器上部的气相出口排出，生成的蜡经过内置过滤器过滤后排出反应器，当过滤器发生堵塞导致器内器外压差过大时，启动备用过滤器，对堵塞的过滤器应切断排蜡阀门，而后打开反冲洗阀门进行反冲洗，直至压差消失为止。为了维持反应器内的催化剂活性，反应器还设置了一个新鲜催化剂/蜡加入口和一个催化剂/蜡排出口。可以根据需要定期定量将新鲜催化剂在加入的同时排出旧催化剂。

浆态床反应器和固定床相比要简单许多，它消除了后者的大部分缺点。浆态床的床层压降比固定床大大降低，从而气体压缩成本也比固定床低很多。可简易地实现催化剂的在线添加和移走。浆态床所需要的催化剂总量远低于同等条件下的固定床，同时每单位产品的催化剂消耗量也降低了 70%。由于混合充分，浆态床反应器的等温性能比固定床好，从而可以在较高的温度下运转，而不必担心催化剂失活、积碳和破碎，这就使浆态床反应器特别适合高活性的催化剂。在较高的平均转化率下，控制产品的选择性也成为可能。

11.3.4　典型工艺

煤炭间接液化技术主要有三种，即的南非的萨索尔（SASOL）费托合成法、美国的莫比尔法（Mobil）和直接合成法。以下就 SOSAL 工艺、SMDS 合成工艺、MTG 合成技术、STG 两段法合成技术、TIGAS 合成技术、中科院山西煤化所浆态床合成技术和兖矿煤制油技术等工艺进行简述。

11.3.4.1　SASOL 工艺

南非 SASOL 公司采用德国鲁奇加压气化技术。全公司有 97 台鲁奇气化炉，其设备利用率达 94%。鲁奇气化炉采取固定床加压气化，使用 5～75mm 的块煤，操作压力为 2.8～3.5MPa，利用水蒸气和氧气作为气化剂，所得粗煤气中含有 CO_2、NH_3、H_2S 和焦油等杂质，必须将其除去。净化装置采用水洗脱除灰尘和焦油，采用低温甲醇洗脱除煤气中的 H_2S、CO_2 和烃类。

A　固定床煤间接液化工艺

SASOL 公司低温煤间接液化采用沉淀铁催化剂和列管式 Arge 固定床反应器，工艺流程如图 11-11 所示。

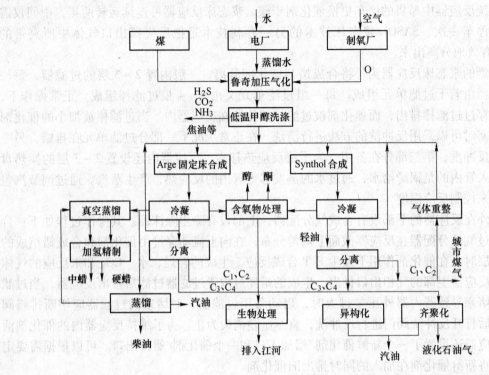

图 11-11　SASOL 固定床费托合成工艺流程

新鲜气和循环尾气升压至 2.5MPa 进入换热器，与反应器出来的产品气换热后从顶部进入反应器，反应温度保持在 220～235℃，从反应器底部采出石蜡。气体产物先经换热器冷凝后采出高温冷凝液（重质油），再经两级冷却，所得冷凝液经油水分离器分出低温冷凝物（轻油）和反应水。石蜡、重质油、轻油以及反应水进行进一步加工处理，尾气一部分循环返回反应器，另一部分送去低碳烃回收装置，产品主要以煤油、柴油和石蜡为主。

B　SSPD 浆态床煤间接液化工艺流程

SSPD 浆态床煤间接液化工艺流程是 SASOL 公司基于低温 F-T 合成反应而开发的浆态床合成中间馏分油工艺，其工艺流程如图 11-12 所示。SSPD 反应器为三相鼓泡浆态床反应器，在 240℃下操作，反应器内液体石蜡与催化剂颗粒混合成浆体，并维持一定液位。合成气预热后从底部经气体分布器进入浆态床反应器，在熔融石蜡和催化剂颗粒组成的浆液中鼓泡，在气泡上升过程中，合成气在催化剂作用下不断发生 F-T 合成反应，生成石蜡等烃类化合物。反应产生的热量由内置式冷却盘管移出，产生一定压力的蒸汽。石蜡采用 SASOL 公司开发的内置式分离器专利技术进行分离。从反应器上部出来的气体经冷却后回收烃组分和水。获得的烃类送往下游的产品改质装置，水则送往反应水回收装置进行处理。浆态床反应器结构简单，传热效率高，可在等温下操作，易于控制操作参数，可直接使用现代大型气化炉生产的低 H_2/CO 值的合成气，且对液态产物的选择性高，但存在传质阻力较大的问题。

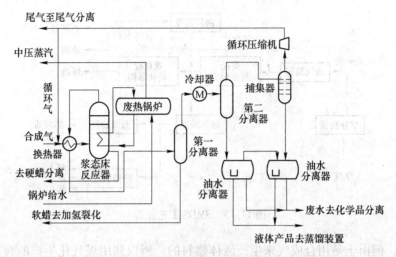

图 11-12 SASOL 浆态床费托合成工艺流程

C SASOL 公司高温煤间接液化工艺

SASOL 公司高温煤间接液化工艺有 Synthol 循环流化床工艺和 SAS 固定流化床工艺,均采用熔铁催化剂,主要产品为汽油和轻烯烃。Synthol 循环流化床反应器最初是由美国 Kelloge 公司设计的,但操作一直不正常,后经 SASOL 公司多次技术改进及放大,现称为"SASOL Synthol"反应器,但由于该反应器催化剂循环量大、损耗高,因此 SASOL 公司用称为 SAS 的固定流化床反应器成功取代。

SAS 工艺采用固定流化床反应器,反应温度为 340℃,反应压力为 2.5MPa。SAS 费托合成反应器床层内设有垂直管束水冷换热装置,其蒸汽温度控制在 260~310℃,该反应器将催化剂全部置于反应器内,并维持一定料位高度,以保持足够的反应接触时间,其上方提供了足够的自由空间以分离出大部分催化剂,剩余的催化剂则通过反应器顶部的旋风分离器或多孔金属过滤器分离并返回床层。由于催化剂被控制在反应器内,因而取消了催化剂回收系统,除节省投资外,冷却更加有效,提高了热效率。

其工艺特点为:造价低,只有 Synthol 工艺流化床的一半;较高的热效率;催化剂床层压降低;床层等温;操作和维修费用低;油选择性高,CO 转化率高;易于大型化。

11.3.4.2 Shell 公司的 SMDS 合成工艺

Shell 公司的 SMDS 合成技术是利用廉价的天然气为原料制取合成气($CO + H_2$),然后经加氢、异构化和加氢裂化生产出以中质馏分为主产品的过程。整个工艺可分为 CO 加氢合成高分子石蜡烃和石蜡烃加氢裂化或加氢异构化制取发动机燃料两个阶段。第一阶段采用管式固定床反应器,使用自己开发的热稳定性较好的钴基催化剂高选择性地合成长链石蜡烃;第二阶段采用滴流床反应器,反应温度为 300~350℃,反应压力为 3~5MPa,将重质烃类转化为中质馏分油,如石脑油、煤油等。产品构成可根据市场供需变化通过调整上述两种技术的工艺操作条件加以灵活调节。图 11-13 所示为 SMDS 工艺流程。

采用 SMDS 合成技术制取汽油、石脑油、煤油和柴油,其热效率可达 60%,而且经济上要优于其他的煤间接液化技术。马来西亚应用该技术于 1993 年建成了 50 万吨/年的合成油工厂,投产至今,反应器运行良好,经济效益显著。虽然 SMDS 合成技术主要以天然

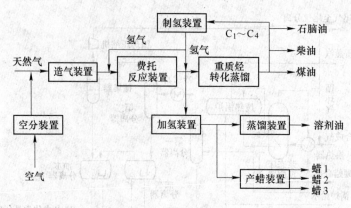

图 11-13　SMDS 工艺流程

气作为原料，但由于是用合成气来生产液体燃料的，所以利用煤气化生产的合成气来生产液体燃料应当也是可行的。

11.3.4.3　美国 Mobil 公司的 MTG 合成技术

20 世纪 70 年代初，Mobil 公司成功地开发了甲醇转化为汽油的 MTG 工艺过程，其技术关键是将 ZSM-5 沸石分子筛用于甲醇转化汽油的工艺。由于沸石分子筛的择形作用与酸性，提高了产品以生成 $C_5 \sim C_{11}$ 汽油馏分为主的选择性，可制得富含芳烃和侧链烷烃的高辛烷值发动机燃料。

MTG 间接液化工艺利用两个不同的阶段从煤或天然气中生产汽油。第一阶段，利用蒸汽对天然气进行结构重整或煤气化生产的合成气与铜基催化剂发生反应（反应温度 $260 \sim 350$℃、压力 $5.0 \sim 7.0$MPa），生产产率接近 100% 的甲醇。第二阶段，在高活性铝催化剂的作用下，300℃ 的甲醇经过部分脱水形成二甲醚，然后在固定床中 ZSM-5 催化剂的作用下发生反应（反应温度 $360 \sim 415$℃、压力 2.2MPa）；经过一系列反应之后，甲醇和二甲醚转化成烯烃，然后再转化成饱和烃，其中汽油馏分占全部烃产物的 80%。

Mobil 公司采用 MTG 合成汽油技术已在新西兰建成一座生产能力为 570kt/a 的合成汽油的工厂，1985 年投产，汽油的总产率达到 90%，辛烷值为 93.7，证实了该技术的成熟可靠。后来由于经济原因，该厂只生产甲醇。

11.3.4.4　美国 Mobil 公司的 STG 两段法合成技术

Mobil 公司的 STG 两段法合成技术，其基本思路与 MTG 合成技术相同，但主要区别在于 STG 能处理 H_2/CO 比较低的原料气，第一段产物主要是甲醇和水，STG 与 MTG 第二段是完全相同的。STG 第一段采用了浆态床反应器，具有转化率高、收率高的优点，但也只完成了中试，尚未实现工业化生产。

11.3.4.5　丹麦 Topsoe 公司的 TIGAS 合成技术

TIGAS 合成技术是将合成甲醇和甲醇合成汽油两者紧密结合，其最大的优点在于既可利用 H_2/CO 值为 2.0 的天然气基合成气，也可利用 H_2/CO 值为 $0.5 \sim 0.7$ 的煤基合成气。其技术关键是成功开发了合成含氧化合物的双功能复合催化剂，使用这种催化剂能同时使 CO 的变换反应和合成反应在同一反应器内进行。该工艺是目前经济性较好的合成汽油新技术，但只完成了中型试验，尚未实现工业化。

11.3.4.6 中科院山西煤化所浆态床合成技术

20世纪80年代初，中科院山西煤炭化学研究所开始了合成油的研究开发工作，在分析了国外F-T合成和MTG工艺的基础上，提出了将传统的F-T合成与沸石分子筛择形作用相结合的固定床两段法合成工艺（简称MFT）和浆态床固定床两段合成工艺（简称SMFT），并先后完成了MFT工艺的小试、模拟、中试，取得了油收率较高、油品性能较好的结果。

A MFT合成工艺

MFT合成工艺又称改良F-T合成法。在MFT工艺中，合成气经净化后，首先在一段反应器中经F-T合成铁基催化剂作用生成$C_1 \sim C_{40}$宽馏分烃类；然后此馏分进入装有择形分子筛催化剂的二段反应器进行烃类催化转化反应，改质为$C_5 \sim C_{11}$汽油馏分。由于两类催化剂分别装在两个独立的反应器内，各自可调控到最佳反应条件，故可充分发挥各自的催化性能。

B SMFT合成工艺

SMFT合成工艺是基于传统方法制备的铁基催化剂在F-T合成中存在产物分布范围宽、汽油选择性差和能源利用率低等问题而开发的工艺。该工艺利用超细粒径铁基催化剂，在ZSM-5分子筛上将过程产物转化为高辛烷值汽油，显著提高了F-T合成过程的效率和液体燃料组分的收率。该工艺分别进行了反应器为100mL、1L和5L的试验，完成了3500h以上连续稳定运行。

1999~2001年国家和中科院加大了对浆态床合成油技术攻关的投入力度。中科院山西煤化所开发出适合浆态床反应器使用的ICC-ⅠA、ICC-ⅠB、ICC-ⅡA等系列廉价高效铁催化剂，使催化剂的生产成本大幅度下降，催化剂的成品率明显增加，催化剂的性能尤其是产品选择性得到显著的提高。在实验室模拟验证浆态床装置上，催化剂与液体产物的分离和催化剂的磨损问题得到根本性的解决，从而突破了煤制油过程的技术经济瓶颈，同时开发出第一代万吨级煤制油工业软件包。对浆态床合成油技术的全流程模拟和技术经济分析表明：在百万吨级合成油厂规模时，合成油成本可降到2000元/吨左右。2000年中科院山西煤化所开始筹划建设千吨级浆态床合成油中试装置，2001年6月完成中试装置设计，7月开始施工，2002年4月建成，到2004年6月累计运行3000h。

2005年底，中科院山西煤化所建设了3套16万~18万吨/年的铁基浆态床工业示范装置，分别为山西潞安集团年产16万吨、内蒙古伊泰集团年产18万吨以及神华集团年产18万吨煤基合成油项目，2009年全部建设完工，并生产出油品。

11.3.4.7 兖矿煤制油技术

上海兖矿能源科技研发有限公司研发的低温煤间接液化工艺采用三相浆态床反应器、铁基催化剂，由催化剂前处理、费托合成及产品分离三段构成，工艺流程如图11-14所示。

来自净化工段的新鲜合成气和循环尾气混合，经循环压缩机加压后，预热到160℃进入费托合成反应器，在催化剂的作用下部分转化为烃类物质，反应器出口气体进入激冷塔进行冷却、洗涤；冷凝后的液体经冷却器冷却后进入过滤器过滤，过滤后的液体作为高温冷凝物送入产品储槽。在激冷塔中未冷凝的气体经激冷塔冷却器进一步冷却至40℃，进入高压分离器，液体和气体在高压分离器得到分离，液相中的油相作为低温冷凝物送入低温冷凝物储槽。水相作为反应水送至废水处理系统。高压分离器顶部排出的气体经过高压分

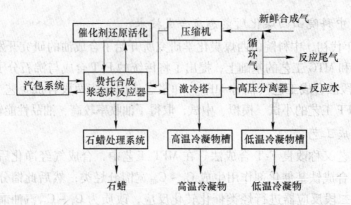

图 11-14　低温浆态费托合成工艺流程

离器闪蒸槽闪蒸后，小部分放空进入燃料气系统，其余与新鲜合成气混合后经循环压缩机加压，并经原料气预热器预热后，返回反应器。反应产生的石蜡经反应器内置液固分离器与催化剂分离后排放至石蜡收集槽，然后经粗石蜡冷却器冷却至 130℃，进入石蜡缓冲槽闪蒸，闪蒸后的石蜡进入石蜡过滤器过滤，过滤后的石蜡送入石蜡储槽。

　　上海兖矿能源科技研发有限公司自 2002 年下半年起开始 F-T 合成煤间接液化的研究开发工作，目前已成功开发出具有自主知识产权的低温 F-T 合成煤间接液化制油技术，并于 2004 年 11 月完成每年 4500t 粗油品低温 F-T 合成、100t/a 催化剂中试装置试验，装置连续平稳运行 4706h，累计运行 6068h，并与中石化北京石化研究院合作进行了中试产品的提质加氢开发工作，2005 年 8 月"煤基浆态床低温费托合成产物加氢提质技术"通过了中国石油与化学工业协会组织的技术鉴定。

　　上海兖矿能源科技研发有限公司高温煤间接液化工艺采用沉淀铁催化剂，属国内外首创。其利用煤气化产生并经净化的合成气，在 340～360℃温度下，在固定流化床中与催化剂作用，发生 F-T 合成反应，生成一系列的烃类化合物。烃类化合物经激冷、闪蒸、分离、过滤后获得粗产品高温冷凝物和低温冷凝物，反应水进入精馏系统，费托合成尾气一部分放空进入燃料气系统；另一部分与界区外的新鲜气混合返回反应器。高温煤间接液化的中试工艺流程如图 11-15 所示。

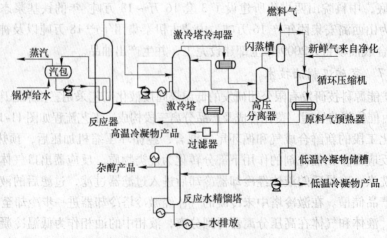

图 11-15　高温煤间接液化工艺中试装置流程

11.4 煤炭液化产品的处理

煤直接液化工艺所生产的液化粗油，保留了液化原料煤的一些性质特点，芳烃含量高，氮、氧杂原子含量高，色相与储藏稳定性差等，如要得到与石油制品一样的品质，必须要进行提质加工。但是，由于液化油的性质与石油有很大的差异，因此液化油的提质加工与石油相比需要更苛刻的提质加工条件，也需要开发针对液化油特性的催化剂和加工工艺。

11.4.1 煤液化粗油的性质

煤液化粗油的杂原子含量非常高。氮含量范围为 0.2%~2.0%（质量分数），典型的氮含量在 0.9%~1.1%（质量分数）的范围内，是石油氮含量的数倍至数十倍，杂原子氮可能以咔唑、氮杂菲等形式存在。硫含量范围为 0.05%~2.5%（质量分数），一般为 0.3%~0.7%（质量分数），低于石油的平均硫含量，大部分以苯并噻吩和二苯并噻吩衍生物的形态存在。煤液化粗油中的氧含量范围可以从 1.5%一直到 7%（质量分数）以上，具体取决于煤种和液化工艺，一般在 4%~5%（质量分数）。

液化粗油中的金属元素种类与含量与煤种和液化催化剂有关，一般含有铁、钛、硅和铝等。煤液化粗油的馏分分布与煤种和液化工艺有关，一般分为轻油（又可分为轻石脑油（初馏点 -82℃）和重石脑油（82~180℃）），占液化粗油的 15%~30%（质量分数）；中油（180~350℃），占 50%~60%（质量分数）；重油（350~500℃或540℃），占 10%~20%（质量分数）。

煤液化粗油中的烃类化合物的组成广泛，含有 60%~70%（质量分数）的芳香族化合物，通常含有 1~6 环，有较多的氢化芳香烃；饱和烃含量约为 25%（质量分数），一般不超过 4 个碳的长度；另外还有 10%（质量分数）左右的烯烃。煤液化粗油中的沥青烯含量对液化粗油的化学和物理性质有显著的影响。沥青烯的分子量范围为 300~1000，含量与液化工艺有关，如溶剂萃取工艺的液化粗油中的沥青烯含量高达 25%（质量分数）。

11.4.2 煤液化粗油的提质加工

由于液化粗油的复杂性，在对其进行提质加工生产各种产品时会有许多不便，故不能简单地采用石油加工的方法，而是需要针对液化粗油的性质，专门研究开发适合液化粗油性质的工艺。液化粗油的提质加工一般以生产汽油、柴油和化工产品为目的。目前液化粗油提质加工的研究大都停留在实验室的研究水平。

11.4.2.1 煤液化石脑油馏分的加工

石脑油馏分约占煤液化油的 15%~30%，链烷烃仅占 20% 左右，是生产汽油和芳烃的合适原料。但石脑油馏分含有较多的杂原子（尤其是氮原子），必须经过加氢才能脱除，加氢后的石脑油馏分经过较缓和的重整即可得到高辛烷值汽油和丰富的芳烃原料。

在采用 Ni-Mo、Co-Mo、Ni-W 型催化剂和比石油加氢苛刻得多的条件下，可以将石脑油馏分中的氮含量降至 10^{-6} 以下，但带来的严重问题是催化剂的寿命和反应器的结焦问题。由于煤液化石脑油馏分中氮含量高，有些煤液化石脑油馏分中氮含量高达（5000~

8000）×10^{-6}，因此，研究开发耐高氮加氢催化剂是十分必要的；同时，对石脑油馏分脱酚和在加氢反应器前增加装有特殊形状填料的保护段来延长催化剂寿命也是有效的方法。

11.4.2.2　煤液化重油的加工

重油馏分的产率与液化工艺有关，一般占液化粗油的 10%～20%（质量分数）。重油馏分由于杂原子、沥青烯含量较高，加工较为困难。一般加工路线是与中油馏分混合共同作为加氢裂化的原料或与中油馏分混合作为催化裂化的原料，除此以外，主要用途只能作为锅炉燃料。

煤液化中油和重油混合经加氢裂化可以制取汽油。加氢裂化催化剂对原料中的杂原子含量及金属盐含量较为敏感，因此，在加氢裂化前必须进行深度加氢来除去这些催化剂的敏感物。煤液化中油和重油混合加氢裂化采用的工艺路线为两个加氢系统：第一个系统为原料的预加氢脱杂原子和金属元素，反应条件较为缓和；第二个加氢系统为加氢裂化，采用两个反应器串联，进行深度加氢裂化，裂化产物中高于 190℃ 的馏分油在第二个加氢系统中循环，最终产物全部为低于 190℃ 的汽油。

将煤液化中油和重油混合后采用催化裂化的方法也可制取汽油。美国在研究煤液化中油馏分的催化裂化时发现：煤液化中油和液化重油混合物作为催化裂化原料，在工艺上要实现与石油原料一样的积炭率必须对液化原料进行预加氢，要求催化裂化原料中的氢含量必须高于 11%（质量分数）。因此，对煤液化中油和液化重油混合物的加氢必不可少，而且要有一定的深度，即使这样，煤液化中油和液化重油混合物的催化裂化的汽油收率也只有 50%（体积分数）以下，低于石油重油催化裂化的汽油收率 70%（体积分数）。

11.4.3　煤液化粗油的提质加工工艺

液化粗油提质加工的研究工作除日本以外，目前大部分停留在实验室研究阶段，距工业化应用还有一定距离。

日本液化粗油提质加工工艺流程由液化粗油全馏分一次加氢部分、一次加氢油中煤和柴油馏分的二次加氢部分、一次加氢油中石脑油馏分的二次加氢部分、二次加氢石脑油馏分的催化重整部分等四个部分构成。

在一次加氢部分，将全馏分液化粗油通过加料泵升压与以氢气为主的循环气体混合，在加热炉内预热后，送入一次加氢反应器。一次加氢反应器为固定床反应器，采用 Ni/W 系催化剂进行加氢反应。加氢后的液化粗油经气液分离后送分离塔。在分离塔内被分离为石脑油馏分和煤、柴油馏分，分别送石脑油二次加氢和煤、柴油二次加氢。一段加氢精制产品油的质量目标值是精制产品油的氮含量在 1000×10^{-6} 以下。

煤、柴油馏分二次加氢与一次加氢基本相同，将一次加氢煤、柴油馏分，通过煤、柴油加料泵升压，与以氢气为主的循环气体混合，在加热炉内预热后，送入煤、柴油二次加氢反应器。煤、柴油二次加氢反应器也为固定床充填塔，采用 Ni/W 系催化剂进行加氢反应。加氢后的煤、柴油馏分经气液分离后送煤、柴油吸收塔。将煤、柴油吸收塔上部的轻质油取出混入重整后的石脑油中，塔底的柴油送产品罐。煤、柴油馏分二次加氢的目的是为了提高柴油的十六烷值，使产品油的质量达到氮含量小于 10×10^{-6}，硫含量小于 500×10^{-6}，十六烷值在 35 以上。

石脑油馏分二次加氢与一次加氢基本相同。将一次加氢石脑油馏分通过石脑油加料泵升压，与以氢气为主的循环气体混合，在加热炉内预热后送入石脑油二次加氢反应器。石脑油二次加氢反应器也为固定床充填塔，采用 Ni/W 系催化剂进行加氢反应。加氢后的石脑油馏分经气液分离后，送石脑油吸收塔。将石脑油吸收塔的轻质油取出混入重整后的石脑油中，塔底的石脑油进行热交换后进行重整反应。石脑油馏分二次加氢的目的是为了防止催化重整催化剂的中毒，由于催化重整催化剂对原料油的氮、硫含量有较高的要求，一段加氢精制石脑油必须进行进一步加氢精制，使石脑油馏分二次加氢后产品油的氮、硫含量均在 1×10^{-6} 以下。

在石脑油催化重整中，将二次加氢的石脑油通过加料泵升压与以氢气为主的循环气体混合，在加热炉内预热后送入石脑油重整反应器。石脑油重整反应器为流化床反应器，采用 Pt 系催化剂进行催化重整反应。催化重整后的石脑油经气液分离后送入稳定塔，稳定塔出来的汽油馏分与轻质石脑油混合作为汽油产品外销。催化重整可使产品油的辛烷值达到 90 以上。将 Pt 催化剂的一部分从石脑油重整反应器中取出，送再生塔进行再生。

11.4.4 煤液化残渣的利用

煤炭在加氢液化后还有一些固体物，它们主要是煤中无机矿物质、催化剂和未转化的煤中惰性组分。通过固液分离工艺将固体物与液化油分开所得的固体物称为残渣。由于采取的固液分离工艺不同，所得的残渣成分也不同。液化残渣从发热量来说相当于灰分较高的煤；从软化点来说类似于高软化点的沥青，所以仍具有一定的利用价值。

煤液化减压蒸馏残渣的一种处理方法是通过甲苯等溶剂在接近溶剂的临界条件下萃取，把可以溶解的成分萃取回收，再把萃取物返回作为配煤浆的循环溶剂，能使液化油的收率提高 5%~10%。溶剂萃取后的残余物还可以用来作为锅炉燃料或气化制氢。当液化残渣用于燃烧时，因残渣中硫含量高，烟气必须脱硫才能排放，将增加烟气脱硫的投资及操作费用，所以最好的利用方式是气化制氢。美国能源部曾委托德士古公司试验了 H-Coal 法液化残渣对德士古加压气化炉的适应性。试验证明液化残渣完全可以与煤一样当作气化炉的原料。日本 NEDO 也曾用液化残渣做 Hycol 气化工艺的气化试验，结果证明液化残渣可以作为气化炉的原料。

思 考 题

11-1　什么是煤炭液化，煤炭液化的基本原理是什么？

11-2　简述煤炭直接液化的基本原理。

11-3　煤炭直接液化包括哪些基本单元？

11-4　简述煤炭直接液化的工艺过程。

11-5　煤炭直接液化有哪些典型工艺？

11-6　影响煤炭直接液化的因素有哪些？

11-7　煤炭间接液化的基本原理是什么？

11-8　简述煤炭间接液化的工艺过程。

11-9　煤炭间接液化有哪些典型工艺？

11-10　煤炭液化粗油产品的性质是什么？

11-11　煤炭液化粗油产品如何提质加工？

参 考 文 献

[1] 吴春雷. 煤炭直接液化 [M]. 北京：化学工业出版社，2010.

[2] 徐振刚，曲思建. 中国洁净煤技术 [M]. 北京：煤炭工业出版社，2012.

[3] 解京选. 煤炭加工利用概论 [M]. 徐州：中国矿业大学出版社，2008.

[4] 周安宁，黄定国. 洁净煤技术 [M]. 徐州：中国矿业大学出版社，2010.